Ingenieurbauten 3

Theorie und Praxis

Herausgegeben von
Konrad Sattler, Graz
Peter Stein, Wien

1974

Springer-Verlag
Wien New York

Sandwichkonstruktionen

Berechnung, Fertigung, Ausführung

Klaus Stamm

Horst Witte

1974

Springer-Verlag

Wien New York

Dr.-Ing. KLAUS STAMM und Dr.-Ing. HORST WITTE
Hoesch Werke AG, Dortmund

Softcover reprint of the hardcover 1st edition 1974

Library of Congress Catalog Card Number 73-19211

Mit 126 Abbildungen

ISBN-13:978-3-7091-8335-9 e-ISBN-13:978-3-7091-8334-2
DOI: 10.1007/978-3-7091-8334-2

Vorwort

Die Verfasser dieses Buches arbeiten bereits seit längerer Zeit an der Entwicklung und Berechnung von Sandwichkonstruktionen. Maßgebende Impulse zu den Entwicklungsarbeiten stammen von Herrn Prof. OTTO JUNGBLUTH, dessen Mitarbeiter einer der beiden Verfasser dieses Buches (H. WITTE) mehrere Jahre lang war. Der Inhalt dieses Buches ist eine zusammenfassende Darstellung eigener Berechnungen, zahlreicher Veröffentlichungen, verschiedener Forschungsarbeiten und der aus einer fruchtbaren Teamarbeit vieler Mitarbeiter entstandenen Erfahrungen.

Das vorliegende Buch richtet sich zugleich an den Lernenden und an den praktisch tätigen Ingenieur. Daher wird das Schwergewicht auf eine gründliche Herleitung aller mechanischen Grundgleichungen, auf überschaubare Berechnungsbeispiele und auf eine übersichtliche, teilweise schematisierte Darstellung der fertigungstechnischen und konstruktiven Einzelheiten gelegt. Wegen des großen Umfangs werden einige Probleme, so z. B. Kriechen, Schwingungen oder Körperschalldämpfung von Sandwichplatten, nur kurz behandelt. Die getroffene Auswahl der im konstruktiven Teil des Buches beschriebenen Sandwichprodukte und -verfahren stellt keine Bewertung oder Bevorzugung gegenüber anderen, nicht erwähnten Erzeugnissen und Verfahren dar, sondern dient nur einer übersichtlichen Darstellung. Das Buch erhebt keinen Anspruch auf Vollständigkeit.

Die Verfasser danken der Hoesch Werke AG für die Genehmigung zur Veröffentlichung der Erfahrungen, die sie bei ihrer Arbeit im Bereich der Forschung und Entwicklung der Hoesch Werke AG gesammelt haben. Sie danken außerdem den Herren R. KLINKOSCH und E. HAMMER für die kritische Prüfung der Kapitel 10 bis 12 sowie Herrn E. SCHNEIDER für die mit großer Sorgfalt angefertigten Abbildungen. Schließlich danken sie dem Springer-Verlag für die gute Zusammenarbeit und die gute Ausstattung des Buches.

Dortmund, im Januar 1974

K. STAMM, H. WITTE

Inhaltsverzeichnis

Die wichtigsten verwendeten Formelzeichen

a	Schwerachsenabstand der Deckschichten
A	Schubsteifigkeit der Kernschicht
b	Balkenbreite
B	Biegesteifigkeit
c	Federkonstante, Schallgeschwindigkeit
c^*	Schall-Spurgeschwindigkeit
d	Wanddicke
D	Dehnsteifigkeit, Drillung
E	Elastizitätsmodul
E	Kinetische Energie
f	Sicherheitsbeiwert, Frequenz, allgemeine Funktion
F	Fläche
g	Erdbeschleunigung
G	Schubmodul
h	Kernschichtdicke
H	Hamiltonsches Integral
i	imaginäre Einheit
J	Trägheitsmoment
j	Zählvariable ($j = 1, 2, 3, \ldots$)
k	Zählvariable ($k = 1, 2, 3, \ldots$), Wärmedurchgangszahl
l	Balkenlänge
m	Plattenbiegemoment, Plattentorsionsmoment, Masse
M	Balkenbiegemoment
n	Plattennormalkraft ($n > 0$: Zugkraft), Plattenschubkraft
N	Balkennormalkraft ($N > 0$: Zugkraft)
p	Flächenlast, Schalldruck
P	Kraft
q	Plattenquerkraft, Linienlast, Wärmemenge je Zeiteinheit
Q	Balkenquerkraft, Wärmemenge
r	radiale Polarkoordinate
R	Schalldämm-Maß
s	Bogenkoordinate
t	Deckschichtdicke, Zeit
T	Torsionssteifigkeit, Temperatur, Engeßerscher Knickmodul, Schubkraft
u	Verschiebung in x-Richtung
U	potentielle Energie
v	Verschiebung in y-Richtung, Schallschnelle
V	Volumen
V	Federenergie
w	Verschiebung in z-Richtung
W	Widerstandsmoment
W	Formänderungsenergie
x	kartesische Koordinate
y	kartesische Koordinate, allgemeine Funktion
z	kartesische Koordinate
Z	Schallwellenwiderstand

α	Wärmeübergangszahl
α_t	Temperaturausdehnungskoeffizient
γ	Schubwinkel
ε	Dehnung bzw. Stauchung
η	dimensionslose kartesische Koordinate, Verlustfaktor bei Schalldämpfung
ϑ	Torsionsdrehwinkel, Schalleinfallswinkel
λ	Wärmeleitzahl
Λ	Wärmedurchlaßzahl
μ	Balkenmasse je Längeneinheit, Plattenmasse je Flächeneinheit
ν	Querkontraktionszahl
ξ	dimensionslose kartesische Koordinate
Π	elastisches Potential
ϱ	dimensionslose radiale Polarkoordinate, Dichte
σ	Normalspannung
τ	Schubspannung
φ	Kriechmodul
ω	Kreisfrequenz

Zur näheren Erläuterung der Formelzeichen verwendete Indizes

a	außen, auftreffend (Schallwelle)
B	Bruch, Biegung, Biegewelle (Schall)
d	Druck, durchgelassen (Schallwelle)
D	Deckschicht, Dickenschwingung
F	Flächenpressung
i	innen
j	Numerierungsindex ($j = 1, 2, 3, \ldots$)
k	Numerierungsindex ($k = 1, 2, 3, \ldots$), knicken, knittern, kritisch
K	Kernschicht, Koinzidenz
L	Luft
m	mittel
M	vom Biegemoment herrührend, Mittelwert
o	obere Deckschicht
P	Proportionalitätsgrenze
Q	von der Querkraft herrührend
r	reflektiert (Schallwelle)
S	Schwerpunkt, Streckgrenze, Sandwichtragwirkung, Schub, Schubwelle (Schall)
T	Traglast
u	untere Deckschicht
V	Verbindung
W	Wand
x	x-Richtung
y	y-Richtung
z	z-Richtung
z	z-Richtung, Zug

1. Einleitung und allgemeiner Überblick

1.1. Begriffserklärung und Einleitung

Seit einiger Zeit finden im konstruktiven Ingenieurbau Sandwichtafeln in zunehmendem Maße Verwendung. Die Bezeichnung „Sandwich" soll zum Ausdruck bringen, daß es sich — ähnlich wie bei einem Sandwichbrot — um Gebilde aus mehreren miteinander verbundenen Schichten unterschiedlicher Eigenschaften handelt. Durch eine zweckmäßige Auswahl und Zusammensetzung der einzelnen Schichten können Verbundplatten mit hervorragenden statischen und konstruktiven Eigenschaften geschaffen werden. Die Idee der Sandwichbauweise ist alt, jedoch wurde erst durch die Luft- und Raumfahrt, wo Werkstoffe mit niedrigem Gewicht und hoher Festigkeit benötigt werden, der Anstoß zur intensiven Entwicklung dieser Leichtbauweise gegeben. Heute ist die Sandwichtechnik auch in andere technische Bereiche eingedrungen und wird vor allem im Bauwesen, im Fahrzeugbau und in der Kältetechnik angewendet.

Eine als tragendes Bauteil verwendete Sandwichtafel besteht in der Regel aus drei Schichten: den beiden außen liegenden Deckschichten und einer innen liegenden Kernschicht. Diese sind schub- und zugfest miteinander verbunden, um eine gemeinsame Tragwirkung des Mehrschichtensystems (Verbundtragwirkung) zu erreichen. Hinsichtlich der Querschnittsgeometrie, der Werkstoffe, der Belastung, des Grundrisses und der Lagerung unterscheidet man bei Sandwichtafeln die in Tab. 1.1 dargestellten Varianten; wie man aus ihr erkennt, gibt es eine große Vielfalt von Kombinationsmöglichkeiten. Die Deckschichten können z. B. aus Stahl, Aluminium, Leichtmetallegierungen, Holz, faserverstärktem Kunststoff, Beton oder Asbestbeton bestehen und die Kernschicht aus Kork, Gummi, Balsaholz, massivem Kunststoff (wie Polyäthylen), aufgeschäumtem Kunststoff (wie Polyurethanhartschaum) und strukturiertem Kunststoff oder aus Leichtmetall in wabenförmiger, stegförmiger, wellblechförmiger oder tubusförmiger Anordnung. Gemeinsam sind fast allen Sandwichtypen die dehnsteifen Deckschichten und der schubweiche Kern. Die große Dehnsteifigkeit der Deckschichten ergibt sich aus der Verwendung von Deckschichtmaterialien mit (im Vergleich zum Kern) sehr großem Elastizitätsmodul, und die geringe Schubsteifigkeit des Kerns ist eine Folge der Verwendung entweder von Vollkernen mit geringem Schubmodul des Kernmaterials oder von Hohlkernen mit zwar größerem Schubmodul, aber — wegen der durchbrochenen Struktur — geringer Querschnittsfläche des Kerns.

Tabelle 1.1. *Verschiedene Varianten von Sandwichtafeln*

Querschnittsgeometrie	Gesamtaufbau	Anzahl der Schichten	drei	beliebig
		Querschnittsverlauf	konstant	veränderlich
		Anordnung bzgl. Tafelmittelebene	symmetrisch	unsymmetrisch
	Deckschichten	Dicke	dünn (Membran)	dick (Platte)
		Homogenität	voll	hohl
		Struktur	isotrop	anisotrop (profiliert)
	Kernschicht	Dicke	dünn	dick
		Homogenität	voll	hohl
		Struktur	isotrop	anisotrop
Werkstoffe	Deckschichten	Zusammensetzung	gleich	verschieden
		Gerichtete Eigenschaften	isotrop	anisotrop
	Kernschicht	Steifigkeit (Gewicht)	klein (leicht)	groß (schwer)
		Gerichtete Eigenschaften	isotrop	anisotrop
Belastung	Sandwichtafel	Scheibe	Normalkräfte	Schubkräfte
		Platte	einseitig	beidseitig
Grundriß und Lagerung	Sandwichtafel	Balken	beidseitig gelenkig	einseitig eingespannt
		Rechteckplatte	allseitig gelenkig	teils eingespannt, teils frei
		Kreisplatte	gelenkig	eingespannt

1.2. Eigenschaften von Sandwichtafeln

Die Eigenschaften einer Sandwichtafel hängen wesentlich von ihrem Schichtaufbau ab. Gemeinsam sind den meisten Sandwichtafeln — aufgrund ihres leichten Kerns und der steifen, meist dünnen Deckschichten — die folgenden Eigenschaften und Vorzüge:

— hohe Tragfähigkeit bei geringem Gewicht;
— gute Dauerfestigkeit bei Wechselbeanspruchungen;
— gute Schalldämmung im Vergleich zu homogenen Platten gleichen Gewichts und gleicher Steifigkeit;
— gute Schalldämpfung bei Verwendung eines Kernwerkstoffes mit hohem Verlustfaktor;
— hervorragende Wärmedämmung;
— geringe Wärmespeicherung, d. h. geringe Energieverluste beim Aufheizen der Wände;
— absolute Wasser- und Dampfsperre bei metallischen Deckschichten;
— bei oberflächenveredelten Deckschichten Beständigkeit gegen Witterungseinflüsse und aggressive Industrieluft;
— Möglichkeit einer rationellen Massenproduktion;
— als Fertigteil für das Bauwesen problemlos, schnell und unabhängig von der Jahreszeit zu montieren.

1.3. Tragverhalten von Sandwichplatten

1.3.1. Schubtragwirkung der Kernschicht

Die einzelnen Schichten einer ebenen Sandwichplatte, z. B. mit zwei dünnen Deckschichten aus Stahl und einer Kernschicht aus Polyurethanhartschaum, haben für sich allein genommen eine nur sehr geringe Tragfähigkeit: Die beiden dünnen Deckbleche aus Stahl vermögen — als Balken auf mehreren Stützen gelagert — wegen ihrer geringen Biegesteifigkeit kaum ihr Eigengewicht zu tragen, und auch der allein aus der Kernschicht bestehende Balken ist wegen des niedrigen Elastizitätsmoduls von Polyurethanhartschaum sehr biegeweich. Werden nun aber Deckbleche und Kernschicht schub- und zugfest miteinander verbunden, so entsteht — infolge eines völlig veränderten Tragverhaltens des Systems — ein Sandwichbalken von großer Tragfähigkeit. Die Aufteilung der Schnittlasten in einem derartigen Sandwichbalken mit ebenen, dünnen Deckschichten geschieht in folgender Weise:
Da die Kernschicht gegenüber den Deckschichten nur eine sehr geringe Dehnsteifigkeit hat, übernehmen die Deckschichten praktisch allein das gesamte Biegemoment in Form eines Kräftepaares, also bei positivem Biegemoment Druck in der oberen und Zug in der unteren Deckschicht. Da andrerseits die Deckschichten wegen ihrer Dünnheit wie Membranen wirken und somit gegenüber der Kernschicht sehr schubweich sind, übernimmt der Kern praktisch allein die gesamte Querkraft. Der Kern wird also auf Schub

beansprucht und ermöglicht damit überhaupt erst die Verbundtragwirkung der Sandwichplatte. Die Verformungssteifigkeit einer Sandwichplatte wächst mit zunehmender Schubsteifigkeit des Kerns an.

Liegt nun ein Sandwichbalken mit dicken oder zwar dünnen, aber profilierten Deckschichten vor, dann kann deren Eigenbiegesteifigkeit gegenüber der Gesamtbiegesteifigkeit des Sandwichbalkens nicht mehr wie oben vernachlässigt werden, und daher verteilen sich auch die Schnittlasten anders: Ein Teil des gesamten Biegemoments und der gesamten Querkraft wird direkt von den beiden Deckschichten durch Eigenbiegung aufgenommen, und nur der verbleibende Rest wird durch Sandwichtragweise aufgenommen, also bei positivem Biegemoment durch Druck in der oberen und Zug in der unteren Deckschicht sowie Schub in der Kernschicht. Je größer die Eigenbiegesteifigkeit im Vergleich zur Gesamtbiegesteifigkeit des Sandwichbalkens ist, desto weniger kommt die eigentliche Sandwichtragwirkung zur Geltung, d. h. die Deckschichten übernehmen den größten Teil der Schnittlasten unmittelbar durch Eigenbiegung.

1.3.2. Stabilisierung der Deckschichten durch die Kernschicht

Die Kernschicht einer Sandwichtafel hat außer der Schubübertragung zwischen den Deckschichten noch eine zweite wichtige Funktion: Wegen der Dünnheit der Deckschichten ebener Sandwichplatten besteht im Biegedruckbereich der Platte die Gefahr des Ausbeulens für die druckbeanspruchte Deckschicht. Infolge der kraftschlüssigen Haftung zwischen Deckschichten und Kernschicht wird dieses Ausbeulen jedoch ganz erheblich behindert. Je steifer die Kernschicht ist, die sich für die Deckschicht wie eine stabilisierende elastische Bettung auswirkt, desto kürzer werden nach Überschreiten der kritischen Belastung die Beulwellen in der druckbeanspruchten Deckschicht, und um so größer wird damit die kritische Beulspannung, die man hier Knitterspannung nennt. Die Traglast einer Sandwichplatte wächst also mit zunehmender Steifigkeit des Kerns an.

Liegt nun eine Sandwichplatte mit zwar dünnen, aber profilierten Deckschichten vor, dann ergeben sich noch günstigere Verhältnisse: Zum Beispiel bei Verwendung trapezprofilierter Stahldeckbleche wird die Breite der Beulfelder, die sich bei ebenen Deckschichten entsprechend den Belastungsverhältnissen frei einstellen kann, durch die zahlreichen Längskanten an den Knickstellen der Trapeze zwangsweise begrenzt. Daher vergrößert sich die Knitterspannung gegenüber jener von ebenen Deckblechen, und zwar um so mehr, je schmaler die Beulfelder — also die Stegfelder und Flanschfelder der Trapezprofile — sind. Ähnlich günstig liegen die Verhältnisse bei andersartig profilierten Deckschichten.

1.3.3. Anforderungen an die Schichtverbindungen

Damit die Kernschicht ihre beiden Hauptaufgaben, nämlich Schubübertragung und Deckschichtstabilisierung, voll übernehmen kann, müssen die Verbindungen zwischen Deckschichten und Kernschicht eine ausreichende

Festigkeit haben. Als Verbindungsarten kommen — je nach Beschaffenheit der Deck- und Kernschichten — Verklebung, selbstbildende Haftung nach der Aufschäumung des Kerns, Verschweißung, Vernagelung, Verschraubung oder Verdübelung in Betracht. Die Verbindung muß den auftretenden Zug- und Schubkräften mit einem ausreichenden Sicherheitsbeiwert widerstehen können. Nach Möglichkeit soll die Schub- und Zugfestigkeit der Verbindung die Schub- und Zugfestigkeit des Kernmaterials übertreffen, damit die Traglast einer Sandwichplatte nicht durch die Güte der Verbindung bestimmt wird.

1.3.4. Versagensursachen bei Sandwichplatten

Wird eine auf Biegung beanspruchte Sandwichplatte bis zum Bruch belastet, so kann der Bruch aufgrund folgender Versagensursachen eintreten:

— Bruch einer der beiden Deckschichten infolge Überschreitens entweder der Zugfestigkeit der zugbeanspruchten Deckschicht oder der Druckfestigkeit der druckbeanspruchten Deckschicht;
— Bruch der druckbeanspruchten Deckschicht infolge Überschreitens ihrer Instabilitätsgrenze, d. h. Knittern der Deckschicht;
— Bruch der Kernschicht infolge Überschreitens der Schubfestigkeit des Kernmaterials;
— Bruch einer strukturierten Kernschicht infolge Überschreitens ihrer Instabilitätsgrenze, z. B. Ausbeulen der Stege eines Wabenkerns bei zu großer Schubbeanspruchung;
— Lösen der Verbindung zwischen Deckschichten und Kernschicht durch Abreißen, Abplatzen oder Abschälen infolge Überschreitens der Haftfestigkeit der Verbindung;
— starke örtliche Verformungen der dünnen Deckschichten infolge Einleitung von Punkt- oder Schneidenlasten.

Wegen der weichen Kernschicht erweist sich meistens das Knittern der druckbeanspruchten Deckschicht als die für die Bemessung der Sandwichplatten maßgebende Versagensursache.

1.3.5. Erhöhung der Tragfähigkeit von Sandwichplatten

Reicht die Tragfähigkeit einer Sandwichplatte mit ebenen, dünnen Deckschichten für bestimmte Zwecke nicht aus, so kann durch folgende Maßnahme eine Erhöhung der Tragfähigkeit erreicht werden:

— Verwendung profilierter statt ebener Deckschichten (z. B. Trapezprofile);
— Verwendung von Deckschichten, die im Biegedruckbereich der Sandwichplatte durch Rippen oder Stege ausgesteift sind;
— Verwendung von Kernschichten größerer Steifigkeit, um die Knitterspannung der Deckschichten zu erhöhen;
— Verwendung ebener Sandwichelemente, die zu großflächigen Faltwerken zusammengebaut werden;

— Verwendung gekrümmter Sandwichelemente, die zu einfach oder doppelt gekrümmten Schalen zusammengebaut werden; bei doppelt gekrümmten Schalen (z. B. Kugelschale) können infolge der räumlichen Tragwirkung (Überwiegen des Membranspannungszustandes gegenüber dem Biegespannungszustand) besonders große Flächen überspannt werden.

Gegebenenfalls lassen sich auch zwei der genannten Möglichkeiten zur Tragfähigkeitserhöhung kombinieren.

1.4. Festigkeitsberechnung von Sandwichplatten

Die Festigkeitsberechnung einer Sandwichplatte besteht aus zwei Teilen: der Berechnung der Spannungen und Verschiebungen infolge äußerer Belastung sowie der Berechnung der Instabilitätsgrenze, und zwar sowohl hinsichtlich Knicken bzw. Beulen des Gesamtsystems als auch hinsichtlich örtlichem Knittern der druck- und/oder schubbeanspruchten Deckschichten. Anschließend werden verschiedene Sicherheitsnachweise geführt.

1.4.1. Berechnung der Spannungen und Verschiebungen

Für die Berechnung der Spannungen und Verschiebungen einer Sandwichplatte unter der Einwirkung einer Querbelastung gibt es mehrere unterschiedlich genaue und aufwendige Theorien. Die exakte Berechnung einer ebenen Sandwichplatte mit homogener Kernschicht geht aus von der mathematischen Elastizitätstheorie für das räumliche, elastisch-orthotrope Kontinuum. Unter der Voraussetzung kleiner Verformungen werden die Gleichgewichtsbedingungen am unverformten und unverschobenen Element aufgestellt (Theorie erster Ordnung), und nach Elimination aller Größen zugunsten der Verschiebung erhält man die Laméschen Gleichungen. Diese sind getrennt für jede Schicht zu lösen und sämtliche Übergangsbedingungen zwischen den Schichten sowie die Oberflächenbedingungen und Randbedingungen der Platte sind zu befriedigen. Der Rechenaufwand ist erheblich, Lösungen sind bisher nur für die ringsum gelenkig gelagerte Rechteckplatte bekannt. Eine erste Vereinfachung der Rechnung ergibt sich dadurch, daß man gewisse Annahmen bezüglich des Verlaufes der Verschiebungen über die Plattendicke trifft, indem man für diese in jeder Schicht Polynome von bestimmtem Grade in z (der Richtung der Plattendicke) vorgibt. Hierauf aufbauend werden die Spannungen jeder einzelnen Schicht zu Spannungsresultierenden (Schnittlasten) zusammengefaßt, so daß die Gleichgewichtsbedingungen nur noch in der Integralform erfüllt werden. Weitere Vereinfachungen in den Differentialgleichungen der Sandwichplatte erhält man durch Vernachlässigen bestimmter Terme, indem man Unzusammendrückbarkeit der Sandwichplatte in Querrichtung sowie das Verschwinden aller Spannungen σ_z gegenüber den Spannungen σ_x und σ_y voraussetzt. Weiterhin können bei leichtem Kern die Spannungen σ_{xK}, σ_{yK} und τ_{xyK} in der Kernschicht gegenüber den entsprechenden Spannungen der Deckschichten vernachlässigt werden, und schließlich kann bei sehr dünnen Deckschichten ein Membranspannungszustand in diesen angenommen werden. Auch der Übergang von orthotropem zu isotropem Kern- und Deckschichtmaterial bringt eine Vereinfachung der Beziehungen. Der Rechnungsgang für alle genannten Vereinfachungsstufen ist in [1] ausführlich theoretisch und mit Beispielen behandelt.

Den soeben angedeuteten Berechnungsverfahren lagen durchweg kleine Verformungen der Sandwichplatte zugrunde; die Verzerrungen ließen sich linear durch die Verschiebungen ausdrücken, und als Folge ergab sich ein System linearer Differentialgleichungen (lineare Sandwichtheorie). Trifft diese Voraussetzung nicht zu, d. h. muß wegen großer Verformungen beispielsweise für die Dehnung ε_x statt $\varepsilon_x = \partial u / \partial x$ der nichtlineare Ausdruck

$$\varepsilon_x = \frac{\partial u}{\partial x} + \frac{1}{2}\left(\frac{\partial w}{\partial x}\right)^2$$

oder gar

$$\varepsilon_x = \frac{\partial u}{\partial x} + \frac{1}{2}\left[\left(\frac{\partial u}{\partial x}\right)^2 + \left(\frac{\partial v}{\partial x}\right)^2 + \left(\frac{\partial w}{\partial x}\right)^2\right]$$

berücksichtigt werden, dann erhält man ein System nichtlinearer Differentialgleichungen (nichtlineare Sandwichtheorie). Die Lösung dieses Systems ist ungleich schwieriger als die des linearen Systems. Lösungen in geschlossener Form kommen daher kaum in Betracht, vielmehr bietet sich z. B. die Methode der schrittweisen Näherungen an. Sandwichplatten mit großen Verformungen kommen vor allem in der Luftfahrt vor, im konstruktiven Ingenieurbau jedoch weniger. Die nichtlineare Sandwichtheorie wird daher im folgenden nicht weiter verfolgt.

1.4.2. Berechnung der Instabilitätsgrenze

Die Instabilitätsgrenze einer Sandwichplatte kann erreicht werden

- infolge Knickens oder Beulens des Gesamtsystems unter der Einwirkung von Druckkräften oder Schubkräften in der Ebene der Sandwichplatte,
- infolge örtlichen Knitterns der auf Druck oder Schub beanspruchten Deckschichten, sofern diese nur eine geringe Dicke haben, oder
- infolge örtlicher Instabilitäten der Zellenwände bei strukturierter Kernschicht.

Zur Berechnung der kritischen Belastung einer Sandwichplatte mit homogenem Kern könnte man theoretisch wiederum von der mathematischen Elastizitätstheorie für das räumliche, elastisch-orthotrope Kontinuum ausgehen. Dabei sind jedoch — im Gegensatz zu Abschnitt 1.4.1 — die Gleichgewichtsbedingungen am verformten und verschobenen Element aufzustellen (Theorie zweiter Ordnung); sämtliche Verformungen der Sandwichplatte sind aber trotzdem als hinreichend klein zu betrachten, so daß sich die Verzerrungen noch linear durch die Verschiebungen ausdrücken lassen (lineare Sandwichtheorie). Dieses Verfahren, das sowohl die Gesamtinstabilität der Sandwichplatte als auch die Instabilität infolge örtlichen

Deckschichtknitterns umfaßt, ist allerdings außerordentlich aufwendig und unübersichtlich, so daß es nur in Ausnahmefällen angewendet wird, vgl. z. B. [2]. Statt dessen begnügt man sich mit (zum Teil sehr genauen) Näherungslösungen und untersucht die Gesamtinstabilität sowie die Deckschichtinstabilität nach geeigneten Verfahren in jeweils gesonderten Rechnungsgängen.

Die Berechnung der Gesamtinstabilität einer Sandwichplatte mit homogenem Kern kann an eine der in Abschnitt 1.4.1 angedeuteten, vereinfachten linearen Sandwichtheorien anknüpfen. Man hat in den entsprechenden Differentialgleichungen nur

— die Querbelastung Null zu setzen sowie
— einige Terme hinzuzufügen, die den Einfluß der Normal- und Schubkräfte erfassen und aus den Gleichgewichtsbedingungen am verformten und verschobenen Sandwichelement folgen[1].

Nach Lösen dieser Differentialgleichungen und Erfüllen sämtlicher Randbedingungen erhält man eine Eigenwertgleichung, aus der die kritische Belastung für die Gesamtinstabilität ermittelt werden kann.

Zur Berechnung der Deckschichtinstabilität einer Sandwichplatte mit dünnen Deckschichten und homogenem Kern geht man — wie in Abschnitt 1.3.2 bereits erwähnt — davon aus, daß sich die im allgemeinen weiche Kernschicht für die Deckschichten wie eine elastische Bettung verhält. In einem ersten Rechnungsgang hat man also die Bettungsziffer der Kernschicht zu ermitteln, wobei die Kernschicht — ausreichende Dicke vorausgesetzt — als elastisch-orthotroper Halbraum anzusehen ist. Anschließend kann in einem zweiten Rechnungsgang die druck- und/oder schubbeanspruchte Deckschicht als Platte mit elastischer Bettung auf Beulung untersucht werden. Es ergeben sich Eigenwerte, aus denen die kritische Belastung für die Deckschichtinstabilität ermittelt werden kann.

Die Berechnung örtlicher Instabilitätserscheinungen der Zellenwände einer strukturierten Kernschicht (z. B. eines Wabenkerns) hängt wesentlich von der Art der Kernschichtstruktur ab; sie kann meist auf die Berechnung kleiner, schubbeanspruchter Plattenfelder zurückgeführt werden.

1.4.3. Sicherheitsnachweise

1.4.3.1. Festigkeitsnachweis der Deckschichten

Eine nur durch Querlasten beanspruchte Sandwichplatte (Biegung ohne Längskraft, Theorie erster Ordnung) hat in ihren Deckschichten Normalspannungen zur Folge, die an keiner Stelle einen bestimmten zulässigen Wert überschreiten dürfen. Dieser Wert hängt ab vom geforderten Sicherheitsbeiwert f_1 gegen Bruch sowie bei Zugbeanspruchung von der Zugfestigkeit σ_{zDB} des Deckschichtmaterials und bei Druckbeanspruchungen von der Druckfestigkeit σ_{dDB} des Deckschichtmaterials:

$$\operatorname{zul}\sigma_{zD} = \frac{\sigma_{zDB}}{f_1}, \quad \operatorname{zul}\sigma_{dD} = \frac{\sigma_{dDB}}{f_1}. \tag{1.1}$$

[1] Bei Zugrundelegung von Sandwichtheorien, die bereits für Biegung mit Längskraft nach der Theorie zweiter Ordnung aufgestellt wurden, sind diese Terme bereits vorhanden.

Bei Deckschichtmaterialien mit einer ausgeprägten Fließgrenze wie etwa Stahl tritt in (1.1) an die Stelle der Bruchfestigkeit die Fließspannung σ_{DF} (Streckgrenze σ_{DS}) bei gleichzeitig niedriger angesetztem Sicherheitsbeiwert f_1. Es sind also die Spannungsnachweise

$$_{\text{vorh}}\sigma_{zD} \leqq \text{zul}\ \sigma_{zD}, \quad _{\text{vorh}}\sigma_{dD} \leqq \text{zul}\ \sigma_{dD} \tag{1.2}$$

zu führen.

1.4.3.2. Stabilitätsnachweis der Deckschichten

Besteht bei Sandwichplatten mit dünnen Deckschichten im Druckbereich die Gefahr des Deckschichtknitterns, dann darf die vorhandene Deckschichtdruckspannung einen bestimmten zulässigen Knitterspannungswert nicht überschreiten. Dieser Wert hängt ab vom geforderten Sicherheitsbeiwert f_2 gegen Deckschichtknittern sowie von der kritischen Knitterspannung σ_{kD}:

$$_{\text{zul}}\sigma_{kD} = \frac{\sigma_{kD}}{f_2}. \tag{1.3}$$

Es ist also der Spannungsnachweis

$$_{\text{vorh}}\sigma_{dD} \leqq {}_{\text{zul}}\sigma_{kD} \tag{1.4}$$

zu führen.

1.4.3.3. Nachweis der Gesamtstabilität der Sandwichplatte

Besteht für eine Sandwichplatte, die nur durch Druck- und/oder Schubkräfte in ihrer Ebene[1] belastet ist, die Gefahr des Ausknickens oder Ausbeulens des Gesamtsystems, dann darf die vorhandene Belastung einen bestimmten zulässigen Wert nicht überschreiten. Dieser Wert hängt ab vom geforderten Sicherheitsbeiwert f_3 gegen Gesamtinstabilität des Systems sowie von der kritischen Belastung P_k; z. B. gilt bei einachsiger Druckbeanspruchung eines Sandwichbalkens für die Knicklast

$$_{\text{zul}}P_k = \frac{P_k}{f_3}. \tag{1.5}$$

Es ist also der Nachweis

$$_{\text{vorh}}P \leqq {}_{\text{zul}}P_k \tag{1.6}$$

zu führen.

1.4.3.4. Festigkeitsnachweis der Kernschicht und der Verbindungen zwischen den Schichten

Die in der Kernschicht vorhandene Schubspannung darf an keiner Stelle einen bestimmten zulässigen Schubspannungswert überschreiten. Dieser Wert hängt ab vom geforderten Sicherheitsbeiwert f_4 gegen Schubbruch sowie von der Schubfestigkeit τ_{KB} des Kernschichtmaterials bzw. der Haft-

[1] Also nicht durch Querlasten.

festigkeit τ_{VB} der Verbindung zwischen Kernschicht und Deckschichten — je nachdem, welcher der beiden Werte der kleinere und damit für die Schubbemessung der Sandwichplatte maßgebende ist:

$$ {}_{\text{zul}}\tau_K = \text{Min} \begin{cases} \tau_{KB} / f_4 \\ \tau_{VB} / f_4 \end{cases}. \tag{1.7} $$

Es ist also der Spannungsnachweis

$$ {}_{\text{vorh}}\tau_K \leqq {}_{\text{zul}}\tau_K \tag{1.8} $$

zu führen. Entsprechend dem in Abschnitt 1.3.3 Gesagten sollte möglichst $\tau_{VB} \geqq \tau_{KB}$ und damit die Bruchfestigkeit des Kerns für die Bemessung maßgebend sein.

1.4.3.5. Festigkeitsnachweis nach der Theorie zweiter Ordnung

Steht eine Sandwichplatte unter der gleichzeitigen Einwirkung von Querlasten (Biegung) und größeren Längsdruckkräften, so ist ein Sicherheitsnachweis nach der Theorie zweiter Ordnung zu führen: Zuerst ist die gesamte Quer- und Längsbelastung mit dem geforderten Sicherheitsbeiwert f_5 zu multiplizieren, und für diese erhöhten Lasten wird dann eine Spannungsberechnung nach der Theorie zweiter Ordnung durchgeführt. Die hieraus sich ergebenden Deckschichtdruckspannungen und Kernschichtschubspannungen dürfen die entsprechenden Bruchfestigkeiten nicht überschreiten. Es sind also die Spannungsnachweise

$$ \sigma_{dD} \leqq \sigma_{dDB}, \quad \tau_K \leqq \text{Min} \begin{cases} \tau_{KB} \\ \tau_{VB} \end{cases} \tag{1.9} $$

zu führen. Mit diesem Rechnungsgang, der von jenem bei Biegung ohne Längskraft[1] abweicht, wird die nichtlineare Abhängigkeit der Spannungen von der Längskraft berücksichtigt und die verlangte Bruchsicherheit bei einer Laststeigerung um den Faktor f_5 auch wirklich gewährleistet.

1.4.3.6. Sicherheitsnachweis gegen örtliche Überlastungen

An allen Lasteinleitungsstellen, Auflagern, Anschlüssen an die Unterkonstruktion und kraftschlüssigen Verbindungen zwischen verschiedenen Sandwichbauteilen dürfen keine örtlichen Überlastungen infolge punktförmiger Einzelkräfte oder linienförmiger Schneidenlasten auftreten. Zum Beispiel darf bei einem auf Druck beanspruchten Auflager die vorhandene Flächenpressung einen bestimmten zulässigen Wert nicht überschreiten. Dieser Wert hängt ab vom geforderten Sicherheitsbeiwert f_6 sowie von der Druckfestigkeit σ_{dKB} der Kernschicht:

$$ {}_{\text{zul}}\sigma_F = \frac{\sigma_{dKB}}{f_6}. \tag{1.10} $$

---

[1] Vgl. Abschnitt 1.4.3.1.

Es ist also der Flächenpressungsnachweis

$$_{\text{vorh}}\sigma_F \leqq {}_{\text{zul}}\sigma_F \tag{1.11}$$

zu führen.

1.5. Verhalten von Sandwichplatten gegenüber Schall, Wärme und Brand

1.5.1. Verhalten von Sandwichplatten gegenüber Schall

In der technischen Akustik wird zwischen Luftschall und Körperschall unterschieden. Die Verminderung des Luftschallpegels durch eine Bauplatte setzt sich aus zwei Effekten zusammen:

— der Schalldämmung, d. h. der Reflexion des Luftschalls von der Platte, und

— der Schalldämpfung, d. h. Absorption des Schalls im Innern der Platte durch Umwandlung von Schallenergie in Wärmeenergie.

Beim Körperschall hingegen, wo die Platte unmittelbar durch mechanische Einwirkungen zu Schwingungen angeregt wird, kommt nur die Schalldämpfung zum Tragen.

Die Schalldämmung einer homogenen Platte ist abhängig von der Masse (und damit vom Gewicht) sowie von der Biegesteifigkeit der Platte; sie ist um so besser, je größer die Masse und je kleiner die Biegesteifigkeit[1] ist. Auch bei Sandwichplatten hängt der Schalldämmeffekt von der Masse und der Biegesteifigkeit ab. Da Sandwichplatten meistens sehr leicht sind, können also hohe Schalldämmwerte nicht erwartet werden. Als Biegesteifigkeit wirkt aber in den meisten baupraktischen Fällen nicht die große Sandwichbiegesteifigkeit, sondern die Einzelbiegesteifigkeit der Deckschichten, die sehr klein ist. Sandwichplatten mit dünnen Deckschichten und leichter Kernschicht sind also schalltechnisch besser als gleichschwere homogene Platten. Bei sehr weichen (kompressiblen) Kernschichten kann allerdings durch eine Dickenschwingung eine deutliche Verringerung der Schalldämmung eintreten.

Die Schalldämpfung ist bei harten Stoffen wie den metallischen Deckschichten von Sandwichplatten gering, bei vielen Kunststoffen dagegen weitaus besser. Als Maß für die Schalldämpfung dient der Verlustfaktor; er ist klein bei Metallen (z. B. Stahl oder Aluminium) und groß bei Kunststoffen (z. B. Vinylacetat-Copolymerisaten). Bei Sandwichplatten kommt im allgemeinen nur die Schubdämpfung der Kernschicht zum Tragen (Verlustfaktor η_K). Sehr kleine η_K-Werte haben eine geringe Schalldämpfung zur Folge, aber auch sehr große η_K-Werte dämpfen den Körperschall u. U. nur wenig, weil die Kernschicht gegenüber schnellen Schwingungen so schub-

[1] Gilt allerdings nur, solange die Schallfrequenz die Koinzidenzfrequenz nicht wesentlich überschreitet.

verformungssteif ist, daß sie sich kaum verformt und daher auch keine Schallenergie vernichtet. Der optimale Verlustfaktor hängt vom Aufbau der Sandwichplatte ab und kann für jeden Frequenzbereich berechnet werden.

1.5.2. Wärmedämmung von Sandwichplatten

Die Wärmedämmung von Sandwichplatten mit dünnen Metalldeckschichten und dicker, leichter Kernschicht ist identisch mit der Wärmedämmung der Kernschicht; diese ist im allgemeinen sehr gut. Die Deckschichten schützen die Kernschicht gegen mechanische Beschädigungen, gegen den Eintritt von Wasser und Wasserdampf und verhindern bei Hartschaumkunststoffen (z. B. Polyurethanschaum), in deren Schäumzellen sich gut wärmeisolierende Gase wie Fluortrichlormethan oder Kohlendioxid befinden, das Diffundieren dieser Füllgase nach außen.

1.5.3. Brandverhalten von Sandwichplatten

Das Verhalten von Sandwichplatten mit metallischen Deckschichten (vor allem Stahl) und einer Kunststoffkernschicht bei hohen Temperaturen hängt in erster Linie von der Zusammensetzung der Kernschicht ab. Die unbrennbaren Metalldeckschichten schützen die Kernschicht vor dem direkten Zutritt der Flammen im Brandfall und verhindern eine Sauerstoffzufuhr. Es kommt daher meist nur zu einem langsamen Verkohlen der Kernschicht und nicht zu einem Verbrennen.

1.6. Herstellung von Sandwichtafeln

Im Rahmen dieses Buches wird nur die Herstellung von Sandwichtafeln mit Stahl- oder Aluminiumdeckschichten und einer Kunststoffkernschicht beschrieben. Der Herstellungsvorgang besteht aus der Verarbeitung der Deckschichten, der Verarbeitung der Kernschicht und dem Zusammenfügen der Schichten; die beiden letztgenannten Arbeitsgänge können bei einigen Kunststoffen auch in einem Arbeitsgang verlaufen. Die Auswahl des Fertigungsverfahrens hängt von der zu produzierenden Menge an Sandwichtafeln im Verhältnis zu den Lohn- und Kapitalkosten bei der Verarbeitung ab. Von besonderem Interesse für Sandwichbautafeln ist das Schäumen der Kernschicht mit Polyurethan zu einem Hartschaum; hierfür gibt es zwei Verfahren:

- das Taktverfahren, bei welchem einzelne Stücke in mehreren getrennten Arbeitstakten gefertigt werden, von denen einer der Schäumtakt ist;
- das kontinuierliche Verfahren, bei welchem ein endloses Sandwichband in einer kontinuierlich laufenden Anlage geschäumt wird.

Das Taktverfahren ist lohnintensiv und eignet sich bei geringer geforderter Menge an Sandwichtafeln; das kontinuierliche Verfahren hingegen ist kapitalintensiv und empfiehlt sich bei großer zu produzierender Menge.

1.7. Konstruieren von und mit Sandwichtafeln und Einsatzgebiete

Das Konstruieren eines Bauteils aus mehreren Werkstoffen wie z. B. einer Sandwichplatte ist eine Optimierungsaufgabe, bei welcher festigkeitstechnische, schalltechnische, wärmetechnische, brandtechnische und konstruktive Gesichtspunkte gleichzeitig zu berücksichtigen sind. Besondere Beachtung ist der Fügetechnik zu schenken, weil auch an den Verbindungsstellen der Einzelelemente die guten Sandwicheigenschaften weitgehend erhalten bleiben sollen, eine einfache Montage möglich sein muß und der Preis der Fuge, der den Gesamtpreis der Konstruktion maßgebend beeinflußt, erträglich bleiben soll. Sandwichtafeln mit ebenen Deckschichten werden im konstruktiven Ingenieurbau unter anderem als Fertigbauwände (Außenwände von Hallen und Innentrennwände), als Dachplatten, Lärmschutzverkleidungen, Halbzeug für zahlreiche Verwendungszwecke (vor allem in der Kältetechnik) und als Konstruktionselemente für Faltwerke und Schalentragwerke eingesetzt. Sandwichtafeln mit profilierten Deckschichten, bei denen Sandwichsteifigkeit und Profilsteifigkeit kombiniert werden, können für Wände, Dächer und Decken mit höheren Anforderungen an die Tragfähigkeit (z. B. bei großer Stützweite) verwendet werden.

1.8. Aufgabenstellung für die folgenden Kapitel

Die Festigkeitsberechnung von Sandwichplatten wird in den Kapiteln 2 bis 8 behandelt. Es werden technische Näherungstheorien entwickelt, die eine möglichst genaue, jedoch im Rechenaufwand erträgliche Berechnung gestatten und somit für die Praxis des konstruktiven Ingenieurbaus geeignet sind. Im einzelnen werden

— eine technische Biegetheorie für Sandwichbalken und Sandwichplatten,
— eine technische Torsionstheorie für Sandwichbalken sowie
— eine technische Instabilitätstheorie für Sandwichbalken und Sandwichplatten

entwickelt. Den Gütegrad dieser technischen Theorien, z. B. der Biegetheorie für Sandwichbalken, kann man durch folgende Proportion beschreiben: Es verhält sich die technische Biegetheorie für Sandwichbalken zur exakten Theorie ebenso wie die technische Balkenlehre für gewöhnliche Balken (Bernoullische Hypothese) zur Berechnung gewöhnlicher Balken nach der Scheibentheorie[1] für elastisch-isotropes Material. So wie in den meisten Fällen für gewöhnliche Balken die technische Balkenlehre völlig ausreichend ist, so erweisen sich auch die technischen Sandwichtheorien in fast allen Fällen des konstruktiven Ingenieurbaus als genau genug und ausreichend.

Zusätzlich zur Biegung, Torsion und Instabilität von Sandwichbauteilen werden an einigen Beispielen von Sandwichbalken

[1] Lösung z. B. mittels Airyscher Spannungsfunktionen.

- eine Berechnung von Temperaturverformungen und Temperaturspannungen,
- eine Berechnung der Eigenfrequenzen von Transversalschwingungen sowie
- eine Berechnung des Kriecheinflusses der Kernschicht auf Verformungen und Spannungen unter der Einwirkung von Dauerlasten

durchgeführt. Auch Sandwichbalken und Sandwichplatten mit strukturierter Kernschicht werden untersucht, ihre Berechnung wird mittels äquivalenter Schubsteifigkeiten auf solche mit homogener Kernschicht zurückgeführt. Das Schwergewicht liegt im folgenden

- mehr bei Sandwichtafeln mit dünnen als mit dicken Deckschichten,
- mehr bei Sandwichbalken als bei Sandwichplatten und
- mehr bei Biegung und Deckschichtinstabilität (Knittern) als bei Torsion, Gesamtinstabilität, Schwingungen, Temperaturverformungen und Kriechvorgängen.

Entsprechend dieser Gewichtung fällt der Umfang der Kapitel 2 bis 8 aus.

Um den Grad der Übereinstimmung zwischen Theorie und Praxis bei Sandwichbauteilen zu prüfen, sind Versuche erforderlich. In Kapitel 9 wird ein kurzer Überblick gegeben, wie Versuchsprogramme zweckmäßig aufzubauen sind; anschließend werden von einem speziellen Versuchsprogramm einige Ergebnisse mitgeteilt.

Da Sandwichbauteile integrierte Systeme sind, die nicht nur tragende, sondern auch schall- und wärmedämmende Funktionen haben, werden in Kapitel 10 bekannte Theorien der technischen Akustik und der Wärmedämmung speziell für Sandwichtafeln kurz dargestellt. Damit soll das Zusammenspiel aller Funktionen einer Bauweise hervorgehoben werden.

Bislang wurden im Ingenieurwesen das Konstruieren und die Fertigung oft als zwei getrennte Disziplinen behandelt. Eine rationelle Entwicklung von optimalen Sandwichbauteilen ist jedoch nur noch in enger Zusammenarbeit zwischen Konstruktions- und Fertigungsingenieuren möglich; in der Fertigungstechnik treffen außerdem noch die Zweige der Werkstoffverarbeitung und der chemischen Verfahrenstechnik zusammen. Nach der Beschreibung von Fertigungsverfahren in Kapitel 11 wird in Kapitel 12 die praktische Anwendung aller in den vorangehenden Kapiteln erworbenen Erkenntnisse auf das Entwerfen und Konstruieren von Sandwichbauteilen und Sandwichkonstruktionen dargestellt. Dies erfolgt an Beispielen, die sich in der Praxis bereits bewährt haben.

2. Biegung von Sandwichbalken mit ebenen, dünnen Deckschichten

2.1. Differentialgleichungen und Randbedingungen

2.1.1. Voraussetzungen

In diesem Kapitel werden die Durchsenkungen, Schnittlasten und Spannungen auf Biegung beanspruchter Sandwichbalken mit ebenen, dünnen Deckschichten berechnet. Der Begriff Durchsenkung wird im folgenden anstelle des geläufigeren Begriffes Durchbiegung verwendet, um zu veranschaulichen, daß die Gesamtverschiebung des Sandwichbalkens (die Durchsenkung) nicht nur aus einem Biegeanteil (der Durchbiegung), sondern auch aus einem Schubanteil (der Schubdurchsenkung) besteht. Folgende Voraussetzungen werden für die Berechnung im Kapitel 2 getroffen:

a) Hinsichtlich der Materialgesetze der Schichtenwerkstoffe

Das Material der Deckschichten ist linear elastisch, gehorcht also dem Hookeschen Gesetz. Die Kernschicht ist homogen, ihr Material gehorcht ebenfalls dem Hookeschen Gesetz. Sandwichplatten mit strukturierten (also nichthomogenen) Kernschichten werden später behandelt, ihre Berechnung kann leicht auf die von Sandwichplatten mit homogener Kernschicht zurückgeführt werden.

b) Hinsichtlich Anordnung und Beschaffenheit der Deckschichten

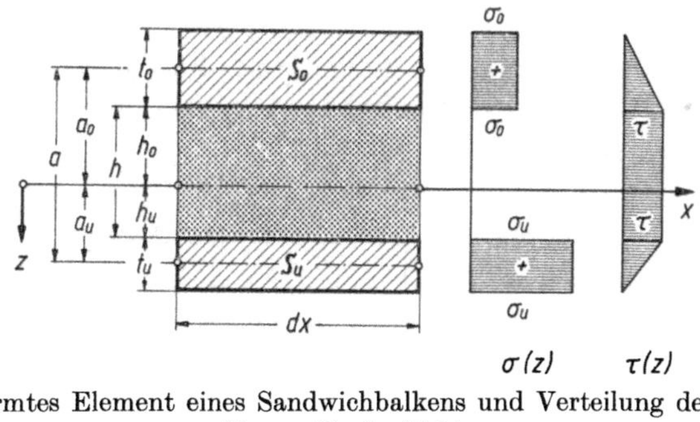

Abb. 1. Unverformtes Element eines Sandwichbalkens und Verteilung der Spannungen bei dünnen Deckschichten

Die (im allgemeinen unterschiedlichen) Deckschichten der Sandwichplatte sind eben, zueinander parallel und so dünn, daß ihre Eigenbiegesteifigkeit vernachlässigt werden kann. Es wird also ein Membranspannungszustand in den Deckschichten angenommen, d. h. die Normalspannungen verteilen sich konstant über die Deckschichten (vgl. Abb. 1). Aus der Gleichgewichtsbedingung der Kräfte in x-Richtung an einem Element der Deckschicht,

$$\frac{\partial \sigma_{xD}}{\partial x} + \frac{\partial \tau_{zxD}}{\partial z} = 0,$$

folgt daher — da $\partial \sigma_{xD} / \partial x$ hinsichtlich z konstant ist — durch Integration über z und Erfüllung der Randbedingungen, daß die Schubspannung $\tau_{zxD} = \tau_{xzD}$ in den Deckschichten linear vom Wert 0 an der jeweils äußeren Deckschichtoberfläche auf den Wert $\tau_{zxK} = \tau_{xzK}$ an der jeweiligen Grenze zur Kernschicht anwächst (vgl. Abb. 1). Schubverformungen γ_{xzD} der Deckschichten infolge dieser Schubspannungen τ_{xzD} bleiben jedoch wegen ihrer im Vergleich zum Kern großen Schubsteifigkeit und geringen Dicke unberücksichtigt.

c) Hinsichtlich der Beschaffenheit der Kernschicht

Der Elastizitätsmodul E_K der Kernschicht ist so klein gegenüber jenem der Deckschichten, daß die Normalspannungen σ_{xK} im Kern gegenüber den Normalspannungen σ_{xD} in den Deckschichten vernachlässigt werden können. Aus der Gleichgewichtsbedingung der Kräfte in x-Richtung an einem Element der Kernschicht,

$$\frac{\partial \sigma_{xK}}{\partial x} + \frac{\partial \tau_{zxK}}{\partial z} = 0,$$

folgt daher wegen $\sigma_{xK} \approx 0$ durch Integration über z, daß die Schubspannung $\tau_{zxK} = \tau_{xzK}$ im Kern über die gesamte Kernhöhe konstant ist (vgl. Abb. 1). Der Schubwinkel γ_{xzK} der Kernschicht infolge τ_{xzK}, der wegen der Schubweichheit des Kerns nicht vernachlässigt werden darf, ist daher ebenfalls über die gesamte Kernhöhe konstant (vgl. Abb. 2).

Andrerseits soll jedoch die Steifigkeit der Kernschicht noch groß genug sein, um eine größere Zusammendrückung der Sandwichplatte zu verhindern. Es wird daher Unzusammendrückbarkeit der Sandwichplatte in z-Richtung angenommen; die Kerndicke und alle von ihr abhängigen Querschnittswerte werden also als gleichbleibende, von der Belastung unabhängige Größen in die Rechnung eingeführt.

d) Hinsichtlich der Lagerung und Belastungsanordnung des Sandwichbalkens

Lagerung und Belastungsanordnung der Sandwichplatte erfolgen so, daß diese als eindimensionales Tragwerk, d. h. als Balken, berechnet werden kann. Sämtliche statischen Größen hängen demnach nur von einer Ortskoordinate, nämlich der Längenkoordinate x, ab.

e) Hinsichtlich der Belastung des Sandwichbalkens

Die Belastung des Sandwichbalkens besteht außer aus einer Querbelastung auch aus einer Längskraftbelastung; es werden also die Differentialgleichungen für die Theorie zweiter Ordnung aufgestellt. Alle Punkt- und Schneidenlasten sind über ausreichend große und steife Unterlagen in den Sandwichbalken einzuleiten, so daß keine größeren örtlichen Verformungen der betroffenen Deckschicht oder des gesamten Sandwichbalkens erfolgen. Die Querbelastung wird in der Rechnung als in der Schwerachse des Sandwichbalkens angreifend angenommen.

f) Hinsichtlich der Verformungen des Sandwichbalkens

Die Verformungen des Sandwichbalkens sind hinreichend klein, so daß lineare Zusammenhänge zwischen den Verzerrungs- und Verschiebungsgrößen bestehen (lineare Sandwichtheorie).

Da Verwechslungen im Kapitel 2 nicht möglich sind, werden hier zur Abkürzung in den Formelzeichen verschiedene Indizes weggelassen; es heißt z. B. σ statt σ_{xD}, τ statt $\tau_{xzK} = \tau_{zxK}$, γ_K statt γ_{xzK}, γ_1 statt γ_{xz1K} und γ_{2K} statt γ_{xz2K}. Warum der Index K zwar bei dem Schubwinkel γ_1 des Kerns, nicht aber bei den Schubwinkeln γ_K und γ_{2K} des Kerns weggelassen wird, geht aus Abb. 2 hervor: γ_K und γ bzw. γ_{2K} und γ_2 haben jeweils unterschiedliche Bedeutungen und werden beide in der Rechnung benötigt.

2.1.2. Differentialgleichungen für w und γ

2.1.2.1. Allgemeines

Zur Herleitung der für Sandwichbalken mit dünnen Deckschichten maßgebenden Differentialgleichungen der Biegung für w und γ wird folgender Rechnungsgang eingeschlagen: Zunächst werden die Zusammenhänge zwischen Verzerrungen und Verschiebungen ermittelt sowie die Materialgesetze für Deckschichten und Kern formuliert. Die in letzteren vorkommenden Spannungen werden sodann durch ihre Querschnittsresultierenden, die Schnittlasten, ersetzt und diese mittels der Verzerrungs-Verschiebungs-Relationen durch die Verschiebungen ausgedrückt. Durch Einsetzen dieser Beziehungen in die Gleichgewichtsbedingungen am Balkenelement ergeben sich dann die gesuchten Differentialgleichungen für w und γ. Die Rechnung wird zunächst für eine beliebige Bezugsachse des Sandwichbalkens begonnen. Im Verlaufe der Rechnung wird diese dann so festgelegt, daß die Ergebnisse eine möglichst einfache Form annehmen.

Ein weiterer Hinweis: Obwohl in diesem Kapitel nur Sandwichbalken mit dünnen Deckschichten behandelt werden, sind in Abb. 1 und Abb. 2 die Deckschichten im Vergleich zur Kernschicht sehr dick dargestellt. Diese verzerrte Darstellung wurde gewählt, um verschiedene Einzelheiten wie den Verlauf der Spannungen im Deckschichtenbereich (Abb. 1) sowie die Unterschiede zwischen γ_2 und γ_{2K} bzw. γ und γ_K (Abb. 2) deutlich zeigen zu können. Abb. 2 kann daher auch für alle Ableitungen des Kapitels 3 (Sandwichbalken mit dicken Deckschichten) verwendet werden.

2.1.2.2. Verzerrungen

a) Schubwinkel der Kernschicht

Der gesamte Schubwinkel (Gleitwinkel) der Kernschicht beträgt (vgl. Abb. 2)

$$\gamma_K = \gamma_1 + \gamma_{2K}. \tag{2.1}$$

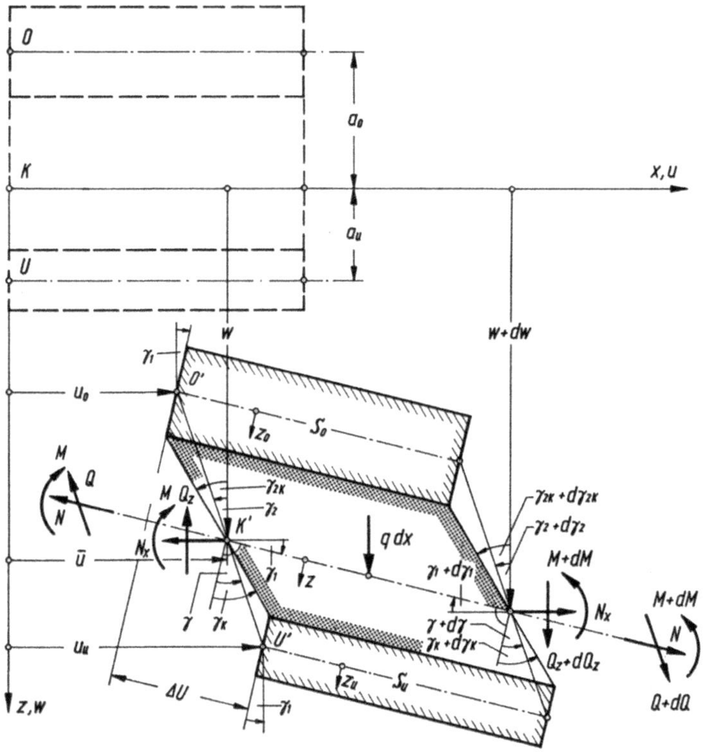

Abb. 2. Verschobenes und verformtes Element eines Sandwichbalkens

Für den Teilschubwinkel γ_1 der Kernschicht gilt

$$\gamma_1 = \frac{\mathrm{d}w}{\mathrm{d}x} = w'. \tag{2.2}$$

In der folgenden Rechnung erweist es sich als zweckmäßig, anstelle des Teilschubwinkels γ_{2K} und des Gesamtschubwinkels γ_K der Kernschicht die auf die Deckschichtschwerachse bezogenen Schubwinkel γ_2 und γ einzuführen:

$$\gamma = \gamma_1 + \gamma_2 = w' + \gamma_2. \tag{2.3}$$

Zwischen beiden Schubwinkeltypen besteht der Zusammenhang

$$\Delta U = a\gamma = h\gamma_K;$$

hieraus folgt sofort

$$\gamma = \frac{h}{a}\gamma_K, \quad \gamma_K = \frac{a}{h}\gamma \tag{2.4}$$

sowie unter Beachtung von (2.3) und (2.1)

$$\gamma_2 = \frac{h}{a}\,\gamma_K - w', \quad \gamma_{2K} = \frac{a}{h}\,\gamma - w'. \tag{2.5}$$

b) Dehnung der Deckschichten

Die Dehnungen der unteren und oberen Deckschicht betragen

$$\varepsilon_u = \frac{\mathrm{d}u_u}{\mathrm{d}x}, \quad \varepsilon_o = \frac{\mathrm{d}u_o}{\mathrm{d}x}. \tag{2.6}$$

Nimmt man aufgrund der getroffenen Voraussetzung dünner Deckschichten an, daß die Axialverschiebungen u_u bzw. u_o der Punkte innerhalb eines Deckschichtquerschnitts sich jeweils so wenig voneinander unterscheiden, daß sie durch die Werte u_U bzw. u_O des jeweiligen Deckschichtschwerpunktes ersetzt werden können, dann entnimmt man aus Abb. 2

$$\left.\begin{aligned} u_u &\approx u_U = \bar{u} + a_u \gamma_2, \\ u_o &\approx u_O = \bar{u} - a_o \gamma_2. \end{aligned}\right\} \tag{2.7}$$

In (2.7) bedeutet $\bar{u}$ die Axialverschiebung des Sandwichelements in der Höhe der Bezugsachse (Punkt K). Einsetzen von (2.7) in (2.6) liefert

$$\left.\begin{aligned} \varepsilon_u &\approx \varepsilon_U = \bar{u}' + a_u \gamma_2', \\ \varepsilon_o &\approx \varepsilon_O = \bar{u}' - a_o \gamma_2'. \end{aligned}\right\} \tag{2.8}$$

2.1.2.3. Materialgesetze

Das Hookesche Gesetz für die Schubverzerrungen der Kernschicht lautet

$$\tau = G\gamma_K; \tag{2.9}$$

führt man statt γ_K den Schubwinkel γ gemäß (2.4) ein, so folgt aus (2.9)

$$\tau = \frac{a}{h}\,G\gamma. \tag{2.10}$$

Das Hookesche Gesetz für die Dehnungen der Deckschichten, die aus unterschiedlichen Werkstoffen mit den Elastizitätsmoduln E_u bzw. E_o bestehen können, lautet

$$\sigma_u = E_u \varepsilon_u, \quad \sigma_o = E_o \varepsilon_o. \tag{2.11}$$

Im Falle einer völligen Querdehnungsbehinderung der Deckschichten ist statt E der modifizierte Elastizitätsmodul $E' = E/(1-\nu^2)$ in (2.11) einzusetzen. Wegen der Schubweichheit der Kernschicht, auch in Balkenquerrichtung, tritt jedoch eine Querdehnungsbehinderung der Deckschichten durch die Kernschicht im allgemeinen nicht ein.

2.1.2.4. Schnittlasten

a) Allgemeines

Die Schnittlasten eines Sandwichbalkens bestehen aus einem Schnittmoment (dem Biegemoment M) und zwei Schnittkräften (der Normalkraft und der Querkraft). Bei den Schnittkräften wird zwischen zwei Möglichkeiten der Richtungsfestlegung unterschieden (vgl. Abb. 2): Entweder sie werden — unabhängig von der Verformung und Verschiebung des Sandwichelements — parallel zur x- und z-Achse festgelegt (Normalkraft N_x und Querkraft Q_z) oder sie werden parallel zu den Kanten eines verformten und verschobenen Sandwichelements definiert (Normalkraft N und Querkraft Q). Das Vorzeichen der Normalkraft wird so festgelegt, daß diese als Zugkraft positiv ist. Der Zusammenhang zwischen beiden Schnittkrafttypen ergibt sich aus Abb. 3: Unter Beachtung, daß γ_1 und γ_2 kleine Winkel sind, gilt

$$N_x = N + Q\gamma_2, \quad Q_z = Q + N\gamma_1. \tag{2.12}$$

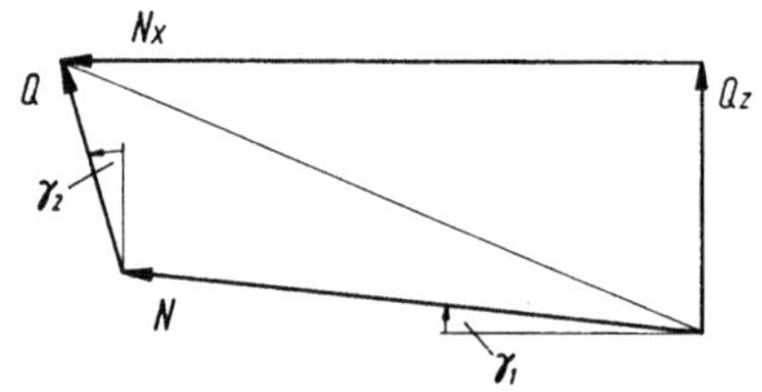

Abb. 3. Zusammenhang zwischen den Schnittkräften

Beachtet man hierin, daß im allgemeinen $|N| \gg Q$ ist[1], dann kann $Q\gamma_2$ gegenüber N vernachlässigt werden, und man erhält

$$N_x = N, \quad Q_z = Q + N\gamma_1. \tag{2.13}$$

Im Sonderfall $N = 0$ wird $Q_z = Q$, d. h. bei Rechnung nach der Theorie erster Ordnung entfällt die Unterscheidung in die beiden Querkrafttypen Q_z und Q.

b) Querschnittsresultierende der Spannungen

Die Schnittlasten ergeben sich durch Integration über den Gesamtquerschnitt als resultierende Kraft bzw. als resultierendes Moment der Deckschichtnormalspannungen bzw. der Kernschubspannungen (vgl. Abb. 1):

$$\left.\begin{aligned} N &= \int_{(F)} \sigma \, \mathrm{d}F = b(t_u\sigma_u + t_o\sigma_o), \\ M &= \int_{(F)} \sigma z \, \mathrm{d}F = b(t_u a_u \sigma_u - t_o a_o \sigma_o), \\ Q &= \int_{(F)} \tau \, \mathrm{d}F = b a \tau. \end{aligned}\right\} \tag{2.14}$$

c) Schnittlast-Verschiebungs-Beziehungen

Durch Einsetzen von (2.8) in (2.11) erhält man

$$\left.\begin{aligned} \sigma_u &\approx \sigma_U = E_u(\bar{u}' + a_u\gamma_2'), \\ \sigma_o &\approx \sigma_O = E_o(\bar{u}' - a_o\gamma_2'). \end{aligned}\right\} \tag{2.15}$$

---

[1] Andernfalls brauchte nicht nach Theorie zweiter Ordnung gerechnet zu werden, d. h. die Normalkraft könnte bei der Berechnung der Biegung unberücksichtigt bleiben.

(2.10) und (2.15) werden nunmehr in (2.14) eingesetzt; führt man dabei die Dehnsteifigkeiten der Deckschichten,

$$D_u = E_u b t_u = E_u F_u, \quad D_o = E_o b t_o = E_o F_o, \quad D = D_u + D_o, \tag{2.16}$$

die Schubsteifigkeit der Kernschicht,

$$A = G \frac{b a^2}{h}, \tag{2.17}$$

sowie die auf die gewählte Bezugsachse bezogene Sandwichbiegesteifigkeit

$$B_S = D_u a_u^2 + D_o a_o^2 \tag{2.18}$$

ein, dann ergibt sich für die Schnittlasten

$$\left.\begin{aligned} N &= (D_u a_u - D_o a_o)\gamma_2' + D\bar{u}', \\ M &= (D_u a_u - D_o a_o)\,\bar{u}' + B_S \gamma_2', \\ Q &= A\gamma. \end{aligned}\right\} \tag{2.19}$$

Wählt man nun die Bezugsachse derart, daß obige Beziehungen möglichst einfach werden, dann hat man den Klammerausdruck vor $\bar{u}'$ bei M bzw. vor γ_2' bei N null zu setzen. Aus den beiden Gleichungen

$$D_u a_u - D_o a_o = 0, \quad a_u + a_o = a$$

erhält man leicht

$$a_u = \frac{D_o}{D} a, \quad a_o = \frac{D_u}{D} a; \tag{2.20}$$

das sind aber gerade die Abstände der Einzelschwerachsen der Deckschichten von der aus D_u und D_o berechneten Gesamtschwerachse. Als Bezugsachse des Sandwichbalkens wird daher zweckmäßigerweise die Gesamtschwerachse gewählt. Die Biegesteifigkeit des Sandwichbalkens gemäß (2.18) ergibt sich damit unter Beachtung von (2.20) zu

$$B_S = \frac{D_u D_o}{D} a^2. \tag{2.21}$$

Unter Beachtung von (2.20) und (2.3) vereinfachen sich die Beziehungen (2.19) zu

$$\left.\begin{aligned} N &= D\bar{u}', \\ M &= B_S \gamma_2' = B_S(\gamma' - w''), \\ Q &= A\gamma. \end{aligned}\right\} \tag{2.22}$$

Die zweite und dritte der Gleichungen (2.22) entsprechen einer Biege- und Schubverformung des Sandwichbalkens, während die erste Gleichung einer reinen axialen Dehnung bzw. Stauchung entspricht und im folgenden nicht weiter interessiert, da nur Biegung von Sandwichbalken untersucht werden soll.

2.1.2.5. Gleichgewichtsbedingungen am Balkenelement

Die Gleichgewichtsbedingungen $\Sigma M_y = 0$ und $\Sigma P_z = 0$ am verformten Balkenelement liefern die folgenden Beziehungen (vgl. Abb. 2):

a) Bei Zugrundelegung der Schnittlasten M, N_x und Q_z:

$$\left.\begin{aligned} \frac{\mathrm{d}M}{\mathrm{d}x} - Q_z + N_x w' &= 0, \\ \frac{\mathrm{d}Q_z}{\mathrm{d}x} + q &= 0. \end{aligned}\right\} \tag{2.23}$$

b) Bei Zugrundelegung der Schnittlasten M, N und Q:

$$\left.\begin{aligned} \frac{\mathrm{d}M}{\mathrm{d}x} - Q &= 0, \\ \frac{\mathrm{d}Q}{\mathrm{d}x} + q + N w'' &= 0. \end{aligned}\right\} \tag{2.24}$$

Der Term Nw'' in der zweiten Gleichung (2.24) rührt daher, daß die tangential zur Schwerachse des Sandwichbalkens gerichtete Normalkraft N im Bereich des Balkenelements um den Winkel $\mathrm{d}\gamma_1$ gedreht wird. Hierdurch entsteht eine Umlenkkraft $N\,\mathrm{d}\gamma_1$ bzw. wegen $\mathrm{d}\gamma_1 = w''\mathrm{d}x$ von $Nw''\mathrm{d}x$, die zur Querbelastung $q\,\mathrm{d}x$ hinzukommt.

2.1.2.6. Differentialgleichungen für w und γ

Setzt man die zweite und dritte der Gleichungen (2.22) in die Gleichgewichtsbedingungen (2.24) ein, so erhält man unter der Voraussetzung konstanter (d. h. von x unabhängiger) Querschnittswerte B_S und A

$$B_S(\gamma'' - w''') - A\gamma = 0, \quad A\gamma' + Nw'' = -q. \tag{2.25}$$

Entkoppelt man diese beiden Differentialgleichungen unter der Voraussetzung, daß auch die Längskraft N konstant ist, so erhält man

$$\left.\begin{aligned} \left(1 + \frac{N}{A}\right) w^{\mathrm{IV}} - \frac{N}{B_S} w'' &= + \frac{q}{B_S} - \frac{q''}{A}, \\ \left(1 + \frac{N}{A}\right) \gamma'' - \frac{N}{B_S}\gamma &= - \frac{q'}{A}. \end{aligned}\right. \tag{2.26}$$

Das sind die gesuchten Differentialgleichungen für w und γ bei Rechnung nach der Theorie zweiter Ordnung. Ihre Lösungen erfüllen natürlich auch die unentkoppelten Differentialgleichungen (2.25), woraus sich gewisse Zusammenhänge zwischen den Integrationskonstanten in den Lösungen für w und γ der beiden Differentialgleichungen (2.26) ergeben.

2.1.2.7. Sonderfall: Keine Längskraftbelastung

Ist keine Normalkraft im Sandwichbalken vorhanden ($N = 0$, Theorie erster Ordnung), dann ergeben sich aus (2.25) und (2.26) die Differentialgleichungen

$$w^{\mathrm{IV}} = +\frac{q}{B_S} - \frac{q''}{A}, \quad \gamma' = -\frac{q}{A}. \tag{2.27}$$

Statt (2.27) kann — wie durch Integration folgt oder aus (2.22) ersichtlich ist — auch

$$w'' = -\frac{M}{B_S} + \frac{Q'}{A}, \quad \gamma = +\frac{Q}{A} \tag{2.28}$$

geschrieben werden. Die Beziehungen (2.28) sind zur Berechnung von w und γ nur bei statisch bestimmt gelagerten Sandwichbalken geeignet, weil nur hier M und Q von vornherein bekannt sind: Sie ergeben sich nämlich aus den Gleichgewichtsbedingungen am Balken und sind leicht zu berechnen. Bei statisch unbestimmt gelagerten Sandwichbalken dagegen sind zur Berechnung von M und Q außer den Gleichgewichtsbedingungen auch noch Verformungsrandbedingungen erforderlich; die Verformungen w und γ sind aber nicht von vornherein bekannt. Daher muß in diesem Fall auf die Beziehungen (2.27) zurückgegriffen werden, die M und Q nicht explizit enthalten.

2.1.3. Methode der Partialdurchsenkungen

Der Verformungszustand eines Sandwichbalkens kann statt durch die Verschiebungsgrößen w (Gesamtdurchsenkung) und γ (Schubwinkel) auch noch durch zwei andere Verschiebungsgrößen beschrieben werden, nämlich durch die Größen w_M und w_Q, die durch die Beziehungen

$$w_M' = -\gamma_2, \quad w_Q' = \gamma \tag{2.29}$$

definiert werden. Einsetzen von (2.29) und (2.2) in (2.3) liefert nach Integration[1]

$$w = w_M + w_Q. \tag{2.30}$$

Mittels (2.30) wird die Gesamtdurchsenkung w also in die beiden Anteile w_M und w_Q aufgespalten; man nennt sie Partialdurchsenkungen. Ihr Zusammenhang mit den Schnittlasten des Sandwichbalkens ergibt sich durch Einsetzen von (2.29) in (2.22) zu

$$M = -B_S w_M'', \quad Q = A w_Q'. \tag{2.31}$$

Aus (2.31) sind sofort Herkunft und physikalische Bedeutung der Partialdurchsenkungen ersichtlich: w_M wird durch das Biegemoment M aufgrund der Biegeverformbarkeit der Sandwichplatte (Biegesteifigkeit B_S) verursacht und w_Q durch die Querkraft Q aufgrund der Schubverformbarkeit der Sandwichplatte (Schubsteifigkeit A); man bezeichnet daher w_M als Biegemomentenanteil oder Biegeanteil und w_Q als Querkraftanteil oder Schubanteil der Gesamtdurchsenkung w.

Die zur Berechnung der Partialdurchsenkungen maßgebenden Differentialgleichungen erhält man entweder durch Einsetzen von (2.30) und (2.31)

[1] Die hierbei auftretende Integrationskonstante sei in den Ausdruck $w_M + w_Q$ mit einbezogen.

in die Gleichgewichtsbedingungen (2.24) oder durch Einsetzen von (2.29) und (2.30) in die Differentialgleichungen (2.25). Unter der Voraussetzung konstanter Querschnittswerte B_S und A ergibt sich

$$\left.\begin{aligned} B_S w_M''' + A w_Q' &= 0, \\ (A+N) w_Q'' + N w_M'' &= -q. \end{aligned}\right\} \tag{2.32}$$

Entkoppelt man diese beiden Differentialgleichungen unter der Voraussetzung, daß auch die Längskraft N konstant ist, so erhält man

$$\left.\begin{aligned} \left(1+\frac{N}{A}\right) w_M^{\mathrm{IV}} - \frac{N}{B_S} w_M'' &= +\frac{q}{B_S}, \\ \left(1+\frac{N}{A}\right) w_Q''' - \frac{N}{B_S} w_Q' &= -\frac{q'}{A}. \end{aligned}\right\} \tag{2.33}$$

Die Lösungen der beiden entkoppelten Differentialgleichungen (2.33) für w_M und w_Q erfüllen natürlich auch die unentkoppelten Differentialgleichungen (2.32), woraus sich gewisse Zusammenhänge zwischen den Integrationskonstanten in den Lösungen für w_M und w_Q der Differentialgleichungen (2.33) ergeben.

Wichtiger Sonderfall: Im Fall $N=0$ liefert (2.33)

$$w_M^{\mathrm{IV}} = +\frac{q}{B_S}, \quad w_Q'' = -\frac{q}{A}; \tag{2.34}$$

statt (2.34) kann auch — wie durch Integration folgt oder aus (2.31) ersichtlich ist —

$$w_M'' = -\frac{M}{B_S}, \quad w_Q' = +\frac{Q}{A} \tag{2.35}$$

geschrieben werden. Zur Frage, wann jeweils welche der Beziehungen (2.34) oder (2.35) zweckmäßig sind, gilt Entsprechendes wie am Schluß von Abschnitt 2.1.2.7.

2.1.4. Rand- und Zwischenbedingungen

2.1.4.1. Randbedingungen

Bei Integration der Differentialgleichungen (2.26) für w und γ bzw. (2.33) für w_M und w_Q ergeben sich in deren Lösungen willkürliche Integrationskonstanten; ihre Berechnung erfolgt mit Hilfe der Lagerungsbedingungen an den Enden des Sandwichbalkens (Randbedingungen). Eine Zusammenstellung der wichtigsten Lagerungsarten an den Balkenenden samt zugehöriger Bedingungsgleichungen wird für Sandwichbalken mit ebenen, dünnen Deckschichten in Tab. 2.1 angegeben. Die dort in Spalte I gezeigten Bilder der verschiedenen Auflagertypen sind nur symbolische Darstellungen. Zum Beispiel darf bei einem gelenkigen Auflager (Zeile 1, 5 oder 6) die Auflagerkraft A nicht einfach als punktförmige Einzelkraft am Sandwichbalken angreifen, sondern muß über eine Unterlage der Breite c als Flächenbelastung $p=A/bc$

Tabelle 2.1. *Randbedingungen von Sandwichbalken mit ebenen, dünnen Deckschichten*

	I	II	III	IV	V
	Lagerungsarten		Bedingungsgleichungen		
	Bild	Bezeichnung	Ausgedrückt durch Verschiebungen und Schnittlasten	Ausgedrückt durch w und γ	Ausgedrückt durch Partialdurchsenkungen w_M und w_Q
1	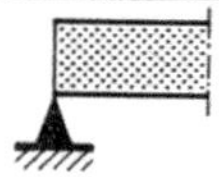	Gelenkiges Auflager	$w=0$ $M=0$	$w=0$ $\gamma'-w''=0$	$w_M+w_Q=0$ $w_M''=0$
2	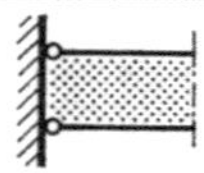	Starre Einspannung	$w=0$ $\gamma_2=0$	$w=0$ $\gamma-w'=0$	$w_M+w_Q=0$ $w_M'=0$
3	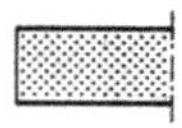	Freies Balkenende	$M=0$ $Q=0$	$\gamma'-w''=0$ $\gamma=0$	$w_M''=0$ $w_Q'=0$
4	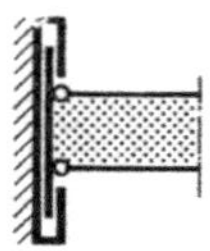	Vertikal geführte Einspannung	$\gamma_2=0$ $Q=0$	$w'=0$ $\gamma=0$	$w_M'=0$ $w_Q'=0$
5	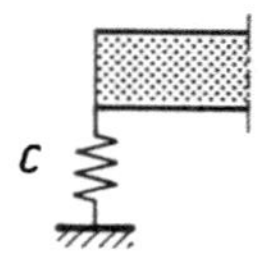	Wegelastisches gelenkiges Auflager	$w=Q/c$ $M=0$	$w=A\gamma/c$ $\gamma'-w''=0$	$w_M+w_Q=A w_Q'/c$ $w_M''=0$
6	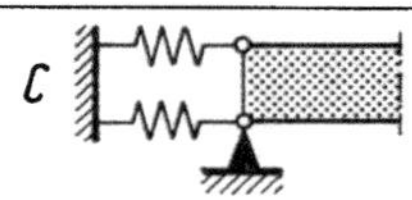	Drehelastische Einspannung	$w=0$ $\gamma_2=M/C$	$w=0$ $\gamma-w'=B_S(\gamma'-w'')/C$	$w_M+w_Q=0$ $w_M'=B_S w_M''/C$

in den Balken eingeleitet werden (vgl. Abb. 4). Diese darf eine durch die Druckfestigkeit des Kerns bestimmte höchstzulässige Flächenpressung nicht überschreiten (vgl. hierzu Abschnitt 1.4.3.6). Oder es muß bei einer Einspannung (Zeile 2, 4 oder 6) das Einspannmoment M über eine geeignete Randversteifung des Sandwichbalkens als Normalkraftpaar $P_x = M/a$ unmittelbar in die beiden Deckschichten eingeleitet werden (vgl. Abb. 4).

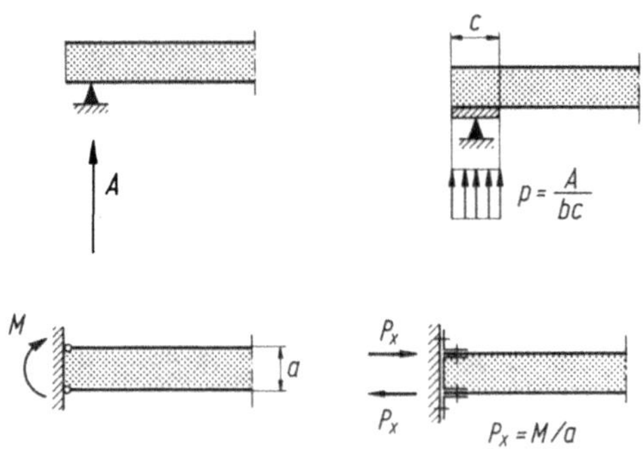

Abb. 4. Lasteinleitung am Auflager

Auf die Werte aller statischen Größen (Schnittlasten und Verformungen) wirkt sich — nach dem De St. Vénantschen Prinzip[1] — die im Lasteinleitungsbereich vorhandene Verteilung der Auflagerlasten A und M in gewissem Abstand vom Auflager nicht mehr aus, sondern es kommt nur noch auf die statische Resultante der Auflagerlasten an. Die in den Spalten IV und V der Tab. 2.1 angegebenen, durch w und γ bzw. w_M und w_Q ausgedrückten Randbedingungsgleichungen ergeben sich aus jenen der Spalte III mit Hilfe der Beziehungen (2.3) und (2.22) bzw. (2.29), (2.30) und (2.31).

An jedem Balkenende eines Sandwichbalkens mit ebenen, dünnen Deckschichten sind zwei Randbedingungen zu erfüllen, am Gesamtbalken also zusammen vier. Die Anzahl der Gleichungen stimmt demnach überein mit der Ordnung der Differentialgleichung (2.26) für w bzw. (2.33) für w_M, so daß alle Integrationskonstanten mit Hilfe der Randbedingungsgleichungen berechnet werden können. Bei voneinander unabhängiger Integration der beiden Differentialgleichungen (2.26) bzw. (2.33) ergeben sich zunächst zwar mehr als vier Integrationskonstanten in den Ausdrücken für w und γ bzw. w_M und w_Q; unter Berücksichtigung der ersten Gleichung (2.25) bzw. (2.32) können jedoch durch Einsetzen gewisse Zusammenhänge zwischen den Integrationskonstanten ermittelt werden, so daß letztlich vier unbekannte Konstanten für die Randbedingungsgleichungen übrigbleiben. Einzelheiten hierzu sind z. B. aus dem Berechnungsbeispiel in Abschnitt 2.2.4 ersichtlich.

Geht man im Falle eines statisch bestimmt gelagerten Sandwichbalkens ohne Längskraft von den Beziehungen (2.28) bzw. (2.35) statt (2.27) bzw. (2.34) aus, dann sind nur noch zwei statt vier Randbedingungen zu erfüllen.

[1] Vgl. etwa [3], § 15.1.

Der Grund liegt darin, daß bei der Integration der Gleichungen (2.27) bzw. (2.34) für $N=0$ bereits die beiden Schnittlastrandbedingungen befriedigt wurden, so daß nur noch zwei Verformungsrandbedingungen übrigbleiben.

2.1.4.2. Zwischenbedingungen

Im Bereich zwischen den beiden Balkenenden können gewisse Bedingungen hinsichtlich der Verschiebungsmöglichkeiten des Sandwichbalkens (Zwischenbedingungen) vorgegeben sein, etwa derart, daß

— bestimmte Einschränkungen der Verschiebungsmöglichkeiten des Sandwichbalkens infolge Anbringens äußerer „Fesseln" erzwungen werden (z. B. durch Zwischenstützen oder vertikal geführte Zwischeneinspannungen) oder daß

— zusätzliche Verschiebungsmöglichkeiten des Sandwichbalkens infolge Zerschneidens innerer „Fesseln" vorliegen (z. B. durch Biegemomentengelenke oder Querkraftgelenke).

An jeder Zwischenbedingungsstelle tritt eine zunächst unbekannte Sprunggröße[1] auf; andrerseits kann an jeder Zwischenbedingungsstelle eine Bedingungsgleichung aufgestellt werden. Es stehen also stets ebenso viele Zwischenbedingungsgleichungen wie unbekannte Sprunggrößen zur Verfügung. Eine Zusammenstellung der wichtigsten Zwischenbedingungen samt zugehöriger Bedingungsgleichungen für Sandwichbalken mit ebenen, dünnen Deckschichten wird in Tab. 2.2 angegeben. Ein Beispiel findet man in Abschnitt 2.2.5.

2.1.5. Spannungen im Sandwichbalken

Hat man die Verschiebungen w und γ aus (2.26) bzw. w_M und w_Q aus (2.33) unter Berücksichtigung der Rand- und Zwischenbedingungen berechnet, so kann man das Biegemoment M und die Querkraft Q des Sandwichbalkens mit Hilfe von (2.22) bzw. (2.31) ermitteln. Speziell bei statisch bestimmt gelagerten Sandwichbalken können M und Q auch ohne den Umweg über die Verschiebungen unmittelbar aus den Gleichgewichtsbedingungen berechnet werden. Mit M und Q lassen sich auch die Spannungen berechnen: Auflösen der Beziehungen (2.22) nach den Verformungsgrößen und Einsetzen in (2.15) bzw. in (2.10) liefert für die Deckschichtnormalspannungen und die Kernschubspannungen nach kurzer Rechnung unter Beachtung von (2.16), (2.17), (2.20) und (2.21) die Gleichungen

$$\left.\begin{aligned} \sigma_u &= \frac{1}{F_u}\left(\frac{D_u}{D}N + \frac{1}{a}M\right), \\ \sigma_o &= \frac{1}{F_o}\left(\frac{D_o}{D}N - \frac{1}{a}M\right), \\ \tau &= \frac{Q}{ab}. \end{aligned}\right\} \qquad (2.36)$$

[1] Sprunggröße = Schnittlast- oder Verformungsgröße unmittelbar rechts neben der Zwischenbedingungsstelle minus Schnittlast- oder Verformungsgröße links neben der Zwischenbedingungsstelle, z. B. $\Delta Q = Q_r - Q_l$ oder $\Delta w = w_r - w_l$.

Tabelle 2.2. *Zwischenbedingungen bei Sandwichbalken mit ebenen, dünnen Deckschichten*

	I	II	III	IV	V	VI
	Zwischenbedingungen			Bedingungsgleichungen		
	Bild	Bezeichnung	Sprunggröße	Ausgedrückt durch Verschiebungen und Schnittlasten	Ausgedrückt durch w und γ	Ausgedrückt durch Partialdurchsenkungen w_M und w_Q
1	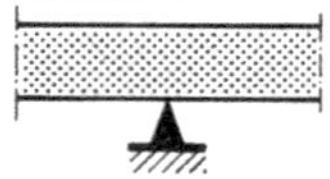	Starre Zwischenstütze	Querkraftsprung $\Delta Q = Q_r - Q_l$ (Auflagerkraft)	$w = 0$	$w = 0$	$w_M + w_Q = 0$
2	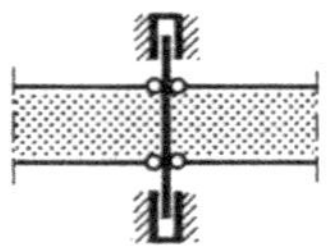	Vertikal geführte Zwischeneinspannung	Biegemomentensprung $\Delta M = M_r - M_l$ (Einspannmoment)	$\gamma_2 = 0$	$\gamma - w' = 0$	$w_M' = 0$
3	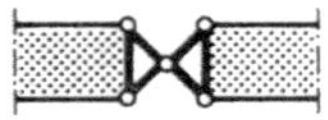	Biegemomentengelenk	Winkelsprung $\Delta\gamma_2 = \gamma_{2r} - \gamma_{2l}$	$M = 0$	$\gamma' - w'' = 0$	$w_M'' = 0$
4	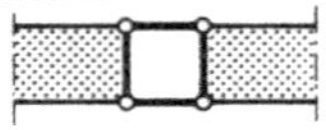	Querkraftgelenk	Verschiebungssprung $\Delta w = w_r - w_l$	$Q = 0$	$\gamma = 0$	$w_Q' = 0$
5	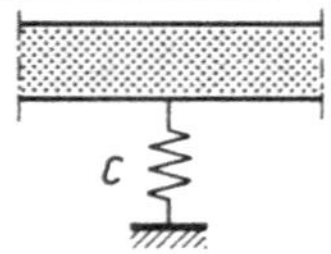	Wegelastische Zwischenstütze	Querkraftsprung $\Delta Q = Q_r - Q_l$ (Auflagerkraft)	$w = \frac{\Delta Q}{c}$	$w = \frac{\Delta Q}{c}$	$w_M + w_Q = \frac{\Delta Q}{c}$
6	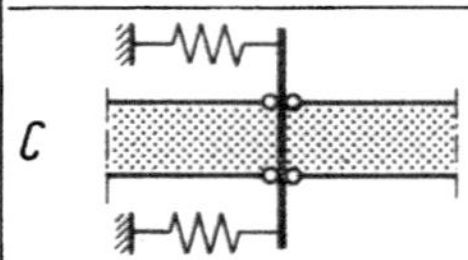	Drehelastische Zwischeneinspannung	Biegemomentensprung $\Delta M = M_r - M_l$ (Einspannmoment)	$\gamma_2 = \frac{\Delta M}{C}$	$\gamma - w' = \frac{\Delta M}{C}$	$w_M' = \frac{\Delta M}{C}$

Im Sonderfall gleichdicker Deckschichten ($F_u = F_o = F$) mit gleichem Elastizitätsmodul ($E_u = E_o = E$) vereinfachen sich die ersten beiden Gleichungen (2.36) zu

$$\sigma_{u,o} = \frac{1}{F}\left(\frac{N}{2} \pm \frac{M}{a}\right). \tag{2.37}$$

2.2. Beispiele querbelasteter Sandwichbalken

2.2.1. Einseitig eingespannter Sandwichkragbalken

2.2.1.1. Beliebige Querbelastung $q(x)$

Es wird die Methode der Partialdurchsenkungen verwendet. Da das System statisch bestimmt gelagert ist (vgl. Abb. 5), kann von den Be-

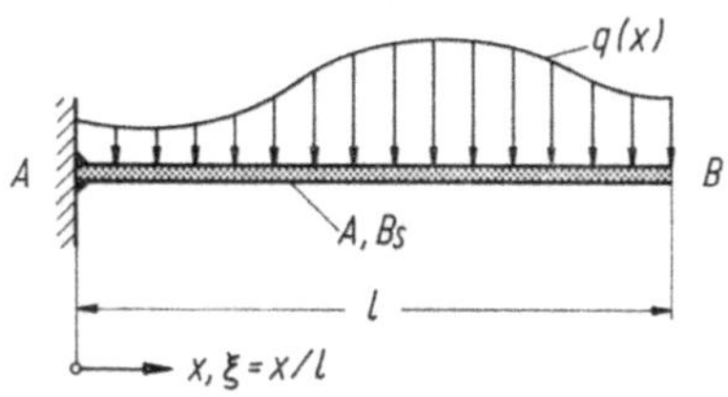

Abb. 5. Einseitig eingespannter Kragbalken unter Querbelastung

ziehungen (2.35) für w_M und w_Q ausgegangen werden. Durch Integration erhält man mit den Abkürzungen

$$w_M(0) = C_1, \quad w_M{}'(0) = C_2, \quad w_Q(0) = D_1$$

nach kurzer Rechnung

$$\left.\begin{aligned} w_M(x) &= C_1 + C_2 x - \frac{1}{B_S}\int\limits_{z=0}^{x}(x-z)\,M(z)\,\mathrm{d}z,\\ w_Q(x) &= D_1 + \frac{1}{A}\,M(x). \end{aligned}\right\} \tag{2.38}$$

Mit den beiden Verschiebungsrandbedingungen

$$w(0) = w_M(0) + w_Q(0) = 0, \quad \gamma_2(0) = w_M{}'(0) = 0 \tag{2.39}$$

erhält man

$$C_1 + D_1 = -\frac{M(0)}{A}, \quad C_2 = 0; \tag{2.40}$$

C_1 und D_1 können aus (2.39) mangels weiterer Bestimmungsgleichungen nicht einzeln, sondern nur in ihrer Summe berechnet werden. Setzt man willkürlich $C_1 = 0$, dann wird $D_1 = -M(0)/A$, und (2.38) liefert für die Partialdurchsenkungen

$$\left.\begin{aligned} w_M(x) &= -\frac{1}{B_S}\int\limits_{z=0}^{x}(x-z)\,M(z)\,\mathrm{d}z,\\ w_Q(x) &= +\frac{1}{A}\,[M(x) - M(0)]. \end{aligned}\right\} \tag{2.41}$$

Die Gesamtdurchsenkung $w(x)$ des Kragbalkens ergibt sich gemäß (2.30) durch Addition der Partialdurchsenkungen $w_M(x)$ und $w_Q(x)$. Zwei Grenzfälle werden untersucht:

Unendliche Schubsteifigkeit ($A = \infty$): Mit (2.41) ergibt sich die Gesamtdurchsenkung

$$w[A = \infty] = w_B = w_M\,; \tag{2.42}$$

w_B ist die Balkenverschiebung bei reiner Biegeverformung ($A = \infty$) und wird Durchbiegung genannt.

Unendliche Biegesteifigkeit ($B_S = \infty$): Mit (2.41) ergibt sich die Gesamtdurchsenkung

$$w[B_S = \infty] = w_S = w_Q\,; \tag{2.43}$$

w_S ist die Balkenverschiebung bei reiner Schubverformung ($B_S = \infty$) und wird Schubdurchsenkung genannt.

Liegt nun ein Sandwichkragbalken mit endlicher Schub- und Biegesteifigkeit vor, dann gilt für dessen Gesamtdurchsenkung statt (2.30) unter Beachtung von (2.42) und (2.43) auch

$$w(x) = w_B(x) + w_S(x)\,. \tag{2.44}$$

Die Gesamtdurchsenkung w eines Kragbalkens kann also ermittelt werden, indem Durchbiegung w_B und Schubdurchsenkung w_S getrennt voneinander berechnet und erst nachträglich zu w superponiert werden. Daß dies nicht immer so ist, geht aus den Beispielen in den Abschnitten 2.2.3, 2.2.4 und 2.2.5 hervor.

An der Einspannstelle ($x = 0$) ergibt sich für den Tangentenwinkel der Durchsenkungslinie unter Beachtung von (2.30), (2.41) und (2.24)

$$\varphi(0) = w'(0) = w_M'(0) + w_Q'(0) = \frac{Q(0)}{A}\,.$$

$\varphi(0) = 0$ — so wie bei der üblichen Balkenbiegelehre an Einspannstellen gewohnt — ist also bei Mitberücksichtigung der Schubdurchsenkungen im allgemeinen nicht zu erreichen.

2.2.1.2. Konstante Streckenbelastung q_0

Mit der dimensionslosen Längenkoordinate $\xi = x/l$ beträgt das Biegemoment im Sandwichkragbalken

$$M = -\frac{q_0 l^2}{2}(1-\xi)^2, \tag{2.45}$$

womit (2.41) nach Ausführung der Integration die Partialdurchsenkungen

$$w_M = \frac{q_0 l^4}{24 B_S}\xi^2(6 - 4\xi + \xi^2), \quad w_Q = \frac{q_0 l^2}{2A}\xi(2-\xi) \tag{2.46}$$

liefert. Die Gesamtdurchsenkung ergibt sich durch Addition von w_M und w_Q mit der Abkürzung

$$\beta = B_S / A l^2 \tag{2.47}$$

zu

$$w = \frac{q_0 l^4}{24 B_S} [\xi^2 (6 - 4\xi + \xi^2) + 12 \beta \xi (2 - \xi)]. \tag{2.48}$$

2.2.1.3. Einzelkraft P im Feld

An der Stelle $x = e$ $(0 < e < l)$ bzw. $\xi = e/l = \varepsilon$ $(0 < \varepsilon < 1)$ eines Sandwichkragbalkens greift eine Einzelkraft P an. Bezüglich der Lasteinleitung der Einzelkraft P gilt sinngemäß dasselbe wie für punktförmige Auflagerkräfte (vgl. Abschnitt 2.1.4.1 und Abb. 4). Das Biegemoment im Sandwichbalken beträgt

$$M_1 = -P l (\varepsilon - \xi), \quad M_2 = 0; \tag{2.49}$$

hierin Index 1: gültig für $0 \leqq \xi \leqq \varepsilon$;
Index 2: gültig für $\varepsilon \leqq \xi \leqq 1$.

Einsetzen von (2.49) in (2.41) und abschnittsweise Integration der ersten Gleichung (2.41) liefert nach kurzer Rechnung

$$\left.\begin{aligned} w_{M1} &= \frac{P l^3}{6 B_S} \xi^2 (3\varepsilon - \xi), & w_{M2} &= \frac{P l^3}{6 B_S} \varepsilon^2 (3\xi - \varepsilon), \\ w_{Q1} &= \frac{P l}{A} \xi, & w_{Q2} &= \frac{P l}{A} \varepsilon. \end{aligned}\right\} \tag{2.50}$$

Die Gesamtdurchsenkung ergibt sich durch Addition von w_M und w_Q mit (2.47) zu

$$\left.\begin{aligned} w_1 &= \frac{P l^3}{6 B_S} \xi (6\beta + 3\varepsilon\xi - \xi^2), \\ w_2 &= \frac{P l^3}{6 B_S} \varepsilon (6\beta - \varepsilon^2 + 3\varepsilon\xi). \end{aligned}\right\} \tag{2.51}$$

Setzt man in (2.51) $P = 1$ und führt die Bezeichnungen

$$w_1[P=1] = \overline{w}_1, \quad w_2[P=1] = \overline{w}_2 \tag{2.52}$$

ein, dann stellen $\overline{w}_1(\xi, \varepsilon)$ und $\overline{w}_2(\xi, \varepsilon)$ die Einflußlinie für die Durchsenkung an der Stelle ξ infolge einer Einzelkraft $P = 1$ an der Stelle ε dar. (2.52) kann zur Berechnung der Durchsenkungslinie $w(\xi)$ infolge einer beliebigen Streckenbelastung $q(\xi)$ dienen: Mit $\mathrm{d}P = q(\varepsilon) l \,\mathrm{d}\varepsilon$ in ε wird

$$w(\xi) = l \int_{\varepsilon=0}^{\xi} \overline{w}_2(\xi, \varepsilon) q(\varepsilon) \,\mathrm{d}\varepsilon + l \int_{\varepsilon=\xi}^{1} \overline{w}_1(\xi, \varepsilon) q(\varepsilon) \,\mathrm{d}\varepsilon. \tag{2.53}$$

Zum Beispiel gilt für $q = q_0 = \text{konst}$

$$\begin{aligned} w(\xi) &= \frac{q_0 l^4}{6 B_S} \left[\int_{\varepsilon=0}^{\xi} \varepsilon (6\beta - \varepsilon^2 + 3\varepsilon\xi) \,\mathrm{d}\varepsilon + \int_{\varepsilon=\xi}^{1} \xi (6\beta + 3\varepsilon\xi - \xi^2) \,\mathrm{d}\varepsilon \right] \\ &= \frac{q_0 l^4}{24 B_S} [\xi^2 (6 - 4\xi + \xi^2) + 12\beta\xi (2 - \xi)]; \end{aligned}$$

diese Beziehung stimmt mit (2.48) überein.

2.2.2. Beidseitig gelenkig gelagerter Sandwichbalken

2.2.2.1. Beliebige Querbelastung

Es wird die Methode der Partialdurchsenkungen verwendet. Wegen der statisch bestimmten Lagerung des Systems (vgl. Abb. 6) kann wiederum

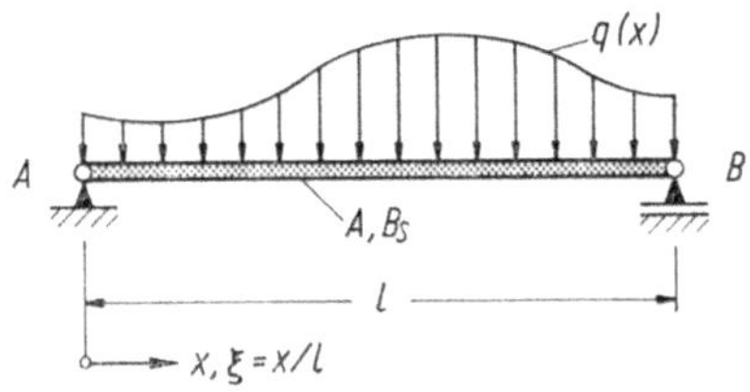

Abb. 6. Beidseitig gelenkig gelagerter Balken unter Querbelastung

von (2.35) ausgegangen werden. Durch Integration erhält man mit den Abkürzungen

$$w_M(0) = C_1, \quad \frac{w_M(l) - w_M(0)}{l} = C_2, \quad w_Q(0) = D_1$$

nach einiger Rechnung

$$\left.\begin{aligned} w_M(x) &= C_1 + C_2 x - \frac{1}{B_S} \int_{z=0}^{l} G(x,z)\, M(z)\, \mathrm{d}z, \\ w_Q(x) &= D_1 + \frac{1}{A}\, M(x); \end{aligned}\right\} \tag{2.54}$$

im Ausdruck für w_M ist

$$G(x,z) = \left\{\begin{aligned} &-z(l-x)/l \quad \text{für} \quad 0 \leqq z \leqq x, \\ &-x(l-z)/l \quad \text{für} \quad x \leqq z \leqq l \end{aligned}\right\} \tag{2.55}$$

die Greensche Funktion des vorliegenden Randwertproblems[1]. Mit den beiden Verschiebungsrandbedingungen

$$w(0) = w_M(0) + w_Q(0) = 0, \quad w(l) = w_M(l) + w_Q(l) = 0 \tag{2.56}$$

erhält man unter Beachtung von $M(0) = M(l) = 0$ und

$$\int_0^l G(0,z)\, M(z)\, \mathrm{d}z = \int_0^l G(l,z)\, M(z)\, \mathrm{d}z = 0$$

die Beziehungen

$$C_1 + D_1 = 0, \quad C_2 = 0;$$

C_1 und D_1 können also aus (2.56) mangels weiterer Bestimmungsgleichungen nicht einzeln, sondern nur in ihrer Summe berechnet werden. Setzt man

[1] Die Richtigkeit der Beziehungen (2.54) kann statt durch Integrieren von (2.35) auch dadurch verifiziert werden, daß man

- durch Differenzieren von (2.54) nachweist, daß die Differentialgleichungen (2.35) erfüllt sind, und daß man
- durch Einsetzen von $x = 0$ und $x = l$ zeigt, daß (2.54) die Randwerte $w_M(0)$ und $w_M(l)$ bzw. $w_Q(0)$ annimmt.

willkürlich $w_M(0) = C_1 = 0$, dann wird auch $w_Q(0) = D_1 = 0$, und (2.54) liefert für die Partialdurchsenkungen

$$\left.\begin{aligned} w_M(x) &= -\frac{1}{B_S}\int\limits_{z=0}^{l} G(x,z)M(z)\,\mathrm{d}z, \\ w_Q(x) &= +\frac{1}{A}M(x). \end{aligned}\right\} \tag{2.57}$$

Die Gesamtdurchsenkung w des beidseitig gelenkig gelagerten Balkens ergibt sich gemäß (2.30) durch Addition der Partialdurchsenkungen w_M und w_Q. Die beiden Grenzfälle $A = \infty$ und $B_S = \infty$ liefern wie in Abschnitt 2.2.1 die Beziehungen (2.42) und (2.43), d. h. bei endlicher Schub- und Biegesteifigkeit gilt auch hier (2.44).

2.2.2.2. Konstante Streckenbelastung q_0

Mit $\xi = x/l$ beträgt das Biegemoment

$$M = \frac{q_0 l^2}{2}(\xi - \xi^2), \tag{2.58}$$

womit (2.57) nach Ausführung der Integration die Partialdurchsenkungen

$$w_M = \frac{q_0 l^4}{24 B_S}\xi(1-\xi)(1+\xi-\xi^2), \quad w_Q = \frac{q_0 l^2}{2A}\xi(1-\xi) \tag{2.59}$$

liefert. Die Gesamtdurchsenkung ergibt sich durch Addition von w_M und w_Q mit (2.47) zu

$$w = \frac{q_0 l^4}{24 B_S}\xi(1-\xi)(1+12\beta+\xi-\xi^2). \tag{2.60}$$

2.2.2.3. Einzelkraft P im Feld

Befindet sich an der Stelle $x = e$ $(0 < e < l)$ bzw. $\xi = e/l = \varepsilon$ $(0 < \varepsilon < 1)$ eine Einzelkraft P, so beträgt das Biegemoment

$$M_1 = Pl(1-\varepsilon)\xi, \quad M_2 = Pl\varepsilon(1-\xi); \tag{2.61}$$

hierin Index 1: gültig für $0 \leqq \xi \leqq \varepsilon$;
Index 2: gültig für $\varepsilon \leqq \xi \leqq 1$.

Einsetzen von (2.61) in (2.57) und abschnittsweise Integration der ersten Gleichung (2.57) liefert nach kurzer Rechnung

$$\left.\begin{aligned} w_{M1} &= \frac{Pl^3}{6B_S}(1-\varepsilon)\xi(2\varepsilon-\varepsilon^2-\xi^2), & w_{M2} &= \frac{Pl^3}{6B_S}\varepsilon(1-\xi)(2\xi-\xi^2-\varepsilon^2), \\ w_{Q1} &= \frac{Pl}{A}(1-\varepsilon)\xi, & w_{Q2} &= \frac{Pl}{A}\varepsilon(1-\xi). \end{aligned}\right\} \tag{2.62}$$

Die Gesamtdurchsenkung ergibt sich durch Addition von w_M und w_Q mit (2.47) zu

$$\left.\begin{aligned} w_1 &= \frac{P l^3}{6 B_S}(1-\varepsilon)\xi(6\beta+2\varepsilon-\varepsilon^2-\xi^2),\\ w_2 &= \frac{P l^3}{6 B_S}\varepsilon(1-\xi)(6\beta-\varepsilon^2+2\xi-\xi^2).\end{aligned}\right\} \qquad (2.63)$$

Für $P=1$ stellt (2.63) die Einflußlinie für die Durchsenkung dar: Sie kann zur Berechnung der Durchsenkungslinie $w(\xi)$ infolge einer beliebigen Streckenbelastung $q(\xi)$ dienen [vgl. hierzu (2.52) und (2.53)].

2.2.2.4. Einzelmoment M im Feld

An der Stelle $x=e$ bzw. $\xi=e/l=\varepsilon$ $(0<e<l$ bzw. $0<\varepsilon<1)$ greift ein Einzelmoment M an. Bezüglich der Lasteinleitung von M ist zwischen zwei Varianten zu unterscheiden (vgl. Abb. 7):

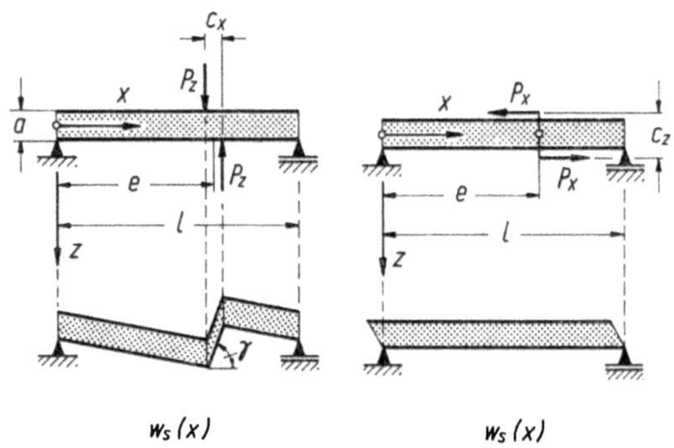

Abb. 7. Lasteinleitung eines Einzelmoments und zugehörige Schubdurchsenkung

Typ I: M wird als Kräftepaar $P_z c_x$ in den Sandwichbalken eingeleitet, wobei c_x sehr klein, P_z sehr groß und $P_z c_x = M$ ist; die Kräfte P_z wirken quer zur Balkenrichtung.

Typ II: M wird als Kräftepaar $P_x c_z$ in den Sandwichbalken eingeleitet, wobei $c_z=a$ und $P_x=M/a$ ist; die Kräfte P_x wirken parallel zur Balkenrichtung. An der Lasteinleitungsstelle ist der Sandwichbalken versteift.

Bei Typ I müssen die sehr großen Kräfte P_z als Querkräfte voll von der Kernschicht aufgenommen werden und beanspruchen diese im Lasteinleitungsbereich stark auf Schub. Die Berechnung der Schubdurchsenkungslinie kann — da hier $w_S=w_Q$ ist — mit Hilfe der letzten beiden Gleichungen (2.62) erfolgen durch Überlagerung der Lastfälle „$P=P_z$ in $x=e-c_x/2$“ und „$P=-P_z$ in $x=e+c_x/2$“ mit anschließender Grenzwertbildung $c_x \to 0$; $w_S(x)$ ist für kleines, aber noch endliches c_x in Abb. 7 links dargestellt. Wegen der kritischen Beanspruchung bei $x=e$ ist eine Lasteinleitung gemäß Typ I jedoch für praktische Belange unzweckmäßig und wird nicht weiter untersucht.

Bei Typ II hingegen werden die weitaus kleineren Kräfte $P_x=M/a$ als Längskräfte von den beiden Deckschichten aufgenommen, wozu diese durchaus in der Lage sind; eine Lasteinleitung gemäß Typ II ist daher für praktische Belange wesentlich zweckmäßiger. Die Berechnung der Durchsenkungen des Sandwichbalkens kann jedoch nicht mit Hilfe von (2.57) durchgeführt werden, da (2.57) eine Belastung durch Kräfte quer zur Balkenachse voraussetzt. Statt dessen wird wiederum von den allgemeinen Differentialgleichungen (2.35) ausgegangen. Die Schnittlasten betragen

$$M_1 = M\xi, \quad M_2 = M(-1+\xi), \quad Q = M/l; \tag{2.64}$$

hierin Index 1: gültig für $0 \leqq \xi \leqq \varepsilon$,

Index 2: gültig für $\varepsilon \leqq \xi \leqq 1$.

Einsetzen von (2.64) in (2.35), Integration der Gleichungen und Erfüllung der Randbedingungen[1]

$$w_{M1}(0) = 0, \quad w_Q(0) = 0, \quad w_{M2}(l) + w_Q(l) = 0$$

sowie der Übergangsbedingungen

$$w_{M1}(e) = w_{M2}(e), \quad w_{M1}'(e) = w_{M2}'(e)$$

liefert nach einiger Rechnung

$$\left.\begin{aligned} w_{M1} &= \frac{Ml^2}{6B_S}[\xi(-2+6\varepsilon-3\varepsilon^2-\xi^2)-6\beta\xi], \\ w_{M2} &= \frac{Ml^2}{6B_S}[(1-\xi)(3\varepsilon^2-2\xi+\xi^2)-6\beta\xi], \quad w_Q = \frac{Pl}{A}\xi. \end{aligned}\right\} \tag{2.65}$$

Die Gesamtdurchsenkung ergibt sich durch Addition von w_M und w_Q zu

$$\left.\begin{aligned} w_1 &= \frac{Ml^2}{6B_S}\xi(-2+6\varepsilon-3\varepsilon^2-\xi^2), \\ w_2 &= \frac{Ml^2}{6B_S}(1-\xi)(3\varepsilon^2-2\xi+\xi^2). \end{aligned}\right\} \tag{2.66}$$

Für die beiden Grenzfälle $A = \infty$ und $B_S = \infty$ geht aus (2.66) — anders als in den Abschnitten 2.2.1.1 und 2.2.2.1 — $w_B = w$ bzw. $w_S = 0$ hervor; die Schubdurchsenkung w_S ist im vorliegenden Belastungsfall also Null. Die Schubverformungen im Falle $B_S = \infty$ bestehen also allein aus einer Schrägstellung sämtlicher Sandwichquerschnitte um den konstanten Betrag $\gamma = Q/A = M/Al$ (vgl. auch Abb. 7 rechts).

Eine Bemerkung: Ist ein Auflager eines Sandwichbalkens als Einspannung ausgebildet (vgl. etwa die Abschnitte 2.2.1, 2.2.3 und 2.2.4), so wird an der Einspannstelle ein Einzelmoment (das Einspannmoment) vom Balken abgetragen. Nach den vorangehenden Erläuterungen leuchtet es ein, daß eine Einspannung stets als Lasteinleitungstyp II mit Randversteifung auszubilden ist. Bei Ausbildung der Einspannung nach Lasteinleitungs-

---

[1] Wie in Abschnitt 2.2.2.1 wird willkürlich das getrennte Verschwinden von $w_{M1}(0)$ und $w_Q(0)$ (statt nur von deren Summe) gefordert, da sonst für die fünf Integrationskonstanten nur vier Gleichungen zur Verfügung ständen.

typ I treten nämlich im Einspannbereich erhebliche Schubbeanspruchungen und Schubverformungen auf. Hierdurch wird

— das Einspannmoment stark abgebaut, die Einspannwirkung des Auflagers also vermindert (vgl. hierzu auch Abschnitt 2.2.5.2, Grenzfall $\varepsilon = 0$ und Abb. 11), sowie
— die Tragfähigkeit des Sandwichbalkens wegen der örtlich großen Schubspannungen im Sandwichkern verringert.

Bei Ausbildung der Einspannung nach Typ II bestehen diese Probleme nicht.

2.2.3. Links starr eingespannter und rechts gelenkig gelagerter Sandwichbalken

2.2.3.1. Beliebige Querbelastung $q(x)$

Es wird wiederum die Methode der Partialdurchsenkungen verwendet. Da das System einfach statisch unbestimmt gelagert ist (vgl. Abb. 8),

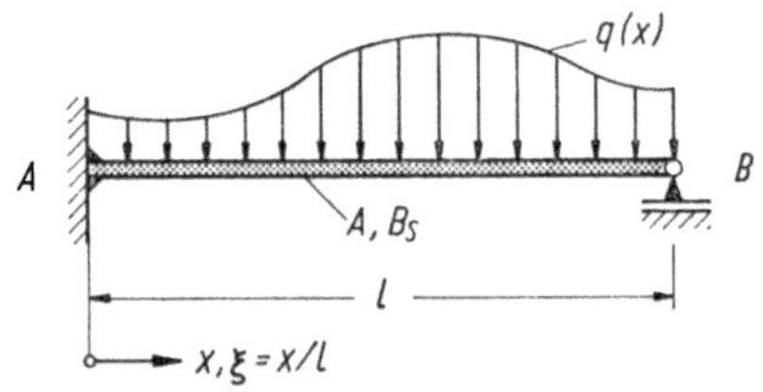

Abb. 8. Einseitig starr eingespannter und einseitig gelenkig gelagerter Sandwichbalken unter Querbelastung

kann allerdings nicht — wie in den Abschnitten 2.2.1 und 2.2.2 — von (2.35) ausgegangen werden, da $M(x)$ und $Q(x)$ nicht von vornherein bekannt sind. Statt dessen wird die in der Baustik übliche, auf dem Superpositionsprinzip basierende Schnittlastenmethode verwendet[1]: Man schafft sich ein statisch bestimmtes Grundsystem, indem man z. B. das Auflager in B entfernt; dabei entsteht ein einseitig eingespannter Kragbalken, der bereits in Abschnitt 2.2.1 behandelt wurde. Als Ersatz für das Auflager wird in B eine von unten nach oben gerichtete Einzelkraft X (statisch Unbestimmte) angebracht. Ihre Größe wird so berechnet, daß die aus $q(x)$ und X resultierende Gesamtdurchsenkung in B null wird — genauso, als wäre das Auflager noch vorhanden. Mit der Kenntnis von X ergeben sich nach dem Superpositionsprinzip auch alle weiteren statischen Größen des vorliegenden Sandwichbalkens (Partialdurchsenkungen, Schnittlasten usw.).

Die Berechnung von X erfolgt mit Hilfe von (2.41) und (2.51): Bezeichnet man die aus $q(x)$ gemäß (2.41) sich ergebenden Partialdurchsenkungen mit w_{Mq} und w_{Qq} und setzt man in (2.51) $P = -X$, $\varepsilon = 1$ und $\xi = 1$, dann erhält

[1] Sie dient zur Berechnung statisch unbestimmter Systeme, vgl. etwa [4].

man für die Gesamtdurchsenkung des Kragbalkens in B infolge $q(x)$ und X in B

$$w(1) = w_{Mq}(1) + w_{Qq}(1) - \frac{X l^3}{3 B_S} (1 + 3\beta).$$

Mit der Abkürzung (2.47) folgt aus der Bedingung $w(1) = 0$ sofort

$$X = \frac{3 B_S}{l^3} \frac{w_{Mq}(1) + w_{Qq}(1)}{1 + 3\beta}. \tag{2.67}$$

Führt man die Bezeichnung

$C_q^{(1)}$ für eine beliebige statische Größe am vorliegenden (einfach statisch unbestimmten) Sandwichbalken infolge der Querbelastung $q(x)$,
$C_q^{(0)}$ für die gleiche statische Größe am (statisch bestimmten) Kragbalken infolge $q(x)$ und
$C_1^{(0)}$ für die gleiche statische Größe am Kragbalken infolge $X = 1$ in B

ein, dann gilt nach dem Superpositionsprinzip

$$C_q^{(1)} = C_q^{(0)} + X C_1^{(0)}. \tag{2.68}$$

Mit (2.67) und (2.68) sind also alle statischen Größen des vorliegenden Sandwichbalkens (Partialdurchsenkungen, Schnittlasten usw.) bekannt.

2.2.3.2. Konstante Streckenbelastung q_0

Aus (2.48) folgt für $\xi = 1$ leicht

$$w_q(1) = w_{Mq}(1) + w_{Qq}(1) = \frac{1 + 4\beta}{8} \frac{q_0 l^4}{B_S},$$

so daß (2.67) unmittelbar

$$X = \frac{3 q_0 l}{8} \frac{1 + 4\beta}{1 + 3\beta} \tag{2.69}$$

liefert. Die Partialdurchsenkungen ergeben sich also gemäß den Beziehungen (2.68) mit (2.46), (2.69) und (2.50) (letztere für $\varepsilon = 1$ und $P = -1$) nach einiger Rechnung zu

$$\left.\begin{aligned} w_M &= \frac{q_0 l^4}{48 B_S} \xi^2 \left(\frac{3}{1 + 3\beta} - \frac{5 + 12\beta}{1 + 3\beta} + 2\xi^2\right), \\ w_Q &= \frac{q_0 l^2}{8A} \xi \left(\frac{5 + 12\beta}{1 + 3\beta} - 4\xi\right). \end{aligned}\right\} \tag{2.70}$$

Die Gesamtdurchsenkung ergibt sich durch Addition von w_M und w_Q mit (2.47) zu

$$w = \frac{q_0 l^4}{48 B_S} \left[\frac{6\beta(5 + 12\beta)}{1 + 3\beta} \xi + \frac{3 - 24\beta(1 + 3\beta)}{1 + 3\beta} \xi^2 - \frac{5 + 12\beta}{1 + 3\beta} \xi^3 + 2\xi^4\right]. \tag{2.71}$$

Die Schnittlasten ergeben sich aus (2.70) mit (2.31) zu

$$\left.\begin{aligned} M &= \frac{q_0 l^2}{8}\left(-\frac{1}{1+3\beta}+\frac{5+12\beta}{1+3\beta}\,\xi-4\xi^2\right), \\ Q &= \frac{q_0 l}{8}\left(\frac{5+12\beta}{1+3\beta}-8\xi\right). \end{aligned}\right\} \tag{2.72}$$

Untersucht man (2.70) und (2.71) näher, so fällt folgendes auf:

— Der Biegeanteil w_M der Gesamtdurchsenkung hängt außer von der Biegesteifigkeit B_S auch von β und damit von der Schubsteifigkeit A des Sandwichbalkens ab.

— Der Schubanteil w_Q der Gesamtdurchsenkung hängt außer von der Schubsteifigkeit A auch von β und damit von der Biegesteifigkeit B_S des Sandwichbalkens ab.

— Entsprechendes wie für w_M und w_Q gilt auch für das Biegemoment M und die Querkraft Q.

— Am linken Auflager gilt

$$w_M(0)=0, \quad w_Q(0)=0,$$

d. h. die Partialdurchsenkungen erfüllen die Randbedingung $w_M(0)+ + w_Q(0)=0$ nicht nur in ihrer Summe, sondern auch einzeln. Am rechten Auflager dagegen gilt

$$w_M(1)=-\frac{1}{1+3\beta}\frac{q_0 l^2}{8A}, \quad w_Q(1)=+\frac{1}{1+3\beta}\frac{q_0 l^2}{8A},$$

d. h. die Partialdurchsenkungen erfüllen zwar die Randbedingung $w_M(1)+ + w_Q(1)=0$ in ihrer Summe, jedoch nicht mehr einzeln.

— Die beiden Grenzfälle $A=\infty$ und $B_S=\infty$, also $\beta=0$ und $\beta=\infty$, liefern mit den gleichen Bezeichnungen wie in (2.42) und (2.43)

$$w_B=\frac{q_0 l^4}{48 B_S}\,\xi^2(3-5\xi+2\xi^2), \quad w_S=\frac{q_0 l^2}{2A}\,\xi(1-\xi)\,;$$

es ist also $w_B \neq w_M$, $w_S \neq w_Q$ und, wie sich weiterhin zeigt, auch $w_B+w_S \neq w=w_M+w_Q$.

In allen oben aufgeführten Punkten unterscheidet sich der vorliegende, querbelastete Sandwichbalken von den in den Abschnitten 2.2.1 und 2.2.2 behandelten querbelasteten Sandwichbalken. Der Grund für dieses Verhalten liegt darin, daß der hier vorliegende Sandwichbalken statisch unbestimmt gelagert ist, die Balken in den Abschnitten 2.2.1 und 2.2.2 jedoch statisch bestimmt. Eine getrennte Berechnung der Durchbiegung w_B und Schubdurchsenkung w_S und nachträgliche Superposition zur Gesamtdurchsenkung w ist also bei statisch unbestimmt gelagerten Sandwichbalken im allgemeinen nicht möglich, sondern führt allenfalls zu Näherungslösungen.

2.2.4. Beidseitig starr eingespannter Sandwichbalken

2.2.4.1. Beliebige Querbelastung $q(x)$

Es wird die Methode der Partialdurchsenkungen verwendet. Das System ist zweifach statisch unbestimmt (vgl. Abb. 9). Anders als in Abschnitt 2.2.3, wo die Superpositionsmethode verwendet wurde, wird zwecks Be-

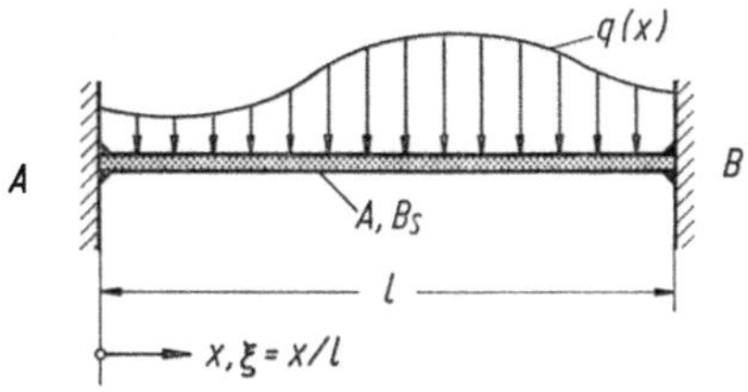

Abb. 9. Beidseitig starr eingespannter Sandwichbalken unter Querbelastung

rechnung des vorliegenden Systems von den Differentialgleichungen (2.34) ausgegangen. Mit dem unbestimmten Integral

$$F(x) = \int \left(\int \left(\int \left(\int q(x)\,\mathrm{d}x\right)\mathrm{d}x\right)\mathrm{d}x\right)\mathrm{d}x \tag{2.73}$$

(die Integrationskonstanten werden hier weggelassen) ergibt sich durch Integration von (2.34) sofort

$$\left.\begin{aligned} w_M(x) &= \frac{1}{B_S}\left[+F(x) + C_4 x^3 + C_3 x^2 + C_2 x + C_1\right], \\ w_Q(x) &= \frac{1}{A}\left[-F''(x) + D_2 x + D_1\right]. \end{aligned}\right\} \tag{2.74}$$

Da (2.74) auch die erste Gleichung (2.32) befriedigen muß, erhält man zwischen den Integrationskonstanten D_2 und C_4 die Beziehung

$$D_2 = -6C_4.$$

Den verbleibenden fünf Konstanten C_1, C_2, C_3, C_4 und D_1 stehen vier Randbedingungen gegenüber:

$$w(0) = 0, \quad w(l) = 0, \quad w_M'(0) = 0, \quad w_M'(l) = 0.$$

Da hiermit C_1 und D_1 nicht einzeln, sondern nur in ihrer Summe bestimmt werden können, wird — ebenso wie in den Abschnitten 2.2.1.1 und 2.2.2.1 — das getrennte Verschwinden der Partialdurchsenkungen bei $x = 0$ gefordert:

$$w_M(0) = 0, \quad w_Q(0) = 0.$$

Einsetzen von (2.74) in die Randbedingungsgleichungen liefert nach kurzer Rechnung

$$\left.\begin{aligned} &C_1 = -F(0), \quad C_2 = -F'(0), \quad D_1 = F''(0), \\ &C_3 = \frac{(1-6\beta)R_1 - 3R_2}{(1+12\beta)l^2}, \quad C_4 = \frac{2R_2 - R_1}{(1+12\beta)l^3}; \end{aligned}\right\} \tag{2.75}$$

hierin sind R_1 und R_2 Abkürzungen für

$$R_1 = l[F'(l) - F'(0)],$$
$$R_2 = [F(l) - F(0)] - lF'(0) - \beta l^2[F''(l) - F''(0)].$$

Einsetzen von (2.75) in (2.74) liefert die Partialdurchsenkungen $w_M(x)$ und $w_Q(x)$, und durch Addition erhält man die Gesamtdurchsenkung $w(x)$.

2.2.4.2. Konstante Streckenbelastung q_0

Mit (2.73) wird

$$F(x) = \frac{q_0 x^4}{24}, \quad F'(x) = \frac{q_0 x^3}{6}, \quad F''(x) = \frac{q_0 x^2}{2},$$

so daß aus (2.75)

$$C_1 = 0, \quad C_2 = 0, \quad D_1 = 0, \quad C_3 = \frac{q_0 l^2}{24}, \quad C_4 = -\frac{q_0 l}{12}$$

und damit aus (2.74) mit $\xi = x/l$

$$w_M = \frac{q_0 l^4}{24 B_S} \xi^2 (1 - 2\xi + \xi^2), \quad w_Q = \frac{q_0 l^2}{2A} \xi (1 - \xi) \tag{2.76}$$

folgen. Die Gesamtdurchsenkung ergibt sich durch Addition von w_M und w_Q mit (2.47) zu

$$w = \frac{q_0 l^4}{24 B_S} [\xi^2 (1 - 2\xi + \xi^2) + 12 \beta \xi (1 - \xi)]. \tag{2.77}$$

Die Schnittlasten ergeben sich aus (2.76) mit (2.31) zu

$$M = \frac{q_0 l^2}{12} (1 - 6\xi + 6\xi^2), \quad Q = \frac{q_0 l}{2} (1 - 2\xi). \tag{2.78}$$

Die beiden Grenzfälle $A = \infty$ und $B_S = \infty$ liefern $w_B = w_M$ und $w_S = w_Q$, es gilt also auch $w = w_B + w_S$. Durchbiegung und Schubdurchsenkung können also unabhängig voneinander ermittelt und dann zur Gesamtdurchsenkung überlagert werden, obwohl der vorliegende Sandwichbalken statisch unbestimmt gelagert ist. Dies ist jedoch ein Ausnahmefall und liegt daran, daß System und Belastung symmetrisch zur Feldmitte sind.

2.2.4.3. Einzelkraft P im Feld

An der Stelle $x = e$ bzw. $\xi = e/l = \varepsilon$ $(0 < \varepsilon < 1)$ wirkt eine Einzelkraft P. Diese wird mit Hilfe der Diracschen δ-Funktion[1] in der Form

$$q(x) = P\,\delta(x - e) \tag{2.79}$$

geschrieben. Die δ-Funktion ist definiert durch

$$\left.\begin{aligned} \delta(x - e) = 0 \text{ für } x \neq e, \\ \lim_{\Delta x \to 0} \int_{x = e - \Delta x}^{e + \Delta x} \delta(x - e)\,\mathrm{d}x = 1\,; \end{aligned}\right\} \tag{2.80}$$

[1] Vgl. etwa [5].

ihr Integral

$$h(x-e) = \int\limits_{z=-\infty}^{x} \delta(z-e)\,\mathrm{d}z = \begin{cases} 0 & \text{für } x < e \\ 1 & \text{für } x > e \end{cases} \tag{2.81}$$

ist die Heavisidesche Sprungfunktion. Mit einer beliebigen stetigen Funktion $f(x)$ gelten die Beziehungen

$$\left.\begin{aligned} &\int\limits_{-\infty}^{x} f(z)\,\delta(z-e)\,\mathrm{d}z = h(x-e)\,f(e), \\ &\int\limits_{-\infty}^{x} f(z)\,h(z-e)\,\mathrm{d}z = h(x-e)\int\limits_{z=e}^{x} f(z)\,\mathrm{d}z. \end{aligned}\right\} \tag{2.82}$$

Mit der Darstellung (2.79) für die Einzelkraft P ist es möglich, für den vorliegenden Sandwichbalken die Beziehungen (2.73) bis (2.75) zu benutzen. Auf das übliche, aber umständliche Verfahren, die Differentialgleichungen (2.34) abschnittsweise in den Bereichen $0 \leqq x \leqq e$ und $e \leqq x \leqq l$ zu integrieren und die fünf zusätzlichen Integrationskonstanten mit Hilfe der fünf Übergangsbedingungen

$$w_{M1}(e) = w_{M2}(e), \quad w_{Q1}(e) = w_{Q2}(e), \quad w_{M1}{}'(e) = w_{M2}{}'(e),$$
$$w_{M1}{}''(e) = w_{M2}{}''(e), \quad w_{Q1}{}'(e) - w_{Q2}{}'(e) = P/A$$

zu berechnen, kann daher verzichtet werden. Mit (2.73) wird

$$F(x) = \frac{P(x-e)^3}{6}\,h(x-e), \quad F'(x) = \frac{P(x-e)^2}{2}\,h(x-e),$$
$$F''(x) = P(x-e)\,h(x-e),$$

so daß aus (2.75)

$$C_1 = 0, \quad C_2 = 0, \quad D_1 = 0, \quad C_3 = \frac{Pl}{2}\,\varepsilon(1-\varepsilon)\,\frac{1-\varepsilon+6\beta}{1+12\beta},$$
$$C_4 = -\frac{P}{6}(1-\varepsilon)\,\frac{(1-\varepsilon)(1+2\varepsilon)+12\beta}{1+12\beta}$$

folgen und damit aus (2.74) nach kurzer Rechnung

$$\left.\begin{aligned} w_{M1} &= \frac{Pl^3}{6B_S}(1-\varepsilon)\left[\frac{3\varepsilon(1-\varepsilon+6\beta)}{1+12\beta}\,\xi^2 - \frac{(1-\varepsilon)(1+2\varepsilon)+12\beta}{1+12\beta}\,\xi^3\right], \\ w_{M2} &= \frac{Pl^3}{6B_S}\,\varepsilon\left[-\varepsilon^2 + 3\varepsilon\xi - 3\,\frac{\varepsilon(2-\varepsilon)+6(1+\varepsilon)\beta}{1+12\beta}\,\xi^2 + \right. \\ &\qquad \left. + \frac{\varepsilon(3-2\varepsilon)+12\beta}{1+12\beta}\,\xi^3\right], \\ w_{Q1} &= \frac{Pl}{A}(1-\varepsilon)\,\frac{(1-\varepsilon)(1+2\varepsilon)+12\beta}{1+12\beta}\,\xi, \\ w_{Q2} &= \frac{Pl}{A}\,\varepsilon\left[1 - \frac{\varepsilon(3-2\varepsilon)+12\beta}{1+12\beta}\,\xi\right]; \end{aligned}\right\} \tag{2.83}$$

hierin Index 1: gültig für $0 \leqq \xi \leqq \varepsilon$;

Index 2: gültig für $\varepsilon \leqq \xi \leqq 1$.

Die Gesamtdurchsenkung ergibt sich durch Addition von w_M und w_Q mit (2.47) nach einiger Rechnung zu

$$\left.\begin{aligned} w_1 &= \frac{Pl^3}{6B_S}(1-\varepsilon)\xi\left[\frac{(1-\varepsilon)(1+2\varepsilon)+12\beta}{1+12\beta}(6\beta-\xi^2)+\right.\\ &\quad\left.+\frac{3\varepsilon(1-\varepsilon+6\beta)}{1+12\beta}\xi\right],\\ w_2 &= \frac{Pl^3}{6B_S}\varepsilon(1-\xi)\left[(6\beta-\varepsilon^2)+\frac{\varepsilon(3-\varepsilon)+6(1+3\varepsilon)\beta}{1+12\beta}\xi-\right.\\ &\quad\left.-\frac{\varepsilon(3-2\varepsilon)+12\beta}{1+12\beta}\xi^2\right]. \end{aligned}\right\} \qquad (2.84)$$

Die Schnittlasten ergeben sich aus (2.84) mit (2.31) zu

$$\left.\begin{aligned} M_1 &= Pl(1-\varepsilon)\left[-\frac{\varepsilon(1-\varepsilon+6\beta)}{1+12\beta}+\frac{(1-\varepsilon)(1+2\varepsilon)+12\beta}{1+12\beta}\xi\right],\\ M_2 &= Pl\varepsilon\left[\frac{\varepsilon(2-\varepsilon)+6(1+\varepsilon)\beta}{1+12\beta}-\frac{\varepsilon(3-2\varepsilon)+12\beta}{1+12\beta}\xi\right],\\ Q_1 &= P(1-\varepsilon)\frac{(1-\varepsilon)(1+2\varepsilon)+12\beta}{1+12\beta},\\ Q_2 &= -P\varepsilon\frac{\varepsilon(3-2\varepsilon)+12\beta}{1+12\beta}. \end{aligned}\right\} \qquad (2.85)$$

Die beiden Grenzfälle $A=\infty$ und $B_S=\infty$ liefern $w_B \neq w_M$ und $w_S \neq w_Q$; außerdem ist $w = w_M + w_Q \neq w_B + w_S$. Es gilt also — wie bei statisch unbestimmt gelagerten Sandwichbalken die Regel — sinngemäß dasselbe wie in Abschnitt 2.2.3.2.

Im Sonderfall $\varepsilon = 1/2$ (d. h. eine Einzelkraft P in Feldmitte) vereinfachen sich die Ergebnisse wesentlich. (2.84) und (2.85) liefern nach kurzer Umformung

$$\left.\begin{aligned} w_1 &= \frac{Pl^3}{48B_S}\xi^2(3-4\xi)+\frac{Pl}{2A}\xi,\\ w_2 &= \frac{Pl^3}{48B_S}(1-\xi)^2(4\xi-1)+\frac{Pl}{2A}(1-\xi),\\ M_1 &= \frac{Pl}{8}(-1+4\xi),\quad Q_1=\frac{P}{2},\\ M_2 &= \frac{Pl}{8}(3-4\xi),\qquad Q_2=-\frac{P}{2}. \end{aligned}\right\} \qquad (2.86)$$

Hier gilt trotz der statischen Unbestimmtheit des Systems $w_M = w_B$ und $w_Q = w_S$. Dies ist jedoch — ebenso wie bei der Gleichstreckenlast in Abschnitt 2.2.4.2 — ein Ausnahmefall und liegt an der Symmetrie von System und Belastung zur Feldmitte.

Setzt man in (2.84) und (2.85) $P = 1$, dann erhält man die Einflußlinie für die Durchsenkung w bzw. für die Schnittlasten M und Q. Sie können zur Berechnung von w, M und Q bei beliebiger Streckenbelastung $q(x)$ verwendet werden, vgl. hierzu (2.52) und (2.53).

2.2.5. Zweifeldriger Sandwichbalken

2.2.5.1. Beliebige Querbelastung $q(x)$

Es wird die Methode der Partialdurchsenkungen verwendet. Das System ist einfach statisch unbestimmt gelagert (vgl. Abb. 10); seine Berechnung

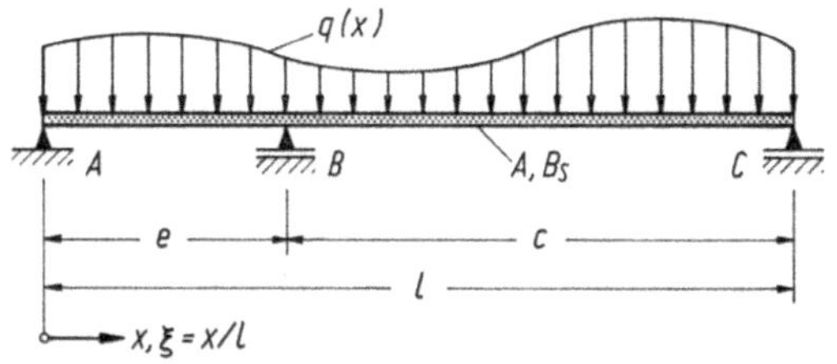

Abb. 10. Zweifeldriger Sandwichbalken mit Querbelastung

erfolgt mit Hilfe der Superpositionsmethode (vgl. die Erläuterungen in Abschnitt 2.2.3.1). Als statisch Unbestimmte X wird die Auflagerkraft in B gewählt. Bezeichnet man die aus $q(x)$ gemäß (2.57) sich ergebenden Partialdurchsenkungen mit w_{Mq} und w_{Qq}, und setzt man in (2.63) $P = -X$ und $\xi = \varepsilon$, dann erhält man für die Gesamtdurchsenkung des Balkens in B infolge $q(x)$ und X in B

$$w(\varepsilon) = w_{Mq}(\varepsilon) + w_{Qq}(\varepsilon) - \frac{X l^3}{3 B_S} \varepsilon (1 - \varepsilon)(\varepsilon - \varepsilon^2 + 3\beta).$$

Mit der Abkürzung (2.47) folgt aus der Bedingung $w(\varepsilon) = 0$ sofort

$$X = \frac{3 B_S}{l^3} \frac{w_{Mq}(\varepsilon) + w_{Qq}(\varepsilon)}{\varepsilon (1 - \varepsilon)(\varepsilon - \varepsilon^2 - 3\beta)}. \tag{2.87}$$

Mit X sind auch alle weiteren statischen Größen des vorliegenden Sandwichbalkens bekannt.

2.2.5.2. Konstante Streckenbelastung q_0

Aus (2.60) folgt für $\xi = \varepsilon$ leicht

$$w_q(\varepsilon) = w_{Mq}(\varepsilon) + w_{Qq}(\varepsilon) = \frac{q_0 l^4}{24 B_S} \varepsilon (1 - \varepsilon)(1 + \varepsilon - \varepsilon^2 + 12\beta),$$

so daß (2.87) unmittelbar

$$X = \frac{q_0 l}{8} \frac{1 + \varepsilon - \varepsilon^2 + 12\beta}{\varepsilon (1 - \varepsilon) + 3\beta} \tag{2.88}$$

liefert. Sämtliche statischen Größen ergeben sich nunmehr gemäß (2.68).

Wegen der Umständlichkeit der entstehenden Ausdrücke werden nur die Schnittlasten angegeben. Das Biegemoment ergibt sich durch Überlagerung der Beziehungen (2.58) und (2.61) — letztere für $P = -X$ gemäß (2.88) — und die Querkraft hieraus durch Differentiation. Man erhält

$$\left.\begin{aligned} M_1 &= \frac{q_0 l^2}{8}\,\xi\left[\frac{(1-\varepsilon)(\varepsilon^2+3\varepsilon-1)+12\varepsilon\beta}{\varepsilon(1-\varepsilon)+3\beta}-4\xi\right],\\ M_2 &= \frac{q_0 l^2}{8}(1-\xi)\left[-\frac{\varepsilon(1+\varepsilon-\varepsilon^2+12\beta)}{\varepsilon(1-\varepsilon)+3\beta}+4\xi\right],\\ Q_1 &= \frac{q_0 l}{8}\left[\frac{(1-\varepsilon)(\varepsilon^2+3\varepsilon-1)+12\varepsilon\beta}{\varepsilon(1-\varepsilon)+3\beta}-8\xi\right],\\ Q_2 &= \frac{q_0 l}{8}\left[\frac{\varepsilon(5-3\varepsilon-\varepsilon^2)+12(1+\varepsilon)\beta}{\varepsilon(1-\varepsilon)+3\beta}-8\xi\right]; \end{aligned}\right\} \tag{2.89}$$

hierin Index 1: gültig für $0 \leqq \xi \leqq \varepsilon$ (Feld AB);

Index 2: gültig für $\varepsilon \leqq \xi \leqq 1$ (Feld BC).

Speziell ergeben sich an der Mittelstütze B ($\xi = \varepsilon$)

$$\left.\begin{aligned} M_B &= -\frac{q_0 l^2}{8}\,\frac{\varepsilon(1-\varepsilon)(1-3\varepsilon+3\varepsilon^2)}{\varepsilon(1-\varepsilon)+3\beta},\\ Q_{1B} &= -\frac{q_0 l}{8}\,\frac{(1-\varepsilon)(1-3\varepsilon+7\varepsilon^2)+12\varepsilon\beta}{\varepsilon(1-\varepsilon)+3\beta},\\ Q_{2B} &= +\frac{q_0 l}{8}\,\frac{\varepsilon(5-11\varepsilon+7\varepsilon^2)+12(1-\varepsilon)\beta}{\varepsilon(1-\varepsilon)+3\beta}. \end{aligned}\right\} \tag{2.90}$$

Q_{1B} und Q_{2B} sind die im Feld AB bzw. BC betragsmäßig größten Querkräfte, und M_B ist das betragsmäßig größte negative Biegemoment des zweifeldrigen Sandwichbalkens. Die größten positiven Biegemomente im Feld AB bzw. BC treten dort auf, wo $Q_1 = 0$ bzw. $Q_2 = 0$ ist; mit (2.89) erhält man nach kurzer Rechnung

$$\left.\begin{aligned} {}_{\max}M_1 &= \frac{q_0 l^2}{8}\left[\frac{(1-\varepsilon)(\varepsilon^2+3\varepsilon-1)+12\varepsilon\beta}{4\varepsilon(1-\varepsilon)+12\beta}\right]^2,\\ {}_{\max}M_2 &= \frac{q_0 l^2}{8}\left[\frac{\varepsilon(3-5\varepsilon+\varepsilon^2)+12(1-\varepsilon)\beta}{4\varepsilon(1-\varepsilon)+12\beta}\right]^2. \end{aligned}\right\} \tag{2.91}$$

Der betragsmäßig größte der drei Werte M_B, $\max M_1$ und $\max M_2$ ist für die Dimensionierung der Deckschichten des Sandwichbalkens maßgebend, und der betragsmäßig größere der beiden Werte Q_{1B} und Q_{2B} dient zum Nachweis der Schubfestigkeit der Kernschicht.

Nunmehr werden noch ein Sonderfall und ein Grenzfall untersucht:

a) Sonderfall $\varepsilon = 1/2$

Feld AB und Feld BC sind gleichlang; (2.90) und (2.91) liefern

$$\left.\begin{aligned} M_S &= -\frac{q_0 l^2}{32}\frac{1}{1+12\beta}, \qquad {}_{\max}M_F = +\frac{9 q_0 l^2}{512}\left(\frac{1+16\beta}{1+12\beta}\right)^2, \\ Q_{2B} &= -Q_{1B} = +\frac{q_0 l}{16}\frac{5+48\beta}{1+12\beta}. \end{aligned}\right\} \tag{2.92}$$

Wie leicht nachzuweisen, ist $|M_S| = {}_{\max}M_F$ für

$$\beta_0 = \frac{2\sqrt{2}-1}{48} = 0{,}03809;$$

es wird dann

$$|M_S| = {}_{\max}M_F = \frac{3-2\sqrt{2}}{8} q_0 l^2 = 0{,}02145\, q_0 l^2.$$

Für $0 \leqq \beta < \beta_0$ ist das Stützmoment M_S und für $\beta > \beta_0$ das maximale Feldmoment für die Spannungsnachweise in den Deckschichten maßgebend.

b) Grenzfall $\varepsilon = 0$

Feld AB schrumpft auf die Länge null zusammen; es entspricht damit einer Art Einspannung für den Sandwichbalken BC, für die jedoch nicht — wie in Abschnitt 2.2.3 (vgl. auch Abb. 8) — die Randbedingung $\gamma_2 = 0$, sondern $\gamma_1 = 0$ gilt. (2.90) liefert

$$\text{für } \beta = 0{:}\quad M_B = -q_0 l^2/8, \quad Q_{1B} = -\infty;$$
$$\text{für } \beta \neq 0{:}\quad M_B = 0, \quad Q_{1B} = -q_0 l/24\beta.$$

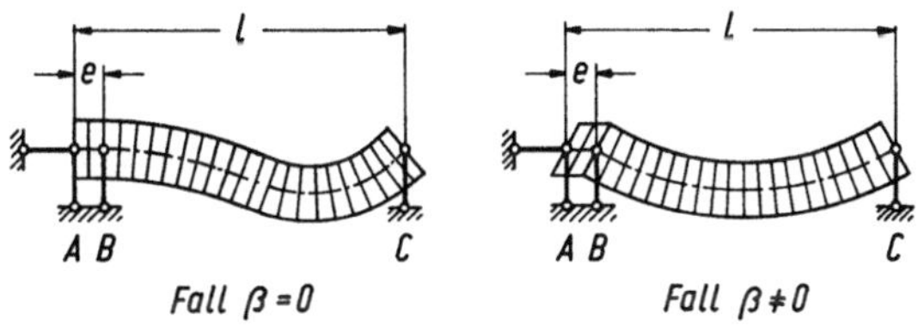

Abb. 11. Verformungsbild eines zweifeldrigen Sandwichbalkens für $q_0 =$ konst und $e = 0$

Im Falle $\beta = 0$ stimmt das Einspannmoment M_B für $\varepsilon = 0$ überein mit M gemäß (2.72) für $\beta = 0$ und $\xi = 0$, also dem Einspannmoment eines links starr eingespannten und rechts gelenkig gelagerten Balkens. Die Querkraft Q_{1B} wird (theoretisch) unendlich groß, weil das Einspannmoment M_B durch ein Kräftepaar im Auflager mit unendlich kleinem Hebelarm aufgenommen werden muß. Im Falle $\beta \neq 0$ hingegen würde eine unendlich große Querkraft Q_{1B} auch einen unendlich großen Schubwinkel $\gamma_{1B} = Q_{1B}/A$ nach sich ziehen, was wegen der geometrischen Bindungen des Systems nicht möglich ist; es stellt sich also eine Querkraft von nur endlicher Größe ein. Das dem Einspannmoment M_B entsprechende Kräftepaar im Auflager wird daher wegen des unendlich kleinen Hebelarms null. Ein Verformungsbild des Sandwichbalkens für die Fälle $\beta = 0$ und $\beta \neq 0$ ist in Abb. 11 dargestellt.

2.3. Energieausdrücke und Energiemethode

2.3.1. Energieausdrücke

2.3.1.1. Formänderungsenergie des gebogenen Sandwichbalkens

Die Formänderungsenergie W eines quer- und längsbelasteten Sandwichbalkens der Länge l mit dünnen Deckschichten ergibt sich aus der allgemeinen Formel

$$W=\frac{1}{2}\int_{(V)}(\sigma\varepsilon+\tau\gamma)\,\mathrm{d}V. \tag{2.93}$$

Setzt man in (2.93) σ gemäß (2.11), τ gemäß (2.10) und ε gemäß (2.8) ein, wobei in (2.8) $\gamma_2=\gamma-w'$ und $\bar{u}'=0$ gesetzt werden[1], so erhält man mit $\mathrm{d}V=\mathrm{d}x\,\mathrm{d}y\,\mathrm{d}z$ nach Ausführung der Integration über die Balkenbreite und Balkenhöhe und unter Verwendung der Querschnittswerte B_S und A gemäß (2.21) bzw. (2.17)

$$W=\frac{1}{2}\int_{(l)}B_S(\gamma'-w'')^2\,\mathrm{d}x+\frac{1}{2}\int_{(l)}A\gamma^2\,\mathrm{d}x. \tag{2.94}$$

Drückt man W durch die Partialdurchsenkungen gemäß (2.29) aus, so gilt

$$\left.\begin{aligned}&W=W_M+W_Q;\\&W_M=\frac{1}{2}\int_{(l)}B_S w_M''^2\,\mathrm{d}x,\quad W_Q=\frac{1}{2}\int_{(l)}A\,w_Q'^2\,\mathrm{d}x.\end{aligned}\right\} \tag{2.95}$$

In (2.95) ist W_M der durch den Biegeanteil w_M der Gesamtdurchsenkung w verursachte, in den Deckschichten auftretende Anteil der Formänderungsarbeit und W_Q der durch den Schubanteil w_Q hervorgerufene, in der Kernschicht auftretende Anteil.

2.3.1.2. Potential der äußeren Kräfte

Die äußere Belastung eines Sandwichbalkens besteht aus der Querbelastung $q(x)$ und der Längskraftbelastung N; dementsprechend setzt sich das Potential U der äußeren Kräfte aus den beiden Anteilen U_q und U_N zusammen. Wegen $\mathrm{d}\bar{u}=0$ (keine axiale Dehnung bzw. Stauchung) ist $\mathrm{d}s'=\mathrm{d}s+\mathrm{d}\bar{u}=\mathrm{d}s$, so daß aus Abb. 12 für $w'^2\ll 1$ leicht

$$-\mathrm{d}u=\mathrm{d}s-\mathrm{d}x=\left(\sqrt{1-w'^2}-1\right)\mathrm{d}x\approx\frac{1}{2}\,w'^2\,\mathrm{d}x$$

und damit

$$\mathrm{d}U_q=-q\,w\,\mathrm{d}x,\quad \mathrm{d}U_N=-N\,\mathrm{d}u=\frac{1}{2}\,N\,w'^2\,\mathrm{d}x$$

[1] Axialverformungen der Bezugsachse (= Schwerachse) interessieren hier nicht, da eine reine Biege- und Schubbeanspruchung des Sandwichbalkens untersucht wird (vgl. auch Abschnitt 2.1.2.4c Ende), daher $\bar{u}'=0$.

folgt. Das Potential $U = U_q + U_N$ der äußeren Kräfte wird damit

$$U = -\int_{(l)} q w \,\mathrm{d}x + \frac{1}{2}\int_{(l)} N w'^2 \mathrm{d}x. \tag{2.96}$$

Drückt man im Sonderfall $N = 0$ U durch die Partialdurchsenkungen gemäß (2.29) aus, so gilt

$$\left.\begin{aligned} &U = U_M + U_Q\,;\\ &U_M = -\int_{(l)} q w_M \mathrm{d}x, \quad U_Q = -\int_{(l)} q w_Q \mathrm{d}x. \end{aligned}\right\} \tag{2.97}$$

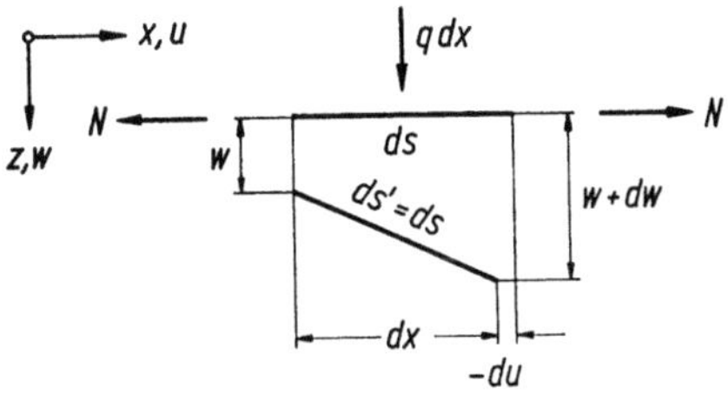

Abb. 12. Verschiebung eines Schwerachsenelements des gebogenen Sandwichbalkens

Im Falle $N \neq 0$ ist eine Aufspaltung des Potentials U in einen nur von w_M abhängigen Anteil U_M und einen nur von w_Q abhängigen Anteil U_Q nicht möglich.

2.3.1.3. Formänderungsenergie elastischer Stützen

Ist ein Sandwichbalken auf wegelastischen Stützen und drehelastischen Einspannungen gelagert, so wird auch in diesen Formänderungsenergie gespeichert:

$$V = \frac{1}{2}\sum_{(\mu)} c_\mu w_\mu^2 + \frac{1}{2}\sum_{(\nu)} C_\nu \gamma_{2\nu}^2\,; \tag{2.98}$$

hierin bedeutet $\mu = 1, 2, \ldots$ den Zählindex der wegelastischen Stützen und $\nu = 1, 2, \ldots$ den Zählindex der drehelastischen Einspannungen. Eine Aufspaltung von V in einen nur von w_M abhängigen Anteil V_M und einen nur von w_Q abhängigen Anteil V_Q ist nicht möglich.

2.3.2. Energiemethode

2.3.2.1. Minimum des elastischen Potentials

Das Prinzip der virtuellen Verrückungen besagt: Erteilt man einem im Gleichgewicht befindlichen Sandwichbalken aus seiner Gleichgewichtslage heraus eine virtuelle Verrückung, dann ist die von den äußeren und inneren Kräften geleistete virtuelle Arbeit null:

$$\delta A = \delta A_a + \delta A_i = 0. \tag{2.99}$$

Mit $\delta A_a = -\delta U$, $\delta A_i = -(\delta W + \delta V)$ und dem elastischen Potential

$$\Pi = W + U + V \tag{2.100}$$

mit W, U, V gemäß (2.94), (2.96) und (2.98) gehen aus (2.99) die Beziehungen

$$\delta\Pi = 0, \quad \Pi = \text{Extremum} \tag{2.101}$$

hervor. Im Falle einer stabilen Gleichgewichtslage des Sandwichbalkens erweist sich $\delta^2 \Pi > 0$, es handelt sich also um ein Minimum von Π. Die wirklich auftretenden, der Gleichgewichtslage des belasteten Sandwichbalkens entsprechenden Verschiebungen w und γ sind also gegenüber allen möglichen, mit den Lagerungs- und Verträglichkeitsbedingungen des Sandwichbalkens zu vereinbarenden Verschiebungssystemen $w + \delta w$, $\gamma + \delta\gamma$ dadurch ausgezeichnet, daß für sie das elastische Potential Π einen Kleinstwert annimmt.

Im Sonderfall $N = 0$ und nicht vorhandener elastischer Stützen läßt sich Π in zwei Anteile aufspalten: einen nur von w_M abhängigen Biegeanteil Π_M und einen nur von w_Q abhängigen Schubanteil Π_Q:

$$\Pi = \Pi_M + \Pi_Q\,; \quad \Pi_M = W_M + U_M, \quad \Pi_Q = W_Q + U_Q\,. \tag{2.102}$$

Mit (2.102) folgt also aus (2.101)

$$\delta\Pi = \delta\Pi_M + \delta\Pi_Q = 0\,. \tag{2.103}$$

2.3.2.2. Eulersche Gleichungen für das Variationsproblem Π = Minimum

Die Aufgabe, das Funktional

$$\Pi = \int\limits_{(l)} F(w, w', w''; \gamma, \gamma')\,\mathrm{d}x \tag{2.104}$$

zu minimieren, ist ein Problem der Variationsrechnung; die zugehörigen Eulerschen Gleichungen lauten

$$\frac{d^2}{\mathrm{d}x^2}\left(\frac{\partial F}{\partial w''}\right) - \frac{d}{\mathrm{d}x}\left(\frac{\partial F}{\partial w'}\right) + \frac{\partial F}{\partial w} = 0, \quad -\frac{d}{\mathrm{d}x}\left(\frac{\partial F}{\partial \gamma'}\right) + \frac{\partial F}{\partial \gamma} = 0\,. \tag{2.105}$$

Setzt man (2.94), (2.96) und (2.98) in Π gemäß (2.100) ein, dann liefern die Eulerschen Gleichungen (2.105) zwei miteinander gekoppelte Differentialgleichungen für w und γ, die nach geringfügigen Umformungen mit den bereits bekannten Gleichungen (2.25) übereinstimmen; das Prinzip vom Minimum des elastischen Potentials liefert also erwartungsgemäß dieselben Ergebnisse wie die Gleichgewichtsbedingungen. Die Formänderungsenergie V der elastischen Stützen bringt in diesen Differentialgleichungen keine zusätzlichen Terme, da die in den Eulerschen Gleichungen vorkommenden partiellen Ableitungen nur nach w, w', w'', γ und γ', nicht jedoch nach w_μ und $\gamma_{2\nu}$ auszuführen sind. Die elastischen Stützen gehen nur über die Rand- und Zwischenbedingungen in die Rechnung ein.

2.3.2.3. Lösungen mit Hilfe des Ritzschen Verfahrens

In manchen Fällen ist die exakte Lösung der Differentialgleichungen (2.25) bzw. (2.26) schwierig, z. B. dann, wenn

— die Querschnittswerte B_S und A und die Längskraft N nur abschnittsweise konstant sind, an gewissen Balkenstellen also Sprünge aufweisen[1],
— eine komplizierte Belastungsfunktion $q(x)$ gegeben ist oder
— schwierige Lagerungsbedingungen (z. B. elastische Stützen) vorliegen.

In diesen Fällen können w und γ näherungsweise in der Form

$$\left.\begin{aligned} w(x) &= \sum_{j=1}^{n} w_j(x;\, a_j, b_j, c_j, \ldots), \\ \gamma(x) &= \sum_{j=1}^{n} \gamma_j(x;\, a_j, b_j, c_j, \ldots) \end{aligned}\right\} \tag{2.106}$$

oder auch in der vereinfachten Form

$$w(x) = \sum_{j=1}^{n} a_j w_j(x), \quad \gamma(x) = \sum_{j=1}^{n} b_j \gamma_j(x) \tag{2.107}$$

angesetzt werden. Hierin sind die Funktionen w_j und γ_j ($j = 1, 2, \ldots, n$) frei wählbar, müssen jedoch zumindest alle geometrischen und möglichst auch die dynamischen Rand- und Zwischenbedingungen erfüllen. Genügen w_j und γ_j nur den geometrischen (d. h. den die Verschiebungen w, $\gamma_1 = w'$ und $\gamma_2 = \gamma - w'$ betreffenden) Rand- und Zwischenbedingungen, so nennt man sie *zulässige Funktionen;* befriedigen w_j und γ_j zusätzlich auch noch die dynamischen (d. h. die die Schnittlasten M und Q betreffenden) Rand- und Zwischenbedingungen, so nennt man sie *Vergleichsfunktionen.* Im Ansatz (2.106) hängen w_j und γ_j außer von x noch linear von mehreren freien Konstanten $a_j, b_j, c_j, \ldots$ ab; im Ansatz (2.107) hingegen sind w_j und γ_j nur Funktionen von x, die freien Konstanten a_j und b_j sind als Faktor vor w_j bzw. γ_j gezogen. Wann welcher der beiden Ansätze (2.106) bzw. (2.107) in Frage kommt, hängt von den Lagerungsbedingungen des Sandwichbalkens und von der Art der gewählten Funktionen[2] für w_j und γ_j ab; Beispiele findet man in Abschnitt 2.3.3.

Setzt man nun (2.106) bzw. (2.107) in Π ein, dann ergibt sich statt eines Funktionals der Form (2.104) ein bestimmtes Integral, das im allgemeinen leicht zu berechnen ist und auf einen Ausdruck der Form

$$\Pi = \Pi(a_1, b_1, \ldots, a_n, b_n, \ldots) \tag{2.108}$$

führt. Da voraussetzungsgemäß die Funktionen w_j und γ_j linear von den freien Konstanten $a_j, b_j, \ldots$ abhängen, ergibt sich Π als quadratische Funktion von $a_j, b_j, \ldots$ ($j = 1, 2, \ldots, n$). Die notwendigen Bedingungen

---

[1] Der Fall kontinuierlich veränderlicher Werte B_S, A und N ist bei den Differentialgleichungen (2.25) und (2.26) ohnehin ausgeschlossen; hierzu vgl. Näheres in Abschnitt 2.5.2.

[2] Zum Beispiel Polynome oder trigonometrische Funktionen.

für ein Extremum (Minimum) von Π lauten nach den Regeln der Differentialrechnung

$$\frac{\partial \Pi}{\partial a_j} = 0, \quad \frac{\partial \Pi}{\partial b_j} = 0, \ldots \quad (j = 1, 2, \ldots). \tag{2.109}$$

(2.109) liefert ebenso viele lineare Gleichungen, wie unbekannte Konstanten $a_1, b_1, \ldots$ vorhanden sind. Nach ihrer Berechnung und Einsetzen in (2.106) bzw. (2.107) sind die gesuchten Näherungslösungen für $w(x)$ und $\gamma(x)$ bekannt.

Das ist der Grundgedanke des Ritzschen Verfahrens, angewendet auf das Prinzip vom Minimum des elastischen Potentials bei Sandwichbalken (Energiemethode). Die Formänderungsenergie V der elastischen Stützen geht hierbei — anders als in Abschnitt 2.3.2.2 — in die aus der Minimierung von Π folgenden Gleichungen ein, da auch die Stützenverschiebungen w_μ und $\gamma_{2\nu}$ die Konstanten $a_1, b_1, \ldots$ enthalten, nach denen differenziert wird.

Die aus dem Ritzschen Verfahren sich ergebenden Lösungen für $w(x)$ und $\gamma(x)$ können sowohl die exakten Lösungen als auch Näherungslösungen sein. Die exakten Lösungen ergeben sich z. B. im Falle des Ansatzes (2.107) dann,

— wenn entweder unter den Vergleichsfunktionen w_j und γ_j zufällig die „richtigen" Funktionen dabei sind,

— oder wenn für w_j und γ_j $(j = 1, 2, 3, \ldots)$ ein sogenanntes vollständiges Funktionensystem (mit $n = \infty$) angesetzt wird, mit dessen Hilfe es möglich ist, eine beliebige mathematische Funktion an jeder Stelle x eines abgeschlossenen Bereiches beliebig genau zu approximieren.

In allen übrigen Fällen erhält man Näherungslösungen.

Bei der Berechnung eines Sandwichbalkens nach dem Ritzschen Verfahren bestehen gegenüber dem soeben beschriebenen Verfahrensweg noch folgende Varianten:

a) $\gamma(x)$ wird nicht in der Form (2.106) oder (2.107) angesetzt, sondern beispielsweise mittels der zweiten der Gleichungen (2.25) (sie entspricht der Querkraft-Gleichgewichtsbedingung) aus dem Ansatz für $w(x)$ durch Integration berechnet und auf die in $w(x)$ enthaltenen Konstanten (gegebenenfalls zuzüglich einer Integrationskonstanten) zurückgeführt. Die weitere Rechnung verläuft wie beschrieben. Der Vorteil dieser Variante liegt darin, daß Π wegen der von vornherein erfüllten Querkraft-Gleichgewichtsbedingung weniger unbekannte Konstanten enthält; es sind also auch weniger Gleichungen zu lösen. Dafür ist die Vorarbeit bei diesem Verfahren größer.

b) Statt für w und γ werden Ansätze für die Partialdurchsenkungen w_M und w_Q gewählt und diese in Π eingesetzt; aus der Minimierung von Π folgen dann alle benötigten Gleichungen. Ähnlich wie unter a) können auch die Konstanten in w_Q beispielsweise mittels der ersten Gleichung (2.32) (sie entspricht der Momenten-Gleichgewichtsbedingung) auf jene in w_M (gegebenenfalls zuzüglich einer Integrationskonstanten) zurückgeführt werden, womit die Anzahl der Unbekannten sinkt.

c) In allen Fällen, in denen Π in der Form (2.102) darstellbar ist, werden Π_M und Π_Q nicht als Summe, sondern jedes für sich minimiert. Dies vereinfacht zwar die Rechnung, da man für die in w_M und w_Q enthaltenen unbekannten Konstanten zwei getrennte Gleichungssysteme erhält, ist aber nur in jenen Fällen exakt, in denen sich auch w gemäß $w=w_B+w_S$ in eine reine Durchbiegung $w_B=w_M$ und eine reine Schubdurchsenkung $w_S=w_Q$ aufspalten läßt, vgl. Abschnitt 2.2, speziell (2.42) bis (2.44). Andernfalls stellt die getrennte Minimierung von Π_M und Π_Q eine zusätzliche Näherung dar.

Das Ritzsche Verfahren wird vorwiegend zur Berechnung von Eigenwerten (Knicklasten und Eigenkreisfrequenzen) verwendet, also dann, wenn keine Querbelastung q vorhanden ist; Näheres hierzu ist aus den Abschnitten 2.4.2.5 und 7.2.2 ersichtlich. Im folgenden Abschnitt 2.3.3 werden zwecks Erläuterung der Ansätze (2.106) und (2.107) für zwei verschiedene Lagerungsfälle Vergleichsfunktionen aufgestellt, die zur Knicklastberechnung geeignet sind, und im übernächsten Abschnitt 2.3.4 wird zwecks Erläuterung des Ritzschen Verfahrens an einem Beispiel die Durchsenkungslinie eines Sandwichbalkens für eine vorgegebene Querbelastung $q(x)$ berechnet.

2.3.3. Beispiele von Vergleichsfunktionen für zwei Lagerungsfälle

2.3.3.1. Sandwichbalken gemäß Abb. 6 (beidseitig gelenkige Lagerung)

Die Randbedingungen lauten gemäß Tab. 2.1

$$w(0)=0, \quad w(l)=0, \quad \gamma'(0)-w''(0)=0, \quad \gamma'(l)-w''(l)=0.$$

Aus der zweiten Gleichung (2.25) folgt für $q(x)=0$ und $N=-P$

$$A\gamma'(x)-Pw''(x)=0 \tag{2.110}$$

für alle x, also auch für $x=0$ und $x=l$, so daß aus den letzten beiden der obigen Randbedingungen die vier neuen Bedingungen

$$w''(0)=0, \quad w''(l)=0, \quad \gamma'(0)=0, \quad \gamma'(l)=0$$

hervorgehen. Als Vergleichsfunktionen eignen sich im vorliegenden Falle die trigonometrischen Funktionen

$$w_j=\sin\frac{j\pi x}{l}, \quad \gamma_j=\cos\frac{j\pi x}{l} \quad (j=1, 2, \ldots),$$

die sämtliche Randbedingungen erfüllen; mit (2.107) gilt also für den Gesamtansatz

$$w=\sum_{j=1}^{n} a_j\sin\frac{j\pi x}{l}, \quad \gamma=\sum_{j=1}^{n} b_j\cos\frac{j\pi x}{l}. \tag{2.111}$$

Die Reihen (2.111) ermöglichen die Berechnung der ersten n Eigenwerte P_j. Für $n=\infty$ stellen die Reihen (2.111) ein vollständiges Funktionensystem dar.

Berechnet man γ mittels (2.110) aus w gemäß (2.111), so erhält man für γ wiederum einen Ausdruck der Form (2.111), jedoch mit

$$b_j = \frac{j\pi}{l}\frac{P}{A}a_j; \tag{2.112}$$

die Anzahl der Unbekannten halbiert sich also.

2.3.3.2. Sandwichbalken gemäß Abb. 8 (links Einspannung, rechts gelenkige Lagerung)

Die Randbedingungen lauten gemäß Tab. 2.1

$$w(0)=0, \quad w(l)=0, \quad \gamma(0)-w'(0)=0, \quad \gamma'(l)-w''(l)=0.$$

Wie in Abschnitt 2.3.3.1 gezeigt, gehen aus der letzten der obigen Randbedingungen die beiden neuen Bedingungen

$$w''(l)=0, \quad \gamma'(l)=0$$

hervor. Als Vergleichsfunktionen werden hier Polynome gewählt, wobei eine Beschränkung auf einen eingliedrigen Ansatz erfolgen soll:

$$\left.\begin{aligned} w_1 &= 2a_1l^3x+3(b_1-a_1)l^2x^2+(a_1-5b_1)lx^3+2b_1x^4, \\ \gamma_1 &= 2a_1l^3-(2c_1+3d_1)l^2x+c_1lx^2+d_1x^3. \end{aligned}\right\} \tag{2.113}$$

Die Vergleichsfunktionen (2.113) erfüllen sämtliche Randbedingungen und entsprechen einem Ansatz vom Typ (2.106). Entsprechend der Eingliedrigkeit des Ansatzes (2.113) kann mit ihm nur der erste Eigenwert $P_1 = P_k$ ermittelt werden.

Berechnet man γ mittels (2.110) aus w gemäß (2.113), so ergibt sich für γ wiederum ein Ausdruck der Form (2.113), jedoch mit

$$c_1 = 3\frac{P}{A}(a_1-5b_1), \quad d_1 = 8\frac{P}{A}b_1; \tag{2.114}$$

die Anzahl der unbekannten Konstanten reduziert sich also von vier auf zwei.

2.3.4. Berechnungsbeispiel für eine Durchsenkungslinie nach der Energiemethode

2.3.4.1. Aufgabe

Es soll die Durchsenkung eines beidseitig starr eingespannten Sandwichbalkens unter einer sinusförmigen Querbelastung ohne Längskraft nach der Energiemethode mit Hilfe des Ritzschen Verfahrens berechnet werden (vgl. Abb. 13). Wegen der Symmetrie von System und Belastung zu $x = l/2$ gilt $w = w_B + w_S$ (vgl. Abschnitt 2.2.4.2), gemäß Abschnitt 2.3.2.3 c) dürfen also bei Verwendung der Partialdurchsenkungen w_M und w_Q die Teilpotentiale Π_M und Π_Q getrennt minimiert werden.

2.3.4.2. Minimierung von Π_M

Da die zu $x=l/2$ symmetrische Belastung auch eine zu $x=l/2$ symmetrische Durchsenkung erwarten läßt, wird für den Biegeanteil w_M der symmetrische Reihenansatz

$$w_M(x)=\sum_{j=1}^{\infty} a_j w_{Mj}(x)=\sum_{j=1}^{\infty} a_j\left(1-\cos\frac{2j\pi x}{l}\right) \tag{2.115}$$

gewählt; die Vergleichsfunktionen

$$w_{Mj}=1-\cos\frac{2j\pi x}{l} \qquad (j=1,2,3,\ldots)$$

erfüllen sämtliche Randbedingungen, nämlich

$$w_M(0)=0, \quad w_M(l)=0, \quad w_M'(0)=0, \quad w_M'(l)=0.$$

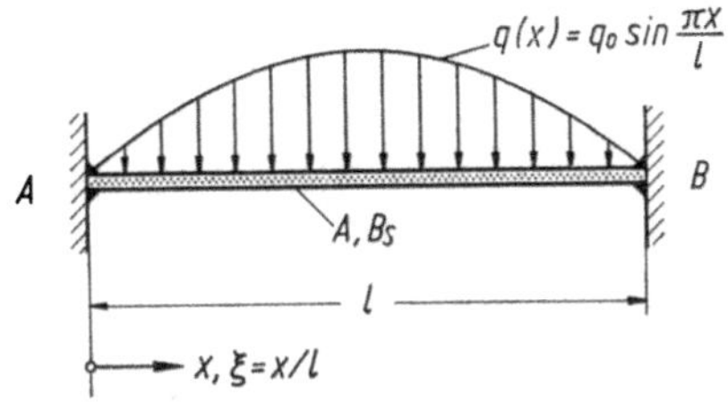

Abb. 13. Beidseitig starr eingespannter Sandwichbalken unter Sinusbelastung

Einsetzen von (2.115) in Π_M gemäß (2.102) und Nullsetzen der partiellen Ableitungen von Π_M nach den unbekannten Konstanten a_k $(k=1,2,\ldots)$ liefert für diese das Gleichungssystem

$$B_S\sum_{j=1}^{\infty}\left[a_j\int_0^l w_{Mj}''\,w_{Mk}''\,\mathrm{d}x\right]-\int_0^l q\,w_{Mk}\,\mathrm{d}x=0,$$

woraus unter Beachtung von (2.115) mit

$$\int_0^l w_{Mj}''\,w_{Mk}''\,\mathrm{d}x=\begin{cases}0 & \text{für} \quad j\neq k\\ \dfrac{8k^4\pi^4}{l^3} & \text{für} \quad j=k,\end{cases}$$

$$\int_0^l q\,w_{Mk}\,\mathrm{d}x=\frac{q_0 l}{\pi}\,\frac{8k^4}{4k^2-1}$$

unmittelbar

$$a_k=\frac{q_0 l^4}{\pi^4 B_S}\,\frac{1/\pi}{k^2(4k^2-1)} \qquad (k=1,2,\ldots)$$

folgt und damit der Biegeanteil

$$w_M=\frac{q_0 l^4}{\pi^4 B_S}\sum_{j=1}^{\infty}\frac{1/\pi}{j^2(4j^2-1)}(1-\cos 2j\pi\xi). \tag{2.116}$$

Der Schubanteil w_Q folgt aus w_M gemäß (2.116) durch Integration der ersten Gleichung (2.32) und Beachtung der Randbedingungen $w_Q(0) = w_Q(l) = 0$ zu

$$w_Q = \frac{q_0 l^2}{\pi^2 A} \sum_{j=1}^{\infty} \frac{4/\pi}{4j^2 - 1} (1 - \cos 2j\pi\xi). \tag{2.117}$$

Die Gesamtdurchsenkung w ergibt sich durch Überlagerung von w_M und w_Q gemäß (2.116) und (2.117).

2.3.4.3. Minimierung von Π_Q

Für den Schubanteil w_Q wird der zu $x = l/2$ symmetrische Reihensatz

$$w_Q(x) = \sum_{j=1}^{\infty} b_j w_{Qj}(x) = \sum_{j=1,3,\ldots}^{\infty} b_j \sin \frac{j\pi x}{l} \tag{2.118}$$

gewählt; die Vergleichsfunktionen

$$w_{Qj} = \sin \frac{j\pi x}{l} \quad (j = 1, 3, 5, \ldots)$$

erfüllen die Randbedingungen

$$w_Q(0) = 0, \quad w_Q(l) = 0.$$

Einsetzen von (2.118) in Π_Q gemäß (2.102) und Nullsetzen der partiellen Ableitungen von Π_Q nach den unbekannten Konstanten b_k $(k = 1, 3, 5, \ldots)$ liefert für diese das Gleichungssystem

$$A \sum_{j=1,3,\ldots}^{\infty} \left[b_j \int_0^l w_{Qj}' w_{Qk}' \,\mathrm{d}x \right] - \int_0^l q w_{Qk} \,\mathrm{d}x = 0,$$

woraus unter Beachtung von (2.118) mit

$$\int_0^l w_{Qj}' w_{Qk}' \,\mathrm{d}x = \begin{cases} 0 & \text{für} \quad j \neq k \\ \dfrac{k^2 \pi^2}{2l} & \text{für} \quad j = k, \end{cases}$$

$$\int_0^l q w_{Qk} \,\mathrm{d}x = \begin{cases} \dfrac{q_0 l}{2} & \text{für} \quad j = 1 \\ 0 & \text{für} \quad j = 3, 5, \ldots \end{cases}$$

unmittelbar

$$b_1 = \frac{q_0 l^2}{\pi^2 A}, \quad b_3 = b_5 = \ldots = 0$$

folgt und damit für den Schubanteil

$$w_Q = \frac{q_0 l^2}{\pi^2 A} \sin \pi\xi. \tag{2.119}$$

Der Biegeanteil w_M folgt aus w_Q gemäß (2.119) durch dreimalige Integration der ersten Gleichung (2.32) und Beachtung der Randbedingungen $w_M(0) = w_M(l) = 0$, $w_M'(0) = w_M'(l) = 0$ zu

$$w_M = \frac{q_0 l^4}{\pi^4 B_S} (\sin \pi \xi + \pi \xi^2 - \pi \xi). \tag{2.120}$$

Die Gesamtdurchsenkung w ergibt sich durch Überlagerung von w_M und w_Q gemäß (2.120) und (2.119).

2.3.4.4. Vergleich der Ergebnisse

Vergleicht man w_M gemäß (2.116) mit w_M gemäß (2.120), so findet man nach einiger Rechnung, daß die unendliche Reihe in (2.116) die Fourierreihenentwicklung des Klammerausdruckes in (2.120) mit der Periodenlänge l ist. Ebenso erweist sich bei einem Vergleich von w_Q gemäß (2.117) und w_Q gemäß (2.119), daß auch hier die unendliche Reihe in (2.117) die Fourier-Reihenentwicklung von $\sin \pi x/l$ mit der Periodenlänge l (also der kommutierten Sinusfunktion, vgl. Abb. 14) ist. Beide Verfahren führen also zum gleichen Ergebnis.

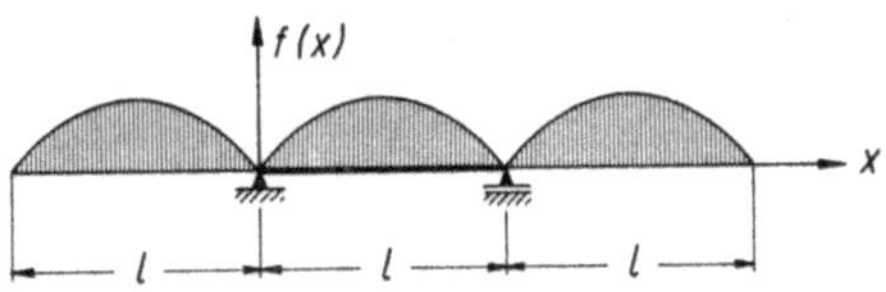

Abb. 14. Kommutierte Sinusfunktion

Eine Bemerkung zu w_Q: Es fällt auf, daß die Vergleichsfunktionen $w_{Qj} = 1 - \cos 2j\pi x/l$ in (2.117) bei $x = 0$ und $x = l$ horizontale Tangenten haben, d. h. es ist

$$w_{Qj}'(0) = w_{Qj}'(l) = 0,$$

während doch die durch die unendliche Reihe in (2.117) dargestellte Funktion $\sin \pi x/l$ bei $x = 0$ und $x = l$ keinesfalls horizontal verläuft. Denkt man sich allerdings $y = \sin \pi x/l$ links und rechts vom vorliegenden Sandwichbalken der Länge l als kommutierte Sinusfunktion fortgesetzt (vgl. Abb. 14), dann liegt bei $x = 0$ und $x = l$ ein Sprung der ersten Ableitung y' von $-\pi/l$ auf $+\pi/l$ vor. Wo solche Unstetigkeitsstellen auftreten, nimmt die Fourier-Entwicklung jeweils den Mittelwert an, in diesem Falle also für y' den Wert null — so wie es aus den Vergleichsfunktionen $w_{Qj} = 1 - \cos 2j\pi x/l$ bei $x = 0$ und $x = l$ auch hervorgeht. In beliebig kleiner Umgebung ε solcher Unstetigkeitsstellen stimmen dann Fourier-Entwicklung und die durch sie dargestellte Funktion wieder beliebig genau überein, wenn nur hinreichend viele Reihenglieder berücksichtigt werden; die Fourier-Reihe der kommutierten Sinusfunktion ist also gleichmäßig konvergent im Bereich $\varepsilon \leqq x \leqq l - \varepsilon$.

2.4. Weitere Beanspruchungen

2.4.1. Temperatursprung zwischen den Deckschichten eines Sandwichbalkens

2.4.1.1. Allgemeines

Die Kernschicht eines Sandwichbalkens besteht vielfach aus porenreichen Kunststoffschäumen mit guten Wärmedämmeigenschaften. Daher können sich bei einseitiger Wärmeeinstrahlung (z. B. durch die Sonne) leicht sehr unterschiedliche Temperaturen in den beiden dünnen Deckschichten einstellen. Die Temperaturdehnungsdifferenzen bewirken Krümmungsverformungen und zum Teil auch Spannungen im Sandwichbalken, die im folgenden berechnet werden sollen. Gleichmäßige Temperaturdehnungen beider Deckschichten hingegen bewirken nur Verlängerungen bzw. Verkürzungen der Balkenachse und interessieren hier weiter nicht.

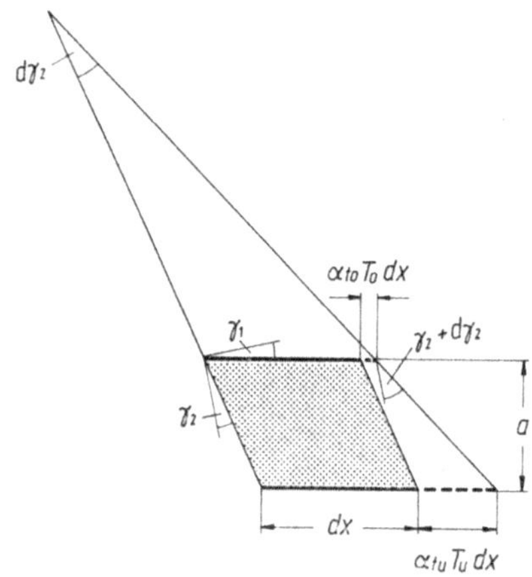

Abb. 15. Temperaturdehnungen der Deckschichten

2.4.1.2. Differentialgleichungen

Erweitert man die Schnittlast-Verschiebungs-Beziehungen (2.22) um das Temperaturglied, so findet man mit Hilfe von Abb. 15 zunächst

$$d\gamma_2 = \frac{M}{B_S}\,dx + \frac{\alpha_{tu}\,T_u - \alpha_{to}\,T_o}{a}\,d\,x,$$

also mit der Abkürzung[1]

$$\vartheta = \frac{\alpha_{tu}\,T_u - \alpha_{to}\,T_o}{a} \tag{2.121}$$

unmittelbar

$$\gamma_2' = \frac{M}{B_S} + \vartheta, \quad \gamma = \frac{Q}{A}. \tag{2.122}$$

[1] ϑ kann auch mit x veränderlich sein.

Durch Auflösen von (2.122) nach M bzw. Q folgt

$$M = B_S(\gamma' - w'' - \vartheta), \quad Q = A\gamma; \tag{2.123}$$

M gemäß (2.123) geht also aus M gemäß (2.22) hervor, indem dort $\gamma' - w''$ durch $\gamma' - w'' - \vartheta$ ersetzt wird, während Q unverändert bleibt. Einsetzen von (2.123) in die Gleichgewichtsbedingungen (2.24) liefert mit $q = 0$

$$B_S(\gamma'' - w''' - \vartheta') - A\gamma = 0, \quad A\gamma' + Nw'' = 0. \tag{2.124}$$

Entkoppelung dieser beiden Differentialgleichungen liefert

$$\left.\begin{aligned} \left(1 + \frac{N}{A}\right) w^{\mathrm{IV}} - \frac{N}{B_S} w'' &= -\vartheta'', \\ \left(1 + \frac{N}{A}\right) \gamma'' - \frac{N}{B_S} \gamma &= +\frac{N}{A} \vartheta'. \end{aligned}\right\} \tag{2.125}$$

Das sind die gesuchten Differentialgleichungen für w und γ infolge einer Temperaturdifferenz der Deckschichten bei gleichzeitigem Angriff einer Längskraft N. Ihre Lösungen erfüllen natürlich auch die unentkoppelten Differentialgleichungen (2.124), woraus sich gewisse Zusammenhänge zwischen den Integrationskonstanten in den Lösungen von (2.125) für w und γ ergeben. Im Sonderfall $N = 0$ und statisch bestimmter Lagerung ($M = 0$, $Q = 0$) vereinfachen sich (2.125) — wie durch zweimalige Integration folgt oder aus (2.123) ersichtlich ist — zu

$$w'' = -\vartheta = -\frac{\alpha_{tu} T_u - \alpha_{to} T_o}{a}, \quad \gamma = 0. \tag{2.126}$$

2.4.1.3. Einige Beispiele

a) Sandwichbalken gemäß Abb. 6 (beidseitig gelenkige Lagerung, $N = 0$, $\vartheta = konst$)

Wegen der statischen Bestimmtheit des Sandwichbalkens kann von (2.126) ausgegangen werden. Zweifache Integration und Befriedigung der Randbedingungen $w(0) = 0$, $w(l) = 0$ liefert mit $\xi = x/l$

$$w = \frac{\vartheta l^2}{2} \xi(1 - \xi), \quad \gamma = 0. \tag{2.127}$$

Biegemomente, Querkräfte und damit Spannungen im Sandwichbalken treten nicht auf.

b) Sandwichbalken gemäß Abb. 8 (links Einspannung, rechts gelenkige Lagerung, $N = 0$, $\vartheta = konst$)

Wegen der statischen Unbestimmtheit des Sandwichbalkens muß von (2.125) für $N = 0$ ausgegangen werden; Integration beider Differentialgleichungen liefert

$$w = C_1 x^3 + C_2 x^2 + C_3 x + C_4, \quad \gamma = D_1 x + D_2. \tag{2.128}$$

Da (2.128) auch die beiden Gleichungen (2.124) für $N=0$ befriedigen muß, erhält man zwischen den Integrationskonstanten mit β gemäß (2.47) die Beziehungen

$$D_1=0, \quad D_2=-6\beta l^2 C_1. \tag{2.129}$$

Die verbleibenden Konstanten ergeben sich aus den Randbedingungen $w(0)=0$, $w(l)=0$, $\gamma_2(0)=0$ und gemäß (2.122) $\gamma_2'(l)=\vartheta$ zu

$$C_1=-\frac{\vartheta}{4(1+3\beta)l}, \quad C_2=\frac{(1-6\beta)\vartheta}{4(1+3\beta)}, \quad C_3=\frac{3\beta\vartheta l}{2(1+3\beta)}, \quad C_4=0;$$

Einsetzen in (2.128) liefert mit $\xi=x/l$

$$w=\frac{\vartheta l^2}{4(1+3\beta)}\left[-\xi^3+(1-6\beta)\xi^2+6\beta\xi\right], \quad \gamma=\frac{3\beta\vartheta l}{2(1+3\beta)}. \tag{2.130}$$

Die Schnittlasten findet man mit (2.123) zu

$$M=-\frac{3\vartheta B_S}{2(1+3\beta)}(1-\xi), \quad Q=\frac{3\vartheta B_S}{2(1+3\beta)l}. \tag{2.131}$$

c) Sandwichbalken gemäß Abb. 9 (beidseitige Einspannung, $N=0$, $\vartheta=$ konst)

Der Sandwichbalken ist statisch unbestimmt gelagert, daher wird wiederum von (2.128) mit (2.129) ausgegangen. Die Randbedingungen $w(0)=0$, $w(l)=0$, $\gamma_2(0)=0$ und $\gamma_2(l)=0$ liefern

$$C_1=0, \quad C_2=0, \quad C_3=0, \quad C_4=0,$$

womit aus (2.128) unmittelbar

$$w=0, \quad \gamma=0 \tag{2.132}$$

hervorgehen. Die Schnittlasten folgen aus (2.123) zu

$$M=-B_S\vartheta, \quad Q=0. \tag{2.133}$$

Auffallend an diesem Beispiel ist, daß trotz vorhandenem Biegemoment keine Verformungen des Sandwichbalkens auftreten.

d) Zweifeldriger Sandwichbalken gemäß Abb. 10 (Feldlängen ungleich, $N=0$, $\vartheta=$ konst)

Der Sandwichbalken ist einfach statisch unbestimmt gelagert, seine Berechnung erfolgt mit Hilfe der Superpositionsmethode (vgl. die Erläuterungen in Abschnitt 2.2.3.1). Als statisch Unbestimmte X wird die Auflagerkraft in B gewählt. Entsprechend wie in Abschnitt 2.2.5.1 gilt

$$w(\varepsilon)=w_\vartheta(\varepsilon)-\frac{X l^3}{3B_S}\varepsilon(1-\varepsilon)(\varepsilon-\varepsilon^2+3\beta),$$

worin $w_\vartheta(\varepsilon)$ die Durchbiegung (2.127) infolge ϑ für $\xi=\varepsilon$ ist. Aus der Bedingung $w(\varepsilon)=0$ ergibt sich die Auflagerkraft im Mittellager B zu

$$X=\frac{3\vartheta B_S}{2(\varepsilon-\varepsilon^2+3\beta)l}. \tag{2.134}$$

Das betragsmäßig größte Biegemoment im Sandwichbalken tritt an der Stütze B auf; für dieses sowie für die Querkräfte erhält man

$$\left.\begin{aligned} M_B &= -\frac{3\varepsilon(1-\varepsilon)\vartheta B_S}{2(\varepsilon-\varepsilon^2+3\beta)}, \quad Q_{1B} = -\frac{3(1-\varepsilon)\vartheta B_S}{2(\varepsilon-\varepsilon^2+3\beta)l}, \\ Q_{2B} &= \frac{3\varepsilon\vartheta B_S}{2(\varepsilon-\varepsilon^2+3\beta)l}; \end{aligned}\right\} \tag{2.135}$$

hierin Index 1: gültig für $0 \leqq \xi \leqq \varepsilon$ (Feld AB);

Index 2: gültig für $\varepsilon \leqq \xi \leqq 1$ (Feld BC).

2.4.2. Transversalschwingungen eines Sandwichbalkens

2.4.2.1. Allgemeine dynamische Grundgleichungen

Vernachlässigt man bei den transversalen Biegeschwingungen eines Sandwichbalkens dessen rotatorische Trägheit[1], dann können die allgemeinen dynamischen Grundgleichungen eines Sandwichbalkens aus den statischen Gleichungen (2.25) dadurch gewonnen werden, daß man dort zur Querbelastung q entsprechend dem D'Alembertschen Prinzip die negative Trägheitskraft $-\mu\,\partial^2 w/\partial t^2$ hinzufügt[2]. Ersetzt man also in (2.25) q durch $q-\mu\,\partial^2 w/\partial t^2$, so erhält man

$$B_S(\gamma''-w''')-A\gamma=0, \quad A\gamma'+Nw''-\mu\frac{\partial^2 w}{\partial t^2}=-q. \tag{2.136}$$

Durch Entkoppelung dieser beiden partiellen Differentialgleichungen findet man

$$\left.\begin{aligned} \left(1+\frac{N}{A}\right)w^{\mathrm{IV}}-\frac{N}{B_S}w''-\frac{\mu}{A}\frac{\partial^2 w''}{\partial t^2}+\frac{\mu}{B_S}\frac{\partial^2 w}{\partial t^2} &= \frac{q}{B_S}-\frac{q''}{A}, \\ \left(1+\frac{N}{A}\right)\gamma^{\mathrm{IV}}-\frac{N}{B_S}\gamma''-\frac{\mu}{A}\frac{\partial^2 \gamma''}{\partial t^2}+\frac{\mu}{B_S}\frac{\partial^2 \gamma}{\partial t^2} &= -\frac{q'''}{A}. \end{aligned}\right\} \tag{2.137}$$

2.4.2.2. Erzwungene Schwingungen

Setzt man in (2.137)

$$q(x,t)=q(x)\sin\omega t, \tag{2.138}$$

dann stellen die Beziehungen (2.137) die Differentialgleichungen für ungedämpfte, erzwungene Transversalschwingungen eines Sandwichbalkens mit harmonischer Erregerkraft der Erregerkreisfrequenz ω dar. Da im allgemeinen nur der eingeschwungene (quasistationäre) Schwingungszustand interessiert, bei welchem alle Anfangsstörungen infolge der stets vorhandenen (hier allerdings nicht berücksichtigten) Dämpfung abgeklungen sind

[1] Bezüglich der rotatorischen Trägheit eines schubstarren Balkens, vgl. etwa [6], Formel (5.82), oder [7], Abschnitt 4.42.; ihr Einfluß ist im allgemeinen gering. Das gilt besonders bei Sandwichbalken, da hier $|\gamma_2| < |w'|$ ist, vgl. Abb. 21.

[2] μ ist die Balkenmasse je Längeneinheit.

und nur noch der Einfluß der Erregerkraft wirksam ist, können auch $w(x,t)$ und $\gamma(x,t)$ in der Form

$$w(x,t)=z_1(x)\sin\omega t\,,\quad \gamma(x,t)=z_2(x)\sin\omega t \tag{2.139}$$

angesetzt werden; w und γ schwingen also mit q gleichfrequent und phasengleich. Setzt man (2.138) und (2.139) in die partiellen Differentialgleichungen (2.136) und (2.137) ein, dann läßt sich durch Koeffizientenvergleich in $\sin\omega t$ die Zeit t eliminieren. Der Einfachheit halber erfolgt eine Beschränkung auf den Fall $N=0$; für diesen ergeben sich die gewöhnlichen Differentialgleichungen

$$B_S(z_2''-z_1''')-A\,z_2=0\,,\quad A\,z_2'-\mu\,\omega^2 z_1=-q \tag{2.140}$$

bzw. in entkoppelter Form

$$\left.\begin{aligned} z_1^{\mathrm{IV}}+\frac{\mu\,\omega^2}{A}z_1''-\frac{\mu\,\omega^2}{B_S}z_1&=\frac{q}{B_S}-\frac{q''}{A}\,,\\ z_2^{\mathrm{IV}}+\frac{\mu\,\omega^2}{A}z_2''-\frac{\mu\,\omega^2}{B_S}z_2&=-\frac{q'''}{A}\,.\end{aligned}\right\} \tag{2.141}$$

Die allgemeinen Lösungen der entkoppelten Differentialgleichungen (2.141) müssen natürlich auch die unentkoppelten Differentialgleichungen (2.140) erfüllen; hieraus ergeben sich gewisse Zusammenhänge zwischen den Integrationskonstanten in z_1 und z_2. Alle weiteren Gleichungen zur Ermittlung der Integrationskonstanten erhält man aus den Randbedingungen des Sandwichbalkens.

In bestimmten Fällen ist bei erzwungenen Schwingungen von Sandwichbalken auch noch dessen innere Dämpfung zu berücksichtigen, und zwar vor allem dann, wenn die Erregerkreisfrequenz ω in der Nähe einer der Eigenkreisfrequenzen ω_j des Sandwichbalkens liegt, weil in diesem Fall die Schwingungsamplituden aller Zustandsgrößen des Balkens (w, γ, M, Q) ganz wesentlich von der Größe des Dämpfungsmaßes abhängen. Man geht hierzu von folgenden Überlegungen aus: Schwingungsenergie wird vorwiegend in der meist aus Kunststoffen bestehenden Kernschicht infolge innerer Reibung bei den periodischen Schubverformungen $\gamma_K(x,t)$ des Kerns verbraucht; in den meist metallischen Deckschichten hingegen tritt kaum Dämpfung auf. Da die vorliegende Sandwichtheorie nur die Schubspannungen und Schubverformungen des Kerns berücksichtigt, nicht jedoch dessen Dehnungen und Normalspannungen, wird also reine *Schubdämpfung* behandelt. Sie läßt sich rechnerisch erfassen, indem man ein Kernschichtelement durch ein Kelvin-Element gemäß Abb. 16a mit parallelgeschaltetem Feder- und Dämpfungsglied idealisiert. Nimmt man in letzterem Proportionalität zwischen Schubgeschwindigkeit und Dämpfungskraft an, dann läßt sich das Materialgesetz für die Kernschicht mit $\gamma_K=a\gamma/h$ gemäß (2.4) in der Form[1]

$$\tau=G\left(\gamma_K+\delta_K\frac{\mathrm{d}\gamma_K}{\mathrm{d}t}\right)=\frac{a}{h}G\left(\gamma+\delta_K\frac{\mathrm{d}\gamma}{\mathrm{d}t}\right) \tag{2.142}$$

---

[1] Vgl. hierzu [7], Abschnitt 4.4.1, Formel (3.43).

angeben. τ gemäß (2.142) setzt sich also aus einem elastischen Anteil und einem Dämpfungsanteil zusammen. (2.142) ist anstelle von (2.10) bei der Aufstellung der Schnittlast-Verschiebungs-Beziehungen zu verwenden; man erhält analog zu (2.22)

$$M = B_S(\gamma' - w''), \quad Q = A\left(\gamma + \delta_K \frac{d\gamma}{dt}\right). \tag{2.143}$$

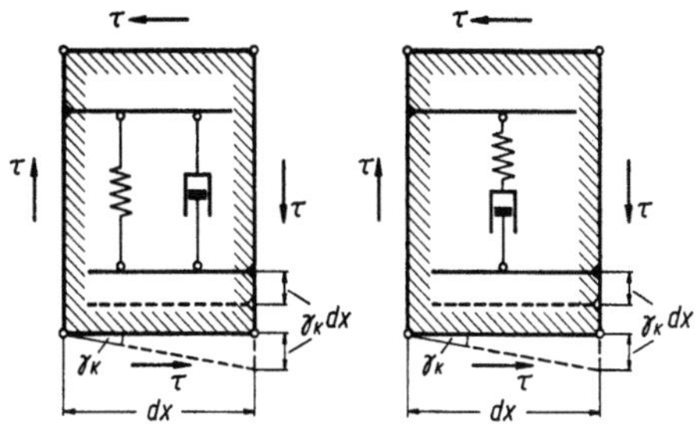

a) Kelvin-Element b) Maxwell-Element

Abb. 16. Materialgesetze der Kernschicht

Die Differentialgleichungen für w und γ ergeben sich dann unter Mitberücksichtigung der negativen Trägheitskraft ebenso wie in Abschnitt 2.1.2.6 durch Einsetzen von (2.143) in die Gleichgewichtsbedingungen (2.24); man erhält

$$\left.\begin{aligned} B_S(\gamma'' - w''') - A\left(\gamma + \delta_K \frac{d\gamma}{dt}\right) &= 0, \\ A\left(\gamma' + \delta_K \frac{d\gamma'}{dt}\right) + N w'' - \mu \frac{d^2 w}{dt^2} &= -q. \end{aligned}\right\} \tag{2.144}$$

Die Gleichungen (2.144) entsprechen den Gleichungen (2.25) für den statischen Fall und den Beziehungen (2.136) für ungedämpfte, erzwungene Schwingungen. Eine Entkoppelung der Gleichungen (2.144) ist möglich, wird aber hier nicht durchgeführt.

Im Gegensatz zu ungedämpften Schwingungen stellen sich bei gedämpften, erzwungenen Schwingungen im eingeschwungenen Schwingungszustand die harmonisch schwingenden Verschiebungen $w(x,t)$ und $\gamma(x,t)$ nicht phasengleich zur harmonischen Erregerkraft $q(x,t)$ ein. Anstelle der reellen Ansätze (2.138) und (2.139) eignen sich zur Berechnung des eingeschwungenen Schwingungszustandes die komplexen Ansätze

$$q(x,t) = q(x)\,e^{i\omega t}, \quad w(x,t) = \mathfrak{z}_1(x)\,e^{i\omega t}, \quad \gamma(x,t) = \mathfrak{z}_2(x)\,e^{i\omega t}, \tag{2.145}$$

worin $\mathfrak{z}_1(x)$ und $\mathfrak{z}_2(x)$ komplexe Funktionen der reellen Variablen x sind. Einsetzen von (2.145) in die partiellen Differentialgleichungen (2.144), Koeffizientenvergleich in $e^{i\omega t}$ und Entkoppeln der dabei entstehenden neuen Differentialgleichungen liefert für $\mathfrak{z}_1(x)$ und $\mathfrak{z}_2(x)$ zwei gewöhnliche Differentialgleichungen, die formal mit den Gleichungen (2.141) für ungedämpfte

Schwingungen bis auf einen Term übereinstimmen: An die Stelle der Schubsteifigkeit A des Kerns gemäß (2.17) tritt die komplexe Schubsteifigkeit

$$\mathfrak{A} = A\,(1 + i\eta_K) = \frac{b\,a^2}{h}\,G\,(1 + i\eta_K)\,, \tag{2.146}$$

worin $\eta_K = \omega\,\delta_K$ der sogenannte Verlustfaktor ist. Damit kann die weitere Rechnung entsprechend wie im Fall ohne Dämpfung durchgeführt werden. Über die mathematische Begründung des komplexen Berechnungsverfahrens quasistationärer Schwingungen sowie über die Bedeutung von Realteil und Imaginärteil der für $\mathfrak{z}_1(x)$ und $\mathfrak{z}_2(x)$ sich ergebenden Lösungen findet man Näheres z. B. in [7], Abschnitt 1.3.4. Ebenso entnimmt man dort folgendes:

Berücksichtigt man bei quasistationären Schwingungen auch die Dehnungsdämpfung in den Deckschichten, dann hat man in den Differentialgleichungen (2.141) die Biegesteifigkeit B_S durch die komplexe Biegesteifigkeit $\mathfrak{B}_S = B_S(1 + i\eta_D)$ zu ersetzen. Tritt schließlich noch eine äußere geschwindigkeitsproportionale Reibungsdämpfung hinzu, dann ist die Balkenmasse μ pro Längeneinheit durch die komplexe Balkenmasse $\mathfrak{m} = \mu\,(1 + i\eta_a)$ zu ersetzen. Der Einfluß von η_D und η_a ist jedoch bei Sandwichbalken im allgemeinen klein gegenüber dem Einfluß von η_K.

Ein weiterer Hinweis: Berücksichtigt man allein die Schubdämpfung des Sandwichbalkens und untersucht den Einfluß des Verlustfaktors η_K, so ergibt sich folgendes Bild: Im Grenzfall $\eta_K = 0$ schwingt der Balken ungedämpft; ist also die Erregerkreisfrequenz ω z. B. gleich der ersten Eigenkreisfrequenz ω_{10} des Sandwichbalkens (Resonanzfall), so stellen sich im eingeschwungenen Zustand ,,unendlich große" Schwingungsamplituden ein. Im anderen Grenzfall $\eta_K = \infty$ ist die Kernschichtdämpfung so groß, daß sich überhaupt keine Schubverformungen des Kerns mehr einstellen können, so daß auch hier keine Schwingungsenergie verzehrt wird; der Sandwichbalken schwingt also ebenfalls ungedämpft. Ist ω_{1_∞} die erste Eigenkreisfrequenz des Sandwichbalkens bei Annahme unendlich großer Schubsteifigkeit ($A = \infty$), dann stellen sich also für $\omega = \omega_{1_\infty}$ im eingeschwungenen Zustand ,,unendlich große" Schwingungsamplituden ein, wobei $\omega_{1_\infty} > \omega_{10}$ ist. Für jeden zwischen null und unendlich liegenden Verlustfaktor η_K schwingt der Sandwichbalken gedämpft; die Schwingungsamplituden im eingeschwungenen Zustand bleiben also hier stets endlich — auch dann, wenn die Erregerkreisfrequenz ω mit der zum vorgegebenen Verlustfaktor η_K gehörigen ersten Eigenkreisfrequenz ω_{1_η} übereinstimmt.

2.4.2.3. Freie Schwingungen

Setzt man in (2.137) $q = 0$, dann ergeben sich die Differentialgleichungen für ungedämpfte, freie Transversalschwingungen eines Sandwichbalkens. Führt man die Ansätze

$$w(x,t) = z_1(x)\sin\omega_j t\,, \quad \gamma(x,t) = z_2(x)\sin\omega_j t \tag{2.147}$$

in diese partiellen Differentialgleichungen ein, wobei ω_j ($j = 1, 2, \ldots$) die noch zu bestimmenden Eigenkreisfrequenzen des Sandwichbalkens bedeuten, so ergibt sich für den Fall $N=0$ — analog zu (2.141) —

$$\left.\begin{aligned} z_1^{\mathrm{IV}} + \frac{\mu\,\omega_j^2}{A} z_1'' - \frac{\mu\omega_j^2}{B_S} z_1 = 0\,, \\ z_2^{\mathrm{IV}} + \frac{\mu\,\omega_j^2}{A} z_2'' - \frac{\mu\omega_j^2}{B_S} z_2 = 0\,. \end{aligned}\right\} \tag{2.148}$$

Bezüglich der Berechnung der Integrationskonstanten in den Lösungen z_1 und z_2 der Differentialgleichungen (2.148) gilt dasselbe wie bei erzwungenen Schwingungen. Die Eigenwertgleichung zur Berechnung der Eigenkreisfrequenzen ω_j erhält man durch Nullsetzen der Koeffizientendeterminante des aus den Randbedingungen folgenden, zur Berechnung der Integrationskonstanten aufgestellten, linearen, homogenen Gleichungssystems (vgl. das Beispiel in Unterabschnitt 2.4.2.6 a).

Auf die Berücksichtigung der Dämpfung kann, solange diese klein ist, bei freien Balkenschwingungen verzichtet werden. Zwar ist sie von maßgebendem Einfluß auf das Abklingmaß einer freien Schwingung, jedoch von nur geringem Einfluß auf die vor allem interessierenden unteren Eigenkreisfrequenzen ω_j des Sandwichbalkens.

2.4.2.4. Hamiltonsches Prinzip

Das Hamiltonsche Prinzip ist ein dem Prinzip vom Minimum des elastischen Potentials entsprechendes, jedoch auf dynamische Vorgänge erweitertes Integralprinzip und lautet mit dem elastischen Potential Π gemäß (2.100) sowie der kinetischen Energie E

$$H = \int_{t_1}^{t_2} (\Pi - E)\,\mathrm{d}t = \text{Extremum}^1. \tag{2.149}$$

Aus der Klasse aller möglichen, mit den Lagerungs- und Verträglichkeitsbedingungen des Sandwichbalkens zu vereinbarenden Bewegungsabläufen $w(t) + \delta w(t)$, $\gamma(t) + \delta\gamma(t)$, die im Zeitintervall $t_2 - t_1$ von der Anfangslage zur Endlage führen, stellt sich jener Bewegungsablauf $w(t)$, $\gamma(t)$ ein, der das Funktional zum Extremum macht. Der Sonderfall der Statik ist in (2.149) enthalten: Für $E=0$ ergibt sich die Beziehung (2.101), also das bereits bekannte Prinzip $\Pi =$ Extremum.

Des weiteren erfolgt der Einfachheit halber eine Beschränkung auf

— freie Schwingungen, d. h. $q(x,t)=0$,
— Längskraftfreiheit, d. h. $N=0$, und
— Fehlen elastischer Stützen;

eine Einzelmasse m an der Balkenstelle $x=x_0$ soll jedoch auftreten können (vgl. z. B. Abb. 17). Das elastische Potential Π gemäß (2.100) vereinfacht sich dann zu W gemäß (2.94) oder (2.95), während die kinetische Energie E die Form

$$E = \frac{1}{2}\int_{(l)} \mu \left(\frac{\partial w}{\partial t}\right)^2 \mathrm{d}x + \frac{m}{2}\left(\frac{\partial w_0}{\partial t}\right)^2 \tag{2.150}$$

[1] Vgl. etwa [6], § 4.

annimmt, worin $w_0 = w(x_0, t)$ bedeutet. Setzt man (2.94) und (2.150) in H gemäß (2.149) ein und stellt die Eulerschen Gleichungen des Variationsproblems auf, dann ergeben sich zwei gekoppelte Differentialgleichungen für w und γ, die nach geringfügigen Umformungen mit den bereits bekannten dynamischen Grundgleichungen (2.136) für $N = 0$ und $q = 0$ übereinstimmen. Das Hamiltonsche Prinzip liefert also erwartungsgemäß dieselben Ergebnisse wie die um die D'Alembertsche Trägheitskraft erweiterten Gleichgewichtsbedingungen. Die kinetische Energie der Einzelmasse bringt in diesen Differentialgleichungen keine zusätzlichen Terme, da die in den Eulerschen Gleichungen vorkommenden partiellen Ableitungen nur nach $(\partial w / \partial t)$, nicht jedoch nach $(\partial w_0 / \partial t)$ auszuführen sind. Die Einzelmasse m in $x = x_0$ geht nur über eine Zwischenbedingung in $x = x_0$ in die Rechnung ein (vgl. das Beispiel in Abschnitt 2.4.2.6).

Für freie, ungedämpfte Schwingungen des Sandwichbalkens mit einer der Eigenkreisfrequenzen ω_j ($j = 1, 2, \ldots$) können $w(x,t)$ und $\gamma(x,t)$ wieder in der Form (2.147) angesetzt werden; entsprechend gilt bei Verwendung der Partialdurchsenkungen w_M und w_Q

$$w_M(x,t) = z_M(x) \sin \omega_j t, \quad w_Q(x,t) = z_Q(x) \sin \omega_j t. \tag{2.151}$$

(2.147) bzw. (2.151) werden nun in die Energieausdrücke $\Pi \equiv W$ und E eingesetzt und diese wiederum in H gemäß (2.149). Integriert man dann (2.149) über eine Schwingungsperiode (also von t_1 bis $t_2 = t_1 + 2\pi/\omega_j$) und beachtet

$$\int_{t_1}^{t_2} \sin^2 \omega_j t \, dt = \int_{t_1}^{t_2} \cos^2 \omega_j t \, dt = \frac{\pi}{\omega_j},$$

dann ist in (2.149) die Zeit t eliminiert, und man erhält

$$H^* = W^* - \omega_j^2 E^* = \text{Extremum}; \tag{2.152}$$

hierin gilt für die Formänderungsenergie W^*

$$W^* = \frac{1}{2} \int_{(l)} B_S (z_2' - z_1'')^2 \, dx + \frac{1}{2} \int_{(l)} A z_2^2 \, dx \tag{2.153}$$

bzw.

$$W^* = \frac{1}{2} \int_{(l)} B_S z_M''^2 \, dx + \frac{1}{2} \int_{(l)} A z_Q'^2 \, dx \tag{2.154}$$

und für die bezogene kinetische Energie E^*

$$E^* = \frac{1}{2} \int_{(l)} \mu z_1^2 \, dx + \frac{m}{2} z_{10}^2 \tag{2.155}$$

bzw.

$$E^* = \frac{1}{2} \int_{(l)} \mu (z_M + z_Q)^2 \, dx + \frac{m}{2} (z_{M0} + z_{Q0})^2 \tag{2.156}$$

mit $z_{10} = z_1(x_0)$, $z_{M0} = z_M(x_0)$ und $z_{Q0} = z_Q(x_0)$.

2.4.2.5. Erste Eigenkreisfrequenz mit Hilfe des Ritzschen Verfahrens

Das Variationsproblem (2.152) kann dazu dienen, die erste Eigenkreisfrequenz ω_1 eines Sandwichbalkens näherungsweise zu berechnen, indem man die Eigenfunktionen z_1 und z_2 bzw. z_M und z_Q im Sinne des Ritzschen Verfahrens (vgl. Abschnitt 2.3.2.3) von der Befriedigung der Differentialgleichungen[1] befreit und von ihnen nur noch die Erfüllung der Randbedingungen fordert. Bezüglich der Wahl dieser Vergleichsfunktionen und der Minimierung von H^* werden zwei Varianten untersucht.

a) Statische Verschiebungen als Vergleichsfunktionen

Die Verschiebungen $w_{St}(x)$ und $\gamma_{St}(x)$ bzw. $w_{MSt}(x)$ und $w_{QSt}(x)$ des vorliegenden Sandwichbalkens für die rein statische Belastung[2] $q = \pm \mu g$ und $G = \pm m g$ in $x = x_0$ (g = Erdbeschleunigung) sind in vielen Fällen leicht zu berechnen und seien bekannt; selbstverständlich erfüllen sie die Randbedingungen. Nimmt man nun an, daß die Durchsenkungslinie des Sandwichbalkens im dynamischen und statischen Fall zueinander affin sind, dann kann

$$z_1(x) = a_1 w_{St}(x), \qquad z_2(x) = a_1 \gamma_{St}(x) \tag{2.157}$$

bzw.

$$z_M(x) = a_1 w_{MSt}(x), \quad z_{QSt}(x) = a_1 w_{QSt}(x) \tag{2.158}$$

angesetzt werden. Setzt man (2.157) bzw. (2.158) in (2.153) bis (2.156) ein und bezeichnet die Energieausdrücke W^* und E^* für $a_1 = 1$ mit W_{St} und E_{St}, so folgt

$$H^* = a_1^2 (W_{St} - \omega_1^2 E_{St}) = \text{Extremum}.$$

Minimiert man H^* hinsichtlich a_1, so folgt $2 a_1 (W_{St} - \omega_1^2 E_{St}) = 0$, woraus sich wegen $a_1 \neq 0$ sofort

$$\omega_1^2 = \frac{W_{St}}{E_{St}} \tag{2.159}$$

ergibt. (2.159) ist der auf Sandwichbalken erweiterte Rayleighsche Quotient[3] für die erste Eigenkreisfrequenz ω_1, angewendet auf die statischen Verschiebungen als Vergleichsfunktionen.

Die Berechnung der Formänderungsenergie W_{St} des Sandwichbalkens bei rein statischer Belastung durch q und G an der Stelle $x = x_0$ kann unter Umständen erheblich vereinfacht werden. Statt W_{St} über die Arbeit der inneren Kräfte wie in (2.153) oder (2.154) zu berechnen, kann W_{St} auch über die Arbeit der äußeren Belastung ermittelt werden:

$$W_{St} = \frac{1}{2} \int_{(l)} q w_{St} \, dx + \frac{1}{2} G w_{St}(x_0). \tag{2.160}$$

---

[1] Im Falle z_1 und z_2 also der Differentialgleichungen (2.148).

[2] + oder −, je nachdem, ob die erste Eigenfunktion nach unten oder oben ausschlägt.

[3] Vgl. auch [6], § 5.5.

(2.160) ist meist schneller als (2.153) oder (2.154) zu berechnen, wie der folgende Sonderfall zeigt:

Überwiegt die Einzelmasse m die gesamte Balkenmasse μl deutlich, dann genügt es, die statischen Verschiebungen des Balkens unter der alleinigen Wirkung der Einzelkraft G an der Stelle $x = x_0$, also ohne den Einfluß von q, zu verwenden; in W_{St} gemäß (2.160) entfällt daher der erste Term. Führt man die Federkonstante c des Sandwichbalkens an der Stelle $x = x_0$ gemäß

$$c = \frac{G}{w_{St}(x_0)} \tag{2.161}$$

ein, dann kann W_{St} in der einfachen Form

$$W_{St} = \frac{1}{2}\, c\, w_{St}^2(x_0) \tag{2.162}$$

geschrieben werden. Einsetzen von $z_1 = w_{St}$ in (2.155) sowie von (2.155) und (2.162) in (2.159) liefert

$$\omega_1^2 = \frac{c}{m + \int\limits_{(l)} \mu \left[\frac{w_{St}(x)}{w_{St}(x_0)}\right]^2 \mathrm{d}x}; \tag{2.163}$$

(2.163) stimmt überein mit [3], Formel (23.36).

b) Frei gewählte Funktionen als Vergleichsfunktionen

In manchen Fällen, z. B.

— bei mit x veränderlichen Querschnittswerten des Sandwichbalkens oder
— bei schwierigen Lagerungsbedingungen des Sandwichbalkens oder
— bei Vorhandensein mehrerer Einzelmassen am Sandwichbalken,

ist die Berechnung der statischen Verschiebungen $w_{St}(x)$ und $\gamma_{St}(x)$ des Sandwichbalkens recht mühsam. In solchen Fällen kann man für die Eigenfunktionen z_1 und z_2 bzw. z_M und z_Q anstelle von (2.157) und (2.158) auch beliebige andere eingliedrige Vergleichsfunktionen wählen, etwa in der Art der Ansätze (2.106) und (2.107) für $j = 1$. Um die Anzahl der freien Konstanten möglichst niedrig zu halten, ist es zweckmäßig, z_1 und z_2 so zu wählen, daß sie bereits eine der beiden Differentialgleichungen (2.140) erfüllen — ähnlich wie in dem Beispiel in Abschnitt 2.3.3.2 erläutert. Diese Vergleichsfunktionen können nunmehr in W^* und E^* gemäß (2.153) bis (2.156) eingesetzt werden, womit dann H^* gemäß (2.152) nach den freien Konstanten minimiert werden kann. Die Eigenwertgleichung zur Berechnung der ersten Eigenkreisfrequenz ω_1 erhält man durch Nullsetzen der Koeffizientendeterminante des zur Bestimmung der freien Konstanten aufgestellten linearen, homogenen Gleichungssystems. Der Sonderfall, daß in beiden Vergleichsfunktionen z_1 und z_2 zusammen nur eine freie Konstante enthalten ist, liefert wiederum den Rayleighschen Quotienten $\omega_1^2 = W^*/E^*$, vgl. (2.159).

Grundsätzlich können nach dem soeben erläuterten Verfahren auch die höheren Eigenkreisfrequenzen ω_j $(j=1, 2, \ldots)$ berechnet werden, indem man für z_1 und z_2 mehrgliedrige statt eingliedrige Funktionen wählt. Die Güte der Näherungen für die höheren Eigenkreisfrequenzen ω_j wird jedoch meistens nur mäßig; genauere Untersuchungen werden hier nicht durchgeführt.

2.4.2.6. Beispiel: Beidseitig gelenkig gelagerter Sandwichbalken mit Einzelmasse in Feldmitte

a) Ermittlung der Eigenkreisfrequenzen mit Hilfe der exakten Eigenwertgleichung

Zur Ermittlung der Eigenwertgleichung des in Abb. 17 dargestellten Sandwichbalkens geht man von den Differentialgleichungen (2.148) aus. Mit der neuen Variablen $\xi = x/l$ sowie den dimensionslosen Abkürzungen

$$\lambda^4 = \frac{\mu\,\omega_j^2 l^4}{B_S}, \quad \nu^2 = \frac{\mu \omega_j^2 l^2}{A} \tag{2.164}$$

gehen diese über in

$$z_1^{\mathrm{IV}} + \nu^2 z_1'' - \lambda^4 z_1 = 0, \quad z_2^{\mathrm{IV}} + \nu^2 z_2'' - \lambda^4 z_2 = 0. \tag{2.165}$$

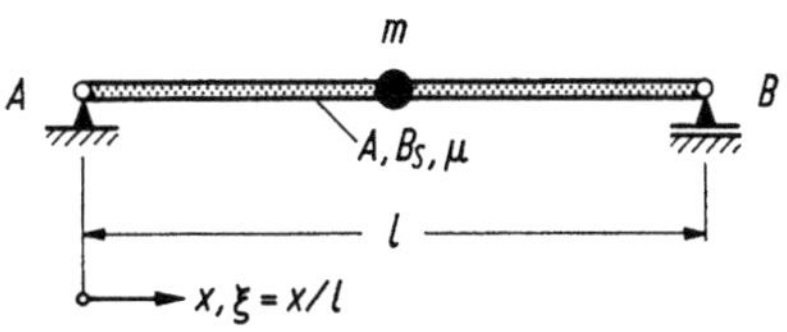

Abb. 17. Beidseitig gelenkig gelagerter Sandwichbalken mit Einzelmasse in Feldmitte

Mit den weiteren dimensionslosen Abkürzungen

$$\alpha_1 = \sqrt{\frac{1}{2}\left(\sqrt{\nu^4 + 4\lambda^4} + \nu^2\right)}, \quad \alpha_2 = \sqrt{\frac{1}{2}\left(\sqrt{\nu^4 + 4\lambda^4} - \nu^2\right)} \tag{2.166}$$

lauten die allgemeinen Lösungen von (2.165)

$$\left.\begin{aligned} z_1 &= C_1 \cos \alpha_1 \xi + C_2 \sin \alpha_1 \xi + C_3 \cosh \alpha_2 \xi + C_4 \sinh \alpha_2 \xi, \\ z_2 &= D_1 \cos \alpha_1 \xi + D_2 \sin \alpha_1 \xi + D_3 \cosh \alpha_2 \xi + D_4 \sinh \alpha_2 \xi. \end{aligned}\right\} \tag{2.167}$$

Durch Einsetzen von (2.167) in eine der beiden Beziehungen (2.140) für $q=0$ und $\omega = \omega_j$ ergeben sich zwischen den Integrationskonstanten in z_1 und z_2 die Zusammenhänge

$$D_1 = \frac{\nu^2}{\alpha_1 l} C_2, \quad D_2 = -\frac{\nu^2}{\alpha_1 l} C_1, \quad D_3 = -\frac{\nu^2}{\alpha_2 l} C_4, \quad D_4 = -\frac{\nu^2}{\alpha_2 l} C_3,$$

womit z_2 die Form

$$z_2 = \frac{\nu^2}{\alpha_1 l}(C_2 \cos \alpha_1 \xi - C_1 \sin \alpha_1 \xi) - \frac{\nu^2}{\alpha_2 l}(C_4 \cosh \alpha_2 \xi + C_3 \sinh \alpha_2 \xi) \tag{2.168}$$

annimmt. Die verbleibenden vier Integrationskonstanten C_1, C_2, C_3 und C_4 werden mit Hilfe der Rand- und Übergangsbedingungen bestimmt. Beschränkt man sich auf zur Feldmitte symmetrische Schwingungen, so gelten am linken Auflager ($\xi = 0$) die Randbedingungen $w(0,t) \equiv 0$ und $M(0,t) \equiv 0$ bzw. mit (2.147) und (2.22)

$$z_1(0) = 0, \quad z_2'(0) - \frac{1}{l} z_1''(0) = 0 \tag{2.169}$$

sowie in Feldmitte ($\xi = 1/2$) die Übergangsbedingungen $\gamma_2(1/2,t) \equiv 0$ und $Q(1/2,t) \equiv -1/2 \cdot m\, \partial^2 w / \partial t^2 (1/2,t)$ bzw. mit (2.147) und (2.22)

$$z_2\left(\frac{1}{2}\right) - \frac{1}{l} z_1'\left(\frac{1}{2}\right) = 0, \quad z_2\left(\frac{1}{2}\right) = \frac{\nu^2 \varkappa}{2l} z_1\left(\frac{1}{2}\right); \tag{2.170}$$

hierin ist $\varkappa = m/\mu l$ das Verhältnis von Einzelmasse und Balkenmasse. Die Beziehungen (2.169) liefern unmittelbar $C_1 = 0$, $C_3 = 0$, während die Beziehungen (2.170) unter Beachtung von (2.166)

$$\frac{\alpha_2^2}{\alpha_1} \cos\frac{\alpha_1}{2} \cdot C_2 + \frac{\alpha_1^2}{\alpha_2} \cosh\frac{\alpha_2}{2} \cdot C_4 = 0,$$

$$\left(\frac{1}{\alpha_1} \cos\frac{\alpha_1}{2} - \frac{\varkappa}{2} \sin\frac{\alpha_1}{2}\right) C_2 - \left(\frac{1}{\alpha_2} \cosh\frac{\alpha_2}{2} + \frac{\varkappa}{2} \sinh\frac{\alpha_2}{2}\right) C_4 = 0$$

liefern. Durch Nullsetzen der Nennerdeterminante erhält man die Eigenwertgleichung des Sandwichbalkens:

$$\alpha_1^3 \tan\frac{\alpha_1}{2} - \alpha_2^3 \tanh\frac{\alpha_2}{2} = \frac{2}{\varkappa} (\alpha_1^2 + \alpha_2^2). \tag{2.171}$$

Die gesuchten Eigenkreisfrequenzen ω_j ($j = 1, 2, \ldots$) des Sandwichbalkens sind in den Werten α_1 und α_2 gemäß (2.166) implizit enthalten. Ihre Abhängigkeit von verschiedenen Werten $\varkappa = m/\mu l$ kann aus der transzendenten Gleichung (2.171) nur numerisch gefunden werden.

Für zwei Sonderfälle soll nun aus (2.171) jeweils die erste Eigenkreisfrequenz ω_1 berechnet werden.

$m = 0$ *(Einzelmasse null)*: Es ist $\varkappa = 0$, gemäß (2.171) also $\alpha_1 = \pi$, so daß mit (2.166) und (2.164) durch Auflösen nach ω_1^2

$$\omega_1^2 = \frac{B_S}{\mu l^4} \frac{\pi^4}{1 + \pi^2 \beta} \tag{2.172}$$

folgt mit β gemäß (2.47).

$\mu = 0$ *(Balkenmasse null)*: Es geht $\varkappa \to \infty$, während λ, ν, α_1 und α_2 gegen null streben. Mit den für kleine α_1 und α_2 gültigen Reihenentwicklungen

$$\tan\frac{\alpha_1}{2} = \frac{\alpha_1}{2} + \frac{\alpha_1^3}{24} + \ldots, \quad \tanh\frac{\alpha_2}{2} = \frac{\alpha_2}{2} - \frac{\alpha_2^3}{24} \pm \ldots$$

ergibt sich durch Einsetzen in (2.171) unter Beachtung von (2.166)

$$\frac{\nu^2}{2} + \frac{\lambda^4}{24} = \frac{2}{\varkappa},$$

also mit (2.164) und β gemäß (2.47)

$$\omega_1^2 = \frac{48\,B_S}{(1+12\beta)\,m\,l^3}. \tag{2.173}$$

Das ist die bekannte Formel $\omega_1^2 = c/m$ einer Feder-Masse-Schwingung mit der Federkonstanten

$$c = \frac{P}{w_1} = \frac{48\,B_S}{(1+12\beta)\,l^3} \tag{2.174}$$

eines mittig belasteten Sandwichbalkens, worin w_1 aus (2.63) für $\varepsilon = 1/2$ und $\xi = 1/2$ folgt.

b) Näherungsweise Ermittlung der ersten Eigenkreisfrequenz nach Rayleigh

Unter der Voraussetzung, daß die Einzelmasse m die Balkenmasse μl deutlich überwiegt, kann von der Beziehung (2.163) ausgegangen werden. Für c gilt (2.174) und für $w_{St}(\xi)/w_{St}(1/2)$ gemäß (2.63) mit $\varepsilon = 1/2$

$$\frac{w_{St}(\xi)}{w_{St}(1/2)} = \frac{3\xi - 4\xi^3 + 24\beta\xi}{1+12\beta}, \tag{2.175}$$

gültig für $0 \leqq \xi \leqq 1/2$; für $1/2 \leqq \xi \leqq 1$ ist der Verlauf symmetrisch zu $\xi = 1/2$. Setzt man (2.174) und (2.175) in (2.163) ein und bringt ω_1^2 auf die Form

$$\omega_1^2 = \frac{c}{m + \alpha_1 \mu l}, \tag{2.176}$$

so findet man für α_1

$$\alpha_1 = \frac{17 + 336\beta + 1680\beta^2}{35(1+12\beta)^2}; \tag{2.177}$$

α_1 gibt an, welcher Anteil der Balkenmasse μl zusätzlich zur Einzelmasse m in (2.176) zu berücksichtigen ist.

Zwei Sonderfälle werden untersucht:

$A = \infty$ *(reine Biegeschwingungen):* Es wird $\beta = 0$, womit (2.174) und (2.177) $c = 48\,B_S/l^3$ und $\alpha_1 = 17/35$ liefern, also die gleichen Werte wie in [3], Formel (23.38). Ist zusätzlich $m = 0$ — ein Fall, für den (2.163) gemäß Voraussetzung eigentlich gar nicht vorgesehen ist —, dann liefern (2.176) und (2.177)

$$\omega_1 = \frac{9{,}941}{l^2}\sqrt{\frac{B_S}{\mu}}, \tag{2.178}$$

also nur 0,7% Fehler gegenüber dem aus (2.172) folgenden exakten Wert

$$\omega_1 = \frac{\pi^2}{l^2}\sqrt{\frac{B_S}{\mu}} = \frac{9{,}869}{l^2}\sqrt{\frac{B_S}{\mu}}.$$

$B_S = \infty$ *(reine Schubschwingungen):* Es wird $\beta = \infty$, womit (2.174) und (2.177) $c = 4A/l$ und $\alpha_1 = 1/3$ liefern. Ist zusätzlich $m = 0$ — ein Fall, für den (2.163) eigentlich gar nicht gilt —, dann erhält man

$$\omega_1 = \frac{3{,}464}{l}\sqrt{\frac{A}{\mu}}, \tag{2.179}$$

also 10,3% Fehler gegenüber dem exakten Wert

$$\omega_1 = \frac{\pi}{l}\sqrt{\frac{A}{\mu}} = \frac{3{,}141}{l}\sqrt{\frac{A}{\mu}}.$$

In beiden Sonderfällen ist deutlich erkennbar, daß die Näherungswerte für ω_1 stets größer ausfallen als die exakten Werte.

2.4.3. Kriechen der Kernschicht

2.4.3.1. Integrodifferentialgleichungen

Die Kernschicht eines Sandwichbalkens besteht vielfach aus Kunststoffen, während die Deckschichten meist metallisch sind. Kunststoffe haben die Eigenschaft, unter der Einwirkung von Dauerlasten zu kriechen, d. h. zusätzlich zur anfänglichen, rein elastischen Verformung bei konstant bleibender Belastung mit fortschreitender Zeit t ihre Verformungen ständig zu vergrößern; Metalle haben diese Eigenschaft nicht. In diesem Abschnitt soll daher nur das Kriechen der Kernschicht untersucht werden. Da die vorliegende Sandwichtheorie nur die Schubspannungen und Schubverformungen des Kerns berücksichtigt, nicht jedoch dessen Dehnungen und Normalspannungen, wird also reines *Schubkriechen* behandelt. Es läßt sich rechnerisch erfassen, indem man ein Kernschichtelement durch ein Maxwell-Element gemäß Abb. 16 b mit hintereinandergeschaltetem Feder- und Kriechglied idealisiert. Nimmt man in letzterem Proportionalität zwischen Kriechgeschwindigkeit und Belastung an, dann läßt sich das Materialgesetz für die Kernschicht mit $\gamma_K = a\gamma/h$ gemäß (2.4) in der Form[1]

$$\frac{\mathrm{d}\tau}{\mathrm{d}t} + \delta_0\tau = G\frac{\mathrm{d}\gamma_K}{\mathrm{d}t} = \frac{a}{h}G\frac{\mathrm{d}\gamma}{\mathrm{d}t} \tag{2.180}$$

angeben. Anstelle der Zeit t wird nunmehr als neue Variable der Kriechmodul φ gemäß

$$\varphi = \delta_0 t \quad \text{bzw.} \quad \varphi = \int_0^t \delta_0(t')\,\mathrm{d}t' \tag{2.181}$$

eingeführt. Die erste Beziehung gilt bei konstantem δ_0 und die zweite bei mit der Zeit t veränderlichem δ_0, etwa bei zunehmender Verfestigung des Materials. Zum Beispiel ist für Polyurethanschaum $\delta_0 = \text{konst}$, wobei — je nach Raumgewicht des Schaumes — für $t = 1$ Jahr $\varphi = 3\ldots5$ beträgt. Für Beton hingegen gilt

$$\delta_0(t) = \varkappa_0\varphi_\infty \mathrm{e}^{-\varkappa_0 t}, \quad \varphi(t) = \varphi_\infty(1 - \mathrm{e}^{-\varkappa_0 t}),$$

worin φ_∞ den nach unendlich langer Zeit erreichten Kriechmodul darstellt; er beträgt — je nach Betongüte und Zeitpunkt der Erstbelastung nach dem Erhärten — $\varphi_\infty = 2\ldots5$. Mit φ gemäß (2.181) geht aus (2.180) die ein-

[1] Vgl. hierzu [7], Abschnitt 4.4.1, Formel (3.44).

fachere Differentialgleichung

$$\frac{d\tau}{d\varphi}+\tau=\frac{a}{h}G\frac{d\gamma}{d\varphi} \tag{2.182}$$

hervor, die für die Anfangsbedingung

$$\tau(0)=\frac{a}{h}G\gamma(0) \tag{2.183}$$

zu lösen ist.

Zunächst ein Sonderfall: Ist die Schubbelastung über die Zeit t konstant, also $\tau=\tau_0$, dann geht aus (2.182) und (2.183) unmittelbar

$$\gamma(\varphi)=(1+\varphi)\frac{h\tau_0}{aG}=(1+\varphi)\gamma(0) \tag{2.184}$$

hervor. (2.184) läßt eine anschauliche Deutung des Kriechmoduls φ zu: Er gibt dasjenige Vielfache des anfänglichen, rein elastischen Schubwinkels $\gamma(0)$ an, um das sich $\gamma(0)$ unter der Einwirkung einer konstanten Dauerbelastung nach Ablauf der Zeit[1] $t=\varphi/\delta_0$ infolge Kriechens des Materials vergrößert.

Die allgemeine Lösung der Differentialgleichung (2.182) unter Beachtung der Anfangsbedingung (2.183) ergibt sich nach der Methode der Variation der Konstanten zu

$$\tau(\varphi)=\frac{a}{h}G\left[\gamma(0)+\int_0^{\varphi}\frac{d\gamma}{d\psi}e^{\psi}d\psi\right]e^{-\varphi};$$

nach partieller Integration des Integrals findet man

$$\tau(\varphi)=\frac{a}{h}G\left[\gamma(\varphi)-e^{-\varphi}\int_0^{\varphi}\gamma(\psi)e^{\psi}d\psi\right]. \tag{2.185}$$

τ gemäß (2.185) setzt sich, wie leicht erkennbar, aus einem elastischen Anteil und einem Kriechanteil zusammen. (2.185) ist anstelle von (2.10) bei der Aufstellung der Schnittlast-Verschiebungs-Beziehungen zu verwenden; man erhält analog zu (2.22)

$$M=B_S(\gamma'-w''),\quad Q=A\left(\gamma-e^{-\varphi}\int_0^{\varphi}\gamma e^{\psi}d\psi\right). \tag{2.186}$$

Die Gleichungen für w und γ ergeben sich dann entsprechend wie in Abschnitt 2.1.2.6 durch Einsetzen von (2.186) in die Gleichgewichtsbedingungen (2.24); man erhält

$$\left.\begin{aligned} B_S(\gamma''-w''')-A\left(\gamma-e^{-\varphi}\int_0^{\varphi}\gamma e^{\psi}d\psi\right)&=0,\\ A\left(\gamma'-e^{-\varphi}\int_0^{\varphi}\gamma' e^{\psi}d\psi\right)+Nw''&=-q.\end{aligned}\right\} \tag{2.187}$$

[1] Gemäß (2.181) $\delta_0=$ konst vorausgesetzt.

Bei den Beziehungen (2.187) handelt es sich um Integrodifferentialgleichungen; sie entsprechen den Gleichungen (2.25) für den Fall eines nichtkriechenden Kerns. Eine Entkoppelung der Gleichungen (2.187) ist möglich, wird aber hier nicht durchgeführt.

Führt man anstelle von w und γ die Partialdurchsenkungen w_M und w_Q gemäß (2.29) ein, dann erhält man statt (2.186)

$$M = -B_S w_M'', \quad Q = A\left(w_Q' - e^{-\varphi}\int_0^{\varphi} w_Q' e^{\psi}\,d\psi\right). \tag{2.188}$$

Für (2.187) ergeben sich, wenn man der Einfachheit halber eine Beschränkung auf $N=0$ vornimmt, nach geringfügigen Umformungen die Beziehungen

$$\left.\begin{aligned} w_M^{IV} &= +\frac{q}{B_S}, \\ w_Q'' - e^{-\varphi}\int_0^{\varphi} w_Q'' e^{\psi}\,d\psi &= -\frac{q}{A}; \end{aligned}\right\} \tag{2.189}$$

sie entsprechen den Gleichungen (2.34). Wie bereits in Abschnitt 2.2 ersichtlich, ist die Rechnung mit den Partialdurchsenkungen w_M und w_Q im allgemeinen bequemer als die mit w und γ. Die Lösung der Gleichungen (2.188) und (2.189) wird in den folgenden beiden Abschnitten behandelt.

2.4.3.2. Statisch bestimmt gelagerte Sandwichbalken

Bei statisch bestimmt gelagerten Sandwichbalken kann von den Beziehungen (2.188) ausgegangen werden, weil hier bei gegebener äußerer Belastung q die Schnittlasten M und Q allein aus den Gleichgewichtsbedingungen folgen und daher von vornherein bekannt sind. Umlagerungen von M und Q zu anderen Balkenteilen hin sind bei statisch bestimmt gelagerten Sandwichbalken während des Kriechvorgangs nicht möglich. Wird also eine zeitlich, d. h. mit φ veränderliche Belastung

$$q(x,\varphi) = q_0(x) f(\varphi), \quad f(0) = 1 \tag{2.190}$$

vorgegeben, dann besteht auch für die Schnittlasten M und Q die gleiche φ-Abhängigkeit wie für q:

$$M(x,\varphi) = M_0(x) f(\varphi), \quad Q(x,\varphi) = Q_0(x) f(\varphi); \tag{2.191}$$

hierin sind $q_0(x)$, $M_0(x)$ und $Q_0(x)$ wegen $f(0)=1$ die Werte im Zeitpunkt der Lastaufbringung ($\varphi = 0$).

Um die Integrodifferentialgleichungen (2.188) zu befriedigen, werden für w_M und w_Q die Ansätze

$$w_M(x,\varphi) = w_{M0}(x) f(\varphi), \quad w_Q(x,\varphi) = w_{Q0}(x) y(\varphi) \tag{2.192}$$

gewählt; Einsetzen von (2.191) und (2.192) in (2.188) liefert

$$\left.\begin{aligned} w_{M0}'' &= -\frac{M_0}{B_S}, \\ w_{Q0}'\left(y - e^{-\varphi}\int_0^{\varphi} y e^{\psi}\,d\psi\right) &= \frac{Q_0}{A} f(\varphi). \end{aligned}\right\} \tag{2.193}$$

Aus der zweiten der Gleichungen (2.193) folgt durch Divisionen

$$\frac{w_{Q0}'}{Q_0/A} = \frac{f(\varphi)}{y - e^{-\varphi}\int\limits_0^{\varphi} y e^{\psi} d\psi};$$

da die linke Seite gemäß (2.191) und (2.192) eine reine Funktion von x ist und die rechte Seite eine reine Funktion von φ, können beide Ausdrücke nur dann einander gleich sein, wenn sie einer Konstanten C gleich sind:

$$w_{Q0}' = C\frac{Q_0}{A}, \quad y - e^{-\varphi}\int\limits_0^{\varphi} y e^{\psi} d\psi = \frac{1}{C} f(\varphi). \tag{2.194}$$

Hieraus folgt, daß $w_{Q0} \sim C$ und $y \sim 1/C$ ist, so daß $w_Q = w_{Q0} y$ gemäß (2.192) wiederum von C unabhängig ist; es kann daher willkürlich $C = 1$ gesetzt werden. Aus (2.193) und (2.194) ergeben sich damit folgende Gleichungen:

$$w_{M0}'' = -\frac{M_0}{B_S}, \quad w_{Q0}' = \frac{Q_0}{A}; \quad y - e^{-\varphi}\int\limits_0^{\varphi} y e^{\psi} d\psi = f(\varphi). \tag{2.195}$$

Die ersten beiden Gleichungen (2.195) sind identisch mit den Differentialgleichungen (2.35); sie wurden bereits in Abschnitt 2.2 auf mehrere Beispiele angewendet. Die dritte Gleichung (2.195) ist eine Integralgleichung, die durch Multiplizieren mit e^{φ}, Differenzieren und anschließendes Multiplizieren mit $e^{-\varphi}$ in die Differentialgleichung

$$y' = f(\varphi) + f'(\varphi)$$

umgeformt werden kann. Ihre Lösung ist

$$y = f(\varphi) + \int f(\varphi) d\varphi + C_1; \tag{2.196}$$

die Integrationskonstante C_1 kann durch Einsetzen von (2.196) in die Integralgleichung (2.195) bestimmt werden, so daß sich schließlich

$$y(\varphi) = f(\varphi) + \int\limits_0^{\varphi} f(\psi) d\psi \tag{2.197}$$

ergibt. Zwei Beispiele:

$f(\varphi) = 1$ *(konstante Dauerbelastung)*: (2.197) liefert

$$y = 1 + \varphi, \tag{2.198}$$

also Übereinstimmung mit (2.184).

$f(\varphi) = e^{-\varkappa\varphi}$ *(abnehmende Dauerbelastung)*: (2.197) liefert

$$y = \frac{1}{\varkappa}[1 - (1 - \varkappa)e^{-\varkappa\varphi}]; \tag{2.199}$$

im Grenzfall $\varkappa = 0$ geht aus (2.199) wieder (2.198) hervor.

Mit der Kenntnis von $w_{M0}(x)$, $w_{Q0}(x)$ und $y(\varphi)$ sind gemäß (2.192) die Partialdurchsenkungen für alle Werte x und φ bekannt. Speziell gilt im Sonderfall $f(\varphi) \equiv 1$

$$w_M = w_{M0}(x), \quad w_Q = (1 + \varphi) w_{Q0}(x), \tag{2.200}$$

d. h. bei konstanter Dauerbelastung vergrößert sich durch das Kriechen der Kernschicht nur der Schubanteil w_Q der Gesamtdurchsenkung $w = w_M + w_Q$, während der Biegeanteil w_M unverändert bleibt.

2.4.3.3. Statisch unbestimmt gelagerte Sandwichbalken

Bei statisch unbestimmt gelagerten Sandwichbalken sind die Schnittlasten M und Q nicht von vornherein bekannt, so daß eigentlich von den Beziehungen (2.189) ausgegangen werden müßte. Verwendet man jedoch die in Abschnitt 2.2.3.1 beschriebene, auf dem Superpositionsprinzip basierende Schnittlastenmethode, bei der alle Rechnungen an einem statisch bestimmten Grundsystem durchgeführt werden, dann kann wie in Abschnitt 2.4.3.2 von den Beziehungen (2.188) ausgegangen werden, da jetzt M und Q allein aus den Gleichgewichtsbedingungen berechnet werden können. Als Beispiel wird der Zweifeldbalken gemäß Abb. 10 unter einer konstanten Dauerbelastung $q(x)$ behandelt.

Die Belastung des durch Entfernung des Mittelauflagers B entstandenen, statisch bestimmten Einfeldbalkens besteht

— aus der zeitlich konstanten Streckenlast $q(x)$ und

— der zeitlich veränderlichen, in B von unten nach oben angreifenden statisch Unbestimmten

$$X(\varphi) = X_0 f(\varphi), \tag{2.201}$$

worin X_0 die anfängliche Auflagerkraft in B („Zeitpunkt" $\varphi = 0$) und $f(\varphi)$ eine noch unbekannte Funktion von φ ist.

Die Gesamtdurchsenkung des Sandwichbalkens in B zu einem beliebigen „Zeitpunkt" φ ergibt sich mit $\varepsilon = e/l$ zu

$$w(\varepsilon, \varphi) = [w_{Mq}(\varepsilon) + (1 + \varphi) w_{Qq}(\varepsilon)] - X_0 [w_{M1}(\varepsilon) f(\varphi) + w_{Q1}(\varepsilon) y(\varphi)], \tag{2.202}$$

worin gemäß (2.62) für $P = 1$, $\xi = \varepsilon$ und $\beta = B_S / A l^2$

$$w_1(\varepsilon) = w_{M1}(\varepsilon) + w_{Q1}(\varepsilon), \quad w_{M1}(\varepsilon) = \frac{\varepsilon^2 (1-\varepsilon)^2 l^3}{3 B_S}, \quad w_{Q1}(\varepsilon) = \frac{\varepsilon (1-\varepsilon) \beta l^3}{B_S} \tag{2.203}$$

bedeuten. In (2.202) stellt der erste Klammerausdruck gemäß (2.200) die Durchsenkung in B infolge der konstanten Dauerbelastung $q(x)$ dar und der X_0-fache zweite Klammerausdruck gemäß (2.192) die Durchsenkung in B infolge der zeitlich veränderlichen Kraft $X(\varphi) = X_0 f(\varphi)$, wobei $y(\varphi)$ durch (2.197) bestimmt ist. Da sich am statisch unbestimmten System in B ein Auflager befindet, gilt für alle „Zeitpunkte" φ die Bedingung $w(\varepsilon, \varphi) = 0$, woraus sich eine Integralgleichung für die noch unbekannte Funktion $f(\varphi)$ ergibt:

$$\left. \begin{aligned} & w_{Mq}(\varepsilon) + (1+\varphi) w_{Qq}(\varepsilon) - X_0 w_{M1}(\varepsilon) f(\varphi) - \\ & \qquad - X_0 w_{Q1}(\varepsilon) \left[f(\varphi) + \int_0^{\varphi} f(\psi) \, \mathrm{d}\psi \right] = 0 . \end{aligned} \right\} \tag{2.204}$$

Durch Differenzieren und geringfügiges Umformen erhält man aus (2.204) die Differentialgleichung

$$f'(\varphi)+\frac{w_{Q1}(\varepsilon)}{w_1(\varepsilon)}f(\varphi)=\frac{w_{Qq}(\varepsilon)}{w_1(\varepsilon)X_0}. \tag{2.205}$$

Ermittelt man die allgemeine Lösung dieser Differentialgleichung und bestimmt die Integrationskonstante durch Einsetzen in die Integralgleichung (2.204), dann folgt mit den dimensionslosen Abkürzungen

$$\varkappa_1=\frac{w_{Qq}(\varepsilon)}{w_{Q1}(\varepsilon)X_0},\quad \varkappa_2=\frac{w_{Q1}(\varepsilon)}{w_1(\varepsilon)} \tag{2.206}$$

nach einiger Rechnung

$$f(\varphi)=\varkappa_1+(1-\varkappa_1)\mathrm{e}^{-\varkappa_2\varphi}. \tag{2.207}$$

Mit (2.207) ist die Balkenbelastung zu jedem „Zeitpunkt" φ bekannt, so daß die Schnittlasten M und Q am statisch unbestimmten System gemäß Abb. 10 in einfacher Weise durch Überlagerung der Schnittlasten infolge $q(x)$ und $X(\varphi)=X_0 f(\varphi)$ berechnet werden können.

Beispiel: Konstante Streckenbelastung q_0, gleiche Feldlängen ($\varepsilon=1/2$). Gemäß (2.59), (2.203) und (2.88) ergeben sich

$$\left.\begin{aligned}
&w_{Mq}(\varepsilon)=\frac{5}{384}\frac{q_0 l^4}{B_S},\quad w_{Qq}(\varepsilon)=\frac{\beta}{8}\frac{q_0 l^4}{B_S},\quad w_q(\varepsilon)=\frac{5+48\beta}{384}\frac{q_0 l^4}{B_S},\\
&w_{M1}(\varepsilon)=\frac{1}{48}\frac{l^3}{B_S},\quad w_{Q1}(\varepsilon)=\frac{\beta}{4}\frac{l^3}{B_S},\quad w_1(\varepsilon)=\frac{1+12\beta}{48}\frac{l^3}{B_S},\\
&X_0=\frac{5+48\beta}{1+12\beta}\frac{q_0 l}{2};
\end{aligned}\right\} \tag{2.208}$$

(2.206) liefert mit (2.208)

$$\varkappa_1=\frac{4+48\beta}{5+48\beta},\quad \varkappa_2=\frac{12\beta}{1+12\beta}, \tag{2.209}$$

womit auch $f(\varphi)$ gemäß (2.207) bekannt ist. Die Schnittlasten werden damit

$$\left.\begin{aligned}
M(\xi,\varphi)&=\frac{q_0 l^2}{4}\xi\left[1-2\xi-\frac{\mathrm{e}^{-\varkappa_2\varphi}}{4(1+12\beta)}\right],\\
Q(\xi,\varphi)&=\frac{q_0 l}{4}\left[1-4\xi-\frac{\mathrm{e}^{-\varkappa_2\varphi}}{4(1+12\beta)}\right],
\end{aligned}\right\} \tag{2.210}$$

gültig für $0\leqq\xi\leqq 1/2$; für $1/2\leqq\xi\leqq 1$ ist der Verlauf von $M(\xi,\varphi)$ symmetrisch und der von $Q(\xi,\varphi)$ antimetrisch zur Balkenmitte ($\xi=1/2$, Lagerpunkt B).

Vier Grenzfälle:

$\varphi=0$: (2.210) liefert speziell für $\xi=1/2$ die bekannten Werte M_S und Q_{1B} gemäß (2.92).

$\varphi=\infty$: (2.210) liefert die Werte

$$M=\frac{q_0 l^2}{4}\xi(1-2\xi),\quad Q=\frac{q_0 l}{4}(1-4\xi); \tag{2.211}$$

das ist der Schnittlastverlauf eines statisch bestimmten Zweifeldbalkens ABC mit einem Gelenk über der Stütze B.

$A=\infty$: Es werden $\beta=0$, $\varkappa_1=4/5$, $\varkappa_2=0$, $f(\varphi)=1$ und

$$M=\frac{q_0 l^2}{16}\,\xi(3-8\xi)\,,\quad Q=\frac{q_0\,l}{16}\,(3-16\xi)\,. \tag{2.212}$$

Wegen der Unabhängigkeit von φ treten also keine Schnittlastumlagerungen durch Schubkriechen auf; das ist wegen der unendlich großen Schubsteifigkeit A einleuchtend.

$B_S=\infty$: Es werden $\beta=\infty$, $\varkappa_1=1$, $\varkappa_2=1$ und $f(\varphi)=1$; M und Q werden identisch mit den Werten des Grenzfalles $\varphi=\infty$. Auch hier gibt es also keine Schnittlastumlagerungen durch Schubkriechen. Der Grund liegt darin, daß bereits von vornherein derjenige Schnittlastverlauf vorliegt, der normalerweise erst nach „unendlich langem" Schubkriechen erreicht wird.

Bei allen zwischen den Grenzfällen $A=\infty$ und $B_S=\infty$ liegenden Querschnittswerten treten jedoch Umlagerungen der Schnittlasten M und Q derart auf, daß das Stützenmoment in B infolge Kriechens abgebaut wird und die Feldmomente sich vergrößern. Demzufolge ändert sich auch der Biegeanteil w_M durch das Kriechen und nicht nur der Schubanteil w_Q. Statisch unbestimmt gelagerte Sandwichbalken verhalten sich während des Kriechvorgangs also anders als statisch bestimmt gelagerte Sandwichbalken.

2.5. Ergänzungen

2.5.1. Schubsteifigkeit bei strukturierter Kernschicht

In Abschnitt 2.1.1 wurde die Voraussetzung getroffen, daß die Sandwichbalken eine homogene Kernschicht enthalten. Bei zahlreichen Sandwichtypen ist dies nicht der Fall (vgl. Tab. 1.1 unter „Querschnittsgeometrie der Kernschicht"). Die in den vorangehenden Abschnitten entwickelte Sandwichtheorie soll nun auch auf Sandwichbalken mit strukturierter Kernschicht erweitert werden. Hierzu unterwirft man ein Sandwichbalkenelement der Länge Δl einer reinen Schubbelastung, die aus den horizontalen, in den Deckschichtschwerachsen wirkenden Schubkräften T und den vertikalen, in den Querschnitten wirkenden Querkräften Q besteht (vgl. Abb. 18), und berechnet die zugehörige Relativverschiebung u der oberen gegenüber der unteren Deckschicht. Zwischen T und u erhält man eine Beziehung der Form

$$T=cu\,, \tag{2.213}$$

worin c ein Proportionalitätsfaktor ist, der von der geometrischen Struktur der Kernschicht abhängt. Setzt man in (2.213) $u=a\gamma$ sowie die aus der Momentengleichgewichtsbedingung folgende Beziehung $T=Q\Delta l/a$ ein und löst nach Q auf, so erhält man

$$Q=A\gamma\,,\quad A=\frac{ca^2}{\Delta l}\,. \tag{2.214}$$

A gemäß (2.214) ist die Schubsteifigkeit der vorliegenden strukturierten Kernschicht; mit ihrer Kenntnis können sämtliche Berechnungen an einem Sandwichbalken in bekannter Weise durchgeführt werden. Zwei Beispiele zu (2.214):

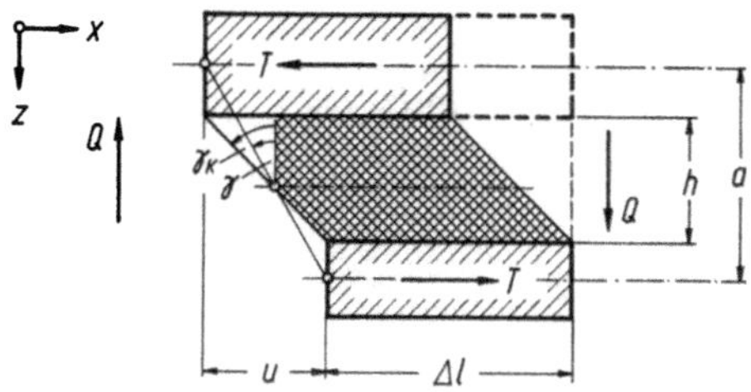

Abb. 18. Schubverformtes Element eines Sandwichbalkens

a) Homogene Kernschicht

Gemäß (2.9) gilt für die Kernschicht $\tau_{xz} = \tau_{zx} = G\gamma_K$; setzt man hier $\tau_{zx} = T/b\Delta l$ und $\gamma_K = u/h$ ein und löst nach T auf, so erhält man

$$T = cu, \quad c = \frac{G b \Delta l}{h}.$$

Einsetzen von c in (2.214) liefert

$$A = G\frac{b a^2}{h},$$

also die bereits bekannte Beziehung (2.17).

b) Wabenförmig strukturierte Kernschicht

Die Wanddicke t_1 der Wände eines Wabenkerns der Höhe h ist im allgemeinen so klein, daß bei einer Relativverschiebung u zwischen oberer und unterer Deckschicht des Sandwichbalkens nur die Schubsteifigkeit der Wabenwände in ihrer Ebene, nicht jedoch die Biegesteifigkeit der Wabenwände senkrecht zu ihrer Ebene zum Tragen kommt. Bei der Berechnung der Schubverformungen einer Wabenwand geht also von der Gesamtverschiebung u nur jeweils die zur Wabenwand parallele Komponente ein.

Fall I: Schubsteifigkeit A_{xz} der Waben in Längsrichtung

Erteilt man einer Wabe die Schubverformung u in Wabenlängsrichtung (vgl. Abb. 19), dann gilt in den zu u parallelen Wabenwänden

$$\tau_1 = G\gamma_{K1} = G\frac{u}{h}, \quad T_1 = \tau_1 t_1 c_1 \tag{2.215}$$

und in den um β geneigten Wabenwänden

$$\tau_2 = G\gamma_{K2} = G\frac{u\cos\beta}{h}, \quad T_2 = \tau_2 t_1 s_1. \tag{2.216}$$

Betrachtet man von einer Wabe nur den auf $\Delta l_x = c_1 + e_1$ entfallenden Bereich, also die in Abb. 19 ausgezogenen vier Wabenwände[1], dann ergibt sich für die resultierende, zu u parallele Schubkraft unmittelbar $T = 2T_1 + 2T_2 \cos\beta$, also nach Einsetzen obiger Beziehungen für T_1 und T_2 sowie mit $\cos\beta = e_1/s_1$

$$T = cu, \quad c = G\frac{2t_1}{h}\left(c_1 + \frac{e_1^2}{s_1}\right). \tag{2.217}$$

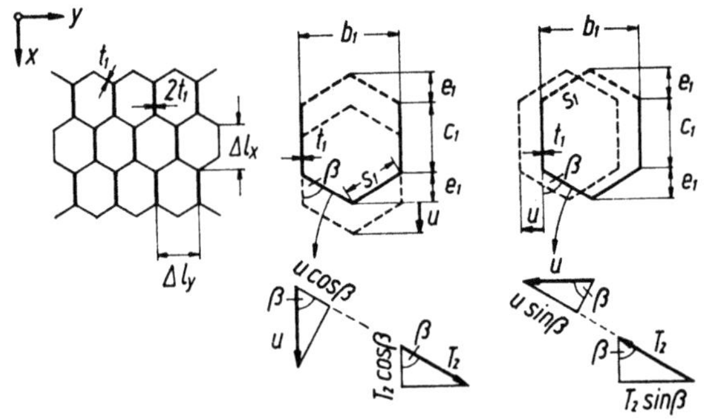

Abb. 19. Wabenkern: Schubverformungen einer Wabe in Längs- und Querrichtung

Einsetzen von c gemäß (2.217) und $\Delta l_x = c_1 + e_1$ in (2.214) liefert die Schubsteifigkeit einer Wabe in Wabenlängsrichtung:

$$A_{xz1} = G\frac{2t_1(c_1 + e_1^2/s_1)a^2}{h(c_1 + e_1)}.$$

Auf einen Sandwichbalken der Breite b entfallen $n = b/b_1$ Waben, so daß sich für eine Wabenreihe der Breite b in Wabenlängsrichtung die Schubsteifigkeit

$$A_{xz} = G_{xz}\frac{ba^2}{h}, \quad G_{xz} = G\frac{2t_1(c_1 + e_1^2/s_1)}{b_1(c_1 + e_1)} \tag{2.218}$$

ergibt. G_{xz} ist der ideelle Schubmodul der Kernschicht in Wabenlängsrichtung und stellt — wie durch Vergleich mit (2.17) ersichtlich — denjenigen Schubmodul dar, den eine homogene Kernschicht haben müßte, um die gleiche Schubsteifigkeit wie der Wabenkern zu haben. Der Grenzfall $\beta = 0$, d. h. $s_1 = e_1$ und $b_1 = 2t_1$, liefert $G_{xz} = G$, also den Schubmodul eines homogenen Vollkerns.

Die Schubspannungen in den Wabenwänden ergeben sich nach Berechnung der Querkraft Q — ähnlich wie in Abschnitt 2.1.5 erläutert — unter Beachtung von (2.215) und (2.216), $u/h = \gamma_K = a\gamma/h$ gemäß (2.4), $\gamma = Q/A_{xz}$ gemäß (2.22) und (2.218) zu

$$\tau_1 = \frac{G}{G_{xz}}\frac{Q}{ab}, \quad \tau_2 = \frac{G}{G_{xz}}\frac{Q}{ab}\cos\beta. \tag{2.219}$$

[1] Die in Abb. 19 gestrichelten beiden Wabenwände gehören statisch bereits zu den Waben der oben anschließenden Wabenreihe.

Fall II: Schubsteifigkeit A_{yz} der Waben in Querrichtung

Die Berechnung von A_{yz} verläuft völlig analog zur Berechnung von A_{xz}. Die beiden Längswände der Wabe tragen hier zur Schubsteifigkeit nicht bei ($\gamma_1=0$, $\tau_1=0$), während für die um β geneigten Wabenwände

$$\tau_2=G\gamma_2=G\frac{u\sin\beta}{h}, \quad T_2=\tau_2 t_1 s_1 \tag{2.220}$$

gilt. Einsetzen in $T=2T_2\sin\beta$ liefert mit $\sin\beta=b_1/2s_1$

$$T=cu, \quad c=G\frac{t_1 b_1^2}{2h_1 s_1}. \tag{2.221}$$

Einsetzen von c gemäß (2.221) und $\Delta l_y=b_1$ in (2.214) liefert die Schubsteifigkeit A_{yz1} einer Wabe in Wabenquerrichtung. Auf einen Sandwichbalken der Breite b entfallen $n=b_1/(c_1+e_1)$ Waben, so daß für eine Wabenreihe der Breite b die Schubsteifigkeit

$$A_{yz}=G_{yz}\frac{b\,a^2}{h}, \quad G_{yz}=G\frac{t_1 b_1}{2s_1(c_1+e_1)} \tag{2.222}$$

folgt. Der Grenzfall $\beta=90°$ und $c_1=0$, d. h. $s_1=b_1/2$ und $e_1=t_1$, liefert $G_{yz}=G$, also den Schubmodul eines homogenen Kerns. Für die Schubspannungen in den Wabenwänden erhält man nach Berechnung der Querkraft

$$\tau_1=0, \quad \tau_2=\frac{G}{G_{yz}}\frac{Q}{ab}\sin\beta. \tag{2.223}$$

2.5.2. Veränderliche Querschnittswerte

Die Beziehungen (2.22) bzw. (2.31) für M und Q gelten auch bei mit x veränderlichen Querschnittswerten $B_S(x)$ und $A(x)$. Der Einfachheit halber wird vorausgesetzt, daß keine Längskraft angreift ($N=0$) und der Balken statisch bestimmt gelagert ist, d. h. M und Q von vornherein bekannt sind[1]. Für w und γ ergeben sich dann anstelle von (2.28) die Beziehungen

$$w''=-\frac{M}{B_S}+\left(\frac{Q}{A}\right)', \quad \gamma=\frac{Q}{A}, \tag{2.224}$$

während für w_M und w_Q unverändert die Beziehungen (2.35) gelten. Zur Lösung dieser Differentialgleichungen kommen folgende Methoden in Betracht:

a) Exakte Lösung

Man versucht, (2.224) bzw. (2.35) trotz der Veränderlichkeit von B_S und A mit x exakt zu lösen. Ist z. B. die Dicke der Deckschichten konstant und ihr Abstand linear mit x veränderlich, dann folgt mit $a(x)=h(x)+t\approx h(x)$ aus (2.17) und (2.21), daß A ein lineares und B_S ein quadratisches Polynom

[1] Ist die Lagerung statisch unbestimmt, dann wird die in Abschnitt 2.2.3.1 beschriebene Schnittlastenmethode verwendet, bei der alle Rechnungen auf ein ersatzweises, statisch bestimmtes Grundsystem zurückgeführt werden.

in x ist. Ist auch die Linienlast q ein Polynom in x (im einfachsten Fall $q = q_0 =$ konst), dann sind auch M und Q Polynome in x. Die rechten Seiten der Differentialgleichungen (2.224) bzw. (2.35) sind also gebrochen rationale Funktionen in x und damit geschlossen integrierbar; der Rechenaufwand ist jedoch im allgemeinen groß.

b) Abschnittsweise konstante Querschnittswerte

Man nähert den kontinuierlichen Verlauf von $A(x)$ und $B_S(x)$ durch „Treppenkurven“ mit abschnittsweise konstanten Werten für A und B_S an. Die Lösung der Differentialgleichungen (2.224) bzw. (2.35) für jeden dieser Abschnitte ist im allgemeinen leicht zu finden. Die für jeden Abschnitt sich ergebenden Integrationskonstanten sind mit Hilfe von Übergangsbedingungen zu berechnen, die sich aus der Forderung nach der Kontinuität der Verschiebungen zwischen den einzelnen Abschnitten ergeben. Sehr zweckmäßig im vorliegenden Fall ist auch das Verfahren der Übertragungsmatrizen; Einzelheiten hierzu vgl. etwa in [7].

c) Numerisches Integrationsverfahren

Man formt die Differentialgleichungen (2.35) um und bringt sie auf die Form von Produktintegralen — analog zu (2.41) und (2.57), jedoch unter Beachtung der Veränderlichkeit von B_S und A mit x. Diese Integrale werden für feste Werte x mit Hilfe numerischer Integrationsverfahren (z. B. der Simpsonschen Regel) ausgewertet. Der Verlauf der Verschiebungen in Abhängigkeit von x ergibt sich dann punktweise.

d) Ritzsches Verfahren

Das Ritzsche Verfahren wurde bereits in Abschnitt 2.3.2.3 beschrieben. Speziell kommt unter den hier getroffenen Voraussetzungen das vereinfachte Verfahren einer getrennten Minimierung von Π_M und Π_Q in Frage (vgl. Unterabschnitt 2.3.2.3c).

2.5.3. Einfaches Beispiel zur Theorie zweiter Ordnung

In Abschnitt 2.2 wurden nur Beispiele für längskraftfreie, querbelastete Sandwichbalken behandelt ($N = 0$, Theorie erster Ordnung). Ergänzend soll in diesem Abschnitt ein einfaches Beispiel für einen querbelasteten Sandwichbalken mit Längskraft nach der Theorie zweiter Ordnung berechnet werden: Ein beidseitig gelenkig gelagerter Sandwichbalken gemäß Abb. 6 steht unter der gleichzeitigen Einwirkung der Druckkraft $N = -P$ und der Querbelastung

$$q(x) = q_0 \sin\frac{\pi x}{l} = q_0 \sin\pi\xi . \tag{2.225}$$

Die maßgebenden Differentialgleichungen sind durch (2.26) gegeben. Führt man die Ansätze

$$w(x) = w_0 \sin\frac{\pi x}{l}, \quad \gamma(x) = \gamma_0 \cos\frac{\pi x}{l}, \tag{2.226}$$

die bereits alle Randbedingungen erfüllen, in (2.26) ein, dann ergibt sich durch Koeffizientenvergleich in $\sin\pi x/l$ bzw. $\cos\pi x/l$ mit den Abkürzungen β gemäß (2.47) und der kritischen Last[1]

$$P_k = \frac{\pi^2 B_S}{(1+\pi^2\beta)\,l^2} \tag{2.227}$$

nach kurzer Rechnung

$$w = \frac{q_0 l^4}{\pi^4 B_S}\,\frac{1+\pi^2\beta}{1-P/P_k}\sin\pi\xi\,, \quad \gamma = \frac{q_0 l^3}{\pi^3 B_S}\,\frac{\pi^2\beta}{1-P/P_k}\cos\pi\xi\,. \tag{2.228}$$

Die Schnittlasten folgen aus (2.22) mit (2.228) zu

$$M = \frac{q_0 l^2}{\pi^2}\,\frac{1}{1-P/P_k}\sin\pi\xi\,, \quad Q = \frac{q_0 l}{\pi}\,\frac{1}{1-P/P_k}\cos\pi\xi\,. \tag{2.229}$$

Der in (2.228) und (2.229) vorkommende Faktor $1/(1-P/P_k)$ nimmt für $P=0$ (Theorie erster Ordnung) den Wert 1 an, wächst jedoch stark an, wenn die Druckkraft P sich der kritischen Last P_k nähert. Ist also bei gleichzeitiger Druck- und Querbelastung an einem Sandwichbalken P so groß, daß $P/P_k \ll 1$ nicht mehr gilt, dann muß die Theorie zweiter Ordnung angewendet werden. Bezüglich der Ermittlung der kritischen Last P_k für weitere Lagerungsfälle findet man Näheres in Abschnitt 7.

[1] Vgl. hierzu auch (7.7).

3. Biegung von Sandwichbalken mit ebenen, dicken oder profilierten Deckschichten

3.1. Differentialgleichungen und Randbedingungen

3.1.1. Voraussetzungen

In diesem Kapitel werden die Durchsenkungen, Schnittlasten und Spannungen auf Biegung beanspruchter Sandwichbalken mit ebenen, dicken oder profilierten Deckschichten berechnet. Die getroffenen Voraussetzungen sind bis auf jene, die die Beschaffenheit der Deckschichten betrifft, die gleichen wie in Abschnitt 2.1.1:

— linear elastische Werkstoffe aller Schichten;
— homogene und im Vergleich zu den Deckschichten weiche Kernschicht, daher $\sigma_{xK} \approx 0$ und $\tau_{xzK} = \text{konst}$; trotzdem keine Zusammendrückbarkeit der Sandwichplatte;
— Lagerung der Sandwichplatte als Balken (eindimensionales Tragwerk);
— Belastung gleichzeitig durch Quer- und Längskräfte (Theorie zweiter Ordnung);
— Verformungen hinreichend klein (lineare Sandwichtheorie).

Die (im allgemeinen unterschiedlichen) Deckschichten sind zwar wie in Abschnitt 2.1.1 eben und zueinander parallel, jedoch von einer solchen Dicke, daß ihre Eigenbiegesteifigkeit im Vergleich zu jener des gesamten Sandwichbalkens nicht mehr vernachlässigbar ist. Zu dem Membranspannungszustand in den Deckschichten überlagert sich daher ein Eigenbiegespannungszustand, der das Tragverhalten des Sandwichbalkens verändert. Die Schubsteifigkeit der Deckschichten ist groß, so daß ihre Schubverformungen γ_{xzD} vernachlässigt werden können. Die Querschnitte der Deckschichten bleiben somit auch nach der Verformung in sich eben und senkrecht auf der Deckschichtschwerachse (Bernoullische Hypothese). Der Gesamtquerschnitt des Sandwichbalkens jedoch bleibt wegen der Schubverformungen des Kerns nicht eben, sondern er verformt sich zu einer gebrochenen, nur abschnittweise ebenen Fläche (vgl. Abb. 2). Sandwichbalken mit profilierten Deckschichten werden in Abschnitt 3.5.1 behandelt, ihre Berechnung kann leicht auf die von Sandwichbalken mit ebenen, dicken Deckschichten zurückgeführt werden.

Da Verwechslungen im Kapitel 3 nicht möglich sind, werden zwecks Abkürzung in den Formelzeichen wiederum verschiedene Indizes weggelassen (vgl. dazu den Schluß von Abschnitt 2.1.1).

3.1.2. Differentialgleichungen für w und γ

3.1.2.1. Allgemeines

Der Rechnungsgang zur Herleitung der für Sandwichbalken mit dicken Deckschichten maßgebenden Differentialgleichungen der Biegung für w und γ ist im Prinzip der gleiche wie bei Sandwichbalken mit dünnen Deckschichten (vgl. dazu die Beschreibung in Abschnitt 2.1.2.1). Auch einige Formelzusammenhänge sind die gleichen wie in Abschnitt 2.1.2; sie können daher zum Teil einfach von dort übernommen werden.

3.1.2.2. Verzerrungen

Für die Schubwinkel der Kernschicht gilt wie in Abschnitt 2.1.2.2 gemäß (2.2) und (2.3)

$$\gamma_1 = w', \quad \gamma = \gamma_1 + \gamma_2 = w' + \gamma_2. \tag{3.1}$$

Die Dehnungen der Deckschichten hingegen unterscheiden sich von jenen in Abschnitt 2.1.2.2, da die Voraussetzung dünner Deckschichten hier nicht mehr besteht. Es ist daher zu berücksichtigen, daß die Axialverschiebungen u_u und u_o der Punkte innerhalb eines Deckschichtquerschnitts sich mit z_u bzw. z_o so stark ändern, daß sie nicht mehr einfach durch die Werte u_U bzw. u_O in den Deckschichtschwerpunkten U bzw. O ersetzt werden können. Aus Abb. 2, die auch hier Gültigkeit besitzt, entnimmt man

$$\left.\begin{aligned} u_u &= \bar{u} + a_u \gamma_2 - z_u \gamma_1, \\ u_o &= \bar{u} - a_o \gamma_2 - z_o \gamma_1; \end{aligned}\right\} \tag{3.2}$$

Einsetzen in die Dehnungsbeziehungen (2.6) liefert

$$\left.\begin{aligned} \varepsilon_u &= \bar{u}' + a_u \gamma_2' - z_u \gamma_1', \\ \varepsilon_o &= \bar{u}' - a_o \gamma_2' - z_o \gamma_1'. \end{aligned}\right\} \tag{3.3}$$

Die Dehnungen der Deckschichten gemäß (3.3) unterscheiden sich also von jenen gemäß (2.8) durch jeweils einen Zusatzterm, der die Eigenbiegung der Deckschichten berücksichtigt.

3.1.2.3. Materialgesetze

Wie in Abschnitt 2.1.2.3 lautet das Hookesche Gesetz für die Kernschicht

$$\tau = \frac{a}{h} G \gamma \tag{3.4}$$

und für die beiden Deckschichten

$$\sigma_u = E_u \varepsilon_u, \quad \sigma_o = E_o \varepsilon_o. \tag{3.5}$$

Im Falle einer völligen Querdehnungsbehinderung der Deckschichten hat man in (3.5) statt E den modifizierten Elastizitätsmodul $E' = E/(1 - \nu^2)$ einzusetzen. Im allgemeinen ist folgendes zweckmäßig:

Bei der Berechnung der Dehnsteifigkeiten D_u und D_o der Deckschichten gemäß (2.16) ist der tatsächliche Elastizitätsmodul E zu verwenden, da die durch die Membranspannungen verursachten Querdehnungen der Deckschichten als Ganzes — wegen der vorausgesetzten Schubweichheit der Kernschicht und der begrenzten Balkenbreite — kaum behindert werden. Bei der Berechnung der Eigenbiegesteifigkeiten B_u und B_o dicker Deckschichten gemäß (3.8) hingegen ist — wie bei Platten oder brettförmigen Balken[1] — der modifizierte Elastizitätsmodul E' einzusetzen, da die durch die Eigenbiegespannungen verursachten Querdehnungen der Deckschichten in sich meist stark behindert werden.

3.1.2.4. Schnittlasten

Die Schnittlasten als Querschnittsresultierende der Spannungen ergeben sich aus den Beziehungen

$$N = \int_{(F)} \sigma \, \mathrm{d}F, \quad M = \int_{(F)} \sigma z \, \mathrm{d}F, \quad Q = \int_{(F)} \tau \, \mathrm{d}F. \tag{3.6}$$

Setzt man in die Spannungen gemäß (3.5) die Dehnungen gemäß (3.3) ein, so erhält man

$$\left.\begin{aligned} \sigma_u &= E_u(\bar{u}' + a_u \gamma_2' - z_u \gamma_1'), \\ \sigma_o &= E_o(\bar{u}' - a_o \gamma_2' - z_o \gamma_1'). \end{aligned}\right\} \tag{3.7}$$

Die Beziehungen (3.7) werden nunmehr in die ersten beiden Gleichungen (3.6) eingesetzt. Bei der Ausführung der Integration ergeben sich in den Formeln verschiedene Querschnittswerte, nämlich die Dehnsteifigkeiten D_u, D_o und D der Deckschichten gemäß (2.16), die Sandwichbiegesteifigkeit B_S gemäß (2.18) sowie die Eigenbiegesteifigkeiten B_u und B_o der Deckschichten gemäß

$$B_u = E_u \int_{(F_u)} z_u z \, \mathrm{d}F = E_u \int_{(F_u)} z_u (z_u + a_u) \, \mathrm{d}F,$$

$$B_o = E_o \int_{(F_o)} z_o z \, \mathrm{d}F = E_o \int_{(F_o)} z_o (z_o - a_o) \, \mathrm{d}F,$$

also nach Ausführung der Integration

$$B_u = E_u \frac{b\, t_u^3}{12} = E_u J_u, \quad B_o = E_o \frac{b\, t_o^3}{12} = E_o J_o. \tag{3.8}$$

Durch Einsetzen sämtlicher Querschnittswerte erhält man für die Normalkraft und das Biegemoment schließlich

$$\left.\begin{aligned} N &= (D_u a_u - D_o a_o)\gamma_2' + D\bar{u}', \\ M &= (D_u a_u - D_o a_o)\bar{u}' + B_S \gamma_2' - (B_u + B_o)\gamma_1'. \end{aligned}\right\} \tag{3.9}$$

Die zweite Beziehung (3.9) für das Biegemoment M kann in folgende Anteile zerlegt werden:

$$M_S = (D_u a_u - D_o a_o)\bar{u}' + B_S \gamma_2' \tag{3.10}$$

und

$$M_u = -B_u \gamma_1', \quad M_o = -B_o \gamma_1'. \tag{3.11}$$

[1] Vgl. etwa [3], Abschnitt 14.5.

Der Anteil M_S gemäß (3.10) stimmt überein mit M gemäß (2.19); er rührt her von der eigentlichen Sandwichtragweise des Balkens. Die Anteile M_u und M_o gemäß (3.11) sind Zusatzterme, die von der Eigenbiegung der Deckschichten herrühren. Die durch M_S hervorgerufenen Deckschichtnormalspannungen sind in Abb. 20 mit σ_{Su} bzw. σ_{So} bezeichnet und die durch M_u und M_o bewirkten Deckschichtnormalspannungen mit σ_{Bu} bzw. σ_{Bo}.

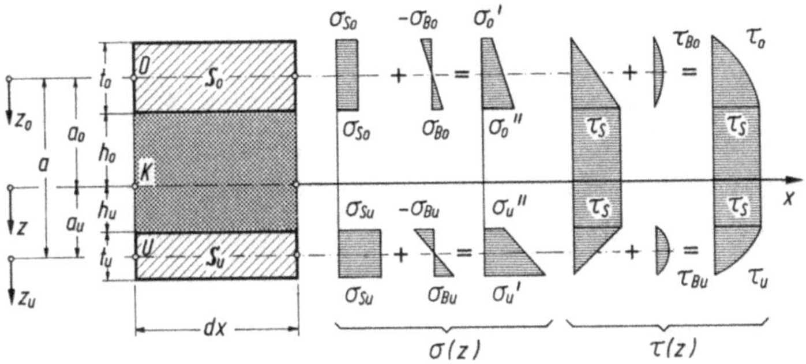

Abb. 20. Unverformtes Element eines Sandwichbalkens und Verteilung der Spannungen bei dicken Deckschichten

Nunmehr soll die Querkraft durch Auswertung der letzten der Gleichungen (3.6) berechnet werden. Die Schubspannung τ im Sandwichquerschnitt setzt sich — wie aus dem Vorangegangenen und aus Abb. 20 ersichtlich — ebenso wie die Deckschichtnormalspannungen aus zwei Anteilen zusammen: den durch die eigentliche Sandwichtragweise hervorgerufenen Schubspannungen τ_S in der Kernschicht und in den Deckschichten sowie den durch die Deckschichteigenbiegung bewirkten Deckschichtschubspannungen τ_{Bu} und τ_{Bo}. Während die Resultierende der Schubspannungen τ_S infolge Sandwichtragweise sich wie in Abschnitt 2.1.2.4c) zu

$$Q_S = A\gamma \tag{3.12}$$

ergibt und mit der letzten Gleichung (2.19) übereinstimmt, gilt für die Resultierenden der Schubspannungen τ_{Bu} und τ_{Bo} infolge Deckschichteigenbiegung nach den Regeln der technischen Balkenbiegetheorie unter Beachtung von (3.11)

$$Q_u = M_u' = -B_u\gamma_1'', \quad Q_o = M_o' = -B_o\gamma_1''. \tag{3.13}$$

Die Gesamtquerkraft gemäß (3.6) beträgt also

$$Q = A\gamma - (B_u + B_o)\gamma_1''. \tag{3.14}$$

Nun wird — ebenso wie in Abschnitt 2.1.2.4c) — als Bezugsachse die aus D_u und D_o berechnete Gesamtschwerachse eingeführt mit a_u, a_o gemäß (2.20) und B_S gemäß (2.21). Führt man weiterhin die Gesamtbiegesteifigkeit des Sandwichbalkens,

$$B = B_S + B_u + B_o, \tag{3.15}$$

ein und benutzt noch (2.2) und (2.3), dann nehmen die Beziehungen (3.9) und (3.14) folgende Form an:

$$\left.\begin{aligned} N &= D\bar{u}', \\ M &= B_S\gamma' - Bw'', \\ Q &= A\gamma - (B_u + B_o)\, w'''. \end{aligned}\right\} \tag{3.16}$$

Die Beziehungen (3.16) entsprechen den Beziehungen (2.22) für Sandwichbalken mit dünnen Deckschichten; sie gehen für $B_u = B_o = 0$ in diese über.

3.1.2.5. Gleichgewichtsbedingungen am Balkenelement

Die Gleichgewichtsbedingungen $\Sigma M_y = 0$ und $\Sigma P_z = 0$ am verformten Balkenelement liefern die gleichen Beziehungen zwischen M, N und Q bzw. M, N^* und Q^* wie in Abschnitt 2.1.2.5, vgl. die Gleichungen (2.23) bzw. (2.24).

3.1.2.6. Differentialgleichungen für w und γ

Setzt man die zweite und dritte der Gleichungen (3.16) in die Gleichgewichtsbedingungen (2.24) ein, so erhält man unter Beachtung von (3.15) für konstante (d. h. von x unabhängige) Querschnittswerte B_S und A

$$B_S(\gamma'' - w''') - A\gamma = 0, \quad A\gamma' + Nw'' - (B_u + B_o)w^{\mathrm{IV}} = -q. \tag{3.17}$$

Entkoppelt man diese beiden Differentialgleichungen, so erhält man, wenn auch die Längskraft N als konstant vorausgesetzt wird,

$$\left.\begin{aligned} -\frac{B_u + B_o}{A} w^{\mathrm{VI}} + \left(\frac{B}{B_S} + \frac{N}{A}\right) w^{\mathrm{IV}} - \frac{N}{B_S} w'' &= +\frac{q}{B_S} - \frac{q''}{A}, \\ -\frac{B_u + B_o}{A} \gamma^{\mathrm{IV}} + \left(\frac{B}{B_S} + \frac{N}{A}\right) \gamma'' - \frac{N}{B_S} \gamma &= -\frac{q'}{A}. \end{aligned}\right\} \tag{3.18}$$

Das sind die gesuchten Differentialgleichungen für w und γ bei Rechnung nach der Theorie zweiter Ordnung. Ihre Lösungen erfüllen natürlich auch die unentkoppelten Differentialgleichungen (3.17), woraus sich gewisse Zusammenhänge zwischen den Integrationskonstanten in den Lösungen für w und γ der beiden Differentialgleichungen (3.18) ergeben.

3.1.2.7. Sonderfall: Keine Längskraftbelastung

Ist keine Normalkraft im Sandwichbalken vorhanden ($N = 0$, Theorie erster Ordnung), dann ergeben sich aus (3.17) und (3.18) die Differentialgleichungen

$$\left.\begin{aligned} -\frac{B_u + B_o}{A} w^{\mathrm{VI}} + \frac{B}{B_S} w^{\mathrm{IV}} &= +\frac{q}{B_S} - \frac{q''}{A}, \\ -\frac{B_u + B_o}{A} \gamma^{\mathrm{IV}} + \frac{B}{B_S} \gamma'' &= -\frac{q'}{A}. \end{aligned}\right\} \tag{3.19}$$

Statt (3.19) kann — wie durch Integration oder mit Hilfe von (3.16) folgt — auch

$$\left.\begin{aligned} -\frac{B_u+B_o}{A}w^{\mathrm{IV}}+\frac{B}{B_S}w''&=-\frac{M}{B_S}-\frac{q}{A},\\ -\frac{B_u+B_o}{A}\gamma''+\frac{B}{B_S}\gamma&=+\frac{Q}{A}\end{aligned}\right\} \tag{3.20}$$

geschrieben werden. Die Beziehungen (3.20) eignen sich nur zur Berechnung statisch bestimmt gelagerter Sandwichbalken, weil hier die Gesamtschnittlasten M und Q im voraus aus den Gleichgewichtsbedingungen ermittelt werden können. Dagegen muß man bei äußerlich statisch unbestimmten Sandwichbalken (z. B. einem mehrfeldrigen Durchlaufträger), bei denen M und Q nicht von vornherein bekannt sind, auf die Beziehungen (3.19) zurückgreifen, da diese M und Q nicht explizit enthalten. Bezüglich der inneren statischen Unbestimmtheit von Sandwichbalken mit dicken Deckschichten vgl. die Schlußbemerkung von Abschnitt 3.1.4.

3.1.2.8. Grenzfälle der Differentialgleichungen (3.18)

a) Dünne Deckschichten

Im Falle dünner Deckschichten können deren Eigenbiegesteifigkeiten B_u und B_o gegenüber der Sandwichbiegesteifigkeit B_S vernachlässigt werden. Setzt man $B_u = B_o = 0$ in (3.18) ein und beachtet, daß dann gemäß (3.15) $B_S = B$ ist, dann gehen die Differentialgleichungen (3.18) in die bereits bekannten Differentialgleichungen (2.26) über.

b) Schubschlaffe Kernschicht

Im Falle einer schubschlaffen Kernschicht ist die Schubsteifigkeit null. Setzt man $A = 0$ in die vorher mit A multiplizierten Differentialgleichungen (3.18) ein, so erhält man nach zwei- bzw. einmaliger Integration

$$(B_u+B_o)w^{\mathrm{IV}}-Nw''=q,\quad (B_u+B_o)\gamma'''-N\gamma'=q. \tag{3.21}$$

Die erste der Gleichungen (3.21) ist die Differentialgleichung der Eigenbiegung zweier lose aufeinanderliegender, reibungsfrei gleitender Balken der Biegesteifigkeiten B_u und B_o. Durch Vergleich beider Differentialgleichungen (3.21) folgt $\gamma = w'$, also mit (2.2) und (2.3) $\gamma_2 = 0$, d. h. vertikal übereinanderliegende Punkte U und O auf den beiden Deckschichtschwerachsen liegen auch nach der Verformung noch genau übereinander (vgl. Abb. 21 b). Dieses Ergebnis ist plausibel: Wegen der Schubschlaffheit des Kerns entziehen sich die Schwerachsen der Deckschichten jeglicher Dehnung bzw. Stauchung und damit auch jeglicher Normalkraftaufnahme, eine Sandwichtragwirkung (vgl. Abb. 21 a) kommt daher nicht zustande.

c) Schubstarre Kernschicht

Im Falle einer schubstarren Kernschicht ist die Schubsteifigkeit unendlich groß. Setzt man $A = \infty$ in die Differentialgleichungen (3.18) ein und multipliziert mit B_S, so erhält man

$$Bw^{\mathrm{IV}}-Nw''=q,\quad B\gamma''-N\gamma=0. \tag{3.22}$$

Die erste der Gleichungen (3.22) ist die Differentialgleichung der Biegung eines Balkens mit der Gesamtbiegesteifigkeit B gemäß (3.15) (starrer Verbund zwischen beiden Deckschichten), und aus der zweiten Gleichung (3.22) folgt $\gamma = 0$, d. h. es treten keinerlei Schubverformungen der Kernschicht auf (vgl. Abb. 21c). Auch dieses Ergebnis ist einleuchtend: Wegen der Schubstarrheit des Kerns wird ein Ebenbleiben der Sandwichquerschnitte erzwungen, die Deckschichten werden voll zum Mittragen herangezogen, und die Sandwichtragwirkung erreicht daher ihr größtmögliches Ausmaß.

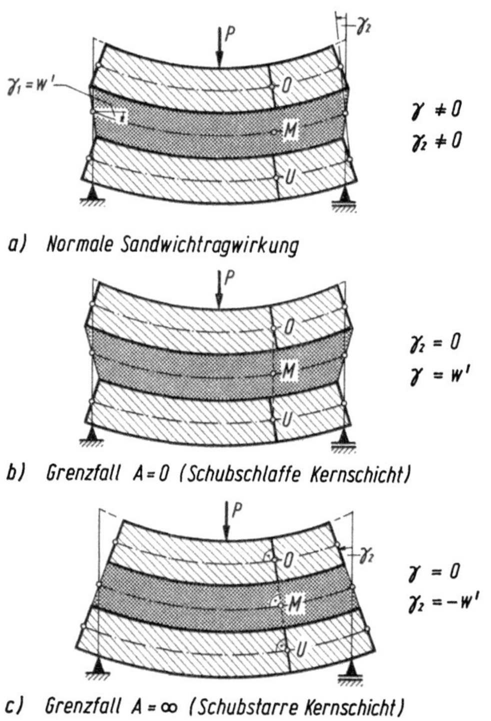

Abb. 21. Tragverhalten von Sandwichbalken mit dicken Deckschichten

Da die Schubsteifigkeit A des Sandwichbalkens stets einen Wert zwischen 0 und ∞ annimmt, ist mit den soeben untersuchten Grenzfällen b) und c) eine untere und eine obere Grenze für die Sandwichtragwirkung und alle von ihr abhängigen statischen Größen gegeben.

Eine weitere Bemerkung zu den Differentialgleichungen (3.18): Bei Sandwichbalken mit dünnen Deckschichten war es möglich, die Gesamtdurchsenkung w derart in zwei Anteile zu zerlegen (vgl. Abschnitt 2.1.3), daß der eine Anteil allein von der Wirkung des Biegemoments M herrührt (Biegeanteil w_M) und der andere Anteil allein von der Querkraft Q (Schubanteil w_Q). Bei Sandwichbalken mit dicken Deckschichten ist wegen der Eigentragwirkung der Deckschichten eine solche Aufspaltung der Gesamtdurchsenkung in zwei Anteile mit der gleichen Bedeutung der beiden Anteile wie oben nicht möglich. Es gibt daher zu den Differentialgleichungen (3.18) für Sandwichbalken mit dicken Deckschichten keine äquivalente Alternative wie bei Sandwichbalken mit dünnen Deckschichten [vgl. dort die Differentialgleichungen (2.26) und (2.33)].

3.1.3. Rand- und Zwischenbedingungen

3.1.3.1. Randbedingungen

Bei Integration der Differentialgleichungen (3.18) für w und γ ergeben sich in deren Lösungen willkürliche Integrationskonstanten; ihre Berechnung erfolgt mit Hilfe der Randbedingungen. Eine Zusammenstellung der wichtigsten Lagerungsarten an den Balkenenden samt zugehöriger Bedingungsgleichungen wird für Sandwichbalken mit dicken Deckschichten in Tab. 3.1 angegeben. Die durch w und γ ausgedrückten Gleichungen in Spalte IV der Tab. 3.1 ergeben sich aus jenen der Spalte III unter Verwendung der Beziehungen (3.1), (3.11) und (3.16). Wegelastische Auflager und drehelastische Einspannungen können in ähnlicher Weise wie in Abschnitt 2.1.4.1 (Tab. 2.1) berücksichtigt werden.

An jedem Balkenende eines Sandwichbalkens mit dicken Deckschichten sind drei Randbedingungen zu erfüllen, am Gesamtbalken also sechs. Die Anzahl der Gleichungen stimmt demnach überein mit der Ordnung der Differentialgleichung (3.18) für w, so daß alle Integrationskonstanten mit Hilfe der Randbedingungsgleichungen berechnet werden können. Bei voneinander unabhängiger Integration der beiden Differentialgleichungen (3.18) ergeben sich zunächst zwar mehr als nur vier Integrationskonstanten in den Ausdrücken für w und γ; unter Zuhilfenahme der ersten Gleichung (3.17) können jedoch durch Einsetzen gewisse Zusammenhänge zwischen den Integrationskonstanten ermittelt werden, so daß letztlich sechs unbekannte Konstanten für die Randbedingungsgleichungen übrigbleiben.

Geht man im Falle eines statisch bestimmt gelagerten Balkens ohne Längskraft von den Beziehungen (3.20) statt (3.19) aus, dann sind statt sechs nur noch vier Randbedingungen zu erfüllen. Der Grund liegt darin, daß bei der Integration der Gleichungen (3.19) bereits die beiden Gesamtschnittlast-Randbedingungen befriedigt wurden, so daß nur noch insgesamt vier Verformungs- und Teilschnittlast-Randbedingungen übrigbleiben. Einzelheiten hierzu sind aus den Berechnungsbeispielen in Abschnitt 3.2.1 ersichtlich.

3.1.3.2. Zwischenbedingungen

Im Bereich zwischen den beiden Balkenenden können gewisse Bedingungen hinsichtlich der Verschiebungsmöglichkeiten des Sandwichbalkens (Zwischenbedingungen) vorgegeben sein (vgl. die Erläuterung in Abschnitt 2.1.4.2). Eine Zusammenstellung der wichtigsten Zwischenbedingungen samt zugehöriger Bedingungsgleichungen für Sandwichbalken mit dicken Deckschichten wird in Tab. 3.2 angegeben. Wegelastische Zwischenstützen und drehelastische Zwischeneinspannungen können in ähnlicher Weise wie in Abschnitt 2.1.4.2 (Tab. 2.2) berücksichtigt werden. Berechnungsbeispiele findet man in Abschnitt 3.2.

Tabelle 3.1. *Randbedingungen bei Sandwichbalken mit dicken Deckschichten*

	I	II		III	IV
	Lagerungsarten		Bedingungsgleichungen		
	Bild	Bezeichnung		Ausgedrückt durch Verschiebungen und Schnittlasten	Ausgedrückt durch w und γ
1	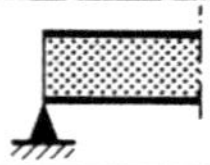	Gelenkiges Auflager	ohne Stirnplatte	$w=0$ $M=0$ $M_{u,o}=0$	$w=0$ $\gamma'=0$ $w''=0$
2	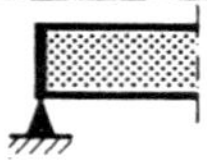		mit Stirnplatte	$w=0$ $M=0$ $\gamma=0$	$w=0$ $B_S\gamma' - Bw''=0$ $\gamma=0$
3	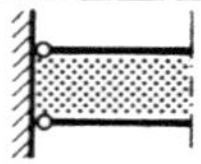	Starre Einspannung	ohne Stirnplatte	$w=0$ $\gamma_2=0$ $M_{u,o}=0$	$w=0$ $\gamma - w'=0$ $w''=0$
4	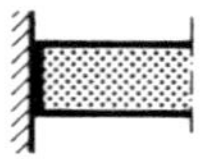		mit Stirnplatte	$w=0$ $\gamma_2=0$ $\gamma=0$	$w=0$ $w'=0$ $\gamma=0$
5	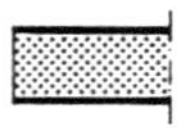	Freies Balkenende	ohne Stirnplatte	$M=0$ $Q=0$ $M_{u,o}=0$	$\gamma'=0$ $A\gamma - (B_u + B_o)w'''=0$ $w''=0$
6	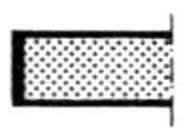		mit Stirnplatte	$M=0$ $Q=0$ $\gamma=0$	$B_S\gamma' - Bw''=0$ $w'''=0$ $\gamma=0$
7	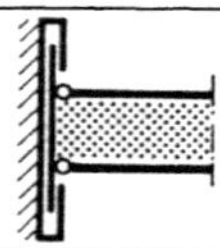	Vertikal geführte Einspannung	ohne Stirnplatte	$\gamma_2=0$ $Q=0$ $M_{u,o}=0$	$\gamma - w'=0$ $A\gamma - (B_u + B_o)w'''=0$ $w''=0$
8	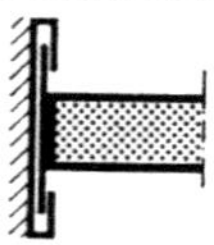		mit Stirnplatte	$\gamma_2=0$ $Q=0$ $\gamma=0$	$w'=0$ $w'''=0$ $\gamma=0$

Tabelle 3.2. *Zwischenbedingungen bei Sandwichbalken mit dicken Deckschichten*

	I	II	III	IV	V
	Zwischenbedingungen			Bedingungsgleichungen	
	Bild	Bezeichnung	Sprunggrößen	Ausgedrückt durch Verschiebungen und Schnittlasten	Ausgedrückt durch w und γ
1	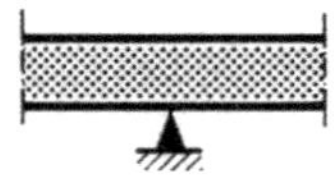	Starre Zwischenstütze	ΔQ, $\Delta Q_{u,o}$	$w = 0$	$w = 0$
2	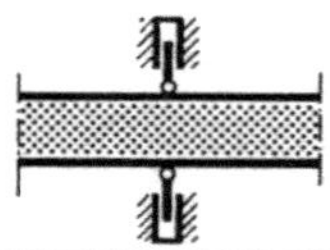	Vertikal geführte Zwischen-einspannung	ΔM, ΔM_S	$\gamma_2 = 0$	$\gamma - w' = 0$
3	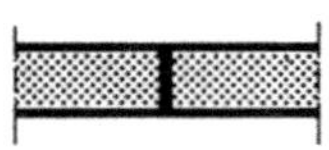	Starre Stegplatte	ΔM_S, $\Delta M_{u,o}$	$\gamma = 0$	$\gamma = 0$
4	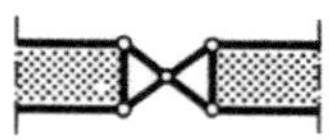	Biegemomenten-gelenk	$\Delta\gamma_1$, $\Delta\gamma_2$	$M = 0$	$B_S\gamma' - Bw'' = 0$
5	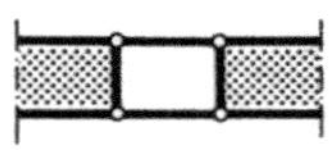	Querkraftgelenk	Δw	$Q = 0$	$A\gamma - (B_u + B_o)w''' = 0$
6	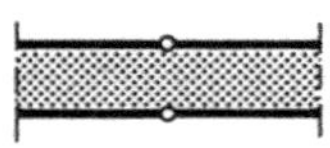	Gelenke in den Deckschichten	$\Delta\gamma$, $\Delta\gamma_1$	$M_u = M_o = 0$	$w'' = 0$

3.1.4. Spannungen im Sandwichbalken

Hat man die Verschiebungen w und γ aus (3.18) unter Berücksichtigung der Rand- und Zwischenbedingungen berechnet, dann kann man das Biegemoment M und die Querkraft Q des Sandwichbalkens mit Hilfe von (3.16) ermitteln. Zweckmäßigerweise zerlegt man M und Q in je drei Anteile gemäß

$$M = M_S + M_u + M_o, \quad Q = Q_S + Q_u + Q_o, \tag{3.23}$$

wobei unter Beachtung von (3.10) bis (3.13)

$$\left.\begin{aligned} M_S &= B_S \gamma_2' = B_S(\gamma' - w''), & Q_S &= A\gamma, \\ M_u &= -B_u \gamma_1' = -B_u w'', & Q_u &= -B_u \gamma_1'' = -B_u w''', \\ M_o &= -B_o \gamma_1' = -B_o w'', & Q_o &= -B_o \gamma_1'' = -B_o w''' \end{aligned}\right\} \tag{3.24}$$

sind. In (3.23) bedeuten M_S und Q_S die aufgrund der reinen Sandwichtragweise abgetragenen Schnittlastanteile[1] und M_u, M_o bzw. Q_u, Q_o die durch Eigenbiegung der beiden Deckschichten aufgenommenen Schnittlastanteile; sie werden im folgenden Teilschnittlasten (Teilbiegemomente und Teilquerkräfte) genannt. Mit ihrer Kenntnis ist der Weg zur Berechnung der Spannungen frei: Auflösen der Beziehungen (3.24) nach den Verformungsgrößen und Einsetzen in (3.7) bzw. (3.4) liefert für die Deckschichtnormalspannungen σ_u, σ_o und die Kernschubspannungen τ_S nach geringfügigen Umformungen unter Beachtung von (2.16), (2.17), (2.20), (2.21) und (3.8) die Gleichungen

$$\left.\begin{aligned} \sigma_u &= \frac{1}{F_u}\left(\frac{D_u}{D} N + \frac{1}{a} M_S\right) + \frac{z_u}{J_u} M_u, \\ \sigma_o &= \frac{1}{F_o}\left(\frac{D_o}{D} N - \frac{1}{a} M_S\right) + \frac{z_o}{J_o} M_o, \\ \tau_S &= \frac{1}{ab} Q_S. \end{aligned}\right\} \tag{3.25}$$

Werden speziell die an den Außenrändern der Deckschichten auftretenden Extremwerte der Deckschichtnormalspannungen gesucht (σ_u' bzw. σ_o' gemäß Abb. 20), so hat man in (3.25) $z_u = t_u/2$ bzw. $z_o = -t_o/2$ zu setzen.

Außerdem treten in den Deckschichten — wie in Abb. 20 dargestellt — auch noch Schubspannungen τ_u, τ_o auf. Diese setzen sich bei rechteckförmigem Querschnitt der Deckschichten zusammen aus

— dem von der Sandwichtragwirkung herrührenden, linear von der Kernseite zur Außenseite hin abfallenden Schubspannungsanteil und

— dem von der Eigenbiegung der Deckschichten herrührenden, parabolisch über die Kerndicke verteilten Schubspannungsanteil.

Durch Überlagerung beider Anteile ergibt sich

$$\left.\begin{aligned} \tau_u &= \frac{1}{2}\left(1 - 2\frac{z_u}{t_u}\right)\tau_S + \frac{3}{2}\left(1 - 4\frac{z_u^2}{t_u^2}\right)\frac{Q_u}{F_u}, \\ \tau_o &= \frac{1}{2}\left(1 + 2\frac{z_o}{t_o}\right)\tau_S + \frac{3}{2}\left(1 - 4\frac{z_o^2}{t_o^2}\right)\frac{Q_o}{F_o} \end{aligned}\right\} \tag{3.26}$$

mit τ_S gemäß (3.25), Q_u, Q_o gemäß (3.24) und F_u, F_o gemäß (2.16).

[1] Sie stimmen mit M und Q gemäß (2.22) bei Sandwichbalken mit dünnen Deckschichten überein.

Eine Bemerkung zu den Beziehungen (3.23) bis (3.26): Während es bei Sandwichbalken mit dünnen Deckschichten möglich ist, die Spannungen unmittelbar aus den Gesamtschnittlasten M und Q zu berechnen, vgl. die Beziehungen (2.36), ist dies bei Sandwichbalken mit dicken Deckschichten nicht möglich: Hier müssen erst die Teilschnittlasten gemäß (3.24) ermittelt werden, zu deren Berechnung die Gleichgewichtsbedingungen am Querschnitt allein nicht ausreichen, sondern es muß der Umweg über die Verformungsgrößen γ_1, γ_2 und γ beschritten werden. Erst dann kann die Berechnung der Spannungen gemäß (3.25) und (3.26) erfolgen. Sandwichbalken mit dicken Deckschichten sind daher *innerlich statisch unbestimmt.*

3.2. Beispiele querbelasteter Sandwichbalken

3.2.1. Beidseitig gelenkig gelagerter Sandwichbalken ohne Stirnplatte

3.2.1.1. Beliebige Querbelastung $q(x)$

Der Sandwichbalken ist statisch bestimmt gelagert (vgl. Abb. 6); daher kann von den Differentialgleichungen (3.20) ausgegangen werden. Mit den dimensionslosen Abkürzungen

$$\alpha=\frac{B_u+B_o}{B_S},\quad \beta=\frac{B_S}{A\,l^2},\quad \lambda^2=\frac{1+\alpha}{\alpha\beta} \tag{3.27}$$

erhält man aus (3.20)

$$\left.\begin{aligned} w^{\mathrm{IV}}-\left(\frac{\lambda}{l}\right)^2 w'' &= +\frac{1}{B}\left(\frac{\lambda}{l}\right)^2 (M+\beta l^2 q),\\ \gamma''-\left(\frac{\lambda}{l}\right)^2 \gamma &= -\frac{1}{B}\beta\lambda^2 Q. \end{aligned}\right\} \tag{3.28}$$

Die allgemeinen Lösungen der Differentialgleichungen (3.28) lauten

$$\left.\begin{aligned} w &= C_1\cosh\frac{\lambda x}{l}+C_2\sinh\frac{\lambda x}{l}+C_3+C_4 x+w_P,\\ \gamma &= D_1\cosh\frac{\lambda x}{l}+D_2\sinh\frac{\lambda x}{l}+\gamma_P; \end{aligned}\right\} \tag{3.29}$$

hierin sind w_P und γ_P Partikularintegrale der Differentialgleichungen (3.28). Die Beziehungen (3.28) müssen auch der ersten Gleichung (3.17) genügen, die mit den Abkürzungen (3.27) die Form

$$\beta l^2(\gamma''-w''')=\gamma \tag{3.30}$$

annimmt. Setzt man (3.29) in (3.30) ein und beachtet dabei, daß die Partikularintegrale w_P und γ_P (3.30) identisch erfüllen, dann erhält man zwischen den Integrationskonstanten C_1, C_2, D_1 und D_2 unter Beachtung von (3.28) die Zusammenhänge

$$D_1=\frac{(1+\alpha)\lambda}{l}C_2,\quad D_2=\frac{(1+\alpha)\lambda}{l}C_1;$$

die zweite Gleichung (3.29) lautet damit

$$\gamma = \frac{(1+\alpha)\lambda}{l}\left(C_2 \cosh\frac{\lambda x}{l} + C_1 \sinh\frac{\lambda x}{l}\right) + \gamma_P. \tag{3.31}$$

w gemäß (3.29) und γ gemäß (3.31) enthalten zusammen also noch vier willkürliche Integrationskonstanten — genauso viele wie Randbedingungen vorliegen.

Für einen beidseitig gelenkig gelagerten Sandwichbalken ohne Stirnplatten lauten die Randbedingungsgleichungen gemäß Tab. 3.1, Zeile 1

$$w(0) = 0, \quad w''(0) = 0, \quad w(l) = 0, \quad w''(l) = 0.$$

Die in Tab. 3.1 ebenfalls noch angegebenen Randbedingungen $\gamma'(0) = 0$ und $\gamma'(l) = 0$ bzw. $M(0) = 0$ und $M(l) = 0$ werden hier nicht benötigt, da sie bereits durch $M(x)$ in (3.28) erfüllt werden. Einsetzen von (3.29) und (3.31) in die Randbedingungsgleichungen und Auflösen nach den Integrationskonstanten liefert

$$\left.\begin{aligned} C_1 &= -\left(\frac{l}{\lambda}\right)^2 w_P''(0), \quad C_3 = +\left(\frac{l}{\lambda}\right)^2 w_P''(0) - w_P(0), \\ C_2 &= +\left(\frac{l}{\lambda}\right)^2 \frac{w_P''(0)\cosh\lambda - w_P''(l)}{\sinh\lambda}, \\ C_4 &= +\left(\frac{l}{\lambda}\right)^2 \frac{w_P''(l) - w_P''(0)}{l} - \frac{w_P(l) - w_P(0)}{l}. \end{aligned}\right\} \tag{3.32}$$

Einsetzen von (3.32) in (3.29) und (3.31) liefert die Verschiebungen $w(x)$ und $\gamma(x)$ des vorliegenden Sandwichbalkens.

3.2.1.2. Konstante Streckenbelastung q_0

Mit den Schnittlasten

$$M = \frac{q_0}{l}(lx - x^2), \quad Q = \frac{q_0}{2}(l - 2x) \tag{3.33}$$

können für (3.28) mittels Methode der Variation der Konstanten oder mittels Polynomansatz[1] die Partikularintegrale

$$\left.\begin{aligned} w_P &= \frac{q_0}{24B}\left(x^4 - 2lx^3 - \frac{12}{\alpha\lambda^2} l^2 x^2\right), \\ \gamma_P &= \frac{q_0 l^2}{2B}\beta(l - 2x) \end{aligned}\right\} \tag{3.34}$$

gefunden werden. Es ergeben sich dann gemäß (3.32) die Konstanten

$$\left.\begin{aligned} C_1 &= +\frac{q_0 l^4}{B}\frac{1}{\alpha\lambda^4}, \quad C_2 = -\frac{q_0 l^4}{B}\frac{1}{\alpha\lambda^4}\frac{\cosh\lambda - 1}{\sinh\lambda}, \\ C_3 &= -\frac{q_0 l^4}{B}\frac{1}{\alpha\lambda^4}, \quad C_4 = -\frac{q_0 l^3}{B}\left(\frac{1}{24} + \frac{1}{2\alpha\lambda^2}\right). \end{aligned}\right\} \tag{3.35}$$

[1] Vgl. z. B. [8], Teil III, § 27.1 und § 27.9.

Einsetzen dieser Konstanten in (3.29) und (3.31) liefert nach einigen Umformungen für die Verschiebungen des Sandwichbalkens mit $\xi = x/l$

$$\left.\begin{aligned} w &= \frac{q_0 l^4}{B}\left[\frac{1}{24}\xi(1-2\xi^2+\xi^3) + \frac{1}{2\alpha\lambda^2}\xi(1-\xi) - \right. \\ &\quad \left. - \frac{1}{\alpha\lambda^4}\frac{\cosh\lambda/2 - \cosh\lambda(1-2\xi)/2}{\cosh\lambda/2}\right], \\ \gamma &= \frac{q_0 l^3}{B}\beta\left[\frac{1}{2}(1-2\xi) - \frac{1}{\lambda}\frac{\sinh\lambda(1-2\xi)/2}{\cosh\lambda/2}\right]. \end{aligned}\right\} \tag{3.36}$$

Die Teilschnittlasten des Sandwichbalkens ergeben sich aus (3.35) mit (3.24) und den dimensionslosen Abkürzungen

$$\alpha_u = \frac{B_u}{B_S}, \quad \alpha_o = \frac{B_o}{B_S}, \quad \alpha_u + \alpha_o = \alpha \tag{3.37}$$

nach einiger Rechnung zu

$$\left.\begin{aligned} M_S &= q_0 l^2 \frac{1}{1+\alpha}\left[\frac{1}{2}\xi(1-\xi) - \frac{1}{\lambda^2}\frac{\cosh\lambda/2 - \cosh\lambda(1-2\xi)/2}{\cosh\lambda/2}\right], \\ M_{u,o} &= q_0 l^2 \frac{\alpha_{u,o}}{1+\alpha}\left[\frac{1}{2}\xi(1-\xi) + \frac{1}{\alpha\lambda^2}\frac{\cosh\lambda/2 - \cosh\lambda(1-2\xi)/2}{\cosh\lambda/2}\right], \\ Q_S &= q_0 l \frac{1}{1+\alpha}\left[\frac{1}{2}(1-2\xi) - \frac{1}{\lambda}\frac{\sinh\lambda(1-2\xi)/2}{\cosh\lambda/2}\right], \\ Q_{u,o} &= q_0 l \frac{\alpha_{u,o}}{1+\alpha}\left[\frac{1}{2}(1-2\xi) + \frac{1}{\alpha\lambda}\frac{\sinh\lambda(1-2\xi)/2}{\cosh\lambda/2}\right]. \end{aligned}\right\} \tag{3.38}$$

Die drei Grenzfälle $A = \infty$, $A = 0$ und $B_u = B_o = 0$ liefern — wie leicht nachzuprüfen — die in Abschnitt 3.1.2.8 erläuterten Ergebnisse.

3.2.1.3. Einzelkraft P im Feld

An der Stelle $x = e$ bzw. $\xi = e/l = \varepsilon$ wirkt eine Einzelkraft P. Diese wird wieder — wie in Abschnitt 2.2.4.3 — mit Hilfe der Diracschen δ-Funktion in der Form (2.79) geschrieben. Die Schnittlasten des vorliegenden Sandwichbalkens ergeben sich aus (2.24) für $N = 0$, also aus

$$M' = Q, \quad Q' = -P\delta(x-e)$$

unter Beachtung der Randbedingungen $M(0) = 0$, $M(l) = 0$ zu

$$\left.\begin{aligned} M &= \frac{P}{l}[(l-e)x - l(x-e)h(x-e)], \\ Q &= \frac{P}{l}[l-e-lh(x-e)]. \end{aligned}\right\} \tag{3.39}$$

Mit (3.39) können für (3.28) mit Hilfe der Methode der Variation der Konstanten[1] die Partikularintegrale

$$\left.\begin{aligned} w_P &= \frac{P}{6Bl}\left[-(l-e)x^3 + l(x-e)^3 h(x-e)\right] - \\ &\quad - \frac{Pl}{B}\frac{1}{\lambda^2}\left[(l-e)x + \frac{l}{\alpha}\left(x - e - \frac{\sinh\lambda(x-e)/l}{\lambda/l}\right)h(x-e)\right], \\ \gamma_P &= \beta\frac{Pl}{B}\left[l - e - l\left(1-\cosh\frac{\lambda(x-e)}{l}\right)h(x-e)\right] \end{aligned}\right\} \quad (3.40)$$

gefunden werden. Mit $\xi = x/l$ ergeben sich dann gemäß (3.32) die Konstanten

$$\begin{aligned} C_1 &= 0, \quad C_2 = -\frac{Pl^3}{B}\frac{1}{\alpha\lambda^3}\frac{\sinh\lambda(1-\varepsilon)}{\sin\lambda\varepsilon}, \\ C_3 &= 0, \quad C_4 = +\frac{Pl^2}{B}(1-\varepsilon)\left[\frac{1}{6}\varepsilon(2-\varepsilon)+\beta\right]. \end{aligned}$$

Einsetzen dieser Konstanten in (3.29) und (3.31) liefert nach einigen Umformungen für die Verschiebungen des Sandwichbalkens

$$\left.\begin{aligned} w_1 &= \frac{Pl^3}{B}\left[\frac{1}{6}(1-\varepsilon)\xi(2\varepsilon-\varepsilon^2-\xi^2) + \frac{1}{\alpha\lambda^2}(1-\varepsilon)\xi - \right. \\ &\quad \left. - \frac{1}{\alpha\lambda^3}\frac{\sinh\lambda(1-\varepsilon)}{\sinh\lambda}\sinh\lambda\xi\right], \\ w_2 &= \frac{Pl^3}{B}\left[\frac{1}{6}\varepsilon(1-\xi)(-\varepsilon^2+2\xi-\xi^2) + \frac{1}{\alpha\lambda^2}\varepsilon(1-\xi) - \right. \\ &\quad \left. - \frac{1}{\alpha\lambda^3}\frac{\sinh\lambda\varepsilon}{\sinh\lambda}\sinh\lambda(1-\xi)\right], \\ \gamma_1 &= \frac{Pl^2}{B}\beta\left[1-\varepsilon-\frac{\sinh\lambda(1-\varepsilon)}{\sinh\lambda}\cosh\lambda\xi\right], \\ \gamma_2 &= \frac{Pl^2}{B}\beta\left[-\varepsilon+\frac{\sinh\lambda\varepsilon}{\sinh\lambda}\cosh\lambda(1-\xi)\right]; \end{aligned}\right\} \quad (3.41)$$

hierin Index 1: gültig für $0 \leqq \xi \leqq \varepsilon$,

Index 2: gültig für $\varepsilon \leqq \xi \leqq 1$.

Die Teilschnittlasten des Sandwichbalkens ergeben sich aus (3.41) mit (3.24) und den dimensionslosen Abkürzungen (3.37) nach einiger Rechnung zu

---

[1] Vgl. z. B. [8], Teil III, § 27.1, Gleichungssystem (3).

$$\left.\begin{aligned}
M_{S1}&=Pl\frac{1}{1+\alpha}\left[(1-\varepsilon)\xi-\frac{\sinh\lambda(1-\varepsilon)}{\lambda\sinh\lambda}\sinh\lambda\xi\right],\\
M_{S2}&=Pl\frac{1}{1+\alpha}\left[\varepsilon(1-\xi)-\frac{\sinh\lambda\varepsilon}{\lambda\sinh\lambda}\sinh\lambda(1-\xi)\right],\\
M_{u,o1}&=Pl\frac{\alpha_{u,o}}{1+\alpha}\left[(1-\varepsilon)\xi+\frac{\sinh\lambda(1-\varepsilon)}{\alpha\lambda\sinh\lambda}\sinh\lambda\xi\right],\\
M_{u,o2}&=Pl\frac{\alpha_{u,o}}{1+\alpha}\left[\varepsilon(1-\xi)+\frac{\sinh\lambda\varepsilon}{\alpha\lambda\sinh\lambda}\sinh\lambda(1-\xi)\right],\\
Q_{S1}&=P\frac{1}{1+\alpha}\left[1-\varepsilon-\frac{\sinh\lambda(1-\varepsilon)}{\sinh\lambda}\cosh\lambda\xi\right],\\
Q_{S2}&=P\frac{1}{1+\alpha}\left[-\varepsilon+\frac{\sinh\lambda\varepsilon}{\sinh\lambda}\cosh\lambda(1-\xi)\right],\\
Q_{u,o1}&=P\frac{\alpha_{u,o}}{1+\alpha}\left[1-\varepsilon+\frac{\sinh\lambda(1-\varepsilon)}{\alpha\sinh\lambda}\cosh\lambda\xi\right],\\
Q_{u,o2}&=P\frac{\alpha_{u,o}}{1+\alpha}\left[-\varepsilon-\frac{\sinh\lambda\varepsilon}{\alpha\sinh\lambda}\cosh\lambda(1-\xi)\right].
\end{aligned}\right\}\tag{3.42}$$

Die drei Grenzfälle $A=\infty$, $A=0$ und $B_u=B_o=0$ liefern — wie leicht nachzuprüfen — die in Abschnitt 3.1.2.8 erläuterten Ergebnisse.

Setzt man in (3.41) und (3.42) $P=1$, dann erhält man die Einflußlinien für die Verschiebungen bzw. Teilschnittlasten des vorliegenden Sandwichbalkens. Sie können zur Berechnung der Verschiebungen und Teilschnittlasten bei beliebiger Streckenbelastung $q(\xi)$ verwendet werden, vgl. hierzu (2.52) und (2.53).

3.2.2. Beidseitig gelenkig gelagerter Sandwichbalken mit Stirnplatten

3.2.2.1. Beliebige Querbelastung $q(x)$

Wie in Abschnitt 3.2.1.1 kann von den Gleichungen (3.29) und (3.31) ausgegangen werden. Gemäß Tab. 3.1, Zeile 2, sind für einen beidseitig gelenkig gelagerten Sandwichbalken mit Stirnplatten die Randbedingungen

$$w(0)=0,\quad \gamma(0)=0,\quad w(l)=0,\quad \gamma(l)=0$$

zu erfüllen. Einsetzen von (3.29) und (3.31) in diese Randbedingungsgleichungen und Auflösen nach den Integrationskonstanten liefert

$$\left.\begin{aligned}
C_1&=+\frac{l}{(1+\alpha)\lambda}\frac{\gamma_P(0)\cosh\lambda-\gamma_P(l)}{\sinh\lambda},\quad C_2=-\frac{l}{(1+\alpha)\lambda}\gamma_P(0),\\
C_3&=-\frac{l}{(1+\alpha)\lambda}\frac{\gamma_P(0)\cosh\lambda-\gamma_P(l)}{\sinh\lambda}-w_P(0),\\
C_4&=+\frac{1}{(1+\alpha)\lambda}\frac{\cosh\lambda-1}{\sinh\lambda}[\gamma_P(l)+\gamma_P(0)]-\frac{w_P(l)-w_P(0)}{l}.
\end{aligned}\right\}\tag{3.43}$$

Einsetzen von (3.43) in (3.29) und (3.31) liefert die Verschiebungen $w(x)$ und $\gamma(x)$ des vorliegenden Sandwichbalkens.

3.2.2.2. Konstante Streckenbelastung q_0

Mit den Partikularintegralen gemäß (3.34) ergeben sich aus (3.43) die Beziehungen

$$C_1 = +\frac{q_0 l^4}{B}\frac{\beta}{2(1+\alpha)\lambda}\frac{\cosh\lambda+1}{\sinh\lambda}, \quad C_2 = -\frac{q_0 l^4}{B}\frac{\beta}{2(1+\alpha)\lambda},$$

$$C_3 = -\frac{q_0 l^4}{B}\frac{\beta}{2(1+\alpha)\lambda}\frac{\cosh\lambda+1}{\sinh\lambda}, \quad C_4 = +\frac{q_0 l^3}{B}\left(\frac{1}{24}+\frac{1}{2\alpha\lambda^2}\right).$$

Einsetzen dieser Konstanten in (3.29) und (3.31) liefert mit $\xi = x/l$ nach einigen Umformungen für die Verschiebungen des Sandwichbalkens

$$\left.\begin{aligned} w &= \frac{q_0 l^4}{B}\left[\frac{1}{24}\xi(1-2\xi^2+\xi^3)+\frac{1}{2\alpha\lambda^2}\xi(1-\xi)-\right.\\ &\qquad\left.-\frac{1}{2\alpha\lambda^3}\frac{\cosh\lambda/2-\cosh\lambda(1-2\xi)/2}{\sinh\lambda/2}\right],\\ \gamma &= \frac{q_0 l^3}{B}\beta\left[\frac{1}{2}(1-2\xi)-\frac{\sinh\lambda(1-2\xi)/2}{2\sinh\lambda/2}\right]. \end{aligned}\right\} \tag{3.44}$$

Die Teilschnittlasten ergeben sich aus (3.44) mit (3.24) und den dimensionslosen Abkürzungen (3.37) nach einiger Rechnung zu

$$\left.\begin{aligned} M_S &= q_0 l^2\frac{1}{1+\alpha}\left[\frac{1}{2}\xi(1-\xi)+\frac{1}{\lambda}\left(\frac{\cosh\lambda(1-2\xi)/2}{2\sinh\lambda/2}-\frac{1}{\lambda}\right)\right],\\ M_{u,o} &= q_0 l^2\frac{\alpha_{u,o}}{1+\alpha}\left[\frac{1}{2}\xi(1-\xi)-\frac{1}{\alpha\lambda}\left(\frac{\cosh\lambda(1-2\xi)/2}{2\sinh\lambda/2}-\frac{1}{\lambda}\right)\right],\\ Q_S &= q_0 l\frac{1}{1+\alpha}\left[\frac{1}{2}(1-2\xi)-\frac{\sinh\lambda(1-2\xi)/2}{2\sinh\lambda/2}\right],\\ Q_{u,o} &= q_0 l\frac{\alpha_{u,o}}{1+\alpha}\left[\frac{1}{2}(1-2\xi)+\frac{1}{\alpha}\frac{\sinh\lambda(1-2\xi)/2}{2\sinh\lambda/2}\right]. \end{aligned}\right\} \tag{3.45}$$

Die drei Grenzfälle $A=\infty$, $A=0$ und $B_u=B_o=0$ liefern — wie leicht nachzuprüfen — die in Abschnitt 3.1.2.8 erläuterten Ergebnisse.

3.2.3. Vergleichendes Zahlenbeispiel

Es soll der Einfluß der starren Stirnplatten an den Enden eines gelenkig gelagerten Sandwichbalkens auf dessen Verschiebungen und Teilschnittlasten untersucht werden. Hierzu werden die Ergebnisse der Abschnitte 3.2.1.2 (Sandwichbalken ohne Stirnplatten) und 3.2.2.2 (Sandwichbalken mit Stirnplatten) an den Stellen $x=l/2$ und $x=0$ für einige Zahlenwerte der Parameter α und β numerisch ausgewertet. Für α wird durchweg $\alpha=0{,}5$ gewählt (festes Trägheitsmomentenverhältnis), für β dagegen werden verschiedene Werte untersucht (variable Schubsteifigkeit der Kernschicht). Auch die beiden Grenzfälle $\beta=0$ (schubstarrer Kern) und $\beta=\infty$ (schubschlaffer Kern) werden zwecks Eingrenzung der Ergebnisse behandelt; die Formeln für die zugehörigen Verschiebungen und Teilschnittlasten ergeben sich aus den Beziehungen (3.36) und (3.38) bzw. (3.44) und (3.45) zum Teil durch Grenzwertprozesse nach der De L'Hôpitalschen Regel. Zum Beispiel erhält man im Fall $\beta = \infty$ $(\lambda = 0)$ für die Durchsenkung in Feldmitte

$$w = \frac{5(1+\alpha)}{384\alpha} \frac{q_0 l^4}{B} \quad \text{ohne Stirnplatte,}$$

$$w = \frac{1+5\alpha}{384\alpha} \frac{q_0 l^4}{B} \quad \text{mit Stirnplatte.}$$

Aus Tab. 3.3 ist ersichtlich, daß im Bereich kleiner β-Werte (etwa $\beta = 0 \ldots 0{,}12$) der Einfluß der Stirnplatten auf Durchsenkung und Teilbiegemomente in Feldmitte (also in hinreichender Entfernung von den Stirnplatten) zwar deutlich feststellbar, jedoch nicht durchschlagend ist (Abweichungen der Durchbiegungen maximal 20% und der Teilbiegemomente maximal 11%).

Tabelle 3.3. *Verschiebungen und Schnittlasten eines Sandwichbalkens ohne und mit Stirnplatten an den Enden*

Statische Größe		$\frac{w}{q_0 l^4/B}$	$\frac{\gamma}{q_0 l^3/B}$	$\frac{M_S}{q_0 l^2}$	$\frac{M_u+M_o}{q_0 l^2}$	$\frac{M_S}{q_0 l}$	$\frac{M_u+M_o}{q_0 l}$
Balkenstelle $x=$		$l/2$	0	$l/2$	$l/2$	0	0
$\alpha=0{,}5$, $\beta=0$, $\lambda=\infty$	ohne	0,01302	0	0,08333	0,04167	0	0
	mit	0,01302	0	0,08333	0,04167	0	0
$\alpha=0{,}5$, $\beta=0{,}03$, $\lambda=10$	ohne	0,01532	0,01200	0,07676	0,04824	0	0
	mit	0,01453	0	0,07757	0,04744	0,02667	−0,02667
$\alpha=0{,}5$, $\beta=0{,}12$, $\lambda=5$	ohne	0,02034	0,03632	0,06102	0,06398	0	0
	mit	0,01623	0	0,06769	0,05731	0,04090	−0,04090
$\alpha=0{,}5$, $\beta=0{,}75$, $\lambda=2$	ohne	0,03153	0,08940	0,02468	0,10032	0	0
	mit	0,01776	0	0,05849	0,06651	0,05218	−0,05218
$\alpha=0{,}5$, $\beta=\infty$, $\lambda=0$	ohne	0,03906	0,125	0	0,125	0	0
	mit	0,01823	0	0,05556	0,06944	0,05556	−0,05556

3.3. Energieausdrücke und Energiemethode

3.3.1. Energieausdrücke

Die Formänderungsenergie W eines quer- und längsbelasteten Sandwichbalkens der Länge l mit dicken Deckschichten ergibt sich wie in Abschnitt 2.3.1.1 aus der allgemeinen Formel (2.93). Setzt man hier σ gemäß (3.5),

τ gemäß (3.4) und ε gemäß (3.3) ein, so erhält man analog zum Rechengang in Abschnitt 2.3.1.1 unter Verwendung der Querschnittswerte B_S, B_u, B_o und A gemäß (2.21), (3.8) bzw. (2.17)

$$W = \frac{1}{2}\int_{(l)} B_S(\gamma' - w'')^2 \mathrm{d}x + \frac{1}{2}\int_{(l)} (B_u + B_o) w''^2 \mathrm{d}x + \frac{1}{2}\int_{(l)} A\gamma^2 \mathrm{d}x. \quad (3.46)$$

W gemäß (3.46) unterscheidet sich von W gemäß (2.94) nur durch einen Zusatzterm, der die Biegungsenergie der gebogenen dicken Deckschichten darstellt.

Das Potential U der äußeren Kräfte sowie die Formänderungsenergie V elastischer Stützen nehmen die gleiche Form an wie bei Sandwichbalken mit dünnen Deckschichten, vgl. (2.96) bzw. (2.98).

3.3.2. Energiemethode

Das Prinzip vom Minimum des elastischen Potentials $\Pi = W + U + V$ wurde in Abschnitt 2.3.2.1 allgemein hergeleitet, es gilt also auch für Sandwichbalken mit dicken Deckschichten, vgl. (2.101). Stellt man zu dem Variationsproblem $\Pi =$ Minimum die Eulerschen Gleichungen (2.105) auf, so ergeben sich zwei gekoppelte Differentialgleichungen für w und γ, die nach geringfügigen Umformungen übereinstimmen mit den bereits bekannten Gleichungen (3.17); das Prinzip vom Minimum des elastischen Potentials liefert also auch bei Sandwichbalken mit dicken Deckschichten dieselben Ergebnisse wie die Gleichgewichtsbedingungen.

Verwendet man das Ritzsche Verfahren, um Näherungslösungen für Sandwichbalken mit dicken Deckschichten zu ermitteln, so gilt sinngemäß dasselbe wie in Abschnitt 2.3.2.3: Man wählt für w und γ Ansätze der Form (2.106) oder (2.107), setzt diese in Π ein und minimiert Π hinsichtlich der in den Ansätzen enthaltenen unbekannten Konstanten a_j, b_j, ... ($j = 1, 2, \ldots$). Dabei müssen die gewählten Vergleichsfunktionen w_j und γ_j bei Sandwichbalken mit dicken Deckschichten an jedem Balkenende gemäß Tab. 3.1 drei Randbedingungen erfüllen[1]. Zur Erläuterung zwei Beispiele:

a) *Sandwichbalken gemäß Abb. 6* (beidseitig gelenkige Lagerung, keine Stirnplatte). Der Ansatz (2.111) erfüllt sämtliche Randbedingungen gemäß Tab. 3.1, er kann also auch für Sandwichbalken mit dicken Deckschichten verwendet werden.

b) *Sandwichbalken gemäß Abb. 8* (links Einspannung mit Stirnplatte, rechts gelenkige Lagerung ohne Stirnplatte). Der eingliedrige Ansatz (2.113) erfüllt bereits alle Randbedingungen gemäß Tab. 3.1 außer $\gamma(0) = w'(0) = 0$; erfüllt man auch diese noch, so folgt nach Umbenennung der Konstanten[2]

$$\left.\begin{aligned} w_1 &= a_1(3l^2x^2 - 5lx^3 + 2x^4), \\ \gamma_1 &= (2b_1 + 3c_1)l^2x - b_1lx^2 - c_1x^3. \end{aligned}\right\} \quad (3.47)$$

[1] Bei Sandwichbalken mit dünnen Deckschichten waren es nur zwei.

[2] b_1 wird in a_1, $-c_1$ in b_1 und $-d_1$ in c_1 umbenannt.

3.4. Weitere Beanspruchungen

3.4.1. Temperatursprung zwischen den Deckschichten des Sandwichbalkens

3.4.1.1. Allgemeines

Wie in Abschnitt 2.4.1.1 beschrieben, können bei Sandwichbalken große Temperaturdifferenzen zwischen beiden Deckschichten auftreten, wodurch Krümmungsverformungen und Spannungen im Sandwichbalken entstehen.

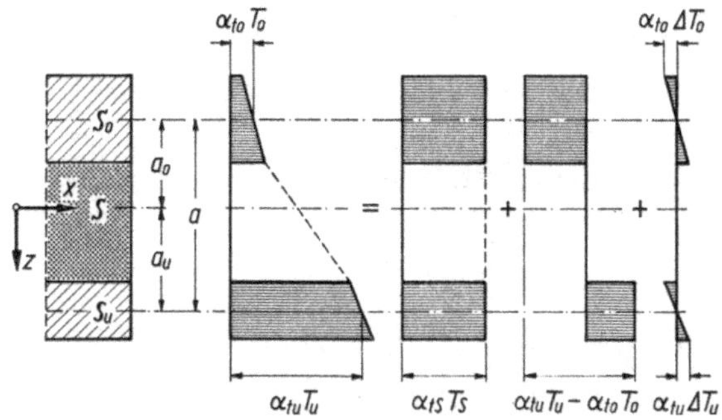

Abb. 22. Verlauf der Temperaturdehnungen über die Querschnittshöhe

Zerlegt man die Temperaturdehnungen im Sandwichquerschnitt gemäß Abb. 22, so treten auf:

— eine gleichmäßige Temperaturdehnung

$$\alpha_{tS} T_S = \frac{a_u}{a} \alpha_{to} T_o + \frac{a_o}{a} \alpha_{tu} T_u$$

beider Deckschichten, die nur eine Verlängerung bzw. Verkürzung der Balkenachse bewirkt und hier nicht weiter interessiert;

— ein Temperaturdehnungssprung

$$\alpha_{tu} T_u - \alpha_{to} T_o = a\vartheta$$

zwischen den beiden Schwerachsen der Deckschichten [Abkürzung ϑ gemäß (2.121)], dessen Einfluß im folgenden untersucht wird;

— die Temperaturdehnungsdifferenzen

$$\alpha_{tu} \Delta T_u, \quad \alpha_{to} \Delta T_o$$

innerhalb der unteren bzw. der oberen Deckschicht zwischen der jeweils inneren und äußeren Deckschichtoberfläche, die hier ebenfalls unberücksichtigt bleiben, da die Deckschichten meist metallisch, also gut wärmeleitend und außerdem meist dünn gegenüber der Kernschicht sind; es ist also

$$\alpha_{tu} \Delta T_u \ll a\vartheta, \quad \alpha_{to} \Delta T_o \ll a\vartheta.$$

3.4.1.2. Differentialgleichungen

Erweitert man die Teilschnittlast-Verschiebungs-Beziehungen (3.24) analog wie in Abschnitt 2.4.1.2 um das Temperaturglied, so findet man analog zu (2.123)

$$M_S = B_S(\gamma' - w'' - \vartheta), \quad Q_S = A\gamma; \tag{3.48}$$

M_u, M_o, Q_u und Q_o bleiben unverändert. Die Gesamtschnittlasten M und Q gemäß (3.23) folgen also hiermit zu

$$M = B_S(\gamma' - \vartheta) - Bw'', \quad Q = A\gamma - (B_u + B_o)w'''. \tag{3.49}$$

Durch Einsetzen in die Gleichgewichtsbedingungen (2.24) erhält man mit $q = 0$

$$B_S(\gamma'' - w''' - \vartheta') - A\gamma = 0, \quad A\gamma' - (B_u + B_o)w^{\mathrm{IV}} + Nw'' = 0. \tag{3.50}$$

Entkoppelt man die beiden Differentialgleichungen (3.50), so ergibt sich

$$\left.\begin{aligned} -\frac{B_u + B_o}{A} w^{\mathrm{VI}} + \left(\frac{B}{B_S} + \frac{N}{A}\right) w^{\mathrm{IV}} - \frac{N}{B_S} w'' &= -\vartheta'', \\ -\frac{B_u + B_o}{A} \gamma^{\mathrm{IV}} + \left(\frac{B}{B_S} + \frac{N}{A}\right) \gamma'' - \frac{N}{B_S} \gamma &= -\frac{B_u + B_o}{A} \vartheta''' + \frac{N}{A} \vartheta'. \end{aligned}\right\} \tag{3.51}$$

Das sind die gesuchten Differentialgleichungen für w und γ; ihre Lösungen erfüllen natürlich auch die unentkoppelten Differentialgleichungen (3.50). Im Sonderfall $N = 0$ und statisch bestimmter Lagerung ($M = 0$, $Q = 0$) vereinfachen sich (3.51) — wie durch zweimalige Integration von (3.51) oder aus (3.49) folgt — zu

$$\left.\begin{aligned} -\frac{B_u + B_o}{A} w^{\mathrm{IV}} + \frac{B}{B_S} w'' &= -\vartheta, \\ -\frac{B_u + B_o}{A} \gamma'' + \frac{B}{B_S} \gamma &= -\frac{B_u + B_o}{A} \vartheta'. \end{aligned}\right\} \tag{3.52}$$

3.4.1.3. Beispiel: Beidseitig gelenkig gelagerter Sandwichbalken ohne Stirnplatten ($N = 0$, $\vartheta = \text{konst}$)

Wegen der statischen Bestimmheit des Systems kann von (3.52) ausgegangen werden. Mit den Abkürzungen α, β und λ^2 gemäß (3.27) liefert (3.52) die allgemeinen Lösungen

$$\left.\begin{aligned} w &= C_1 \cosh\frac{\lambda x}{l} + C_2 \sinh\frac{\lambda x}{l} + C_3 + C_4 x - \frac{\vartheta}{2(1+\alpha)} x^2, \\ \gamma &= D_1 \cosh\frac{\lambda x}{l} + D_2 \sinh\frac{\lambda x}{l}, \end{aligned}\right\} \tag{3.53}$$

worin zwischen D_1, D_2 und C_1, C_2 wie in Abschnitt 3.2.1.1 die Zusammenhänge

$$D_1 = \frac{(1+\alpha)\lambda}{l} C_2, \quad D_2 = \frac{(1+\alpha)\lambda}{l} C_1$$

bestehen. Mit den Randbedingungen

$$w(0)=0,\quad w''(0)=0,\quad w(l)=0,\quad w''(l)=0$$

erhält man aus (3.53) für die Integrationskonstanten

$$C_1=-C_3=\frac{\vartheta l^2}{(1+\alpha)\lambda^2},\quad C_2=-\frac{\vartheta l^2}{(1+\alpha)\lambda^2}\frac{\cosh\lambda-1}{\sinh\lambda},\quad C_4=\frac{\vartheta l}{2(1+\alpha)}.$$

Einsetzen dieser Konstanten in (3.53) liefert mit $\xi=x/l$ nach einigen Umformungen für die Verschiebungen des Sandwichbalkens

$$\left.\begin{aligned} w&=\frac{\vartheta l^2}{1+\alpha}\left[\frac{1}{2}\,\xi(1-\xi)-\frac{1}{\lambda^2}\frac{\cosh\lambda/2-\cosh\lambda(1-2\xi)/2}{\cosh\lambda/2}\right],\\ \gamma&=-\frac{\vartheta l}{\lambda}\frac{\sinh\lambda(1-2\xi)/2}{\cosh\lambda/2}.\end{aligned}\right\}\qquad(3.54)$$

Die Teilschnittlasten des Sandwichbalkens ergeben sich aus (3.48) und (3.24) unter Verwendung von (3.54) und den Abkürzungen (3.37) zu

$$\left.\begin{aligned} M_S&=-\frac{\alpha\vartheta B_S}{1+\alpha}\frac{\cosh\lambda/2-\cosh\lambda(1-2\xi)/2}{\cosh\lambda/2},\\ M_{u,o}&=+\frac{\alpha_{u,o}\vartheta B_S}{1+\alpha}\frac{\cosh\lambda/2-\cosh\lambda(1-2\xi)/2}{\cosh\lambda/2},\\ Q_S&=-\frac{\vartheta B_S}{\beta\lambda l}\frac{\sinh\lambda(1-2\xi)/2}{\cosh\lambda/2},\\ Q_{u,o}&=+\frac{\alpha_{u,o}\vartheta B_S}{\alpha\beta\lambda l}\frac{\sinh\lambda(1-2\xi)/2}{\cosh\lambda/2}.\end{aligned}\right\}\qquad(3.55)$$

Der Grenzfall $B_u=B_o=0$, also $\alpha_u=\alpha_o=\alpha=0$ und $\lambda=\infty$, liefert — wie leicht nachzuprüfen — die Beziehungen (2.127).

3.4.2. Transversalschwingungen eines Sandwichbalkens

3.4.2.1. Differentialgleichungen

Zu Transversalschwingungen von Sandwichbalken ist alles Grundsätzliche bereits in Abschnitt 2.4.2 gesagt. Die allgemeinen dynamischen Grundgleichungen ergeben sich durch Hinzufügen der D'Alembertschen Trägheitskraft in den Beziehungen (3.17):

$$\left.\begin{aligned} B_S(\gamma''-w''')-A\gamma&=0,\\ A\gamma'+Nw''-(B_u+B_o)w^{\mathrm{IV}}-\mu\frac{\partial^2 w}{\partial t^2}&=-q.\end{aligned}\right\}\qquad(3.56)$$

Durch Entkoppelung dieser beiden partiellen Differentialgleichungen erhält man

$$\left.\begin{aligned}
&-\frac{B_u+B_o}{A}w^{\mathrm{VI}}+\left(\frac{B}{B_S}+\frac{N}{A}\right)w^{\mathrm{IV}}-\frac{N}{B_S}w''-\frac{\mu}{A}\frac{\partial^2 w''}{\partial t^2}+\\
&+\frac{\mu}{B_S}\frac{\partial^2 w}{\partial t^2}=+\frac{q}{B_S}-\frac{q''}{A},\\
&-\frac{B_u+B_o}{A}\gamma^{\mathrm{VI}}+\left(\frac{B}{B_S}+\frac{N}{A}\right)\gamma^{\mathrm{IV}}-\frac{N}{B_S}\gamma''-\frac{\mu}{A}\frac{\partial^2 \gamma''}{\partial t^2}+\\
&+\frac{\mu}{B_S}\frac{\partial^2 \gamma}{\partial t^2}=-\frac{q'''}{A}.
\end{aligned}\right\} \tag{3.57}$$

Setzt man in (3.56) und (3.57) $q(x,t)$ gemäß (2.138) sowie $w(x,t)$ gemäß (2.139) ein, dann ergeben sich durch Koeffizientenvergleich in $\sin\omega t$ die Differentialgleichungen für ungedämpfte, erzwungene Transversalschwingungen des Sandwichbalkens im eingeschwungenen Zustand. Da in ihnen die Zeit t eliminiert ist, sind sie nur noch gewöhnlich. Sie unterscheiden sich von den Differentialgleichungen (2.140) bzw. (2.141) für Sandwichbalken mit dünnen Deckschichten nur durch von den Deckschicht-Eigenbiegesteifigkeiten B_u und B_o herrührende Zusatzterme. Ist auch die innere Dämpfung der Kernschicht zu berücksichtigen (Schubdämpfung), so kann diese — ebenso wie in Abschnitt 2.4.2.2 — durch Einführung der komplexen Schubsteifigkeit $\mathfrak{A}$ gemäß (2.146) erfaßt werden; auch für q, w und γ sind dann komplexe Ansätze gemäß (2.145) in (3.57) einzuführen.

Setzt man in (3.56) und (3.57) $q(x,t)=0$ sowie $w(x,t)$ und $\gamma(x,t)$ gemäß (2.147) ein, dann erhält man die Differentialgleichungen für ungedämpfte, freie Transversalschwingungen des Sandwichbalkens. Sie sind nur noch gewöhnlich und unterscheiden sich von (2.148) nur durch von B_u und B_o herrührende Zusatzterme. Die Eigenwertgleichung zur Berechnung der Eigenkreisfrequenzen ω_j ergibt sich aus ihnen mit Hilfe der Randbedingungen des Balkens.

3.4.2.2. Näherungslösungen für ω_1

Im Falle freier Schwingungen von Sandwichbalken mit dicken Deckschichten ohne elastische Stützen nimmt das aus dem Hamiltonschen Prinzip folgende Variationsproblem $H^*=$ Extremum wie bei Sandwichbalken mit dünnen Deckschichten die Form (2.152) an. Hierin ist E^* identisch mit (2.155), während W^* aus (3.46) folgt und gegenüber W^* gemäß (2.153) noch einen von B_u und B_o herrührenden Zusatzterm enthält:

$$W^*=\frac{1}{2}\int\limits_{(l)} B_S(z_2'-z_1'')^2\,\mathrm{d}x+\frac{1}{2}\int\limits_{(l)}(B_u+B_o)z_1''\,\mathrm{d}x+\frac{1}{2}\int\limits_{(l)} A\,z_2^2\,\mathrm{d}x. \tag{3.58}$$

Das Variationsproblem (2.152) kann zur näherungsweisen Berechnung der ersten Eigenkreisfrequenz ω_1 herangezogen werden, indem man dort im Sinne des Ritzschen Verfahrens für z_1 und z_2 anstelle der exakten (nicht bekannten) Eigenfunktionen geeignete eingliedrige Vergleichsfunktionen einsetzt, z. B. in der Art der Ansätze (2.106) und (2.107) für $j=1$, und H^* nach den freien Konstanten minimiert. Die Wahl der statischen Verschiebungen $w_{St}(x)$ und $\gamma_{St}(x)$ als Annäherung an die ersten Eigenfunktionen empfiehlt sich — anders als in Abschnitt 2.4.2.5 — bei Sandwichbalken mit dicken Deckschichten nicht, da der Rechnungsaufwand hierbei zu groß wird. Einzelheiten zur näherungsweisen Berechnung von ω_1 werden hier nicht erörtert, es gilt jedoch sinngemäß das gleiche wie in Unterabschnitt 2.4.2.5b.

3.4.2.3. Beispiel: Beidseitig gelenkig gelagerter Sandwichbalken ohne Stirnplatten

Für einen gemäß Abb. 6 gelagerten Sandwichbalken mit dicken Deckschichten ohne Längskraft lauten die Randbedingungen gemäß Tab. 3.1

$$w(0)=0, \quad w''(0)=0, \quad \gamma'(0)=0, \quad w(l)=0, \quad w''(l)=0, \quad \gamma'(l)=0.$$

Mit den Verschiebungsansätzen[1]

$$w(x,t)=\sin\frac{j\pi x}{l}\sin\omega_j t, \quad \gamma(x,t)=\cos\frac{j\pi x}{l}\sin\omega_j t \tag{3.59}$$

sind sämtliche Randbedingungen auf Anhieb erfüllt; außerdem genügen sie auch den Differentialgleichungen (3.57) für $N=0$ und $q=0$. Einsetzen von (3.59) in (3.57) liefert mit den dimensionslosen Abkürzungen α und β gemäß (3.27) nach kurzer Rechnung

$$\omega_j^2=\frac{B_S}{\mu l^4}\,\frac{j^4\pi^4(1+\alpha+j^2\pi^2\alpha\beta)}{1+j^2\pi^2\beta}. \tag{3.60}$$

Der Sonderfall $\alpha=0$ und $j=1$ liefert die schon bekannte Beziehung (2.172) für die erste Eigenkreisfrequenz ω_1 eines Sandwichbalkens mit dünnen Deckschichten.

3.4.3. Kriechen der Kernschicht

3.4.3.1. Integrodifferentialgleichungen

Zum Kriechen der Kernschicht eines Sandwichbalkens ist alles Grundsätzliche bereits in Abschnitt 2.4.3.1 erläutert. Die maßgebenden Integrodifferentialgleichungen ergeben sich, indem man τ gemäß (2.185) anstelle von (3.4) bei der Aufstellung der Schnittlast-Verschiebungs-Beziehungen verwendet; man erhält analog zu (3.16)

$$M=B_S\gamma'-Bw'', \quad Q=A\left(\gamma-\mathrm{e}^{-\varphi}\int_0^{\varphi}\gamma\,\mathrm{e}^{\psi}\,\mathrm{d}\psi\right)-(B_u+B_o)w'''. \tag{3.61}$$

Die Gleichungen für w und γ ergeben sich dann entsprechend wie in Abschnitt 3.1.2.6 durch Einsetzen von (3.61) in die Gleichgewichtsbedingungen

[1] Sie entsprechen den Ansätzen (2.147), wenn man dort $z_1=\sin j\pi x/l$ und $z_2=\cos j\pi x/l$ setzt.

(2.24); man findet

$$\left.\begin{aligned} B_S(\gamma''-w''')-A\left(\gamma-\mathrm{e}^{-\varphi}\int_0^{\varphi}\gamma\mathrm{e}^{\psi}\mathrm{d}\psi\right)=0, \\ A\left(\gamma'-\mathrm{e}^{-\varphi}\int_0^{\varphi}\gamma'\mathrm{e}^{\psi}\mathrm{d}\psi\right)+Nw''-(B_u+B_o)w^{\mathrm{IV}}=-q. \end{aligned}\right\} \tag{3.62}$$

Die Beziehungen (3.62) sind Integrodifferentialgleichungen; sie entsprechen den Differentialgleichungen (3.17) für den Fall eines nichtkriechenden Kerns. Eine Entkoppelung der Gleichungen (3.62) ist möglich, wird aber hier nicht durchgeführt.

3.4.3.2. Statisch bestimmt gelagerte Sandwichbalken

Bei statisch bestimmt gelagerten Sandwichbalken kann von den Beziehungen (3.61) ausgegangen werden, weil hier die Schnittlasten M und Q von vornherein bekannt sind; Umlagerungen von M und Q zu anderen Balkenteilen hin treten während des Kriechvorgangs nicht auf. Trotzdem gestaltet sich die Rechnung bei Sandwichbalken mit dicken Deckschichten anders (und zwar schwieriger) als bei solchen mit dünnen Deckschichten. Der Grund liegt darin, daß Sandwichbalken mit dicken Deckschichten innerlich statisch unbestimmt sind (vgl. Schlußbemerkung in Abschnitt 3.1.4). Während des Kriechvorgangs finden daher Umlagerungen der Teilschnittlasten innerhalb eines jeden Balkenquerschnitts in der Weise statt, daß M_S bzw. Q_S abgebaut und M_u, M_o bzw. Q_u, Q_o vergrößert werden; hierbei bleibt — eine zeitlich konstante äußere Dauerbelastung q vorausgesetzt — die Summe aus M_S, M_u und M_o bzw. Q_S, Q_u und Q_o jeweils konstant, nämlich gemäß (3.23) gleich M bzw. Q. Der Rechnungsgang wird an einem Beispiel erläutert:

Sandwichbalken mit beidseitig gelenkiger Lagerung gemäß Abb. 6 ohne Stirnplatten unter der sinusförmigen Querbelastung

$$q(x)=q_0\sin\frac{\pi x}{l}=q_0\sin\pi\xi.$$

Für die Schnittlasten ergibt sich aus (2.24) für $N=0$

$$M=\frac{q_0 l^2}{\pi^2}\sin\frac{\pi x}{l},\quad Q=\frac{q_0 l}{\pi}\cos\frac{\pi x}{l}. \tag{3.63}$$

Für w und γ werden die Ansätze

$$w(x,\varphi)=z_1(\varphi)\sin\frac{\pi x}{l},\quad \gamma(x,\varphi)=z_2(\varphi)\cos\frac{\pi x}{l} \tag{3.64}$$

gewählt, die sämtlichen Randbedingungen des Sandwichbalkens genügen. Einsetzen von (3.63) und (3.64) in die Beziehungen (3.61), Koeffizientenvergleich in $\sin\pi x/l$ bzw. $\cos\pi x/l$ und Einführen der dimensionslosen

Größen α und β gemäß (3.27) liefert für z_1 und z_2 die Gleichungen

$$\left.\begin{aligned} (1+\alpha)z_1 - \frac{l}{\pi} z_2 &= \frac{q_0 l^4}{\pi^4 B_S}, \\ \alpha z_1 + \frac{l}{\pi^3 \beta}\left(z_2 - \mathrm{e}^{-\varphi}\int_0^{\varphi} z_2 \mathrm{e}^{\psi}\mathrm{d}\psi\right) &= \frac{q_0 l^4}{\pi^4 B_S}. \end{aligned}\right\} \tag{3.65}$$

Durch Elimination von z_1 ergibt sich aus (3.65) für z_2 die Integralgleichung

$$[1+\alpha(1+\pi^2\beta)]z_2 - (1+\alpha)\mathrm{e}^{-\varphi}\int_0^{\varphi} z_2 \mathrm{e}^{\psi}\mathrm{d}\psi = \frac{q_0 l^3}{\pi^3 B_S}\pi^2\beta \tag{3.66}$$

und hieraus nach Multiplikation mit e^{φ}, Differenzieren und Multiplikation mit $\mathrm{e}^{-\varphi}$ die Differentialgleichung

$$[1+\alpha(1+\pi^2\beta)]z_2' + \pi^2\alpha\beta z_2 = \frac{q_0 l^3}{\pi^3 B_S}\pi^2\beta.$$

Die allgemeine Lösung dieser Differentialgleichung für z_2 enthält eine willkürliche Konstante, die durch Einsetzen in die Integralgleichung (3.66) ermittelt werden kann. z_1 ergibt sich aus z_2 leicht mit Hilfe der ersten Beziehung (3.65). Mit den dimensionslosen Abkürzungen

$$\varkappa_1 = \frac{1}{1+\alpha(1+\pi^2\beta)}, \quad \varkappa_2 = \pi^2\alpha\beta\varkappa_1 \tag{3.67}$$

sowie Einsetzen von z_1 und z_2 in (3.64) erhält man für die Verschiebungen

$$\left.\begin{aligned} w &= \frac{q_0 l^4}{\pi^4 B_S}\frac{1}{\alpha}[1-\varkappa_1 \mathrm{e}^{-\varkappa_2\varphi}]\sin\pi\xi, \\ \gamma &= \frac{q_0 l^3}{\pi^3 B_S}\frac{1}{\alpha}[1-(1+\alpha)\varkappa_1 \mathrm{e}^{-\varkappa_2\varphi}]\cos\pi\xi. \end{aligned}\right\} \tag{3.68}$$

Die Teilschnittlasten können nunmehr durch Einsetzen von (3.68) in (3.24) berechnet werden; man erhält unter Beachtung von α_u und α_o gemäß (3.37)

$$\left.\begin{aligned} M_S &= \frac{q_0 l^2}{\pi^2}\varkappa_1 \mathrm{e}^{-\varkappa_2\varphi}\sin\pi\xi, \\ M_{u,o} &= \frac{q_0 l^2}{\pi^2}\frac{\alpha_{u,o}}{\alpha}(1-\varkappa_1 \mathrm{e}^{-\varkappa_2\varphi})\sin\pi\xi, \\ Q_S &= \frac{q_0 l}{\pi}\varkappa_1 \mathrm{e}^{-\varkappa_2\varphi}\cos\pi\xi, \\ Q_{u,o} &= \frac{q_0 l}{\pi}\frac{\alpha_{u,o}}{\alpha}(1-\varkappa_1 \mathrm{e}^{-\varkappa_2\varphi})\cos\pi\xi. \end{aligned}\right\} \tag{3.69}$$

Grenzfälle:

$\varphi = 0$: Alle statischen Größen gemäß (3.68) und (3.69) werden wegen $\mathrm{e}^{-\varkappa_2\varphi} = 1$ unabhängig von φ, und es ergeben sich die gleichen Lösungen, die man für die vorgegebene Belastung auch aus den Beziehungen (3.20) erhalten hätte:

$$\left.\begin{aligned} w &= \frac{q_0 l^4}{\pi^4 B_S}(1+\pi^2\beta)\varkappa_1 \sin\pi\xi, \quad \gamma = \frac{q_0 l^3}{\pi^3 B_S}\pi^2\beta\varkappa_1\cos\pi\xi, \\ M_S &= \frac{q_0 l^2}{\pi^2}\varkappa_1\sin\pi\xi, \quad M_{u,o} = \frac{q_0 l^2}{\pi^2}\alpha_{u,o}(1+\pi^2\beta)\varkappa_1\sin\pi\xi, \\ Q_S &= \frac{q_0 l}{\pi}\varkappa_1\cos\pi\xi, \quad Q_{u,o} = \frac{q_0 l}{\pi}\alpha_{u,o}(1+\pi^2\beta)\varkappa_1\cos\pi\xi. \end{aligned}\right\} \tag{3.70}$$

$\varphi = \infty$: Auch hier werden alle statischen Größen wegen $e^{-\varkappa_2\varphi} = 0$ unabhängig von φ, und es ergeben sich die gleichen Lösungen wie bei $A = 0$, d. h. bei völlig schubschlaffer Kernschicht (vgl. Abb. 21b):

$$\left.\begin{aligned} w &= \frac{q_0 l^4}{\pi^4(B_u+B_o)}\sin\pi\xi, \quad \gamma = w', \\ M_S &= 0, \quad M_{u,o} = \frac{\alpha_{u,o}}{\alpha}M, \quad Q_S = 0, \quad Q_{u,o} = \frac{\alpha_{u,o}}{\alpha}Q. \end{aligned}\right\} \tag{3.71}$$

$\alpha = 0$: Unter Beachtung von $e^{-\varkappa_2\varphi} = 1 - \varkappa_2\varphi \pm \ldots$ ergeben sich wegen $\varkappa_1 = 1$ die gleichen Lösungen, die man für die vorgegebene Belastung auch aus den Beziehungen (2.28) erhalten hätte:

$$\left.\begin{aligned} w &= \frac{q_0 l^4}{\pi^4 B_S}[1+(1+\varphi)\pi^2\beta]\sin\pi\xi, \quad \gamma = \frac{q_0 l^3}{\pi^3 B_S}(1+\varphi)\pi^2\beta\cos\pi\xi, \\ M_S &= M, \quad M_{u,o} = 0, \quad Q_S = Q, \quad Q_{u,o} = 0. \end{aligned}\right\} \tag{3.72}$$

Man erkennt, daß im Falle $\alpha \neq 0$ mit wachsendem Kriechmodul φ eine zunehmende Umlagerung der Teilschnittlasten von der Sandwichtragweise weg zur Eigentragwirkung der Deckschichten hin erfolgt. Bei stark kriechender Kernschicht geht die Sandwichtragweise eines Sandwichbalkens mit dicken Deckschichten also allmählich verloren.

Abschließend zwei Bemerkungen:

a) Liegt keine Querbelastung $q = q_0 \sin\pi x/l$ vor, sondern eine beliebige Belastung $q(x)$, so kann diese in eine Fourier-Sinusreihe mit der Periodenlänge $2l$ entwickelt werden[1]:

$$q(x) = \sum_{j=1}^{\infty} q_j \sin\frac{j\pi x}{l}. \tag{3.73}$$

Für jedes Reihenglied kann eine den bisherigen Ausführungen entsprechende Rechnung durchgeführt werden. Die endgültigen Verschiebungen und Schnittlasten infolge $q(x)$ gemäß (3.73) ergeben sich dann durch Überlagerung aller für die Reihenglieder erhaltenen Einzellösungen.

[1] Die Funktionen $\sin j\pi x/l$ sind die Eigenfunktionen des vorliegenden Sandwichbalkens für w.

b) Liegt kein Sandwichbalken gemäß Abb. 6 vor, sondern ein anders gelagerter, statisch bestimmter Sandwichbalken mit beliebiger Querbelastung $q(x)$, dann kann unter Verwendung der jeweiligen Eigenfunktionen des Sandwichbalkens für w und γ ein ähnliches Berechnungsverfahren entwickelt werden; Einzelheiten werden jedoch nicht näher behandelt.

3.4.3.3. Statisch unbestimmt gelagerte Sandwichbalken

Beim statisch unbestimmt gelagerten Sandwichbalken mit dicken Deckschichten wird die Berechnung des Kriechvorganges recht schwierig, da

— sowohl Umlagerungen der Teilschnittlasten innerhalb der Balkenquerschnitte (vgl. Abschnitt 3.4.3.2)

— als auch Umlagerungen der Gesamtschnittlasten zu anderen Balkenbereichen hin (vgl. Abschnitt 2.4.3.3)

auftreten. Man kann ähnlich wie in Abschnitt 2.4.3.3 beschrieben vorgehen, indem man sich ein statisch bestimmtes Grundsystem schafft und an diesem alle Rechnungen entsprechend den Erläuterungen in Abschnitt 3.4.3.2 durchführt. Geht man schließlich wieder zum gegebenen statisch unbestimmten System über, indem man die Verschiebungssprünge am statisch bestimmten System beseitigt, dann erhält man die zur Berechnung der gesuchten φ-Abhängigkeit der statischen Größen erforderlichen Beziehungen. Einzelheiten werden hier nicht näher behandelt.

3.5. Ergänzungen

3.5.1. Biegesteifigkeit der Deckschichten bei Profilsandwichen

In Abschnitt 3.1.1 wurde die Voraussetzung getroffen, daß die Sandwichbalken aus ebenen, dicken Deckschichten bestehen. Die in die Rechnung eingehenden Deckschicht-Eigenbiegesteifigkeiten B_u und B_o gemäß (3.8) rühren daher, daß die Deckschichtdicken t_u und t_o — anders als in Kapitel 2 — so groß sind, daß B_u und B_o gegenüber der Sandwichbiegesteifigkeit B_S nicht mehr vernachlässigt werden können. Bei zahlreichen Sandwichtypen sind jedoch die beiden Deckschichten nicht eben, sondern profiliert (vgl. z. B. Tab. 1.1 unter „Querschnittsgeometrie der Deckschichten“); es handelt sich also um Profilsandwiche. Die in den vorangehenden Abschnitten entwickelte Sandwichtheorie soll nun auf diese erweitert werden. Das geschieht ganz einfach dadurch, daß man

— in B_u und B_o gemäß (3.8) anstelle der Eigenträgheitsmomente $b t_u^3/12$ und $b t_o^3/12$ der ebenen Deckschichten die auf die jeweiligen Eigenschwerachsen bezogenen Profilträgheitsmomente J_u und J_o der Deckschichten einsetzt und

— in D_u und D_o gemäß (2.16) anstelle der Werte $b t_u$ und $b t_o$ die Profilquerschnittsfläche F_u und F_o der Deckschichten.

Während also bei ebenen Sandwichbalken B_u und B_o nur bei dicken Deckschichten zu berücksichtigen sind, liefern bei Profilsandwichen auch dünne Deckschichten bereits so große Eigenbiegesteifigkeiten B_u und B_o, daß diese auf jeden Fall in die Rechnung eingehen. Zwei Beispiele:

a) Trapezprofilierte Deckschichten

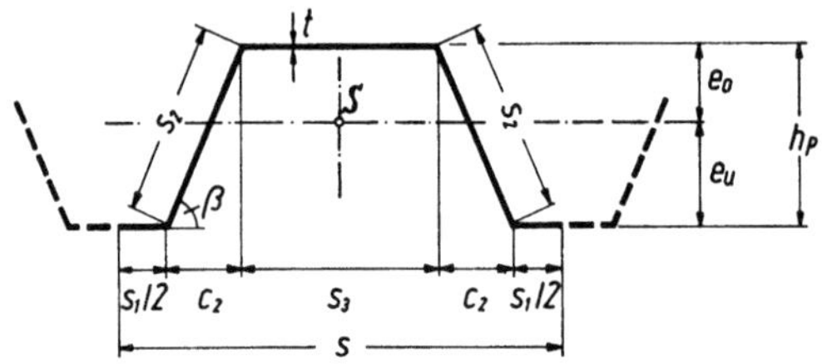

Abb. 23. Trapezprofilierte Deckschicht (Ausschnitt einer Trapezwelle)

Für $t \ll h_P$ (Blechdicke klein gegenüber Profilhöhe) kann die Eigenbiegesteifigkeit der Bleche vernachlässigt werden. Gemäß Abb. 23 ergeben sich dann für die Schwerachsenabstände e_u und e_o, die Dehnsteifigkeit D_1 und die Eigenbiegesteifigkeit B_1 einer einzelnen Deckschichttrapezwelle

$$\left.\begin{aligned} e_u &= \frac{s_2 + s_3}{s_1 + 2 s_2 + s_3} h_P, \qquad e_o = \frac{s_1 + s_2}{s_1 + 2 s_2 + s_3} h_P, \\ D &= E t (s_1 + 2 s_2 + s_3), \quad B_1 = E \frac{t h_P^2}{2} \left(\frac{s_1 s_2 + 2 s_1 s_3 + s_2 s_3}{s_1 + 2 s_2 + s_3} + \frac{s_2}{3} \right). \end{aligned}\right\} \quad (3.74)$$

Der Sonderfall $s_3 = s_1$ (symmetrisches Trapezprofil) liefert

$$e_u = e_o = \frac{h_P}{2}, \quad D_1 = 2 E t (s_1 + s_2), \quad B_1 = E \frac{t h_P^2}{2} \left(s_1 + \frac{s_2}{3} \right). \qquad (3.75)$$

Auf die Balkenbreite b entfallen $n = b/s$ Trapezwellen, und es gilt

$$D = n D_1, \quad B = n B_1. \qquad (3.76)$$

Ein Hinweis: Für sehr kleines t/s_3 muß in (3.74) statt s_3 gegebenenfalls ein abgeminderter Wert $s_3{}^*$ für die mittragende Druckgurtbreite eingesetzt werden.

b) Zylinderschalenförmige Deckschichten

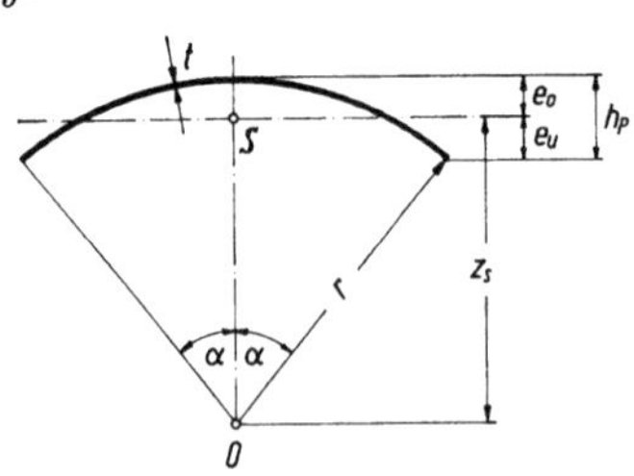

Abb. 24. Zylinderschalenförmige Deckschicht

Für $t \ll h_P$ (Blechdicke klein gegenüber Profilhöhe) kann die Eigenbiegesteifigkeit der Bleche vernachlässigt werden. Gemäß Abb. 24 erhält man die folgenden Querschnittswerte:

$$\left.\begin{aligned} h_P &= r(1-\cos\alpha), \quad z_S = r\frac{\sin\alpha}{\alpha}, \quad e_u = r\left(\frac{\sin\alpha}{\alpha} - \cos\alpha\right), \\ e_o &= r\left(1 - \frac{\sin\alpha}{\alpha}\right), \quad D = 2Ert\alpha, \quad B = r^3 t\left(\alpha + \frac{\sin 2\alpha}{2} - \frac{2\sin^2\alpha}{\alpha}\right). \end{aligned}\right\} \tag{3.77}$$

Bei kleiner Profilhöhe, d. h. kleinem Zentriwinkel α, ergeben sich für die Querschnittswerte h_P, e_u, e_o und B kleine Differenzen großer Zahlen, so daß man diese auch über die zugehörigen Reihenentwicklungen berechnen kann.

3.5.2. Schubsteifigkeit der Kernschicht bei Profilsandwichen

Die Schubsteifigkeit der Kernschicht eines Profilsandwiches kann mit guter Näherung wie folgt berechnet werden: Man unterwirft ein Sandwichbalkenelement der Länge Δl einer Schubbelastung, die aus den in den Deck-

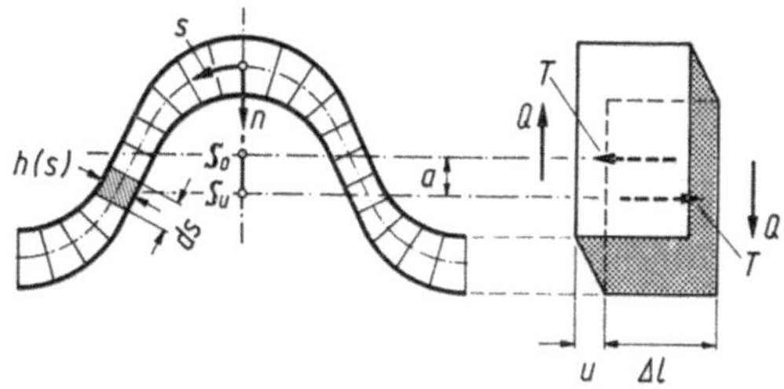

Abb. 25. Profilsandwich-Querschnitt

schichtschwerachsen wirkenden, axial gerichteten Schubkräften T und den in den Querschnitten wirkenden, vertikal gerichteten Querkräften Q (vgl. Abb. 25) besteht, und berechnet die zugehörige Relativverschiebung u zwischen den beiden Deckschichten. Hierzu denkt man sich die Kernschicht durch zur s-Koordinatenlinie[1] senkrechte Fugen in lauter Lamellen der Breite ds und Höhe $h(s)$ zerlegt. Die (gedachten) Fugen bewirken, daß sich in jeder Lamelle die Schubspannung

$$\tau_{xn} = G\gamma_{xn} = G\frac{u}{h(s)} \tag{3.78}$$

frei, d. h. unbeeinflußt durch den Schubspannungs- und Schubverzerrungszustand in den Nachbarlamellen, einstellen kann; die Existenz von Schubspannungen τ_{xs} wird hierdurch also ausgeschlossen[2]. Mit dem Schubwinkel $\gamma = u/a$ folgen aus (3.78)

$$\tau_{xn} = G\frac{a}{h(s)}\gamma, \quad T = \int_{(s)} \tau_{xn}\Delta l \, ds. \tag{3.79}$$

[1] Diese verläuft längs der Mittellinie des Kernschichtquerschnitts.

[2] In Wirklichkeit, d. h. ohne die Fugen, wird die Schubsteifigkeit des Kerns also etwas größer sein als im folgenden berechnet.

Durch Einsetzen von $T = Q\Delta l/a$ in (3.79) und Auflösen nach Q erhält man

$$Q = A\gamma, \quad A = Ga^2 \int_{(s)} \frac{\mathrm{d}s}{h(s)}. \tag{3.80}$$

Besteht darüber hinaus die Kernschicht nicht aus homogenem, sondern aus strukturiertem Material, z. B. aus Wabenkernen, dann ist in A gemäß (3.80) statt des Schubmoduls G der ideelle Schubmodul G_{xz} bzw. G_{yz} gemäß (2.218) bzw. (2.222) der äquivalenten, homogenen Kernschicht einzusetzen. Zwei Beispiele zu (3.80):

a) Ebenes Sandwich

Wegen $h = \text{konst}$ und $\mathrm{d}s = \mathrm{d}y$ liefert (3.80) unmittelbar die bekannte Beziehung (2.17).

b) Trapezprofilsandwich

Die beiden trapezprofilierten Deckschichten haben die Form und Abmessungen gemäß Abb. 23 und seien kongruent. Im Bereich der Trapezgurte beträgt die Kerndicke h und in den Trapezstegen $h\cos\beta$; hiermit sowie mit $\cos\beta = c_2/s_2$ liefert (3.80)

$$A = G\frac{a^2}{h}\left(s_1 + s_3 + 2\frac{s_2^2}{c_2}\right). \tag{3.81}$$

Der Grenzfall $\beta = 0$, d. h. $s_2 = c_2$, liefert mit $s_1 + s_3 + 2s_2 = b$ wieder die Beziehung (2.17) für ebene Sandwichbalken.

3.5.3. Veränderliche Querschnittswerte

Bei mit x veränderlichen Querschnittswerten $B_S(x)$, $B_u(x)$, $B_o(x)$ und $A(x)$ bleibt die mittlere der Beziehungen (3.16) für M bestehen, während für Q

$$Q = A\gamma - [(B_u + B_o)w'']' \tag{3.82}$$

gilt. Eine Entkoppelung der beiden w und γ enthaltenden Beziehungen liefert je eine Differentialgleichung vierter Ordnung für w und γ mit variablen Koeffizienten; sie gehen für konstante Querschnittswerte in die Beziehungen (3.20) über. Eine exakte Lösung dieser Differentialgleichungen ist meist nicht möglich, es kommen daher nur Näherungsverfahren in Frage; hierzu vgl. etwa die in Abschnitt 2.5.2 unter *b)* und *d)* angegebenen Lösungsmethoden.

4. Torsion von Sandwichbalken

4.1. Wölbkraftfreie Torsion von Sandwichbalken mit ebenen, dünnen Deckschichten

4.1.1. Voraussetzungen

In diesem Abschnitt werden die Verdrehungen und Schubspannungen von auf wölbspannungsfreie Torsion beanspruchten Sandwichbalken mit ebenen, dünnen Deckschichten berechnet. Die Voraussetzungen entsprechen im wesentlichen denen in Abschnitt 2.1.1, es treten jedoch gewisse Einschränkungen bezüglich Lagerung, Belastung und Querschnittsverlauf hinzu. Im einzelnen gelten folgende Voraussetzungen:

a) Hinsichtlich der Materialgesetze der Schichtenwerkstoffe:

Deck- und Kernschichten bestehen aus linear elastischen Werkstoffen.

b) Hinsichtlich Anordnung und Beschaffenheit der Deckschichten:

Die Deckschichten sind eben, zueinander parallel und so dünn, daß ihre Eigentorsionssteifigkeit vernachlässigbar ist; es wird also ein über die Deckschichtdicke gleichmäßig verteilter Schubfluß angenommen.

c) Hinsichtlich der Beschaffenheit der Kernschicht:

Die Kernschicht ist homogen und im Vergleich zu den Deckschichten so weich, daß die Schubsteifigkeit des Kerns bei Schubverzerrungen γ_{xyK} im Vergleich zur Schubsteifigkeit der Deckschichten bei Schubverzerrungen γ_{xyD} vernachlässigt werden kann. Die Deckschichten ziehen daher alle Schubspannungen τ_{xy} auf sich, während im Kern keinerlei Schubspannungen τ_{xy} verbleiben:

$$\tau_{xyK} = \tau_{yxK} \approx 0 .$$

Im Gegensatz hierzu wird die Schubsteifigkeit des Kerns bei Schubverzerrungen γ_{xzK} nicht vernachlässigt. Es treten daher Schubspannungen $\tau_{xzK} = \tau_{zxK}$ im Kern auf, die zusammen mit den Schubspannungen $\tau_{xyD} = \tau_{yxD}$ in den Deckschichten einen geschlossenen Schubfluß im gesamten Sandwichquerschnitt ermöglichen (vgl. hierzu Abb. 26).

d) Hinsichtlich Belastung, Lagerung und Querschnittsverlauf des Sandwichbalkens:

Es erfolgt eine Beschränkung auf wölbspannungsfreie Torsion (oder kurz freie Torsion); Voraussetzung für diese sind[1]

— Erhaltenbleiben der Querschnittsform des Sandwichbalkens nach der Verformung,
— unbehinderte Verwölbbarkeit der Deckschichten an den Auflagern,
— konstanter Querschnitt des Sandwichbalkens und
— konstantes Torsionsmoment im Sandwichbalken.

Es treten dann sowohl in den Deckschichten als auch im Kern nirgendwo Normalspannungen, sondern nur Schubspannungen auf; die durch letztere verursachten Querschnittsverwölbungen sind unabhängig von der Balkenstelle x.

e) Hinsichtlich der Verformungen des Sandwichbalkens:

Die Verformungen werden als hinreichend klein vorausgesetzt (lineare Sandwichtheorie).

Da Verwechslungen im Abschnitt 4.1 nicht möglich sind, werden hier zur Abkürzung in den Formelzeichen verschiedene Indizes weggelassen; es heißt z. B. τ_{xz} statt τ_{xzK}, γ_{xz} statt γ_{xzK}, τ_{xy} statt τ_{xyD} und γ_{xy} statt γ_{xyD}.

4.1.2. Differentialgleichung

4.1.2.1. Allgemeines

Zur Herleitung der für Sandwichbalken mit dünnen Deckschichten maßgebenden Differentialgleichungen der Torsion wird ein Rechnungsgang eingeschlagen, der sehr anschaulich ist und dem Verfahren ähnelt, das in der Baustatik bei der Berechnung statisch unbestimmter Systeme Anwendung findet.

Da alle Querschnitte des Sandwichbalkens kongruente Verwölbungen erleiden (vgl. Abschnitt 4.1.1 *d*), genügt es, sich bei der Aufstellung der maßgebenden Beziehungen auf ein Element der Länge dx zu beschränken. Dieses wird mittels eines Horizontalschnittes durch den Kern in der Höhe $z=0$ in ein unteres und ein oberes Teilelement zerlegt (vgl. Abb. 26). Weiterhin kann man sich aufgrund der vernachlässigten Kernschubspannungen $\tau_{xyK}=\tau_{yxK}$ (vgl. Abschnitt 4.1.1 *e*) die Kernschicht in lauter vertikale Lamellen der Breite dy zerlegt denken, die sich bei mit y veränderlichen Schubverzerrungen $\gamma_{xzK}(y)$ unabhängig voneinander verformen; in Abb. 26 sind zwei solcher Kernschichtlamellen, die symmetrisch zur z-Achse liegen, besonders hervorgehoben[2].

[1] Vgl. etwa [6], § 14.

[2] Die beiden durch den Horizontalschnitt entstandenen Teilelemente mit den beiden hervorgehobenen Kernschichtlamellen sind von offenem, dünnwandigem Querschnitt und entsprechen in der Baustatik dem statisch bestimmten Grundsystem, vgl. etwa [4].

Führen nun die beiden Teilelemente unabhängig voneinander eine Verdrillung $d\vartheta/dx$ um die durch 0 verlaufende x-Achse aus, dann treten gleichzeitig Querschnittsverwölbungen u in ihnen auf. Dabei ergeben sich an den beiden Schnittufern des Horizontalschnittes durch die vertikalen Kernschichtlamellen unterschiedliche Verwölbungen, es entstehen also axiale Verschie-

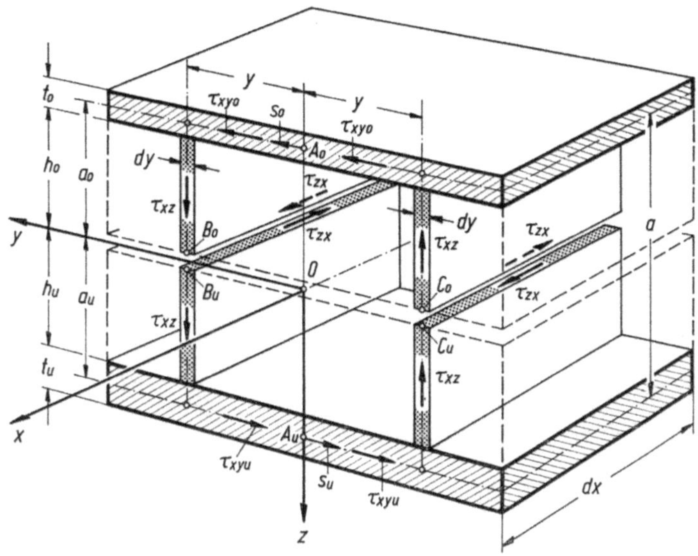

Abb. 26. Durch Torsionsschubspannungen beanspruchtes, aber unverformt dargestelltes Element des Sandwichbalkens

bungssprünge Δu im Kern bei $z=0$. Da am tatsächlichen (unzerschnittenen) Sandwichelement solche Verschiebungssprünge wegen der Kontinuität der Kernschicht nicht möglich sind, hat man zwecks Beseitigung dieser Klaffungen zwischen beiden Schnittufern der Kernschichtlamellen Schubspannungspaare $\tau_{zx}=\tau_{xz}$ anzubringen, die eine Gegenverwölbung $\bar{u}$ und damit auch einen entgegengesetzt gerichteten, axialen Verschiebungssprung $\Delta\bar{u}$ erzeugen. Die Größe von $\tau_{zx}=\tau_{xz}$ ist so zu bestimmen, daß der gesamte Verschiebungssprung $\Delta u+\Delta\bar{u}$ an den Kernschichtlamellen bei $z=0$ für beliebiges y im Bereich $-b/2\leqq y\leqq b/2$ null wird[1]. Mit den Kernschubspannungen $\tau_{xz}(y)=\tau_{zx}(y)$ können dann auch die Deckschichtschubspannungen $\tau_{xy}(y)=\tau_{yx}(y)$ berechnet werden, und die Gleichgewichtsbedingungen $\Sigma M_x(0)=0$ am Gesamtquerschnitt liefert schließlich das zugehörige Torsionsmoment M_t.

Noch zwei Bemerkungen: Obwohl in Abschnitt 4.1 nur Sandwichbalken mit dünnen Deckschichten behandelt werden, sind diese in Abb. 26 relativ dick gezeichnet; das geschieht nur aus darstellungstechnischen Gründen. Der Koordinatenursprung des Sandwichbalkens wird auf die Symmetrieachse des Querschnitts gelegt; die Höhenlage spielt keine Rolle.

[1] Die Schubspannungspaare entsprechen in der Baustatik den statisch unbestimmten Größen; sie sollen durch Schließen der Klaffungen aus den offenen, dünnwandigen Querschnitten gemäß Abb. 26 einen geschlossenen, dünnwandigen Querschnitt machen.

4.1.2.2. Querschnittsverwölbung infolge Verdrehung um O

Ein beliebig geformter, offener, dünnwandiger Stab verdrille sich wölbspannungsfrei um die durch O verlaufende Drehachse. Greift man einen beliebigen, um den Winkel ϑ sich drehenden Querschnitt dieses Stabes heraus und markiert auf der Mittelfläche dieses Querschnitts einen beliebigen Punkt P (vgl. Abb. 27), so führt dieser eine Tangentialverschiebung v und eine Axialverschiebung (Verwölbung) u aus. Für v entnimmt man der Abb. 27

$$v = r\vartheta \cdot \cos\beta = r\cos\beta \cdot \vartheta = r_n\vartheta. \tag{4.1}$$

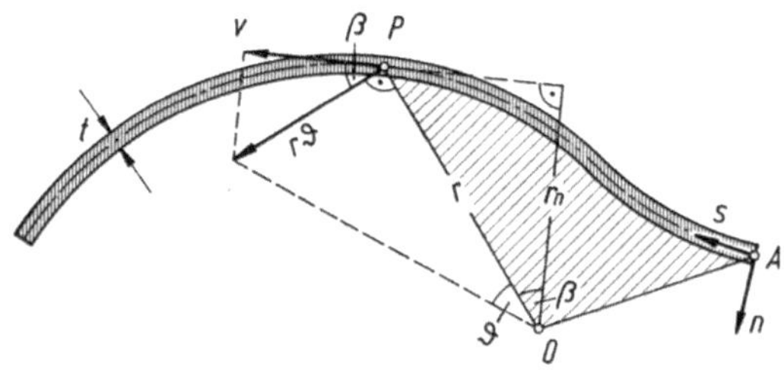

Abb. 27. Verdrehung eines dünnwandigen Querschnitts um O

Das zugehörige u folgt aus der Bedingung, daß die Mittelfläche offener, dünnwandiger Stabquerschnitte unter Torsionsbeanspruchung keine Schubverzerrung γ_{xs} erleidet:

$$\gamma_{xs} = \frac{\partial u}{\partial s} + \frac{\partial v}{\partial x} = 0. \tag{4.2}$$

Einsetzen von (4.1) in (4.2) und Auflösen nach u liefert

$$u = -\int_{s_A}^{s} \frac{\partial v}{\partial x}\,\mathrm{d}s = -D\,\omega(s)\,; \tag{4.3}$$

hierin bedeuten

$$D = \frac{\mathrm{d}\vartheta}{\mathrm{d}x} \tag{4.4}$$

die Drillung des Stabes und

$$\omega(s) = \int_{s_A}^{s} r_n\,\mathrm{d}s = 2F_{OAP} \tag{4.5}$$

die Einheitsverwölbung[1] des Querschnitts, bezogen auf den Anfangspunkt A der Integration; sie ist gleich der doppelten Sektorfläche OAP.

Formel (4.3) soll nun auf die in Abb. 26 dargestellten Teilelemente des Sandwichbalkens angewendet werden, die beide einen offenen, dünnwandigen Querschnitt haben. Legt man die Integrationsanfangspunkte A_o bzw. A_u der beiden Teilelemente auf die z-Achse, die Symmetrieachse des Gesamt-

[1] das heißt die Axialverschiebung für die negative Einheitsdrillung $D = -1$.

querschnitts ist, dann erhält man in den Punkten B_o, C_o bzw. B_u, C_u folgende Verwölbungen:

$$\left.\begin{aligned} u_{Bo} &= -2Da_o y, & u_{Co} &= +2Da_o y, \\ u_{Bu} &= +2Da_u y, & u_{Cu} &= -2Da_u y. \end{aligned}\right\} \tag{4.6}$$

Die Axialverschiebungssprünge zwischen beiden Schnittufern des Horizontalschnittes durch die Kernschichtlamellen folgen mit (4.6) und $a_u + a_o = a$ zu

$$\left.\begin{aligned} \Delta u_B &= u_{Bu} - u_{Bo} = +2Day, \\ \Delta u_C &= u_{Cu} - u_{Co} = -2Day. \end{aligned}\right\} \tag{4.7}$$

Δu_B und Δu_C sind also entgegengesetzt gleich, was eine Folge der Querschnittssymmetrie zur z-Achse ist.

4.1.2.3. Querschnittsverwölbung infolge Schubspannungspaaren in den Klaffungen

Um die Klaffungen in den Kernschichtlamellen bei B und C zu schließen, werden — entsprechend der entgegengesetzten Gleichheit von Δu_B und Δu_C — entgegengesetzt gleiche Schubspannungspaare[1] der vorerst unbekannten Größe τ_{zx} in den horizontalen Schnittflächen bei B und C angebracht (vgl. Abb. 26). Aufgrund des Satzes von den zugeordneten Schubspannungen[2] haben die Schubspannungen τ_{zx} auch Schubspannungen τ_{xz} in der Querschnittsfläche der Kernschicht zur Folge, und diese wiederum werden in den Ansatzpunkten der Kernschichtlamellen an den Deckschichten

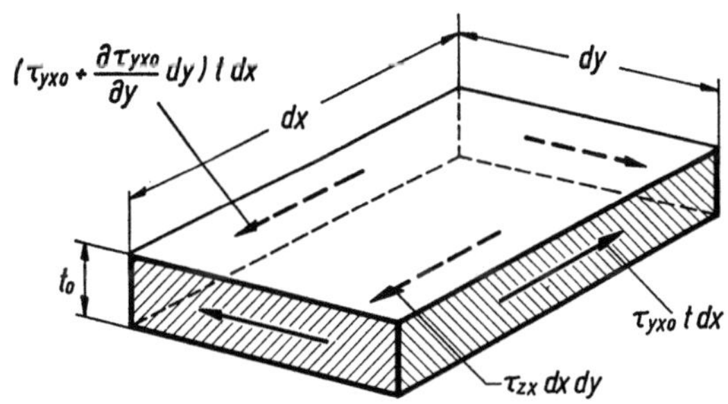

Abb. 28. Deckschichtelement

zu Deckschichtschubspannungen τ_{xy} umgelenkt. Zwischen τ_{xz} und τ_{xy} ergibt sich aus der Gleichgewichtsbedingung $\Sigma P_x = 0$ an einem Element der oberen Deckschicht gemäß Abb. 28 die Beziehung

$$\frac{\partial \tau_{yxo}}{\partial y} \mathrm{d}y\, t_o \mathrm{d}x + \tau_{zx} \mathrm{d}x \mathrm{d}y = 0\,;$$

[1] Diese entsprechen in der Baustatik einer antimetrischen Schnittlastgruppe als statische Unbestimmte, wie sie mit Vorteil bei einem symmetrischen, aber antimetrisch belasteten, statisch unbestimmten System eingeführt wird, vgl. hierzu [4].

[2] Siehe etwa [3], § 15.3.

eine entsprechende Beziehung ergibt sich für τ_{yxu} in der unteren Deckschicht. Mit $\tau_{yx} = \tau_{xy}$ und $\tau_{zx} = \tau_{xz}$ folgt hieraus durch Integration über y unter Beachtung der Randbedingung $\tau_{xy}(y = b/2) = 0$

$$\tau_{xyu,o}(y) = \frac{1}{t_{u,o}} \int_{y}^{b/2} \tau_{xz}(y)\,\mathrm{d}y. \tag{4.8}$$

Die Schubspannungen τ_{xz} und τ_{xy} haben Schubverzerrungen γ_{xz} und γ_{xy} der Kernschichtlamellen bzw. der Deckschichten zur Folge, aufgrund derer sich Axialverschiebungen in B_o, C_o, B_u und C_u einstellen. Zum Beispiel erhält man für Punkt B_o

$$\bar{u}_{Bo} = \int_{0}^{y} \gamma_{xy}\,\mathrm{d}y + \int_{-h_o}^{0} \gamma_{xz}\,\mathrm{d}z. \tag{4.9}$$

Für den Schubwinkel in den Deckschichten gilt

$$\gamma_{xy} = \frac{\tau_{xy}}{G} \tag{4.10}$$

und für den Schubwinkel in den Kernschichtlamellen

$$\gamma_{xz} = \frac{\tau_{xz}}{G_K}. \tag{4.11}$$

Setzt man (4.10), (4.11) und die Beziehung (4.8) in (4.9) ein, so erhält man

$$\bar{u}_{Bo} = +\frac{1}{G\,t_o} \int_{0}^{y} \left(\int_{y}^{b/2} \tau_{xz}\,\mathrm{d}y \right) \mathrm{d}y + \frac{\tau_{xz} h_o}{G_K}; \tag{4.12}$$

entsprechend ergibt sich im Punkt B_u

$$\bar{u}_{Bu} = -\frac{1}{G\,t_u} \int_{0}^{y} \left(\int_{y}^{b/2} \tau_{xz}\,\mathrm{d}y \right) \mathrm{d}y - \frac{\tau_{xz} h_u}{G_K}. \tag{4.13}$$

In den Punkten C_o und C_u folgt unter Ausnutzung der Symmetriebedingungen

$$\bar{u}_{Co} = -\bar{u}_{Bu}, \quad \bar{u}_{Cu} = -\bar{u}_{Bo}. \tag{4.14}$$

Die Axialverschiebungssprünge zwischen beiden Schnittufern des Horizontalschnittes durch die Kernschichtlamellen ergeben sich aus

$$\Delta\bar{u}_B = \bar{u}_{Bu} - \bar{u}_{Bo}, \quad \Delta\bar{u}_C = \bar{u}_{Cu} - \bar{u}_{Co} \tag{4.15}$$

mit (4.12) bis (4.14) und $h_o + h_u = h$ zu

$$\left.\begin{aligned} \Delta\bar{u}_B &= -\frac{1}{G}\left(\frac{1}{t_u} + \frac{1}{t_o}\right) \int_{0}^{y} \left(\int_{y}^{b/2} \tau_{xz}\,\mathrm{d}y \right) \mathrm{d}y - \frac{\tau_{xz} h}{G_K}, \\ \Delta\bar{u}_C &= -\Delta\bar{u}_B. \end{aligned}\right\} \tag{4.16}$$

$\Delta\bar{u}_B$ und $\Delta\bar{u}_C$ sind ebenso wie Δu_B und Δu_C gemäß (4.7) entgegengesetzt gleich — eine Folge der Querschnittssymmetrie zur z-Achse.

4.1.2.4. Schließen der Klaffungen und Differentialgleichung für τ_{xz}

Die Schubspannungen $\tau_{zx} = \tau_{xz}$ in den Kernschichtlamellen ergeben sich gemäß Abschnitt 4.1.2.1 aus den Bedingungen

$$\Delta u_B + \Delta \bar{u}_B = 0, \quad \Delta u_C + \Delta \bar{u}_C = 0, \tag{4.17}$$

woraus mit (4.7), (4.16) und

$$\lambda^2 = \frac{G_K}{G} \frac{t_u + t_o}{h t_u t_o} \tag{4.18}$$

für τ_{xz} die Integralgleichung

$$\tau_{xz} + \lambda^2 \int_0^y \left(\int_y^{b/2} \tau_{xz} \, dy \right) dy = \frac{2 G_K D a y}{h} \tag{4.19}$$

folgt. Durch zweimaliges Differenzieren von (4.19) erhält man für τ_{xz} die gesuchte Differentialgleichung

$$\tau_{xz}'' - \lambda^2 \tau_{xz} = 0. \tag{4.20}$$

4.1.3. Schubspannungen und Drillung des Sandwichbalkens

Die Lösung der Differentialgleichung (4.20) für τ_{xz} lautet

$$\tau_{xz} = C_1 \cosh \lambda y + C_2 \sinh y. \tag{4.21}$$

Die Integrationskonstanten C_1 und C_2 ergeben sich durch Einsetzen von (4.21) in die Integralgleichung (4.19); man erhält die Beziehung

$$\lambda \left(C_1 \sinh \frac{\lambda b}{2} + C_2 \cosh \frac{\lambda b}{2} \right) y + C_1 - 2 \frac{a G_K}{hG} G D y, \tag{4.22}$$

woraus durch Koeffizientenvergleich in y^0 und y^1

$$C_1 = 0, \quad C_2 = 2 \frac{a G_K}{hG} \frac{GD}{\lambda \cosh \lambda b/2} \tag{4.23}$$

folgen. Einsetzen von (4.23) in (4.21) liefert unter Beachtung von (4.18) für die Schubspannungen in der Kernschicht

$$\tau_{xz} = 2 a \lambda \frac{t_u t_o}{t_u + t_o} \frac{\sinh \lambda y}{\cosh \lambda b/2} G D. \tag{4.24}$$

Mit (4.24) können durch Einsetzen in die Beziehung (4.8) auch die Schubspannungen in den Deckschichten berechnet werden; man erhält

$$\tau_{xyu,o} = 2a \frac{t_{u,o}}{t_u + t_o} \left(1 - \frac{\cosh \lambda y}{\cosh \lambda b/2} \right) G D. \tag{4.25}$$

Mit Kenntnis der Schubspannungen τ_{xz} und τ_{xy} kann nunmehr das zur Drillung D gehörige Torsionsmoment M_t ermittelt werden:

$$M_t = \int_0^{b/2} \tau_{xz} a \, dy \cdot 2y + \int_{-b/2}^{b/2} \tau_{xy} t \, dy \cdot a\,; \tag{4.26}$$

hieraus folgt durch Einsetzen von (4.24) und (4.25) mit der Torsionssteifigkeit T_S des Sandwichquerschnittes gemäß

$$T_S = G J_{t1}\left(1 - \frac{\tanh \lambda b/2}{\lambda b/2}\right), \quad J_{t1} = 4a^2 b \frac{t_u t_o}{t_u + t_o} \tag{4.27}$$

die zwischen Drillung und Torsionsmoment übliche Beziehung

$$D = \frac{M_t}{T_S}. \tag{4.28}$$

Drückt man die Schubspannungen statt durch die Drillung D durch das Torsionsmoment M_t aus, so ergibt sich aus (4.24) und (4.25) mit (4.28) und (4.27)

$$\tau_{xz} = \frac{\lambda \sinh \lambda y}{\cosh \lambda b/2 - \dfrac{\sinh \lambda b/2}{\lambda b/2}} \frac{M_t}{2ab}, \tag{4.29}$$

$$\tau_{xyu,o} = \frac{\cosh \lambda b/2 - \cosh \lambda y}{\cosh \lambda b/2 - \dfrac{\sinh \lambda b/2}{\lambda b/2}} \frac{M_t}{2abt_{u,o}}. \tag{4.30}$$

Die Ergebnisse stimmen für $t_u = t_o \ll a$ (also $h \approx a$) überein mit [9], Formeln (46), (48) und (51), sofern man dort die gleichen Bezeichnungen und die gleiche Lage des Koordinatenursprungs wie hier einführt[1].

4.1.4. Grenzfälle

4.1.4.1. Grenzfall $b/h \gg 1$

Für einen Sandwichquerschnitt mit $b/h \gg 1$ (vgl. Abb. 29, Bild I) folgt mit (4.18) $\lambda b/2 \gg 1$, womit (4.24), (4.25) und (4.27) unmittelbar

$$\left.\begin{aligned} \tau_{xz} &= \begin{cases} 0 & \text{für} \quad |y| < b/2 \\ \infty & \text{für} \quad y = \pm b/2, \end{cases} \\ \tau_{xyu,o} &= 2a \frac{t_{u,o}}{t_u + t_o} G D = \text{konst}, \\ T_S &= G J_{t1} \end{aligned}\right\} \tag{4.31}$$

liefern. Diese Werte entsprechen — wie mit Hilfe der Bredtschen Formeln[2] nachweisbar — denen eines Hohlkastenquerschnitts, dessen horizontale Wände AC und BD die Dicke t_u bzw. t_o und den Schubmodul G haben und dessen vertikale Wände AB und CD unendlich dünn ($t = 0$), jedoch gleichzeitig unendlich schubsteif ($G = \infty$) sind (vgl. Abb. 29, Bild I). Bedarfsweise kann in τ_{xz} und $\tau_{xyu,o}$ gemäß (4.31) die Drillung D mittels (4.28) durch das Torsionsmoment M_t ersetzt werden; die so erhaltenen Beziehungen entsprechen dann (4.29) und (4.30).

[1] Die Ergebnisse in [9] wurden jedoch auf anderem Wege als hier (nämlich mittels einer Energiemethode) gefunden.

[2] Vgl. etwa [3], § 15.8.

4.1.4.2. Grenzfall $b/h \ll 1$

Für einen Sandwichquerschnitt mit $b/h \to 0$ (vgl. Abb. 29, Bild II) folgt mit (4.18) $\lambda b/2 \to 0$, womit (4.24), (4.25) und (4.27) unter Beachtung von $(\tanh \lambda b/2)/(\lambda b/2) \approx \lambda^2 b^2/12$

$$\left.\begin{aligned} \tau_{xz} &= \frac{a}{h}\, 2 y G_K D \\ \tau_{xyu,o} &= \frac{a}{h}\,\frac{1}{t}\left(\frac{b^2}{4} - y^2\right) G_K D, \\ T_S &= \frac{a}{h}\, G_K \frac{a b^3}{3} \end{aligned}\right\} \tag{4.32}$$

liefern. Diese Werte entsprechen bis auf den Faktor a/h (der wegen $h \approx a$ ohnehin fast eins ist) denen eines schmalen Rechteckquerschnitts[1] der

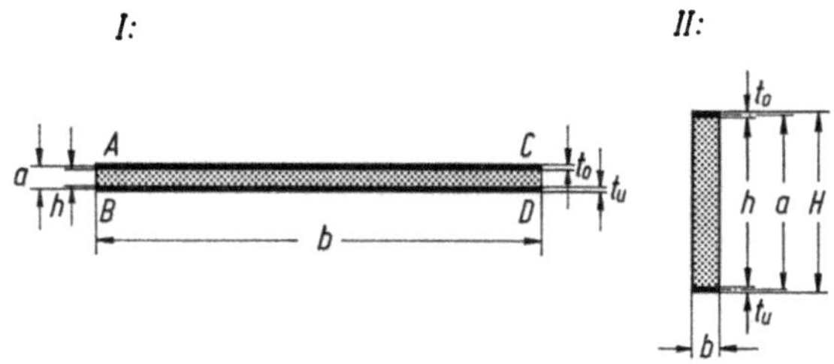

Abb. 29. Grenzfälle $b/h \gg 1$ und $b/h \ll 1$

Breitseite a, der Schmalseite b und des Schubmoduls G_K (vgl. Abb. 29, Bild II). Bedarfsweise kann in τ_{xz} und $\tau_{xyu,o}$ gemäß (4.32) die Drillung D mittels (4.28) durch das Torsionsmoment M_t ersetzt werden; die so erhaltenen Beziehungen entsprechen dann (4.29) und (4.30).

4.2. Wölbkraftfreie Torsion von Sandwichbalken mit profilierten, dünnen Deckschichten

4.2.1. Voraussetzungen

Die Voraussetzungen sind die gleichen wie in Abschnitt 4.1.1 mit einer Ausnahme: Die Deckschichten sind zwar dünn (Eigentorsionssteifigkeit daher vernachlässigbar), brauchen aber nicht eben zu sein, sondern können auch profiliert oder gekrümmt sein (vgl. Abb. 30). Die Veränderlichkeit der Deckschichtkrümmung und der Kernschichtdicke mit der Koordinate s soll jedoch nicht zu groß sein, so daß die Kernschubspannungen τ_{xsK} — ebenso wie in Abschnitt 4.1 die Kernschubspannungen τ_{xyK} — vernachlässigt werden können. Der Einfachheit halber erfolgt eine Beschränkung auf zur Achse $A_o M$ symmetrische Querschnitte.

[1] Vgl. etwa [3], § 15.9.

4.2.2. Differentialgleichung

Die Herleitung der Differentialgleichung für die zur s-Achse senkrechte Kernschichtschubspannung $\tau_{xn}(s)$ sowie der Integralbeziehungen für die Deckschichtschubspannungen $\tau_{xsu,o}(s)$ erfolgt nach dem gleichen Verfahren wie in Abschnitt 4.1.2 und wird hier sehr kurz gefaßt. Analog wie dort erhält man folgende Beziehungen:

a) Verschiebungssprung Δu_P im Punkt P des längs der s-Koordinatenlinie aufgeschnittenen Sandwichquerschnitts infolge einer Verdrehung um M:

$$\Delta u_P = D(a r_t + \omega_o - \omega_u) = 2 F_m(s) D, \tag{4.33}$$

wobei F_m die in Abb. 30 schraffierte Fläche $A_o B_o B_u A_u$ ist.

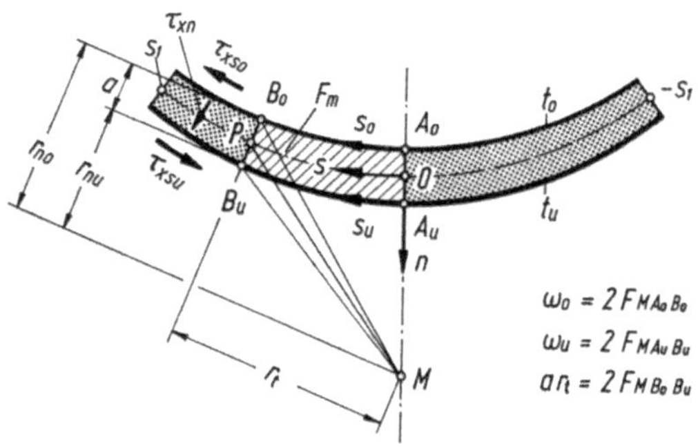

Abb. 30. Sandwichquerschnitt mit nichtebenen, dünnen Deckschichten

b) Verschiebungssprung $\Delta \bar{u}_P$ im Punkt P des längs der s-Koordinatenlinie aufgeschnittenen Sandwichquerschnitts infolge Schubspannungspaaren $\tau_{nx} = \tau_{xn}$ in den Klaffungen:

$$\Delta \bar{u}_P = -\frac{1}{G}\left(\frac{1}{t_u} + \frac{1}{t_o}\right)\int\limits_0^s\left(\int\limits_s^{s_1} \tau_{xn}\,\mathrm{d}s\right)\mathrm{d}s - \frac{\tau_{xn} h}{G_K}. \tag{4.34}$$

c) Aus der Bedingungsgleichung $\Delta u_P + \Delta \bar{u}_P = 0$ (Schließen der Klaffungen in P) erhält man mit λ^2 gemäß (4.18) für τ_{xn} die Integralgleichung

$$\tau_{xn} + \lambda^2 \int\limits_0^s\left(\int\limits_s^{s_1} \tau_{xn}\,\mathrm{d}s\right)\mathrm{d}s = \frac{2 G_K D F_m(s)}{h}. \tag{4.35}$$

Durch zweimaliges Differenzieren von (4.35) nach s ergibt sich für τ_{xn} die Differentialgleichung

$$\tau_{xn}'' - \lambda^2 \tau_{xn} = \frac{2 G_K D F_m''(s)}{h}. \tag{4.36}$$

4.2.3. Schubspannungen und Drillung des Sandwichbalkens

Die Kernschichtschubspannung τ_{xn} ergibt sich durch Lösen von (4.36) zu

$$\tau_{xn}=C_1\cosh\lambda y+C_2\sinh\lambda y+\tau_{xnP}, \tag{4.37}$$

worin τ_{xnP} ein Partikularintegral von (4.36) ist; die Bestimmung der Integrationskonstanten erfolgt durch Einsetzen in (4.35). Die Deckschichtschubspannungen $\tau_{xsu,o}$ erhält man unter Verwendung von τ_{xn} aus der zu (4.8) analogen Beziehung

$$\tau_{xsu,o}=\frac{1}{t_{u,o}}\int\limits_{s}^{s_1}\tau_{xn}(s)\,\mathrm{d}s. \tag{4.38}$$

Unter Beachtung, daß in den zusammengehörigen Punkten B_u und B_o für jeden Koordinatenwert s

$$\tau_{xsu}t_u=\tau_{xso}t_o=T_{xs}(s)=\int\limits_{s}^{s_1}\tau_{xn}\,\mathrm{d}s \tag{4.39}$$

ist[1], ergibt sich für das Torsionsmoment

$$M_t=\int\limits_{(s_o)}T_{xs}r_{no}\,\mathrm{d}s_o-\int\limits_{(s_u)}T_{xs}r_{nu}\,\mathrm{d}s_u+\int\limits_{(s)}\tau_{xn}a\,r_t\,\mathrm{d}s.$$

Mit $r_{no}\mathrm{d}s_o=\mathrm{d}\omega_o$ und $r_{nu}\mathrm{d}s_u=\mathrm{d}\omega_u$ gemäß (4.5) ergibt sich durch partielle Integration der beiden ersten Integrale unter Beachtung, daß der Schubfluß T_{xs} an den Rändern der Deckschichten verschwindet,

$$M_t=-\int\limits_{(s)}\omega_o\,\mathrm{d}T_{xs}+\int\limits_{(s)}\omega_u\,\mathrm{d}T_{xs}+\int\limits_{(s)}\tau_{xn}a\,r_t\,\mathrm{d}s.$$

Unter Verwendung von (4.38) wird

$$\mathrm{d}T_{xs}=\frac{\mathrm{d}T_{xs}}{\mathrm{d}s}\mathrm{d}s=-\tau_{xn}\,\mathrm{d}s;$$

außerdem gilt

$$a\,r_t+\omega_o-\omega_u=2F_m,$$

so daß für das Torsionsmoment schließlich

$$M_t=2\int\limits_{(s)}\tau_{xn}F_m\,\mathrm{d}s \tag{4.40}$$

folgt. Die Drillung ergibt sich aus (4.28), wobei die Torsionssteifigkeit

$$T_S=\frac{2}{D}\int\limits_{(s)}\tau_{xn}F_m\,\mathrm{d}s \tag{4.41}$$

beträgt; da — wie aus der rechten Seite von (4.36) ersichtlich — τ_{xn} den Faktor D enthält, hebt sich in (4.41) die Drillung D heraus.

Es läßt sich leicht nachweisen, daß im Sonderfall eines Sandwichquerschnitts mit ebenen Deckschichten aus (4.37), (4.38) und (4.41) wieder die bereits bekannten Beziehungen (4.24), (4.25) und (4.27) folgen.

---

[1] $T_{xs}(s)$ ist der Schubfluß in den Deckschichten.

4.3. Wölbkraftfreie Torsion von Sandwichbalken mit ebenen, dicken Deckschichten

4.3.1. Allgemeines

Sandwichbalken mit ebenen, dicken Deckschichten unterscheiden sich von solchen mit dünnen Deckschichten dadurch, daß die Eigentorsionssteifigkeiten der Deckschichten im Vergleich zu jener des gesamten Sandwichbalkens nicht mehr vernachlässigbar sind. Zu dem Schubspannungszustand gemäß Abschnitt 4.1 (Schubspannungen infolge Sandwichtragwirkung)

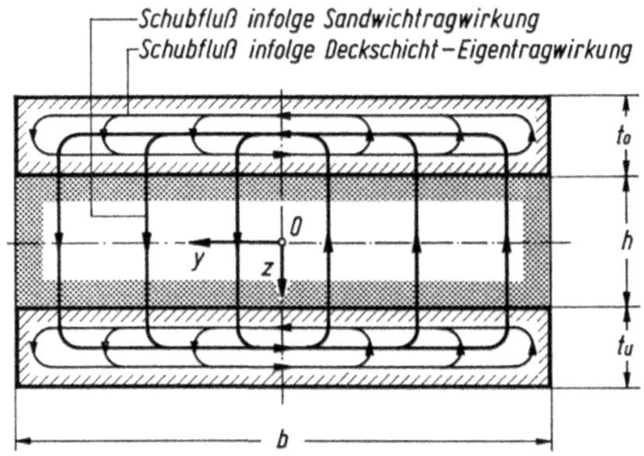

Abb. 31. Schubflüsse in einem Sandwichquerschnitt mit ebenen, dicken Deckschichten

überlagert sich daher ein Schubspannungszustand infolge Eigentorsion der Deckschichten (vgl. Abb. 31); die Deckschichten übernehmen also einen bestimmten Anteil des Torsionsmomentes. Der Einfluß der aus der Eigentorsion der Deckschichten resultierenden Eigenverwölbungen der Deckschichten auf die gemäß Abschnitt 4.1 berechneten Kernschubspannungen τ_{xz} infolge Sandwichtragwirkung bleibt jedoch unberücksichtigt, so daß für diese im Prinzip nach wie vor die Beziehungen (4.24) bzw. (4.29) gelten.

4.3.2. Schubspannungen und Drillung des Sandwichbalkens

Da die Querschnittsform des Sandwichbalkens bei der Torsion voraussetzungsgemäß unverändert bleibt, erleiden an jeder Balkenstelle x sowohl der untere und obere Deckschichtquerschnitt als auch der gesamte Sandwichverbundquerschnitt die gleiche Verdrillung D:

$$D = \frac{M_{tS}}{T_S} = \frac{M_{tu}}{T_u} = \frac{M_{to}}{T_o}$$

mit T_S gemäß (4.27) sowie T_u und T_o gemäß (4.45) und Tab. 4.1; andrerseits gilt für das Gesamttorsionsmoment M_t

$$M_t = M_{tS} + M_{tu} + M_{to}.$$

Durch Auflösen dieser Gleichungen nach den Teiltorsionsmomenten M_{tS}, M_{tu} und M_{to} erhält man mit der Gesamttorsionssteifigkeit

$$T = T_S + T_u + T_o \tag{4.42}$$

die Beziehungen

$$M_{tS} = \frac{T_S}{T} M_t, \quad M_{tu} = \frac{T_u}{T} M_t, \quad M_{to} = \frac{T_o}{T} M_t; \tag{4.43}$$

das Torsionsmoment verteilt sich also im Verhältnis der Einzeltorsionssteifigkeiten über den Sandwichquerschnitt.

Die Ermittlung der Schubspannungen in den Deckschichten und in der Kernschicht des Sandwichbalkens ist nunmehr evident: Das durch die Sandwichtragwirkung bedingte Teiltorsionsmoment M_{tS} verursacht in den Deckschichten Schubspannungen τ_{xySu} und τ_{xySo} gemäß (4.30) sowie in der Kernschicht Schubspannungen τ_{xzS} gemäß (4.29); man hat in (4.30) und (4.29) nur M_t durch M_{tS} zu ersetzen. Der Index S weist darauf hin, daß die Schubspannungen von der reinen Sandwichtragwirkung herrühren. Zu τ_{xyS} und τ_{xzS} überlagern sich in den Deckschichten durch deren Eigentorsionssteifigkeiten bedingte, von den Teiltorsionsmomenten M_{tu} und M_{to} verursachte Schubspannungen τ_{xyTu} und τ_{xyTo} gemäß (4.45) und Tab. 4.1. Der Index T weist darauf hin, daß die Schubspannungen von der Eigentorsion der Deckschichten herrühren. Für die Gesamtschubspannungen gilt also

$$\tau_{xyu,o} = \tau_{xySu,o} + \tau_{xyTu,o}, \quad \tau_{xz} = \tau_{xzS}. \tag{4.44}$$

Die Berechnung der durch die Eigentorsion der Deckschichten bedingten Torsionssteifigkeiten und Schubspannungen der Deckschichten erfolgt mittels der Beziehungen

$$\left.\begin{aligned} \tau_{xyTu,o} &= \eta_2 \frac{M_t}{b\,t_{u,o}^2}, \quad \tau_{xzTu,o} = \eta_3 \tau_{xyTu,o}, \\ T_{u,o} &= G J_{tu,o} = \eta_1 b\, t_{u,o}^3 G \end{aligned}\right\} \tag{4.45}$$

mit η_1, η_2 und η_3 gemäß Tab. 4.1. Die Beziehungen (4.45) gelten für $b \geqq t_{u,o}$; $\tau_{xyTu,o}$ ist die Deckschichtschubspannung in der Mitte der beiden Rechteckbreitseiten b und $\tau_{xzTu,o}$ die Deckschichtschubspannung in der Mitte der beiden Rechteckschmalseiten[1] t_u bzw. t_o. Die Beziehungen (4.45) ergeben sich aus der De St.-Vénantschen Torsionstheorie (vgl. etwa [6], § 14).

Tabelle 4.1. *Torsionssteifigkeit und Schubspannungen dicker Rechteckquerschnitte*

$b/t_{u,o}$	1	1,25	1,5	2	3	4	6	8	10	∞
η_1	0,141	0,172	0,196	0,229	0,263	0,281	0,299	0,307	0,313	0,333
η_2	4,81	4,52	4,33	4,07	3,74	3,55	3,35	3,26	3,20	3
η_3	1	0,910	0,858	0,796	0,753	0,745	0,743	0,743	0,743	0,743

[1] Die Schubspannung $\tau_{xzTu,o}$ gemäß (4.45) ist nur der Vollständigkeit halber angegeben; sie wird in (4.44) nicht benötigt.

4.3.3. Beispiel: $G_K = G$, $b/H = 1{,}5$, $t/H = 0{,}25$

Das vorliegende Beispiel stellt für Sandwichquerschnitte einen Extremfall dar: Die Kernschicht hat einen ebenso großen Schubmodul $G_K = G$ wie die Deckschichten; es handelt sich also um einen homogenen Rechteckquerschnitt mit den Seiten H und $b = 1{,}5H$. Gemäß (4.45) und gemäß Tab. 4.1 erhält man für die Torsionssteifigkeit und die Schubspannungen die exakten Werte

$$\tau_{xy} = \frac{4{,}33\,M_t}{1{,}5\,H \cdot H^2} = 2{,}89\,\frac{M_t}{H^3}, \quad \tau_{xz} = 0{,}858 \cdot 2{,}89\,\frac{M_t}{H^3} = 2{,}48\,\frac{M_t}{H^3},$$

$$T = 0{,}196 \cdot 1{,}5H \cdot H^3 \cdot G = 0{,}294\,G H^4.$$

Im Vergleich hierzu liefern (4.42) und (4.44) mit $a/H = 0{,}75$, $h/H = 0{,}5$, $b/t = 6$, $\lambda b/2 = 3$

$$T_S = 4\,(0{,}75H)^2\,1{,}5H\,\frac{0{,}25H}{2}\left(1 - \frac{\tanh 3}{3}\right) G = 0{,}282\,G H^4,$$

$$T_{u,0} = 0{,}299 \cdot 1{,}5H \cdot (0{,}25H)^3 G = 0{,}007\,G H^4,$$

$$T = (0{,}282 + 2 \cdot 0{,}007)\,G H^4 = 0{,}296\,G H^4,$$

$$M_{tS} = \frac{0{,}282}{0{,}296}\,M_t = 0{,}953\,M_t,$$

$$M_{tu,o} = \frac{0{,}007}{0{,}296}\,M_t = 0{,}0235\,M_t,$$

$$\tau_{xyS} = \frac{\cosh 3 - 1}{\cosh 3 - (\sinh 3)/3}\;\frac{0{,}953\,M_t}{2 \cdot 0{,}75H \cdot 1{,}5H \cdot 0{,}25H} = 2{,}28\,\frac{M_t}{H^3},$$

$$\tau_{xyT} = 3{,}35\,\frac{0{,}0235\,M_t}{1{,}5H \cdot (0{,}25H)^2} = 0{,}84\,\frac{M_t}{H^3},$$

$$\tau_{xy} = (2{,}28 + 0{,}84)\,\frac{M_t}{H^3} = 3{,}12\,\frac{M_t}{H^3},$$

$$\tau_{xz} = \frac{3 \sinh 3}{\cosh 3 - (\sinh 3)/3}\;\frac{0{,}953\,M_t}{2 \cdot 0{,}75H \cdot 1{,}5H \cdot 0{,}25H} = 2{,}52\,\frac{M_t}{H^3}.$$

Trotz der extrem schubsteifen Kernschicht ($G_K = G$), wofür die vorliegende Sandwichtorsionstheorie eigentlich gar nicht vorgesehen ist, beträgt der Fehler für die Torsionssteifigkeit nur 0,7% und für die Schubspannungen im Falle τ_{xy} 8% und im Falle τ_{xz} 1,6%.

5. Biegung von Sandwichplatten mit ebenen, dünnen Deckschichten

5.1. Differentialgleichungen und Randbedingungen

5.1.1. Voraussetzungen

In diesem Kapitel werden die Durchsenkungen, Schnittlasten und Spannungen auf Biegung beanspruchter Sandwichplatten mit ebenen, dünnen Deckschichten berechnet. Die getroffenen Voraussetzungen sind weitgehend die gleichen wie in Abschnitt 2.1.1, sie werden lediglich auf zweidimensionale Tragwerke erweitert:

— Linear elastische, orthotrope Werkstoffe aller Schichten, wobei die x- und die y-Richtung die Orthotropierichtungen sind. Um die Rechnung zu vereinfachen, wird die Verschiedenartigkeit der Werkstoffe der unteren und oberen Deckschicht allerdings etwas eingeschränkt: Zwischen einander entsprechenden Elastizitätskonstanten der unteren und oberen Deckschicht müssen bestimmte Zusammenhänge bestehen, siehe die Gleichungen (5.22) und (5.24); der Fall gleichen Deckschichtmaterials ist in ihnen als Sonderfall enthalten.

— Ebene, dünne, zueinander parallele Deckschichten, daher Annahme eines reinen Membranspannungszustandes in ihnen;

— homogene und im Vergleich zu den Deckschichten weiche Kernschicht, daher $\sigma_{xK} \approx 0$, $\sigma_{yK} \approx 0$, $\tau_{xzK} =$ konst und $\tau_{yzK} =$ konst; keine Zusammendrückbarkeit der Sandwichplatten;

— Lagerung der Sandwichplatte ringsum auf zu den Koordinatenachsen parallelen Rändern (zweidimensionales Tragwerk mit rechteckförmigem Grundriß);

— Belastung gleichzeitig durch Quer- und Längskräfte (Theorie zweiter Ordnung);

— Verformungen hinreichend klein (lineare Sandwichtheorie).

5.1.2. Differentialgleichungen für w, γ_{xz} und γ_{yz}

5.1.2.1. Allgemeines

Die Herleitung der partiellen Differentialgleichungen für w, γ_{xz} und γ_{yz} erfolgt entsprechend wie in Abschnitt 2.1.2. Es wird zunächst eine beliebige Bezugsebene $z = 0$ der Sandwichplatte gewählt, von welcher die untere

Deckschicht den Abstand a_u und die obere Deckschicht den Abstand a_o hat. Im Verlaufe der Rechnung wird die Lage der Bezugsebene dann so festgelegt, daß die Ergebnisse eine möglichst einfache Form annehmen.

Zur Abkürzung der Schreibweise werden im folgenden partielle Ableitungen nach x mit einem Strich und solche nach y mit einem Punkt gekennzeichnet, also z. B.

$$\frac{\partial w}{\partial x} = w', \quad \frac{\partial w}{\partial y} = w^{\cdot}.$$

Abb. 1 und Abb. 2 behalten — mit zum Teil veränderten Indizes — ihre Gültigkeit auch im vorliegenden Kapitel.

5.1.2.2. Verzerrungen

a) Schubwinkel der Kernschicht

Entsprechend den Beziehungen (2.2) und (2.3) besteht zwischen dem Gesamtschubwinkel und den Teilschubwinkeln der Kernschicht in den Ebenen $y =$ konst und $x =$ konst der Zusammenhang

$$\gamma_{xz} = \gamma_{xz1} + \gamma_{xz2}, \quad \gamma_{yz} = \gamma_{yz1} + \gamma_{yz2}. \tag{5.1}$$

Aus (5.1) folgt mit

$$\gamma_{xz1} = w', \quad \gamma_{yz1} = w^{\cdot} \tag{5.2}$$

nach Einsetzen sofort

$$\gamma_{xz} = w' + \gamma_{xz2}, \quad \gamma_{yz} = w^{\cdot} + \gamma_{yz2}; \tag{5.3}$$

hierin sind $\gamma_{xz}, \gamma_{xz2}, \gamma_{yz}$ und γ_{yz2} — entsprechend wie in Abschnitt 2.1.2.2 *a)* — die zwischen den beiden Deckschichtschwerebenen gemessenen Schubwinkel (vgl. dazu Abb. 2).

b) Verzerrungen der Deckschichten

Allgemein gilt für die Verzerrungen

$$\varepsilon_x = u', \quad \varepsilon_y = v^{\cdot}, \quad \gamma_{xy} = u^{\cdot} + v'. \tag{5.4}$$

Für die Verschiebungen u und v der Deckschichten in x- bzw. y-Richtung ergeben sich entsprechend zu (2.7) in Abschnitt 2.1.2.2 *b)* die Beziehungen

$$\left.\begin{aligned} u_u &= \bar{u} + a_u \gamma_{xz2}, \quad u_o = \bar{u} - a_o \gamma_{xz2}, \\ v_u &= \bar{v} + a_u \gamma_{yz2}, \quad v_o = \bar{v} - a_o \gamma_{yz2}. \end{aligned}\right\} \tag{5.5}$$

Für die Verzerrungen der Deckschichten erhält man somit durch Einsetzen von (5.5) in (5.4)

$$\left.\begin{aligned} \varepsilon_{xu} &= \bar{u}' + a_u \gamma_{xz2}', & \varepsilon_{xo} &= \bar{u}' - a_o \gamma_{xz2}', \\ \varepsilon_{yu} &= \bar{v}^{\cdot} + a_u \gamma_{yz2}^{\cdot}, & \varepsilon_{yo} &= \bar{v}^{\cdot} - a_o \gamma_{yz2}^{\cdot}, \\ \gamma_{xyu} &= \bar{u}^{\cdot} + \bar{v}' + a_u (\gamma_{xz2}^{\cdot} + \gamma_{yz2}'), & \gamma_{xyo} &= \bar{u}^{\cdot} + \bar{v}' - a_o (\gamma_{xz2}^{\cdot} + \gamma_{yz2}'). \end{aligned}\right\} \tag{5.6}$$

5.1.2.3. Materialgesetze

Das Materialgesetz für die Schubverzerrungen der aus orthotropem Material bestehenden Kernschicht lautet — analog zu (2.10) in Abschnitt 2.1.2.3. —

$$\tau_{xz} = \frac{a}{h} G_{xz} \gamma_{xz}, \quad \tau_{yz} = \frac{a}{h} G_{yz} \gamma_{yz}. \tag{5.7}$$

Das Materialgesetz für die Verzerrungen der Deckschichten, die aus unterschiedlichen orthotropen Materialien bestehen können, lautet allgemein

$$\varepsilon_x = \frac{\sigma_x}{E_x} - \nu_y \frac{\sigma_y}{E_y}, \quad \varepsilon_y = \frac{\sigma_y}{E_y} - \nu_x \frac{\sigma_x}{E_x}, \quad \gamma_{xy} = \frac{\tau_{xy}}{G_{xy}}. \tag{5.8}$$

Von den fünf Elastizitätskonstanten E_x, E_y, G_{xy}, ν_x und ν_y sind jedoch nur vier voneinander unabhängig, da zwischen E_x, E_y, ν_x und ν_y der Zusammenhang[1]

$$\nu_x E_y = \nu_y E_x \tag{5.9}$$

besteht. Löst man die Beziehungen (5.8) nach den Spannungen auf, so erhält man mit den modifizierten Elastizitätsmoduln

$$E_x' = \frac{E_x}{1 - \nu_x \nu_y}, \quad E_y' = \frac{E_y}{1 - \nu_x \nu_y} \tag{5.10}$$

die Beziehungen

$$\sigma_x = E_x' (\varepsilon_x + \nu_y \varepsilon_y), \quad \sigma_y = E_y' (\varepsilon_y + \nu_x \varepsilon_x), \quad \tau_{xy} = G_{xy} \gamma_{xy}; \tag{5.11}$$

sie gelten sowohl für die untere Deckschicht (im folgenden zusätzlicher Index u) als auch für die obere Deckschicht (zusätzlicher Index o). Wie man (5.11) entnimmt, sind bei zweidimensionalen Sandwichtragwerken *stets* — im Gegensatz zu eindimensionalen Sandwichbalken, vgl. Abschnitt 3.1.2.3 — die modifizierten Elastizitätsmoduln in die Spannungs-Dehnungs-Beziehungen einzusetzen.

5.1.2.4. Schnittlasten

Die Schnittlasten als Querschnittsresultierende der Spannungen pro Breiteneinheit sind in Abb. 32 dargestellt und ergeben sich aus folgenden Beziehungen:

$$\left.\begin{aligned} n_x &= \int_{(z)} \sigma_x \mathrm{d}z, \quad n_y = \int_{(z)} \sigma_y \mathrm{d}z, \quad n_{xy} = n_{yx} = \int_{(z)} \tau_{xy} \mathrm{d}z, \\ m_x &= \int_{(z)} \sigma_x z \mathrm{d}z, \quad m_y = \int_{(z)} \sigma_y z \mathrm{d}z, \quad m_{xy} = m_{yx} = \int_{(z)} \tau_{xy} z \mathrm{d}z, \\ q_x &= \int_{(z)} \tau_{xz} \mathrm{d}z, \quad q_y = \int_{(z)} \tau_{yz} \mathrm{d}z. \end{aligned}\right\} \tag{5.12}$$

[1] er ergibt sich aus dem Bettischen Reziprozitätssatz.

Die in (5.12) angegebene Gleichheit von n_{xy} und n_{yx} sowie von m_{xy} und m_{yx} resultiert aus der Gleichheit der zugeordneten Schubspannungen τ_{xy} und τ_{yx}; bezüglich des Richtungssinnes von n_{xy}, n_{yx}, m_{xy} und m_{yx} vgl. Abb. 32.

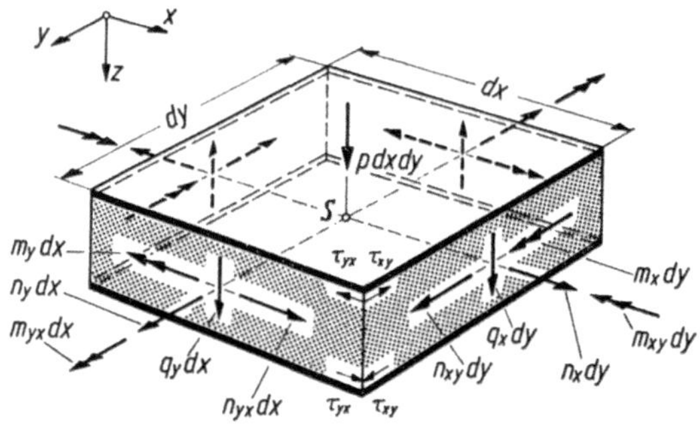

Abb. 32. Plattenelement mit Schnittlasten

In die Gleichungen (5.12) werden nun die Spannungen gemäß (5.11) und (5.7) mit den Verzerrungen gemäß (5.6) eingesetzt. Bei der Ausführung der Integration ergeben sich in den Formeln zahlreiche Querschnittswerte:

Die Dehnsteifigkeiten der Deckschichten

$$\left.\begin{aligned} &D_{xu} = E_{xu}' t_u, \quad D_{yu} = E_{yu}' t_u, \quad D_{xo} = E_{xo}' t_o, \quad D_{yo} = E_{yo}' t_o, \\ &D_x = D_{xu} + D_{xo}, \qquad\qquad D_y = D_{yu} + D_{yo}, \\ &\mathbf{D}_x = \nu_{yu} D_{xu} + \nu_{yo} D_{xo}, \qquad \mathbf{D}_y = \nu_{xu} D_{yu} + \nu_{xo} D_{yo}\,; \end{aligned}\right\} \tag{5.13}$$

die statischen Momente der Deckschichtdehnsteifigkeiten

$$\left.\begin{aligned} &S_x = D_{xu} a_u - D_{xo} a_o, \qquad\qquad S_y = D_{yu} a_u - D_{yo} a_o, \\ &\mathbf{S}_x = \nu_{yu} D_{xu} a_u - \nu_{yo} D_{xo} a_o, \quad \mathbf{S}_y = \nu_{xu} D_{yu} a_u - \nu_{xo} D_{yo} a_o\,; \end{aligned}\right\} \tag{5.14}$$

die Sandwichbiegesteifigkeiten

$$\left.\begin{aligned} &B_{xS} = D_{xu} a_u^2 + D_{xo} a_o^2, \qquad\qquad B_{yS} = D_{yu} a_u^2 + D_{yo} a_o^2, \\ &\mathbf{B}_{xS} = \nu_{yu} D_{xu} a_u^2 + \nu_{yo} D_{xo} a_o^2, \quad \mathbf{B}_{yS} = \nu_{xu} D_{yu} a_u^2 + \nu_{xo} D_{yo} a_o^2\,; \end{aligned}\right\} \tag{5.15}$$

die Schubsteifigkeiten der Deckschichten

$$A_{xyu} = G_{xyu} t_u, \quad A_{xyo} = G_{xyo} t_o, \quad A_{xy} = A_{xyu} + A_{xyo}\,; \tag{5.16}$$

das statische Moment der Deckschichtschubsteifigkeit

$$S_{xy} = A_{xy} a_u - A_{xyo} a_o\,; \tag{5.17}$$

die Sandwichtorsionssteifigkeit

$$T_{xyS} = A_{xyu} a_u^2 + A_{xyo} a_o^2\,; \tag{5.18}$$

die Schubsteifigkeiten der Kernschicht

$$A_{xz} = G_{xz} \frac{a^2}{h}, \quad A_{yz} = G_{yz} \frac{a^2}{h}. \tag{5.19}$$

Unter Berücksichtigung dieser Querschnittswerte ergeben sich für die Schnittlasten folgende Beziehungen:

$$\left.\begin{aligned} n_x &= D_x\bar{u}' + \boldsymbol{D}_x\bar{v}^{\cdot} + S_x\gamma_{xz2}' + \boldsymbol{S}_x\gamma_{yz2}^{\cdot}, \\ n_y &= D_y\bar{v}^{\cdot} + \boldsymbol{D}_y\bar{u}' + S_y\gamma_{yz2}^{\cdot} + \boldsymbol{S}_y\gamma_{xz2}', \\ n_{xy} &= A_{xy}(\bar{u}^{\cdot} + \bar{v}') + S_{xy}(\gamma_{xz2}^{\cdot} + \gamma_{yz2}'), \\ m_x &= S_x\bar{u}' + \boldsymbol{S}_x\bar{v}^{\cdot} + B_{xS}\gamma_{xz2}' + \boldsymbol{B}_{xS}\gamma_{yz2}^{\cdot}, \\ m_y &= S_y\bar{v}^{\cdot} + \boldsymbol{S}_y\bar{u}' + B_{yS}\gamma_{yz2}^{\cdot} + \boldsymbol{B}_{yS}\gamma_{xz2}', \\ m_{xy} &= S_{xy}(\bar{u}^{\cdot} + \bar{v}') + T_{xyS}(\gamma_{xz2}^{\cdot} + \gamma_{yz2}'), \\ q_x &= A_{xz}\gamma_{xz}, \quad q_y = A_{yz}\gamma_{yz}. \end{aligned}\right\} \tag{5.20}$$

Nunmehr werden einige Vereinfachungen vorgenommen, und zwar derart, daß die Schnittkräfte n_x, n_y, n_{xy} nur noch von $\bar{u}$, $\bar{v}$, aber nicht mehr von γ_{xz2}, γ_{yz2} abhängen und die Schnittmomente m_x, m_y, m_{xy} nur noch von γ_{xz2}, γ_{yz2}, aber nicht mehr von $\bar{u}$, $\bar{v}$ abhängen[1]:

a) Die Bezugsebene $z=0$ wird so festgelegt, daß $S_x=0$ wird. Mit S_x gemäß (5.14) und $a_u + a_o = a$ wird — analog zu (2.20) —

$$a_u = \frac{D_{xo}}{D_x} a, \quad a_o = \frac{D_{xu}}{D_x} a. \tag{5.21}$$

b) Damit auch $S_y=0$ und $S_{xy}=0$ werden, müssen gemäß (5.14) und (5.17) mit (5.21), (5.13), (5.10) und (5.16)

$$\frac{D_{xu}}{D_{xo}} = \frac{D_{yu}}{D_{yo}} = \frac{A_{xyu}}{A_{xyo}}, \quad \frac{E_{xu}}{E_{xo}} = \frac{E_{yu}}{E_{yo}} = \frac{G_{xyu}}{G_{xyo}} \tag{5.22}$$

sein; das Verhältnis einander entsprechender Elastizitätskonstanten in der unteren und oberen Deckschicht muß also stets dasselbe sein. Statt (5.21) kann mit (5.22) auch

$$a_u = \frac{D_{xo}}{D_x} a = \frac{D_{yo}}{D_y} a = \frac{A_{xyo}}{A_{xy}} a, \quad a_o = \frac{D_{xu}}{D_x} a = \frac{D_{yu}}{D_y} a = \frac{A_{xyu}}{A_{xy}} a \tag{5.23}$$

geschrieben werden. a_u und a_o geben die Lage der Schwerebene der Deckschichtdehnsteifigkeiten an.

c) Damit schließlich auch noch $\boldsymbol{S}_x=0$ und $\boldsymbol{S}_y=0$ werden, müssen gemäß (5.14) mit (5.21) und (5.22)

$$\nu_{xu} = \nu_{xo} = \nu_x, \quad \nu_{yu} = \nu_{yo} = \nu_y \tag{5.24}$$

sein, d. h. die einander entsprechenden Querkontraktionszahlen in der unteren und oberen Deckschicht müssen übereinstimmen.

Setzt man (5.21) bis (5.24) in (5.13), (5.15) und (5.18) ein, so ergeben sich folgende Querschnittswerte:

---

[1] Ohne diese Einschränkung der Allgemeinheit würde sich später (nach Einsetzen der Schnittlast-Verschiebungs-Relationen in die Gleichgewichtsbedingungen, vgl. Abschnitt 5.1.2.6) statt einer reinen Plattenbeanspruchung eine gekoppelte Platten- und Scheibenbeanspruchung der Sandwichtafel ergeben — mit sechs statt drei Verschiebungsgrößen und gekoppelten Differentialgleichungen.

Die Dehnsteifigkeiten

$$\boldsymbol{D}_x = \nu_y D_x\,, \quad \boldsymbol{D}_y = \nu_x D_y\,; \tag{5.25}$$

die Sandwichbiegesteifigkeiten

$$B_{xS} = \frac{D_{xu} D_{xo}}{D_x} a^2\,, \quad B_{yS} = \frac{D_{yu} D_{yo}}{D_y} a^2\,, \quad \boldsymbol{B}_{xS} = \nu_y B_{xS}\,, \quad \boldsymbol{B}_{yS} = \nu_x B_{yS}\,; \tag{5.26}$$

die Sandwichtorsionssteifigkeit

$$T_{xyS} = \frac{A_{xyu} A_{xyo}}{A_{xy}} a^2\,. \tag{5.27}$$

Wie aus (5.9) und (5.22) leicht zu folgern, ist weiterhin $\boldsymbol{B}_{xS} = \boldsymbol{B}_{yS}$, also

$$\nu_y B_{xS} = \nu_x B_{yS}\,. \tag{5.28}$$

Für die Schnittlasten gemäß (5.20) folgen nunmehr, wenn auch die nach γ_{xz2} und γ_{yz2} aufgelösten Beziehungen (5.3) noch eingesetzt werden, folgende Zusammenhänge:

$$\left.\begin{aligned}
n_x &= \boldsymbol{D}_x(\bar{u}' + \nu_y \bar{v}^{\cdot})\,, \quad n_y = \boldsymbol{D}_y(\bar{v}^{\cdot} + \nu_x \bar{u}')\,, \quad n_{xy} = A_{xy}(\bar{u}^{\cdot} + \bar{v}')\,,\\
m_x &= \boldsymbol{B}_{xS}[-(w'' + \nu_y w^{\cdot\cdot}) + (\gamma_{xz}' + \nu_y \gamma_{yz}^{\cdot})]\,,\\
m_y &= \boldsymbol{B}_{yS}[-(w^{\cdot\cdot} + \nu_x w'') + (\gamma_{yz}^{\cdot} + \nu_x \gamma_{xz}')]\,,\\
m_{xy} &= T_{xyS}(-2w'^{\cdot} + \gamma_{xz}^{\cdot} + \gamma_{yz}')\,,\\
q_x &= A_{xz}\gamma_{xz}\,, \quad q_y = A_{yz}\gamma_{yz}\,.
\end{aligned}\right\} \tag{5.29}$$

Die drei ersten Gleichungen (5.29) entsprechen einer reinen Scheibenbeanspruchung der Sandwichplatte, die hier nicht näher behandelt wird, und die letzten fünf Gleichungen (5.29) entsprechen einer reinen Plattenbeanspruchung mit Biege- und Schubverformungen der Sandwichplatte.

5.1.2.5. Gleichgewichtsbedingungen am Plattenelement

Da im folgenden nur die Plattenbeanspruchung der Sandwichplatte (Biegung mit Längskraft) untersucht wird, interessieren von den insgesamt sechs Gleichgewichtsbedingungen am verformten Plattenelement nur die drei Bedingungen

$$\left.\begin{aligned}
&m_x' + m_{yx}^{\cdot} - q_x = 0\,, \qquad m_{xy}' + m_y^{\cdot} - q_y = 0\,,\\
&q_x' + q_y^{\cdot} + p + n_x w'' + 2 n_{xy} w'^{\cdot} + n_y w^{\cdot\cdot} = 0\,.
\end{aligned}\right\} \tag{5.30}$$

Sämtliche Schnittlasten sind in Abb. 32 veranschaulicht. Aus Gründen der Übersichtlichkeit wurden in Abb. 32

— die Schnittlasten ohne Zuwächse auf den positiven Schnittflächen eingetragen und

— das Plattenelement unverformt dargestellt, so daß die von n_x, n_y und n_{xy} herrührende, in der dritten Gleichung (5.30) enthaltene Umlenkkraft nicht aus Abb. 32 ersichtlich ist, sondern aus einer anderen Überlegung (ähnlich jener in Abschnitt 2.1.2.5 *b*) folgt.

5.1.2.6. Differentialgleichungen für w, γ_{xz} und γ_{yz}

Setzt man die letzten fünf Gleichungen (5.29) in die Gleichgewichtsbedingungen (5.30) ein und führt unter Berücksichtigung von (5.28) den Querschnittswert

$$H_S = 2\,T_{xyS} + \nu_x B_{yS} = 2\,T_{xyS} + \nu_y B_{xS} \tag{5.31}$$

ein, so erhält man nach kurzer Rechnung unter der Voraussetzung konstanter (d. h. von x und y unabhängiger) Querschnittswerte

$$\left.\begin{aligned} -B_{xS}w''' - H_S w^{\prime\cdot\cdot} + B_{xS}\gamma_{xz}'' + T_{xyS}\gamma_{xz}^{\cdot\cdot} - A_{xz}\gamma_{xz} + (H_S - T_{xyS})\gamma_{yz}^{\prime\cdot} &= 0, \\ -B_{yS}w^{\cdot\cdot\cdot} - H_S w^{\prime\prime\cdot} + B_{yS}\gamma_{yz}^{\cdot\cdot} + T_{xyS}\gamma_{yz}'' - A_{yz}\gamma_{yz} + (H_S - T_{xyS})\gamma_{xz}^{\prime\cdot} &= 0, \\ +A_{xz}\gamma_{xz}' + A_{yz}\gamma_{yz}^{\cdot} + n_x w'' + 2n_{xy}w^{\prime\cdot} + n_y w^{\cdot\cdot} &= -p. \end{aligned}\right\} \tag{5.32}$$

Das sind drei gekoppelte partielle Differentialgleichungen für w, γ_{xz} und γ_{yz} bei Rechnung nach der Theorie zweiter Ordnung. Die dritte Gleichung (5.32) kann bedarfsweise noch umgeformt werden: Zu diesem Zwecke wird die erste Gleichung (5.32) partiell nach x differenziert, die zweite nach y, die erste nach $A_{xz}\gamma_{xz}'$ aufgelöst, die zweite nach $A_{yz}\gamma_{yz}^{\cdot}$, und diese Ausdrücke werden in die dritte Gleichung (5.32) eingesetzt. Man erhält dann

$$\left.\begin{aligned} &+B_{xS}w'''' + 2H_S w^{\prime\prime\cdot\cdot} + B_{yS}w^{\cdot\cdot\cdot\cdot} - B_{xS}\gamma_{xz}''' - H_S\gamma_{xz}^{\prime\cdot\cdot} - \\ &-B_{yS}\gamma_{yz}^{\cdot\cdot\cdot} - H_S\gamma_{yz}^{\prime\prime\cdot} - n_x w'' - 2n_{xy}w^{\prime\cdot} - n_y w^{\cdot\cdot} = p. \end{aligned}\right\} \tag{5.33}$$

Das System der drei Gleichungen (5.31) ist dem System der beiden ersten Gleichungen (5.32) allein plus Gleichung (5.33) äquivalent.

Eine Entkoppelung der drei Differentialgleichungen (5.32) ist möglich und führt auf drei partielle Differentialgleichungen von sechster Ordnung für w, γ_{xz} und γ_{yz}, die sich nur durch ihre rechten Seiten (Störfunktionen) unterscheiden. Die Entkoppelung wird jedoch im Orthotropiefall wegen der Umständlichkeit der dabei entstehenden Ausdrücke nicht durchgeführt[1], sondern nur im Isotropiefall (vgl. hierzu Abschnitt 5.1.2.7).

5.1.2.7. Sonderfall: Die isotrope Sandwichplatte

Im Falle isotropen Deckschicht- und Kernschichtmaterials erhält man für die Querschnittswerte gemäß (5.13), (5.19), (5.26), (5.27) und (5.31) unter Beachtung von (5.16), (5.24) und der für isotropes Material gültigen Beziehungen

$$G_u = \frac{E_u}{2\,(1+\nu)}, \quad G_o = \frac{E_o}{2\,(1+\nu)} \tag{5.34}$$

---

[1] Vgl. hierzu etwa [10], Anhang (Reissnersche Theorie), Gleichungen (1407) bis (1409).

die Ausdrücke

$$\left.\begin{aligned}
&D_{xu}=D_{yu}=D_u=E_u{}' t_u=\frac{E_u t_u}{1-\nu^2},\ D_{xo}=D_{yo}=D_o=E_o{}' t_o=\frac{E_o t_o}{1-\nu^2},\\
&A_{xz}=A_{yz}=A=G_K\frac{a^2}{h},\\
&B_{xS}=B_{yS}=B_S=\frac{E_u t_u\cdot E_o t_o}{E_u t_u+E_o t_o}\,\frac{a^2}{1-\nu^2},\\
&T_{xyS}=T_S=\frac{G_u t_u\cdot G_o t_o}{G_u t_u+G_o t_o}\,a^2=\frac{1-\nu}{2}B_S,\quad H_S=2T_S+\nu B_S=B_S.
\end{aligned}\right\}\tag{5.35}$$

Durch Einsetzen von (5.35) in (5.32) erhält man unter Verwendung des Laplace-Operators

$$\Delta=\frac{\partial^2}{\partial x^2}+\frac{\partial^2}{\partial y^2}$$

nach kurzer Zwischenrechnung die Gleichungen

$$\left.\begin{aligned}
&-\frac{\partial}{\partial x}(\Delta w)+\left(\frac{\partial^2}{\partial x^2}+\frac{1-\nu}{2}\frac{\partial^2}{\partial y^2}-\frac{A}{B_S}\right)\gamma_{xz}+\frac{1+\nu}{2}\gamma_{yz}{}'^{\cdot}=0,\\
&-\frac{\partial}{\partial y}(\Delta w)+\frac{1+\nu}{2}\gamma_{xz}{}'^{\cdot}+\left(\frac{\partial^2}{\partial y^2}+\frac{1-\nu}{2}\frac{\partial^2}{\partial x^2}-\frac{A}{B_S}\right)\gamma_{yz}=0,\\
&\qquad+A(\gamma_{xz}{}'+\gamma_{yz}{}^{\cdot})+n_x w''+2n_{xy}w'^{\cdot}+n_y w^{\cdot\cdot}=-p.
\end{aligned}\right\}\tag{5.36}$$

Anstelle der dritten Gleichung (5.36) kann auch die folgende Gleichung (5.37) benutzt werden, die sich durch Einsetzen von (5.35) in (5.33) nach kurzer Zwischenrechnung ergibt:

$$B_S\left[\Delta\Delta w-\frac{\partial}{\partial x}(\Delta\gamma_{xz})-\frac{\partial}{\partial y}(\Delta\gamma_{yz})\right]-n_x w''-2n_{xy}w'^{\cdot}-n_y w^{\cdot\cdot}=p.\tag{5.37}$$

Die Entkoppelung der drei Differentialgleichungen (5.36) soll für den Sonderfall $n_x=0$, $n_y=0$, $n_{xy}=0$ durchgeführt werden. Mit den Differentialoperatoren

$$\left.\begin{aligned}
&D_{11}=-\Delta\frac{\partial}{\partial x},\quad D_{12}=\frac{\partial^2}{\partial x^2}+\frac{1-\nu}{2}\frac{\partial^2}{\partial y^2}-\frac{A}{B_S},\quad D_{13}=\frac{1+\nu}{2}\frac{\partial^2}{\partial x\,\partial y},\\
&D_{21}=-\Delta\frac{\partial}{\partial y},\quad D_{22}=\frac{1+\nu}{2}\frac{\partial^2}{\partial x\,\partial y},\quad D_{23}=\frac{\partial^2}{\partial y^2}+\frac{1-\nu}{2}\frac{\partial^2}{\partial x^2}-\frac{A}{B_S},\\
&D_{31}=0,\quad D_{32}=A\frac{\partial}{\partial x},\quad D_{33}=A\frac{\partial}{\partial y}
\end{aligned}\right\}\tag{5.38}$$

läßt sich (5.36) in der Form

$$\left.\begin{aligned}
&D_{11}w+D_{12}\gamma_{xz}+D_{13}\gamma_{yz}=0,\\
&D_{21}w+D_{22}\gamma_{xz}+D_{23}\gamma_{yz}=0,\\
&D_{31}w+D_{32}\gamma_{xz}+D_{33}\gamma_{yz}=-p
\end{aligned}\right\}\tag{5.39}$$

schreiben. Auflösen von (5.39) nach w, γ_{xz} und γ_{yz} (wobei die Differentialoperatoren wie Faktoren behandelt werden können) liefert nach einiger Rechnung

$$\left.\begin{aligned} \Delta\Delta\left(1-\frac{1-\nu}{2}\frac{B_S}{A}\Delta\right)w &= \left(1-\frac{B_S}{A}\Delta\right)\left(1-\frac{1-\nu}{2}\frac{B_S}{A}\Delta\right)\frac{p}{B_S},\\ \Delta\Delta\left(1-\frac{1-\nu}{2}\frac{B_S}{A}\Delta\right)\gamma_{xz} &= -\Delta\left(1-\frac{1-\nu}{2}\frac{B_S}{A}\Delta\right)\frac{p'}{A},\\ \Delta\Delta\left(1-\frac{1-\nu}{2}\frac{B_S}{A}\Delta\right)\gamma_{yz} &= -\Delta\left(1-\frac{1-\nu}{2}\frac{B_S}{A}\Delta\right)\frac{p^{\cdot}}{A}. \end{aligned}\right\} \qquad (5.40)$$

Es handelt sich also — wie bereits am Ende des Abschnitts 5.1.2.6 festgestellt — um drei partielle Differentialgleichungen von sechster Ordnung, deren linke Seiten übereinstimmen. Ihre Lösungen erfüllen natürlich auch die unentkoppelten Differentialgleichungen (5.36), woraus sich gewisse Zusammenhänge zwischen den Integrationskonstanten in den Lösungen für w, γ_{xz} und γ_{yz} der drei Differentialgleichungen (5.40) ergeben.

In sämtlichen Differentialgleichungen (5.40) kommt der Differentialoperator

$$D = 1 - \frac{1-\nu}{2}\frac{B_S}{A}\Delta$$

links und rechts des Gleichheitszeichens vor. Läßt man diesen weg, so erhält man das einfachere Differentialgleichungssystem

$$\Delta\Delta w = \frac{p}{B_S} - \frac{\Delta p}{A}, \quad \Delta\Delta\gamma_{xz} = -\frac{\Delta p'}{A}, \quad \Delta\Delta\gamma_{yz} = -\frac{\Delta p^{\cdot}}{A}. \qquad (5.41)$$

Das System (5.41) ist nur noch von vierter Ordnung. Die allgemeinen Lösungen von (5.41) befriedigen natürlich auch das System (5.40), stellen aber nicht dessen vollständige Lösung dar, weil durch die Streichung des Differentialoperators D in (5.40) Lösungen der homogenen Differentialgleichungen verlorengegangen sind[1]. Somit reicht auch die Anzahl der willkürlichen Integrationskonstanten nicht mehr aus, um alle Randbedingungen zu erfüllen. Trotzdem geht man bei der Lösung bestimmter Aufgaben manchmal statt von (5.40) von (5.41) aus und verzichtet gegebenenfalls auf die exakte Erfüllung einzelner Randbedingungen. Näheres hierzu ist aus den Abschnitten 5.1.3 [Bemerkung hinter Formel (5.56)] und 5.1.4 ersichtlich.

5.1.2.8. Grenzfälle der Differentialgleichungen (5.32) und (5.33)

a) Schubstarre Kernschicht

Im Falle einer schubstarren Kernschicht sind A_{xz} und A_{yz} unendlich groß. Dividiert man die erste Gleichung (5.32) durch A_{xz}, die zweite durch A_{yz} und bildet $A_{xz} \to \infty$, $A_{yz} \to \infty$, so erhält man unmittelbar

$$\gamma_{xz} = 0, \quad \gamma_{yz} = 0. \qquad (5.42)$$

[1] Die Lösungen von (5.41) für γ_{xz} und γ_{yz} zeichnen sich — wie aus der zweiten und dritten Gleichung (5.41) leicht ableitbar — z. B. dadurch aus, daß $\gamma_{xz}^{\cdot} = \gamma_{yz}'$ ist; vgl. hierzu auch Abschnitt 5.1.4, speziell (5.58).

Weiterhin liefert (5.33) unter Beachtung von (5.42) die Differentialgleichung

$$B_{xS} w'''' + 2 H_S w''^{\cdot\cdot} + B_{yS} w^{\cdot\cdot\cdot\cdot} - n_x w'' - 2 n_{xy} w'^{\cdot} - n_y w^{\cdot\cdot} = p; \quad (5.43)$$

(5.43) stimmt für $n_x = 0$, $n_y = 0$, $n_{xy} = 0$ mit der Beziehung [10], (823) für die schubstarre orthotrope Platte überein. Im Falle der Isotropie vereinfacht sich (5.43) wegen $B_{xS} = B_{yS} = H_S = B_S$ für $n_x = 0$, $n_y = 0$, $n_{xy} = 0$ zur Kirchhoffschen Plattengleichung

$$\Delta\Delta w = \frac{p}{B_S}. \quad (5.44)$$

Auch aus der ersten der entkoppelten Gleichungen (5.40) kann für $A \to \infty$ sofort (5.44) gefolgert werden.

b) Beanspruchung der Sandwichplatte als Balken

Für eine als Balken mit der x-Achse als Balkenachse gelagerte und belastete Sandwichplatte verschwinden alle Ableitungen nach y. Aus der zweiten Gleichung (5.32) folgt daher

$$\gamma_{yz} = 0, \quad (5.45)$$

während die erste und dritte Gleichung (5.32) nach Multiplikation mit der Balkenbreite b und Einführung der auf b bezogenen Größen

$$B_S = B_{xS} b, \quad A = A_{xz} b, \quad N = n_x b, \quad q = p b \quad (5.46)$$

sowie mit der einfacheren Schreibweise[1] γ statt γ_{xz} sofort

$$B_S(\gamma'' - w''') - A\gamma = 0, \quad A\gamma' + N w'' = -q \quad (5.47)$$

liefern. Diese Beziehungen sind identisch mit den Gleichungen (2.25) für Sandwichbalken mit dünnen Deckschichten.

Auch die entkoppelten Differentialgleichungen (5.41) für eine isotrope Sandwichplatte gehen in die entsprechenden Gleichungen (2.26) eines Sandwichbalkens über, sofern man nur

— in (5.41) $\Delta = d^2/dx^2$ setzt, da $\partial^2/\partial y^2 = 0$ ist,
— in der Gleichung für $\gamma_{xz} = \gamma$ außerdem den Operator Δ auf beiden Seiten der Gleichung streicht (die Gleichung also zweimal nach x integriert) und
— in (2.26) die Normalkraft N null setzt.

5.1.2.9. Vergleich mit der Reissnerschen Theorie für schubweiche, dünne Platten

Ausgehend von den ersten beiden Gleichungen (5.32) und Gleichung (5.33) werden in diesen folgende Umformungen vorgenommen:

— Die Normal- und Schubkräfte n_x, n_y, n_{xy} werden der Einfachheit halber null gesetzt;
— die Schubwinkel γ_{xz} und γ_{yz} sowie deren Ableitungen werden vermöge der letzten beiden Gleichungen (5.29) durch die Querkräfte q_x und q_y ersetzt;

[1] Verwechslungen der Schubwinkel sind beim Balken wegen $\gamma_{yz} = 0$ nicht möglich.

— die dritte Gleichung (5.30), die für $n_x = 0$, $n_y = 0$, $n_{xy} = 0$ die Form

$$q_x{}' + q_y{}^{\cdot} = -p$$

annimmt, wird bei den Umformungen mehrfach benutzt;

— es werden zur Abkürzung die neuen Querschnittswerte

$$\left.\begin{aligned} a_x &= B_{xS} \frac{A_{yz} - \nu_y A_{xz}}{A_{xz} A_{yz}}, \quad a_y = B_{yS} \frac{A_{xz} - \nu_x A_{yz}}{A_{xz} A_{yz}}, \\ b_x &= -\frac{\nu_y B_{xS}}{A_{yz}}, \quad b_y = -\frac{\nu_x B_{yS}}{A_{xz}}, \quad c_x = \frac{T_{xyS}}{A_{xz}}, \quad c_y = \frac{T_{xyS}}{A_{yz}} \end{aligned}\right\} \qquad (5.48)$$

eingeführt.

Es lassen sich dann die folgenden Differentialgleichungen für w, q_x und q_y herleiten:

$$\left.\begin{aligned} q_x &= -B_{xS} w''' - H_S w'^{\cdot\cdot} + (a_x - c_y) q_x{}'' + c_x q_x{}^{\cdot\cdot} + (b_x - c_y) p', \\ q_y &= -B_{yS} w^{\cdot\cdot\cdot} - H_S w''^{\cdot} + (a_y - c_x) q_y{}^{\cdot\cdot} + c_y q_y{}'' + (b_y - c_x) p^{\cdot}, \\ & B_{xS} w'''' + 2 H_S w''^{\cdot\cdot} + B_{yS} w^{\cdot\cdot\cdot\cdot} - (a_x - c_y) q_x{}''' - c_x q_x{}'^{\cdot\cdot} - \\ & - (a_y - c_x) q_y{}^{\cdot\cdot\cdot} - c_y q_y{}''^{\cdot} = p + (b_x - c_y) p'' + (b_y - c_x) p^{\cdot\cdot}. \end{aligned}\right\} \qquad (5.49)$$

Diese Gleichungen stimmen formal genau überein mit den entsprechenden Beziehungen der Reissnerschen Theorie für schubweiche Platten, vgl. etwa [10], (1403). Auch die Querschnittswerte gemäß (5.48) lassen sich in jene der Reissnerschen Theorie überführen, wenn man für A_{xz}, A_{yz} und T_{xy} nicht die für eine Sandwichplatte gültigen Beziehungen (5.19) und (5.27) verwendet, sondern die für eine homogene, orthotrope, schubweiche Platte der Dicke h gültigen Ausdrücke[1]

$$\left.\begin{aligned} A_{xz} &= F_Q G_{xz} = \frac{5h}{6} G_{xz}, \quad A_{yz} = F_Q G_{yz} = \frac{5h}{6} G_{yz}, \\ T_{xy} &= J_t G_{xy} = \frac{h^3}{12} G_{xy}. \end{aligned}\right\} \qquad (5.50)$$

Einsetzen von (5.50) in (5.48) liefert in der Tat die Reissnerschen Werte gemäß [10], (1401) — sofern man dort die Querkontraktionszahlen ν_{xz} und ν_{yz} in den Ausdrücken für b_x und b_y (die in [10] B_x und B_y heißen) null setzt. Die vorliegende Theorie für Sandwichplatten mit ebenen, dünnen Deckschichten und die Reissnersche Theorie für homogene, schubweiche, dünne Platten gehen also widerspruchsfrei ineinander über.

Eine Bemerkung: Der Sonderfall der *Isotropie* liefert nach der vorliegenden Sandwichtheorie und nach Reissner nicht genau dieselben Ausdrücke für $(b_x - c_y)$ und $(b_y - c_x)$, die als Faktoren vor einigen Belastungsgliedern auf den rechten Seiten der Differentialgleichungen (5.49) auftreten[2]. Die Ursache hierfür liegt darin, daß

— nach der vorliegenden Theorie von vornherein keine Querkontraktion des weichen Kerns berücksichtigt wird ($\nu_{xz} = \nu_{zx} = 0$, $\nu_{yz} = \nu_{zy} = 0$), so daß im

---

[1] Bezüglich des Faktors 5/6 bei der „wirksamen Schubfläche" $F_Q = F/f$ vgl. etwa [6], § 2.5c, Formel (2.26).

[2] Sie unterscheiden sich um den Faktor $(1 + \nu)$, der in [10], (1412) nicht vorkommt.

Isotropiefall nur die Querkontraktion $\nu_{xy}=\nu_{yx}=\nu$ der Deckschichten verbleibt, während

— nach der Reissnerschen Theorie einheitliches Plattenmaterial mit Querkontraktion in jeder Richtung vorausgesetzt wird, so daß im Isotropiefall durchweg $\nu_{xz}=\nu_{zx}=\nu_{yz}=\nu_{zy}=\nu_{xy}=\nu_{yx}=\nu$ ist.

Diese unterschiedlichen Voraussetzungen beider Theorien sind der Grund, warum beim oben durchgeführten Nachweis des im Orthotropiefall widerspruchsfreien Überganges der beiden Theorien in [10], (1401) $\nu_{xz}=\nu_{zx}=0$, $\nu_{yz}=\nu_{zy}=0$ erforderlich war.

5.1.3. Methode der Partialdurchsenkungen

Ähnlich wie bei Sandwichbalken (vgl. hierzu Abschnitt 2.1.3) wird auch bei Sandwichplatten der Versuch gemacht, den Verformungszustand statt durch w, γ_{xz} und γ_{yz} durch die Partialdurchsenkungen w_M und w_Q gemäß

$$\left.\begin{aligned} w_M{}' &= -\gamma_{xz2} = w' - \gamma_{xz}, \quad w_Q{}' = \gamma_{xz}, \\ w_M{}^{\cdot} &= -\gamma_{yz2} = w^{\cdot} - \gamma_{yz}, \quad w_Q{}^{\cdot} = \gamma_{yz} \end{aligned}\right\} \tag{5.51}$$

zu beschreiben, wobei für die Gesamtdurchsenkung wiederum

$$w = w_M + w_Q \tag{5.52}$$

gilt. Um die Differentialgleichungen für w_M und w_Q zu erhalten, werden in den beiden ersten Beziehungen (5.32) und in (5.33) w, γ_{xz} und γ_{yz} mittels (5.51) und (5.52) durch w_M und w_Q ausgedrückt; man erhält

$$\left.\begin{aligned} &B_{xS} w_M{}''' + H_S w_M{}'^{\cdot\cdot} + A_{xz} w_Q{}' = 0, \\ &B_{yS} w_M{}^{\cdot\cdot\cdot} + H_S w_M{}''^{\cdot} + A_{yz} w_Q{}^{\cdot} = 0, \\ &B_{xS} w_M{}'''' + 2 H_S w_M{}''^{\cdot\cdot} + B_{yS} w_M{}^{\cdot\cdot\cdot\cdot} - n_x (w_M{}'' + w_Q{}'') - \\ &- 2 n_{xy} (w_M{}'^{\cdot} + w_Q{}'^{\cdot}) - n_y (w_M{}^{\cdot\cdot} + w_Q{}^{\cdot\cdot}) = p. \end{aligned}\right\} \tag{5.53}$$

(5.53) stellt drei gekoppelte Differentialgleichungen für nur zwei unbekannte Funktionen w_M und w_Q dar; das System ist also überbestimmt. Es hat für w_M und w_Q im allgemeinen keine Lösungen, die alle drei Differentialgleichungen gleichzeitig erfüllen; die Ansätze (5.51) und (5.52) für die Partialdurchsenkungen w_M und w_Q sind im Fall einer orthotropen Sandwichplatte also nicht zulässig.

Im Sonderfall einer *isotropen Sandwichplatte* vereinfachen sich wegen $A_{xz}=A_{yz}=A$, $B_{xS}=B_{yS}=H_S=B_S$ die ersten beiden Gleichungen (5.53) zu

$$\frac{\partial}{\partial x}(B_S \Delta w_M + A w_Q) = 0, \quad \frac{\partial}{\partial y}(B_S \Delta w_M + A w_Q) = 0. \tag{5.54}$$

Durch Integration der ersten Gleichung (5.54) nach x und der zweiten nach y erhält man für beide Differentialgleichungen einen und denselben Ausdruck. Dieser sowie die auf den Isotropiefall vereinfachte dritte Gleichung (5.53) lauten — mit der willkürlichen Integrationskonstanten C —

$$\left.\begin{aligned} &B_S \Delta w_M + A w_Q = C, \\ &B_S \Delta\Delta w_M - n_x (w_M{}'' + w_Q{}'') - 2 n_{xy} (w_M{}'^{\cdot} + w_Q{}'^{\cdot}) - \\ &- n_y (w_M{}^{\cdot\cdot} + w_Q{}^{\cdot\cdot}) = p. \end{aligned}\right\} \tag{5.55}$$

Im Fall isotroper Sandwichplatten ist es also möglich, mit den Ansätzen (5.51) und (5.52) für die Partialdurchsenkungen w_M und w_Q alle drei Differentialgleichungen (5.53) zu erfüllen, da zwei von ihnen identisch werden.

Eine Entkoppelung der beiden Differentialgleichungen (5.55) ist leicht möglich. Im Sonderfall $n_x = 0$, $n_y = 0$, $n_{xy} = 0$ erhält man

$$\Delta\Delta w_M = \frac{p}{B_S}, \quad \Delta w_Q = -\frac{p}{A}; \tag{5.56}$$

die erste der Differentialgleichungen (5.56) ist also von vierter Ordnung. Aus (5.56) können mit Hilfe von (5.51) und (5.52) auch leicht die Differentialgleichungen (5.41) hergeleitet werden, die gleichfalls von vierter Ordnung sind. Die Einführung der Partialdurchsenkungen w_M und w_Q anstelle von w, γ_{xz} und γ_{yz} ist also der Streichung des Differentialoperators

$$D = 1 - \frac{1-\nu}{2}\frac{B_S}{A}\Delta$$

in den allgemeinen entkoppelten Differentialgleichungen (5.40) äquivalent.

Die Frage, ob es möglich ist, mit den vereinfachten Differentialgleichungen (5.55) bzw. (5.56) beliebige Kombinationen von Randbedingungen zu erfüllen, wird in Abschnitt 5.1.4 untersucht. Es wird sich zeigen, daß die Verminderung der Ordnung der Differentialgleichungen von sechs — so in (5.40) — auf vier — so in (5.55) und (5.56) — den Verlust je einer frei erfüllbaren Randbedingung pro Rand bedeutet. Insofern stellt die Einführung der Partialdurchsenkungen w_M und w_Q bzw. die Streichung des Operators D in (5.40) eine Einschränkung der Lösungsvielfalt der Differentialgleichungen für die Plattenverschiebungen dar.

Nunmehr soll noch der Zusammenhang zwischen Partialdurchsenkungen und Schnittlasten einer isotropen Sandwichplatte ermittelt werden. Einsetzen von (5.51) und (5.52) in (5.29) liefert unter Beachtung von (5.35) die Beziehungen

$$\left.\begin{aligned} m_x &= -B_S(w_M'' + \nu w_M^{\cdot\cdot}), & m_y &= -B_S(w_M^{\cdot\cdot} + \nu w_M''), \\ m_{xy} &= -(1-\nu) B_S w_M'^{\cdot}, & q_x &= A w_Q', \quad q_y = A w_Q^{\cdot}. \end{aligned}\right\} \tag{5.57}$$

Aus (5.57) erkennt man sofort Herkunft und physikalische Bedeutung der Partialdurchsenkungen: w_M wird von den Biegemomenten m_x und m_y sowie vom Torsionsmoment m_{xy} aufgrund der Biege- und Torsionsverformbarkeit der Sandwichplatte verursacht [Biegesteifigkeit B_S, Torsionssteifigkeit $2T_S = (1-\nu)B_S$] und w_Q von den Querkräften q_x und q_y aufgrund der Schubverformbarkeit der Sandwichplatte (Schubsteifigkeit A). Man bezeichnet daher w_M als Biegeanteil der Gesamtdurchsenkung w und w_Q als Schubanteil der Gesamtdurchsenkung w. Im Falle $A = \infty$ (schubstarre Platte) folgt aus der ersten Gleichung (5.55) sofort $w_Q = 0$, während die zweite Gleichung (5.55) mit $w_M = w$ und für $n_x = 0$, $n_y = 0$, $n_{xy} = 0$ die bekannte Kirchhoffsche Plattengleichung liefert, vgl. (5.44).

5.1.4. Randbedingungen

Bei Integration der partiellen Differentialgleichungen (5.32) für w, γ_{xz} und γ_{yz} bzw. (5.55) für w_M und w_Q ergeben sich in deren Lösungen willkürliche Integrationskonstanten; ihre Berechnung wird mit Hilfe der Randbedingungen durchgeführt. Eine Zusammenstellung der wichtigsten Lagerungsarten an den Plattenrändern samt zugehöriger Bedingungsgleichungen wird für Sandwichplatten mit ebenen, dünnen Deckschichten in Tab. 5.1 angegeben.

An jedem Rand einer Sandwichplatte mit ebenen, dünnen Deckschichten sind drei Randbedingungen zu erfüllen, an zwei gegenüberliegenden Rändern einer Rechteckplatte zusammen (z. B. bei $x=0$ und $x=l_x$ oder $y=0$ und $y=l_y$) also sechs. Die Anzahl der Gleichungen stimmt demnach überein mit der Ordnung der durch Entkoppelung des Systems (5.32) sich ergebenden partiellen Differentialgleichungen für w, γ_{xz} und γ_{yz} [vgl. die Schlußbemerkung in Abschnitt 5.1.2.6 sowie im Isotropiefalle die Beziehungen (5.40)]. Das vorliegende Integrationsproblem erlaubt also die strenge Erfüllung aller drei Randbedingungen an jedem Rand der Rechteckplatte. Zur Spalte IV der Tab. 5.1 werden hierzu folgende Erläuterungen gegeben (Rand $x=$ konst):

Zeile 1: Wegen $w=0$ längs $x=$ konst ist auch $w^{\cdot\cdot}=0$, so daß aus der Randbedingung $m_x=0$ mit (5.29) die Beziehung $\gamma_{xz}{}'-w''+\nu_y\gamma_{yz}{}^{\cdot}=0$ folgt.

Zeile 2: Wegen $w=0$ und $\gamma_{yz}=0$ längs $x=$ konst sind auch $w^{\cdot\cdot}=0$ und $\gamma_{yz}{}^{\cdot}=0$, so daß aus der Randbedingung $m_x=0$ mit (5.29) die Beziehung $\gamma_{xz}{}'-w''=0$ folgt. Zwangsläufig ergibt sich hiermit gemäß (5.29) auch $m_y=0$ längs $x=$ konst.

Zeile 4: Wegen $q_x=0$ längs $x=$ konst sind gemäß (5.29) auch $\gamma_{xz}=0$ und $\gamma_{xz}{}^{\cdot}=0$, so daß die Randbedingung $m_{xy}=0$ mit (5.29) die Beziehung $\gamma_{yz}{}'-2w'^{\cdot}=0$ liefert.

Zeile 5: Wegen der starren Randversteifung sind $\gamma_{yz}=0$ und $w=Ay+B$ längs $x=$ konst, woraus $\gamma_{yz}{}^{\cdot}=0$ und $w^{\cdot\cdot}=0$ folgen; die Randbedingung $m_x=0$ liefert also mit (5.29) die Beziehung $\gamma_{xz}{}'-w''=0$.

Zeile 6: Wegen $q_x=0$ längs $x=$ konst ist gemäß (5.29) auch $\gamma_{xz}=0$, so daß die Randbedingung $\gamma_{xz2}=0$ mit (5.3) die Beziehung $w'=0$ liefert.

Liegt der Sonderfall einer isotropen Sandwichplatte mit ebenen, dünnen Deckschichten vor, dann kann nach Abschnitt 5.1.3 anstelle von w, γ_{xz} und γ_{yz} auch mit den Partialdurchsenkungen w_M und w_Q gemäß (5.51) und (5.52) gerechnet werden. Die partiellen Differentialgleichungen für w_M und w_Q, die sich nach Entkoppelung des Systems (5.53) ergeben, sind — im Gegensatz zu (5.40) — nur von vierter Ordnung[1]. Daher können an zwei gegenüberliegenden Rändern einer Rechteckplatte zusammen auch nur vier Randbedingungen erfüllt werden, pro Rand also nur jeweils zwei und damit eine weniger als in Spalte III der Tab. 5.1 angegeben. Der Grund

[1] Im Sonderfall $n_x=0$, $n_y=0$, $n_{xy}=0$ vgl. z. B. (5.56).

Tabelle 5.1. *Randbedingungen von Sandwichplatten mit ebenen, dünnen Deckschichten*

	I	II		III	IV	V
	Lagerungsarten			Bedingungsgleichungen für einen Rand $x = \text{konst.}$		
	Bild	Bezeichnung		Ausgedrückt durch Verschiebungen und Schnittlasten	Ausgedrückt durch w, γ_{xz} und γ_{yz}	Ausgedrückt durch w_M und w_Q (nur bei isotropen Sandwichplatten)
1	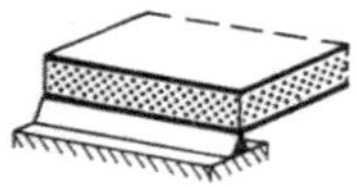	Gelenkiges Linienauflager	ohne Randversteifung	$w = 0$ $m_x = 0$ $m_{xy} = 0$	$w = 0$ $\gamma_{xz}' - w'' + \nu_y \gamma_{yz}^{\cdot} = 0$ $\gamma_{xz}^{\cdot} + \gamma_{yz}' - 2w'^{\cdot} = 0$	$w_M + w_Q = 0$ $w_M'' + \nu w_M^{\cdot\cdot} = 0$
2	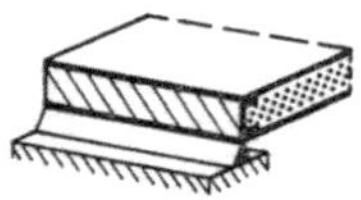		mit Randversteifung	$w = 0$ $m_x = 0$ $\gamma_{yz} = 0$	$w = 0$ $\gamma_{xz}' - w'' = 0$ $\gamma_{yz} = 0$	
3	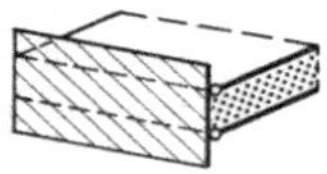	Starre Einspannung		$w = 0$ $\gamma_{xz2} = 0$ $\gamma_{yz} = 0$	$w = 0$ $\gamma_{xz} - w' = 0$ $\gamma_{yz} = 0$	$w_M + w_Q = 0$ $w_M' = 0$
4	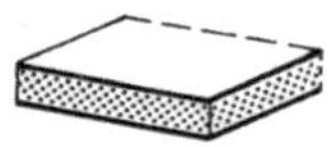	Freier Plattenrand	ohne Randversteifung	$m_x = 0$ $q_x = 0$ $m_{xy} = 0$	$(\gamma_{xz}' - w'') + \nu_y (\gamma_{yz}^{\cdot} - w^{\cdot\cdot}) = 0$ $\gamma_{xz} = 0$ $\gamma_{yz}' - 2w'^{\cdot} = 0$	$w_M'' + \nu w_M^{\cdot\cdot} = 0$ $w_M''' + (2-\nu) w_M'^{\cdot\cdot} = 0$
5			mit Randversteifung	$m_x = 0$ $q_x = 0$ $\gamma_{yz} = 0$	$\gamma_{xz}' - w'' = 0$ $\gamma_{xz} = 0$ $\gamma_{yz} = 0$	
6	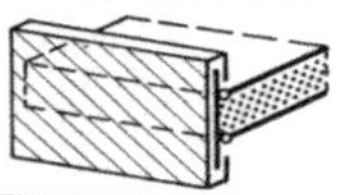	Vertikal geführte Einspannung		$\gamma_{xz2} = 0$ $q_x = 0$ $\gamma_{yz} = 0$	$w' = 0$ $\gamma_{xz} = 0$ $\gamma_{yz} = 0$	$w_M' = 0$ $w_M''' = 0$

hierfür liegt im Ansatz (5.51) für die Partialdurchsenkungen: Aus $\gamma_{xz} = w_Q'$ und $\gamma_{yz} = w_Q^{\cdot}$ ergibt sich unmittelbar

$$\gamma_{xz}^{\cdot} = \gamma_{yz}'. \tag{5.58}$$

Die Methode der Partialdurchsenkungen schränkt demnach die Lösungsvielfalt der Differentialgleichungen im gesamten Plattenbereich (also auch an den Plattenrändern) auf solche Verschiebungen ein, die die Beziehung (5.58) erfüllen und nur noch die Vorgabe zweier willkürlicher Randbedingungen pro Rand erlauben; die dritte Randbedingung ist dann durch (5.58) implizit festgelegt. In einem vorgegebenen Lagerungsfall muß man also auf die exakte Erfüllung einer der drei in Spalte III der Tab. 5.1 angegebenen Randbedingungen verzichten und sich mit einer Näherungslösung begnügen. Welche der drei Randbedingungen pro Rand man jeweils wegläßt oder verändert, wird fallweise entschieden und hängt davon ab, welche der Randbedingungen sich am wenigsten auf den Gesamtverlauf der Verformungen und Schnittlasten der Sandwichplatte auswirkt. Zur Spalte V der Tab. 5.1 werden hierzu folgende Erläuterungen gegeben (Rand $x = \text{konst}$):

Zeilen 1 und 2: Nur die beiden ersten Randbedingungen der Spalte III werden erfüllt. Speziell liefert $m_x = 0$ längs $x = \text{konst}$ gemäß (5.57) die Beziehung $w_M'' + \nu w_M^{\cdot\cdot} = 0$.

Zeile 3: Nur die beiden ersten Randbedingungen der Spalte III werden erfüllt. Speziell liefert $\gamma_{xz2} = 0$ längs $x = \text{konst}$ gemäß (5.51) die Beziehung $w_M' = 0$. Zwangsläufig wird hiermit auch $w_M'^{\cdot} = 0$, also gemäß (5.57) $m_{xy} = 0$ längs $x = \text{konst}$. Das ist für einen eingespannten Plattenrand zwar keine technisch realistische Randbedingung (realistischer wäre $\gamma_{yz} = 0$, wie in Spalte III angegeben), jedoch wirken sich weder $m_{xy} = 0$ noch $\gamma_{yz} = 0$ längs $x = \text{konst}$ wesentlich auf den Gesamtverlauf der Schnittlasten und Verschiebungen der Sandwichplatte aus, sondern sind vorwiegend von lokaler Bedeutung.

Zeilen 4 und 5: Nur die erste Randbedingung der Spalte III wird erfüllt, also $m_x = 0$ längs $x = \text{konst}$, woraus mit (5.57) sofort $w_M'' + \nu w_M^{\cdot\cdot} = 0$ folgt. Anstelle der zweiten und dritten Randbedingung wird das Verschwinden der Summe aus Querkraft und Ersatzscherkraft[1] gefordert: $\bar{q}_x = q_x + m_{xy}^{\cdot} = 0$ längs $x = \text{konst}$, also gemäß (5.57) unter Berücksichtigung der ersten Gleichung (5.55)

$$\bar{q}_x = -B_S[w_M''' + (2-\nu) w_M'^{\cdot\cdot}]. \tag{5.59}$$

Zeile 6: Nur die erste Randbedingung der Spalte III wird erfüllt: $\gamma_{yz2} = 0$ längs $x = \text{konst}$ liefert $w_M' = 0$, woraus auch $w_M'^{\cdot} = 0$, $w_M'^{\cdot\cdot} = 0$ und — mit (5.57) — $m_{xy} = 0$ folgen. Anstelle der zweiten und dritten Randbedingung in Spalte III wird wieder $\bar{q}_x = q_x + m_{xy}^{\cdot} = 0$ längs $x = \text{konst}$ gefordert, also wegen $w_M'^{\cdot\cdot} = 0$ gemäß (5.59) $w_M''' = 0$. Bezüglich der Frage, wie realistisch $m_{xy} = 0$ längs $x = \text{konst}$ ist, gilt ähnliches wie in Zeile 3.

[1] Bezüglich der Ersatzscherkraft vgl. etwa [10], § 66, Formel (44). Sie entsteht durch Umrechnung des Randtorsionsmomentes m_{xy} und ist diesem statisch gleichwertig.

Nunmehr wird noch ein wichtiger Sonderfall untersucht: Eine rechteckförmige Sandwichplatte sei so gelagert, daß längs ihres gesamten Umfanges

$$w = w_M + w_Q = 0, \quad \Delta w_M = 0 \tag{5.60}$$

sind. Wählt man in (5.55) die willkürliche Integrationskonstante C zu null, dann liefert (5.55) sofort $w_Q = 0$, womit die erste Gleichung (5.60) auch $w_M = 0$ liefert:

$$w_M = 0, \quad w_Q = 0. \tag{5.61}$$

$\Delta w_M = 0$ hat also zur Folge, daß nicht nur die Gesamtdurchsenkung $w = w_M + w_Q$, sondern auch die Partialdurchsenkungen w_M und w_Q einzeln längs aller vier Ränder der Rechteckplatte verschwinden. Damit gilt z. B. für einen Rand $x =$ konst auch $w_M^{\cdot\cdot} = 0$ und $w_Q^{\cdot} = 0$, also wegen $\Delta w_M = w_M'' + w_M^{\cdot\cdot} = 0$ auch $w_M'' = 0$, so daß mit (5.51) und (5.57) sofort

$$\gamma_{yz} = 0, \quad m_x = 0, \quad m_y = 0 \tag{5.62}$$

folgen; analoge Beziehungen findet man für einen Rand $y =$ konst. Die Randbedingungen (5.60) entsprechen demnach — wie Zeile 2, Spalte III der Tab. 5.1 zu entnehmen — einer ringsum gelenkigen Linienauflagerung der Sandwichplatte mit Randversteifung.

Weiterhin ergibt sich unter Beachtung von (5.56), (5.60) und (5.61) mit den Abkürzungen $w[A = \infty] = w_B$, $w[B_S = \infty] = w_S$ leicht[1]

$$w_B = w_M, \quad w_S = w_Q; \tag{5.63}$$

Durchbiegung w_B und Schubdurchsenkung w_S einer ringsum gelenkig gelagerten isotropen Rechteckplatte können also getrennt voneinander ermittelt werden und nachträglich zur Gesamtdurchsenkung w superponiert werden.

5.1.5. Spannungen in der Sandwichplatte

Hat man die Verschiebungen w, γ_{xz} und γ_{yz} aus (5.32) und (5.33) bzw. w_M und w_Q aus (5.55) unter Berücksichtigung der Randbedingungen berechnet, so kann man die Biegemomente, das Torsionsmoment und die Querkräfte der Sandwichplatte mit Hilfe von (5.29) bzw. (5.57) ermitteln. Damit lassen sich auch die Spannungen berechnen: Auflösen der Beziehungen (5.29) nach den Verformungsgrößen und Einsetzen in die Spannungsbeziehungen (5.11) bzw. (5.7) liefert unter Beachtung der Verzerrungen (5.6) mit (5.3) sowie der Querschnittswerte (5.13), (5.19), (5.21), (5.26), (5.27) nach kurzer Rechnung die Gleichungen

$$\left.\begin{aligned}
\sigma_{xu} &= \frac{1}{t_u}\left(\frac{D_{xu}}{D_x}\, n_x + \frac{1}{a}\, m_x\right), & \sigma_{xo} &= \frac{1}{t_o}\left(\frac{D_{xo}}{D_x}\, n_x - \frac{1}{a}\, m_x\right),\\
\sigma_{yu} &= \frac{1}{t_u}\left(\frac{D_{yu}}{D_y}\, n_y + \frac{1}{a}\, m_y\right), & \sigma_{yo} &= \frac{1}{t_o}\left(\frac{D_{yo}}{D_y}\, n_y - \frac{1}{a}\, m_y\right),\\
\tau_{xyu} &= \frac{1}{t_u}\left(\frac{A_{xyu}}{A_{xy}}\, n_{xy} + \frac{1}{a}\, m_{xy}\right), & \tau_{xyo} &= \frac{1}{t_o}\left(\frac{A_{xyo}}{A_{xy}}\, n_{xy} - \frac{1}{a}\, m_{xy}\right),\\
\tau_{xz} &= \frac{1}{a}\, q_x, & \tau_{yz} &= \frac{1}{a}\, q_y.
\end{aligned}\right\} \tag{5.64}$$

[1] Differentialgleichungen und Randbedingungen für w_B und w_M einerseits sowie für w_S und w_Q andrerseits sind identisch.

In (5.64) ist zu beachten, daß wegen (5.22)

$$\frac{D_{xu}}{D_x} = \frac{D_{yu}}{D_y} = \frac{A_{xyu}}{A_{xy}}, \quad \frac{D_{xo}}{D_x} = \frac{D_{yo}}{D_y} = \frac{A_{xyo}}{A_{xy}}$$

gilt. Im Sonderfall gleich dicker Deckschichten ($t_u = t_o = t$) mit gleichem Elastizitätsmodul ($E_u = E_o = E$) vereinfachen sich die ersten sechs Gleichungen (5.64) zu

$$\left.\begin{aligned} \sigma_{xu,o} &= \frac{1}{t}\left(\frac{n_x}{2} \pm \frac{m_x}{a}\right), \quad \sigma_{yu,o} = \frac{1}{t}\left(\frac{n_y}{2} \pm \frac{m_y}{a}\right), \\ \tau_{xyu,o} &= \frac{1}{t}\left(\frac{n_{xy}}{2} \pm \frac{m_{xy}}{a}\right). \end{aligned}\right\} \tag{5.65}$$

5.2. Beispiele querbelasteter Sandwichplatten

5.2.1. Ringsum gelenkig gelagerte isotrope Rechteckplatte

5.2.1.1. Beliebige Querbelastung $p(x,y)$

Vorgelegt ist eine ringsum gelenkig gelagerte isotrope Sandwichplatte mit Randversteifung unter beliebiger Querbelastung $p(x,y)$ (vgl. Abb. 33). Wegen der Isotropie darf gemäß Abschnitt 5.1.3 die Methode der Partial-

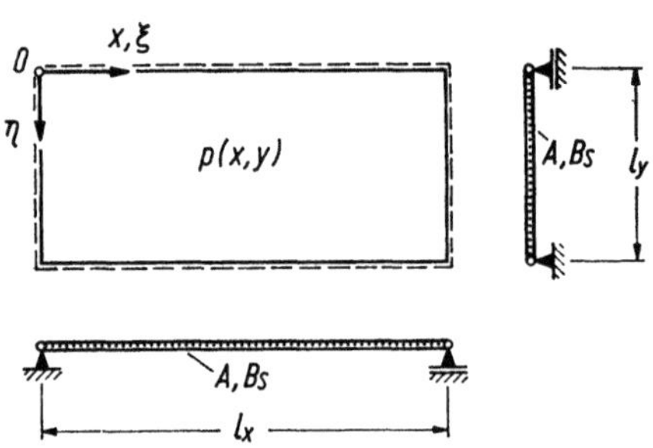

Abb. 33. Gelenkig gelagerte Rechteckplatte unter Querbelastung

durchsenkungen verwendet werden, und wegen der ringsum gelenkigen Lagerung mit Randversteifung dürfen gemäß (5.63) Durchbiegung $w_B = w_M$ und Schubdurchsenkung $w_S = w_Q$ unabhängig voneinander berechnet werden, ehe sie zur Gesamtdurchsenkung w überlagert werden. Es wird von den Differentialgleichungen (5.56) für w_M und w_Q ausgegangen.

Die Flächenbelastung $p(x,y)$ läßt sich in eine Fouriersche Doppelsinusreihe entwickeln:

$$p(x,y) = \sum_{j=1}^{\infty}\sum_{k=1}^{\infty} p_{jk} \sin\frac{j\pi x}{l_x} \sin\frac{k\pi y}{l_y}; \tag{5.66}$$

die Fourier-Koeffizienten p_{jk} in (5.66) ergeben sich aus

$$p_{jk} = \frac{4}{l_x l_y} \int_0^{l_x} \int_0^{l_y} p(x,y) \sin \frac{j\pi x}{l_x} \sin \frac{k\pi y}{l_y} \, dx \, dy. \tag{5.67}$$

Der Biegeanteil $w_M(x,y)$ der Gesamtdurchsenkungsfläche $w(x,y)$ wird ebenfalls als Doppelsinusreihe

$$w_M(x,y) = \sum_{j=1}^{\infty} \sum_{k=1}^{\infty} w_{Mjk} \sin \frac{j\pi x}{l_x} \sin \frac{k\pi y}{l_y} \tag{5.68}$$

mit noch unbekannten Koeffizienten w_{Mjk} angesetzt. Dieser Ansatz erfüllt bereits die Randbedingungen $w_M = 0$ und $\Delta w_M = 0$ der Platte gemäß (5.60) und (5.61), da w_M und Δw_M gliedweise den Faktor $\sin(j\pi x/l_x) \cdot \sin(k\pi y/l_y)$ enthalten, der an den Rändern $x=0$, $x=l_x$, $y=0$ und $y=l_y$ verschwindet. Um auch die Differentialgleichung $\Delta\Delta w_M = p/B_S$ gemäß (5.56) zu erfüllen, werden die Beziehungen (5.66) und (5.68) in diese eingesetzt; Koeffizientenvergleich in $\sin(j\pi x/l_x) \cdot \sin(k\pi y/l_y)$ liefert

$$w_{Mjk} = \frac{p_{jk}}{\pi^4 (j^2/l_x^2 + k^2/l_y^2)^2 B_S}. \tag{5.69}$$

Einsetzen von (5.69) in (5.68) ergibt die Durchsenkungsfläche $w_M(x,y)$.

Auch der Schubanteil $w_Q(x,y)$ der Gesamtdurchsenkungsfläche $w(x,y)$ ergibt sich als Doppelsinusreihe:

$$w_Q(x,y) = \sum_{j=1}^{\infty} \sum_{k=1}^{\infty} w_{Qjk} \sin \frac{j\pi x}{l_x} \sin \frac{k\pi y}{l_y}. \tag{5.70}$$

Sie erfüllt überall die Randbedingung $w_S = 0$ der Platte gemäß (5.61); ihre Koeffizienten w_{Qjk} ergeben sich durch Einsetzen in die aus (5.55) für $C = 0$ folgende Beziehung $w_Q = -B_S \Delta w_M / A$ und Koeffizientenvergleich in $\sin(j\pi x/l_x) \cdot \sin(k\pi y/l_y)$ zu

$$w_{Qjk} = \frac{p_{jk}}{\pi^2 (j^2/l_x^2 + k^2/l_y^2) A}. \tag{5.71}$$

Einsetzen von (5.71) in (5.70) ergibt die Durchsenkungsfläche $w_Q(x,y)$.

Die Gesamtdurchsenkungsfläche $w(x,y)$ erhält man gemäß (5.52) durch Superposition der Partialdurchsenkungsfläche (5.68) und (5.70) zu

$$w(x,y) = \sum_{j=1}^{\infty} \sum_{k=1}^{\infty} w_{jk} \sin \frac{j\pi x}{l_x} \sin \frac{k\pi y}{l_y} \tag{5.72}$$

mit

$$w_{jk} = w_{Mjk} + w_{Qjk}. \tag{5.73}$$

Führt man die dimensionslosen Abkürzungen

$$\varkappa = \frac{l_y}{l_x}, \quad \xi = \frac{x}{l_x}, \quad \eta = \frac{y}{l_y} \tag{5.74}$$

ein, dann wird

$$w(\xi,\eta)=\sum_{j=1}^{\infty}\sum_{k=1}^{\infty} w_{jk}\sin j\pi\xi\sin k\pi\eta \tag{5.75}$$

mit

$$w_{jk}=\frac{p_{jk}\,l_x^4}{B_S}\,\frac{\varkappa^4}{\pi^4(\varkappa^2 j^2+k^2)^2}+\frac{p_{jk}l_x^2}{A}\,\frac{\varkappa^2}{\pi^2(\varkappa^2 j^2+k^2)}. \tag{5.76}$$

Die Schnittlasten der Sandwichplatte ergeben sich mit Hilfe der Beziehungen (5.57) ebenfalls als trigonometrische Doppelreihen:

$$\left.\begin{aligned}
m_x(\xi,\eta)&=\sum_{j=1}^{\infty}\sum_{k=1}^{\infty} m_{xjk}\sin j\pi\xi\sin k\pi\eta,\\
m_y(\xi,\eta)&=\sum_{j=1}^{\infty}\sum_{k=1}^{\infty} m_{yjk}\sin j\pi\xi\sin k\pi\eta,\\
m_{xy}(\xi,\eta)&=\sum_{j=1}^{\infty}\sum_{k=1}^{\infty} m_{xyjk}\cos j\pi\xi\cos k\pi\eta,\\
q_x(\xi,\eta)&=\sum_{j=1}^{\infty}\sum_{k=1}^{\infty} q_{xjk}\cos j\pi\xi\sin k\pi\eta,\\
q_y(\xi,\eta)&=\sum_{j=1}^{\infty}\sum_{k=1}^{\infty} q_{yjk}\sin j\pi\xi\cos k\pi\eta
\end{aligned}\right\} \tag{5.77}$$

mit den Koeffizienten

$$\left.\begin{aligned}
m_{xjk}&=p_{jk}l_x^2\frac{\varkappa^2(\varkappa^2 j^2+\nu k^2)}{\pi^2(\varkappa^2 j^2+k^2)^2},\\
m_{yjk}&=p_{jk}l_x^2\frac{\varkappa^2(\varkappa^2\nu j^2+k^2)}{\pi^2(\varkappa^2 j^2+k^2)^2},\\
m_{xyjk}&=p_{jk}l_x^2\frac{-(1-\nu)\varkappa^3 j k}{\pi^2(\varkappa^2 j^2+k^2)^2},\\
q_{xjk}&=p_{jk}l_x\frac{\varkappa^2 j}{\pi(\varkappa^2 j^2+k^2)},\\
q_{yjk}&=p_{jk}l_x\frac{\varkappa k}{\pi(\varkappa^2 j^2+k^2)}.
\end{aligned}\right\} \tag{5.78}$$

5.2.1.2. Konstante Flächenbelastung p_0

Entwickelt man die konstante Flächenlast p_0 in eine Fouriersche Doppelsinusreihe, dann liefert (5.67) für deren Koeffizienten

$$p_{jk}=\frac{16\,p_0}{\pi^2 j k}\quad (j,k=1,3,5,\ldots). \tag{5.79}$$

Wie aus Symmetriegründen nicht anders zu erwarten, treten nur ungerade Sinuswellen auf ($j, k = 1, 3, 5, \ldots$). Einsetzen von (5.79) in (5.76) und (5.78) liefert die Reihenkoeffizienten der Gesamtdurchsenkung und der Schnittlasten; durch Summation der Reihenglieder erhält man die Durchsenkungsfläche und die Schnittlastverläufe. Eine Auswertung der Reihen für einige Plattenpunkte, einige Seitenverhältnisse $\varkappa = l_y / l_x$ der Rechteckplatte sowie die beiden Querkontraktionszahlen[1] $\nu = 0$ und $\nu = 0{,}5$ wird in Tab. 5.2 angegeben. Die Reihen konvergieren um so schlechter, je größer $\varkappa$ ist; außerdem konvergieren die Reihen für die Querkräfte langsamer als die für die Durchsenkungen.

Tabelle 5.2. *Partialdurchsenkungen und Schnittlasten einer allseitig gelenkig gelagerten Sandwichplatte mit dünnen Deckschichten*

$\varkappa = \frac{l_y}{l_x}$	$\frac{w_M}{p_0 l_x^4 / B_S}$	$\frac{w_Q}{p_0 l^2 / A}$	$\frac{m_x}{p_0 l_x^2}$		$\frac{m_y}{p_0 l_x^2}$		$-\frac{m_{xy}}{p_0 l_x^2}$		$\frac{q_x}{p_0 l_x}$	$\frac{q_y}{p_0 l_x}$
	$\xi = 0{,}5$ $\eta = 0{,}5$	$\xi = 0{,}5$ $\eta = 0{,}5$	$\xi = 0{,}5$ $\eta = 0{,}5$		$\xi = 0{,}5$ $\eta = 0{,}5$		$\xi = 0$ $\eta = 0$		$\xi = 0$ $\eta = 0{,}5$	$\xi = 0{,}5$ $\eta = 0$
	ν	ν	$\nu = 0$	$\nu = 0{,}5$	$\nu = 0$	$\nu = 0{,}5$	$\nu = 0$	$\nu = 0{,}5$	ν	ν
1	0,00406	0,0737	0,0368	0,0552	0,0368	0,0552	0,0462	0,0231	0,338	0,338
1,2	0,00564	0,0868	0,0524	0,0696	0,0344	0,0606	0,0543	0,0272	0,380	0,352
1,4	0,00706	0,0968	0,0660	0,0814	0,0308	0,0638	0,0595	0,0298	0,411	0,362
1,6	0,00830	0,1042	0,0784	0,0913	0,0258	0,0650	0,0629	0,0315	0,435	0,365
1,8	0,00931	0,1098	0,0884	0,0991	0,0214	0,0656	0,0650	0,0325	0,452	0,368
2	0,01013	0,1139	0,0965	0,1052	0,0174	0,0657	0,0661	0,0331	0,465	0,370
3	0,01223	0,1227	0,1174	0,1201	0,0053	0,0640	0,0677	0,0338	0,493	0,372
4	0,01282	0,1245	0,1230	0,1238	0,0015	0,0630	0,0678	0,0339	0,498	0,372
5	0,01297	0,1249	0,1247	0,1248	0,0002	0,0626	0,0678	0,0339	0,500	0,372
∞	0,01302	0,1250	0,1250	0,1250	0	0,0625	0,0678	0,0339	0,500	0,372

Zwei Bemerkungen zu Tab. 5.2:

a) Die Größen w_M, w_Q, m_x, m_{xy}, q_x und q_y nehmen für die in Tab. 5.2 angegebenen Plattenpunkte (ξ, η) ihre Größtwerte an. m_y hat hingegen nur für $\varkappa = 1$ und 1,2 seinen Größtwert an der in Tab. 5.2 angegebenen Stelle $\xi = 0{,}5$, $\eta = 0{,}5$; für $\varkappa \geqq 1{,}4$ hingegen treten zwei Maxima auf der Geraden $\eta = 0{,}5$ auf, die links und rechts von der Plattenmitte symmetrisch zu $\xi = 0{,}5$ liegen; sie wurden hier nicht berechnet[2].

b) Da m_x, m_y und m_{xy} gemäß (5.78) linear von der Querkonstraktionszahl ν abhängen, können die Biege- und Torsionsmomente für andere als die in Tab. 5.2 angegebenen Querkonstraktionszahlen $\nu = 0$ und $\nu = 0{,}5$ durch lineare Interpolation ermittelt werden.

[1] Die Querkontraktionszahl ν geht gemäß (5.56) und (5.57) allerdings nur in die Zahlenfaktoren vor m_x, m_y und m_{xy} ein, nicht jedoch in jene vor w_M, w_Q, q_x und q_y.

[2] Vgl. hierzu etwa [11], Tafeln von CZERNY.

5.2.2. Isotrope Rechteckplatte mit einem gelenkigen und einem freien Randpaar

5.2.2.1. Beliebige x-Achsen-symmetrische Querbelastung

Vorgelegt ist eine isotrope Sandwichplatte mit einem gelenkigen und einem freien Randpaar (vgl. Abb. 34) unter einer zur x-Achse symmetrischen, aber sonst beliebigen Querbelastung $p(x,y)$. Das gelenkige Randpaar an den Linienauflagern ($x=0$ und $x=l_x$) hat eine starre Randversteifung, das freie Randpaar ($y=0$ und $y=l_y$) dagegen keine. Es wird von den Differentialgleichungen (5.40) für w, γ_{xz} und γ_{yz} ausgegangen.

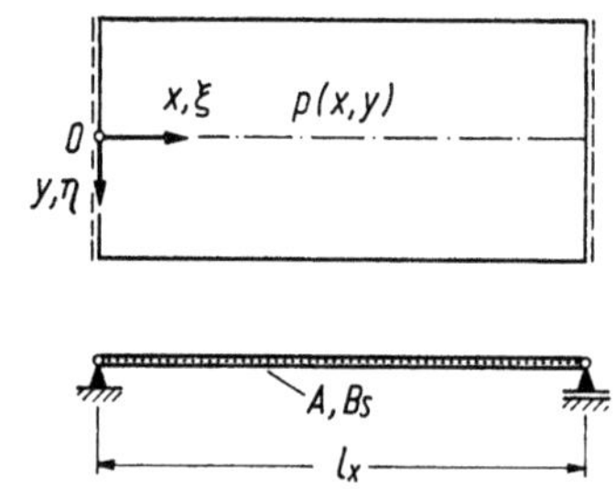

Abb. 34. Rechteckplatte mit gelenkigem und freiem Randpaar

Die Flächenbelastung $p(x,y)$ kann in x-Richtung in eine Fourier-Sinusreihe entwickelt werden:

$$p(x,y)=\sum_{j=1}^{\infty} p_j(y)\sin\frac{j\pi x}{l_x}; \tag{5.80}$$

die Fourier-Koeffizienten $p_j(y)$ in (5.80) ergeben sich aus

$$p_j(y)=\frac{2}{l_x}\int_0^{l_x} p(x,y)\sin\frac{j\pi x}{l_x}\,\mathrm{d}x. \tag{5.81}$$

Die Verschiebungen $w(x,y)$, $\gamma_{xz}(x,y)$ und $\gamma_{yz}(x,y)$ werden ebenfalls als trigonometrische Reihen in x-Richtung mit noch unbekannten Koeffizienten angesetzt:

$$\left.\begin{aligned} w(x,y)&=\sum_{j=1}^{\infty} w_j(y)\sin\frac{j\pi x}{l_x}, \quad \gamma_{xz}(x,y)=\sum_{j=1}^{\infty}\gamma_{xzj}(y)\cos\frac{j\pi x}{l_x},\\ \gamma_{yz}(x,y)&=\sum_{j=1}^{\infty}\gamma_{yzj}(y)\sin\frac{j\pi x}{l_x}. \end{aligned}\right\} \tag{5.82}$$

Diese Ansätze erfüllen an den beiden Rändern $x=0$ und $x=l_x$ bereits die drei Randbedingungen $w=0$, $m_x=0$ und $\gamma_{yz}=0$ der Platte gemäß Tab. 5.1, Zeile 2, da w, m_x und γ_{yz} gliedweise den Faktor $\sin j\pi x/l_x$ enthalten, der für $x=0$ und $x=l_x$ verschwindet. Die Ansätze (5.82) werden nun in die partiellen Differentialgleichungen (5.40) eingesetzt, und nach

Koeffizientenvergleich in $\sin j\pi x/l_x$ bzw. $\cos j\pi x/l_x$ erhält man für die noch von y abhängigen Reihenkoeffizienten $w_j(y)$, $\gamma_{xzj}(y)$ und $\gamma_{yzj}(y)$ je eine gewöhnliche Differentialgleichung. Folgende Abkürzungen werden im Verlaufe der Rechnung benutzt:

$$\left.\begin{aligned}
&\varkappa=\frac{l_y}{l_x},\quad \beta=\frac{B_S}{A\,l_y^2},\quad \alpha_j=\frac{j\pi}{l_x},\\
&\beta_j=\sqrt{\alpha_j^2+\frac{2}{(1-\nu)\beta l_y^2}},\quad \delta_j=\sqrt{\alpha_j^2+\frac{1}{\beta l_y^2}},\\
&\lambda_j=\frac{\alpha_j l_y}{2}=\frac{j\pi\varkappa}{2},\quad \mu_j=\frac{\beta_j l_y}{2}=\sqrt{\lambda_j^2+\frac{1}{2(1-\nu)\beta}},\\
&\xi=\frac{x}{l_x},\quad \eta=\frac{y}{l_y}.
\end{aligned}\right\}\qquad (5.83)$$

Mit (5.83) lauten die Differentialgleichungen für w_j, γ_{xzj} und γ_{yzj} $(j=1,2,3,\ldots)$

$$\left.\begin{aligned}
&\left(\frac{\partial^2}{\partial y^2}-\alpha_j^2\right)^2\left(\frac{\partial^2}{\partial y^2}-\beta_j^2\right)w_j=-\left(\frac{\partial^2}{\partial y^2}-\delta_j^2\right)\left(\frac{\partial^2}{\partial y^2}-\beta_j^2\right)\frac{p}{A},\\
&\left(\frac{\partial^2}{\partial y^2}-\alpha_j^2\right)^2\left(\frac{\partial^2}{\partial y^2}-\beta_j^2\right)\gamma_{xzj}=-\left(\frac{\partial^2}{\partial y^2}-\alpha_j^2\right)\left(\frac{\partial^2}{\partial y^2}-\beta_j^2\right)\alpha_j\frac{p}{A},\\
&\left(\frac{\partial^2}{\partial y^2}-\alpha_j^2\right)^2\left(\frac{\partial^2}{\partial y^2}-\beta_j^2\right)\gamma_{yzj}=-\left(\frac{\partial^2}{\partial y^2}-\alpha_j^2\right)\left(\frac{\partial^2}{\partial y^2}-\beta_j^2\right)\frac{p'}{A}\,.
\end{aligned}\right\}\qquad (5.84)$$

Alle drei Differentialgleichungen sind von sechster Ordnung, ihre allgemeinen Lösungen enthalten daher sechs Integrationskonstanten. Zum Beispiel lautet die allgemeine Lösung für w_j

$$\begin{aligned}
w_j=&\,C_{1j}\cosh\alpha_j y+C_{2j}\alpha_j y\sinh\alpha_j y+C_{3j}\cosh\beta_j y+\\
&+C_{4j}\sinh\alpha_j y+C_{5j}\alpha_j y\cosh\alpha_j y+C_{6j}\sinh\beta_j y+w_{Pj}\,.
\end{aligned}$$

Da die Belastung $p(x,y)$ voraussetzungsgemäß symmetrisch zu $x=0$ ist, sind w_j und γ_{xzj} ebenfalls symmetrisch zu $x=0$, während γ_{yzj} antimetrisch zu $x=0$ verläuft. In den Lösungen der Differentialgleichungen (5.84) brauchen bei w_j und γ_{xzj} also nur die symmetrischen Lösungsanteile ($\cosh\alpha_j y$, $\alpha_j y\sinh\alpha_j y$, $\cosh\beta_j y$) und bei γ_{yzj} nur die antimetrischen Lösungsanteile ($\sinh\alpha_j y$, $\alpha_j y\cosh\alpha_j y$, $\sinh\beta_j y$) berücksichtigt zu werden; man erhält dann

$$\left.\begin{aligned}
w_j&=C_{1j}\cosh\alpha_j y+C_{2j}\alpha_j y\sinh\alpha_j y+C_{3j}\cosh\beta_j y+w_{Pj},\\
\gamma_{xzj}&=D_{1j}\cosh\alpha_j y+D_{2j}\alpha_j y\sinh\alpha_j y+D_{3j}\cosh\beta_j y+\gamma_{xzPj},\\
\gamma_{yzj}&=E_{1j}\sinh\alpha_j y+E_{2j}\alpha_j y\cosh\alpha_j y+E_{3j}\sinh\beta_j y+\gamma_{yzPj},
\end{aligned}\right\}\qquad (5.85)$$

wobei w_{Pj}, γ_{xzPj} und γ_{yzPj} Partikularintegrale der Differentialgleichungen (5.84) darstellen.

Zwischen den Integrationskonstanten in (5.85) bestehen gewisse Zusammenhänge; diese ergeben sich, indem man (5.85) in (5.82) und sodann (5.82) in die noch unentkoppelten partiellen Differentialgleichungen (5.36) für $n_x = 0$, $n_y = 0$, $n_{xy} = 0$ einsetzt. Man findet nach einiger Rechnung

$$D_{1j} = E_{1j} = -2\alpha_j^3 \frac{B_S}{A} C_{2j}, \quad D_{2j} = E_{2j} = C_{3j} = 0, \quad E_{3j} = \frac{\alpha_j}{\beta_j} D_{3j}.$$

Ersetzt man noch zwecks Vereinfachung der entstehenden Ausdrücke D_{3j} durch die neue Konstanten C_{3j} gemäß

$$D_{3j} = 2\alpha_j^2 \beta_j \frac{B_S}{A} C_{3j},$$

dann gehen aus (5.85) die Beziehungen

$$\left.\begin{aligned} w_j &= C_{1j} \cosh \alpha_j y + C_{2j} \alpha_j y \sinh \alpha_j y + w_{Pj}, \\ \gamma_{xzj} &= 2\alpha_j^2 \frac{B_S}{A} (-C_{2j} \alpha_j \cosh \alpha_j y + C_{3j} \beta_j \cosh \beta_j y) + \gamma_{xzPj}, \\ \gamma_{yzj} &= 2\alpha_j^3 \frac{B_S}{A} (-C_{2j} \sinh \alpha_j y + C_{3j} \sinh \beta_j y) + \gamma_{yzPj} \end{aligned}\right\} \quad (5.86)$$

hervor. w_j, γ_{xzj} und γ_{yzj} gemäß (5.86) enthalten zusammen nur noch drei willkürliche Integrationskonstanten — genauso viele, wie noch Randbedingungen am Rand $y = l_y/2$ bzw. $y = -l_y/2$ vorliegen.

Für die beiden freien, unversteiften Plattenränder $y = l_y/2$ und $y = -l_y/2$ lauten die Randbedingungsgleichungen gemäß Tab. 5.1, Zeile 4

$$m_y(\pm l_y/2) = 0, \quad m_{xy}(\pm l_y/2) = 0, \quad q_y(\pm l_y/2) = 0.$$

Einsetzen von (5.82) und (5.86) in (5.29) ergibt die Schnittlasten m_y, m_{xy} und q_y, womit obige Randbedingungen unter Beachtung von β, λ_j und μ_j gemäß (5.83) die drei Bestimmungsgleichungen

$$a_{k1} C_{1j} + a_{k2} C_{2j} + a_{k3} C_{3j} = a_{k0} \quad (k = 1, 2, 3) \quad (5.87)$$

liefern mit den Koeffizienten

$$\left.\begin{aligned} a_{11} &= +(1-\nu) \cosh \lambda_j, \\ a_{12} &= +2\left[1 + (1-\nu)\alpha_j^2 \frac{B_S}{A}\right] \cosh \lambda_j + (1-\nu)\lambda_j \sinh \lambda_j, \\ a_{13} &= -2(1-\nu)\alpha_j \beta_j \frac{B_S}{A} \cosh \mu_j, \quad a_{21} = +\sinh \lambda_j, \\ a_{22} &= +\left(1 + 2\alpha_j^2 \frac{B_S}{A}\right) \sinh \lambda_j + \lambda_j \cosh \lambda_j, \\ a_{23} &= -(\alpha_j^2 + \beta_j^2) \frac{B_S}{A} \sinh \mu_j, \quad a_{31} = 0, \\ a_{32} &= -\alpha_j^2 \frac{B_S}{A} \sinh \lambda_j, \qquad a_{33} = +\alpha_j^2 \frac{B_S}{A} \sinh \mu_j, \\ a_{10} &= +\frac{m_{yPj}(y = l_y/2)}{\alpha_j^2 B_S}, \quad a_{20} = +\frac{m_{xyPj}(y = l_y/2)}{(1-\nu)\alpha_j^2 B_S}, \\ a_{30} &= -\frac{q_{yPj}(y = l_y/2)}{2\alpha_j A}. \end{aligned}\right\} \quad (5.88)$$

In (5.88) sind m_{yPj}, m_{xyPj} und q_{yPj} die zu den „Partikularverschiebungen" $w_{Pj}(y)\sin j\pi x/l_x$, $\gamma_{xzPj}(y)\cos j\pi x/l_x$ und $\gamma_{yzPj}(y)\sin j\pi x/l_x$ gemäß (5.29) berechneten „Partikularschnittlasten" ohne den Faktor $\sin j\pi x/l_x$ bzw. $\cos j\pi x/l_x$:

$$\left.\begin{aligned} m_{yPj} &= -B_S[(w_{Pj}{}^{\cdot\cdot} - \gamma_{yzPj}{}^{\cdot}) - \nu(\alpha_j{}^2 w_{Pj} - \alpha_j \gamma_{xzPj})], \\ m_{xyPj} &= -\frac{1-\nu}{2} B_S(2\alpha_j w_{Pj}{}^{\cdot} - \gamma_{xzPj}{}^{\cdot} - \alpha_j \gamma_{yzPj}), \\ q_{yPj} &= +A\gamma_{yzPj}. \end{aligned}\right\} \tag{5.89}$$

Auflösen der Gleichungen (5.87) nach C_{1j}, C_{2j} und C_{3j} sowie Einsetzen in (5.86) und (5.82) liefert die Verschiebungen der Sandwichplatte; die Schnittlasten ergeben sich dann aus (5.29).

5.2.2.2. Belastung $p(x,y) = p_0 \sin(\pi x/l_x)\cos(\pi y/l_y)$

Eine Fourier-Reihenentwicklung der vorliegenden Belastungsfunktion $p(x,y)$ erübrigt sich, da $p(x,y)$ bereits aus einer Sinuswelle in x-Richtung besteht:

$$p(x,y) = p_1(y)\sin\alpha_1 x, \quad p_1(y) = p_0 \cos\frac{\alpha_1}{\varkappa} y \tag{5.90}$$

mit $\alpha_1 = \pi/l_x$ gemäß (5.83) für $j = 1$. Aus (5.84) können leicht die Partikularintegrale

$$\left.\begin{aligned} w_{P1} &= +\left[\frac{\varkappa^2}{1+\varkappa^2}\frac{p_0}{\alpha_1{}^2 A} + \frac{\varkappa^4}{(1+\varkappa^2)^2}\frac{p_0}{\alpha_1{}^4 B_S}\right]\cos\frac{\alpha_1}{\varkappa} y, \\ \gamma_{xzP1} &= +\frac{\varkappa^2}{1+\varkappa^2}\frac{p_0}{\alpha_1 A}\cos\frac{\alpha_1}{\varkappa} y, \\ \gamma_{yzP1} &= -\frac{\varkappa}{1+\varkappa^2}\frac{p_0}{\alpha_1 A}\sin\frac{\alpha_1}{\varkappa} y \end{aligned}\right\} \tag{5.91}$$

ermittelt werden, woraus mit (5.89)

$$\left.\begin{aligned} m_{yP1} &= +\frac{\varkappa^2(1+\nu\varkappa^2)}{(1+\varkappa^2)^2}\frac{p_0}{\alpha_1{}^2}\cos\frac{\alpha_1}{\varkappa} y, \\ m_{xyP1} &= +\frac{(1-\nu)\varkappa^3}{(1+\varkappa^2)^2}\frac{p_0}{\alpha_1{}^2}\sin\frac{\alpha_1}{\varkappa} y, \\ q_{yP1} &= -\frac{\varkappa}{1+\varkappa^2}\frac{p_0}{\alpha_1}\sin\frac{\alpha_1}{\varkappa} y \end{aligned}\right\} \tag{5.92}$$

folgen. (5.91) und (5.92) stimmen überein mit (5.76), (5.77) und (5.78), wenn man dort $j = 1$, $k = 1$ setzt und die in Abb. 34 gegenüber Abb. 33 veränderte Lage des Koordinatenursprungs beachtet. Für a_{10}, a_{20} und a_{30} gemäß (5.88) erhält man mit (5.92) unter Beachtung von $\cos\alpha_1 l_y/2\varkappa = \cos\pi/2 = 0$ und $\sin\alpha_1 l_y/2\varkappa = \sin\pi/2 = 1$

$$\left.\begin{aligned} a_{10} = 0\,,\quad a_{20} &= \frac{\varkappa^3}{(1+\varkappa^2)^2}\frac{p_0}{\alpha_1^4 B_S} = \frac{\varkappa^3}{(1+\varkappa^2)^2\pi^4}\frac{p_0 l_x^4}{B_S}\,,\\ a_{30} &= \frac{\varkappa}{2(1+\varkappa^2)}\frac{p_0}{\alpha_1^2 A} = \frac{\varkappa^3\beta}{2(1+\varkappa^2)\pi^2}\frac{p_0 l_x^4}{B_S}\,. \end{aligned}\right\} \qquad (5.93)$$

Nunmehr kann das Gleichungssystem (5.87) gelöst werden. Der Übersichtlichkeit halber wird die Rechnung auf zwei Zahlenbeispiele konkretisiert.

a) Zahlenbeispiel 1: $\nu = 0{,}3$; $\varkappa = 1$; $\beta = 0{,}20$

Wegen $\beta = 0{,}20$ handelt es sich um eine relativ schubweiche Platte; z. B. würde eine Sandwichplatte mit Stahldeckschichten von 0,5 mm Dicke, einer Polyurethanschaumkernschicht von 35 mm Dicke und 40 kp/m³ Raumgewicht ($G_K = 23$ kp/cm²) sowie einer Spannweite von $l_x = l_y = 2{,}0$ m den Wert $\beta = 0{,}20$ liefern. Mit (5.83) ergeben sich

$$\lambda_1 = 1{,}57080\,,\qquad \mu_1 = 2{,}45740\,,\qquad \alpha_1^2 B_S/A = 1{,}97392\,,$$
$$\alpha_1\beta_1 B_S/A = 3{,}08806\,,\qquad \beta_1^2 B_S/A = 4{,}83106\,.$$

Das Gleichungssystem (5.87) liefert somit

$$C_{11} = +0{,}008578993\,p_0 l_x^4/B_S\,,\qquad C_{12} = -0{,}000868242\,p_0 l_x^4/B_S\,,$$
$$C_{13} = +0{,}000098097\,p_0 l_x^4/B_S\,;$$

hiermit liegen die Verschiebungen gemäß (5.86) und die Schnittlasten gemäß (5.29) fest. Man erhält nach einiger Zahlenrechnung

$$\left.\begin{aligned}
w &= \frac{p_0 l_x^4}{10^3 B_S}\Big[+\ 8{,}579\cosh\lambda_1\eta - 1{,}364\,\eta\sinh\lambda_1\eta + \\
&\qquad + 12{,}699\cos\frac{\pi}{2}\eta\Big]\sin\pi\xi\,,\\
m_x &= \frac{p_0 l_x^2}{10^2}\Big[+\ 4{,}073\cosh\lambda_1\eta - 0{,}942\,\eta\sinh\lambda_1\eta - \\
&\qquad -\ 0{,}419\cosh\mu_1\eta + 3{,}293\cos\frac{\pi}{2}\eta\Big]\sin\pi\xi\,,\\
m_y &= \frac{p_0 l_x^2}{10^2}\Big[-\ 1{,}845\cosh\lambda_1\eta + 0{,}942\,\eta\sinh\lambda_1\eta + \\
&\qquad +\ 0{,}419\cosh\mu_1\eta + 3{,}293\cos\frac{\pi}{2}\eta\Big]\sin\pi\xi\,,\\
m_{xy} &= \frac{p_0 l_x^2}{10^2}\Big[-\ 2{,}959\sinh\lambda_1\eta + 0{,}942\,\eta\cosh\lambda_1\eta + \\
&\qquad +\ 0{,}461\sinh\mu_1\eta + 1{,}773\sin\frac{\pi}{2}\eta\Big]\cos\pi\xi\,,\\
q_x &= \frac{p_0 l_x}{10^2}\Big[+\ 5{,}384\cosh\lambda_1\eta + 0{,}952\cosh\mu_1\eta + \\
&\qquad + 15{,}916\cos\frac{\pi}{2}\eta\Big]\cos\pi\xi\,,\\
q_y &= \frac{p_0 l_x}{10^2}\Big[+\ 5{,}384\sinh\lambda_1\eta + 0{,}608\sinh\mu_1\eta - \\
&\qquad - 15{,}916\sin\frac{\pi}{2}\eta\Big]\sin\pi\xi\,.
\end{aligned}\right\} \qquad (5.94)$$

Folgende Gleichgewichtskontrollen können angestellt werden und sind erfüllt:

$$\int_{-l_y/2}^{l_y/2} m_x(l_x/2, y)\,\mathrm{d}y = M_x(l_x/2) = \frac{2}{\pi^3} p_0 l_x^3,$$

$$\int_{-l_y/2}^{l_y/2} q_x(0, y)\,\mathrm{d}y \qquad = Q_x(0) = \frac{2}{\pi^2} p_0 l_x^2.$$

Eine graphische Darstellung von (5.94) zeigt Abb. 35 (ausgezogene Linien).

b) Zahlenbeispiel 2: $\nu = 0{,}3$; $\varkappa = 1$; $\beta = 0$

Wegen $\beta = 0$, also $A = \infty$, handelt es sich um eine schubstarre Platte; sie wird zu Vergleichszwecken untersucht. Die Differentialgleichungen (5.40) vereinfachen sich für $A = \infty$ zu[1]

$$\gamma_{xz} = 0, \quad \gamma_{yz} = 0, \quad \Delta\Delta w = \frac{p}{B_S}.$$

Von den Beziehungen (5.86) verbleibt daher allein die erste, die jedoch nur zwei willkürliche Integrationskonstanten enthält; am Plattenrand $y = l_y/2$ bzw. $y = -l_y/2$ können also nur zwei Randbedingungen erfüllt werden. Entsprechend den Überlegungen in Abschnitt 5.1.4 [Text vor Formel (5.59)] wird das Verschwinden des Querbiegemoments m_y und der Summe $\bar{q}_y = q_y + m_{xy}'$ aus Querkraft und Ersatzscherkraft für $y = \pm l_y/2$ gefordert:

$$m_y(\pm l_y/2) = 0, \quad \bar{q}_y(\pm l_y/2) = 0.$$

Analog wie im Falle $A \neq \infty$ erhält man für C_{1j} und C_{2j} die Bestimmungsgleichungen

$$a_{k1} C_{1j} + a_{k2} C_{2j} = a_{k0} \quad (k = 1, 2) \tag{5.95}$$

mit den Koeffizienten

$$\left.\begin{aligned} a_{11} &= +(1-\nu)\cosh\lambda_1, & a_{12} &= +2\cosh\lambda_1 - (1-\nu)\,\lambda_1 \sinh\lambda_1,\\ a_{21} &= +(1-\nu)\sinh\lambda_1, & a_{22} &= +(1+\nu)\sinh\lambda_1 + (1-\nu)\,\lambda_1\cosh\lambda_1,\\ a_{10} &= 0, & a_{20} &= -\frac{\bar{q}_{yPj}(y = l_y/2)}{\alpha_j^3 B_S}. \end{aligned}\right\} \tag{5.96}$$

Hierin ist

$$\bar{q}_{yPj} = -B_S[w_{Pj}^{\cdot\cdot\cdot} - (2-\nu)\,\alpha_j^2 w_{Pj}^{\cdot}], \tag{5.97}$$

so daß sich für die Belastung gemäß (5.90) sofort

$$\left.\begin{aligned} \bar{q}_{yP1} &= -\frac{\varkappa + (2-\nu)\,\varkappa^3}{(1+\varkappa^2)^2}\,\frac{p_0}{\alpha_1}\sin\frac{\alpha_1}{\varkappa}y,\\ a_{20} &= +\frac{\varkappa + (2-\nu)\,\varkappa^3}{(1+\varkappa^2)^2\pi^4}\,\frac{p_0 l_x^4}{B_S}\sin\frac{\alpha_1}{\varkappa}y \end{aligned}\right\} \tag{5.98}$$

[1] Vgl. auch (5.42) und (5.44).

ergibt. Mit λ_1 wie im Zahlenbeispiel 1 wird

$$C_{11} = +0{,}004\,161\,750\, p_0 l_x^4 / B_S\,,$$
$$C_{12} = -0{,}000\,968\,344\, p_0 l_x^4 / B_S\,.$$

Die Verschiebungen und Schnittlasten ergeben sich hiermit unter Beachtung von (5.86) und (5.29) zu

$$\left.\begin{aligned}
w &= \frac{p_0 l_x^4}{10^3 B_S}\left[+4{,}162\cosh\lambda_1\eta - 1{,}521\,\eta\sinh\lambda_1\eta + \right.\\
&\qquad \left. + 2{,}567\cos\frac{\pi}{2}\eta\right]\sin\pi\xi\,,\\
m_x &= \frac{p_0 l_x^2}{10^2}\left[+3{,}449\cosh\lambda_1\eta - 1{,}051\,\eta\sinh\lambda_1\eta + \right.\\
&\qquad \left. + 3{,}293\cos\frac{\pi}{2}\eta\right]\sin\pi\xi\,,\\
m_y &= \frac{p_0 l_x^2}{10^2}\left[-0{,}964\cosh\lambda_1\eta + 1{,}051\,\eta\sinh\lambda_1\eta + \right.\\
&\qquad \left. + 3{,}293\cos\frac{\pi}{2}\eta\right]\sin\pi\xi\,,\\
m_{xy} &= \frac{p_0 l_x^2}{10^2}\left[-2{,}206\sinh\lambda_1\eta + 1{,}051\,\eta\cosh\lambda_1\eta + \right.\\
&\qquad \left. + 1{,}773\sin\frac{\pi}{2}\eta\right]\cos\pi\xi\,,\\
q_x &= \frac{p_0 l_x}{10^2}\left[+6{,}005\cosh\lambda_1\eta + 15{,}916\cos\frac{\pi}{2}\eta\right]\cos\pi\xi\,,\\
q_y &= \frac{p_0 l_x}{10^2}\left[+6{,}005\sinh\lambda_1\eta - 15{,}916\sin\frac{\pi}{2}\eta\right]\sin\pi\xi\,.
\end{aligned}\right\} \qquad (5.99)$$

Folgende Gleichgewichtskontrollen können angestellt werden und sind erfüllt:

$$\int\limits_{-l_y/2}^{l_y/2} m_x(l_x/2, y)\,\mathrm{d}y = M_x(l_x/2) = \frac{2}{\pi^3}\,p_0 l_x^3\,,$$

$$\int\limits_{-l_y/2}^{l_y/2} q_x(0,y)\,\mathrm{d}y + \int\limits_{0}^{l_x} q_y(x, -l_y/2)\,\mathrm{d}x = \frac{2}{\pi^2}\,p_0 l_x^2\,.$$

Das Integral über q_y längs $y = -l_y/2$ ist hier — im Gegensatz zu Zahlenbeispiel 1 — nicht null, da an den beiden freien Plattenrändern $\bar{q}_y = q_y + m_{xy}' = 0$ statt $q_y = 0$ gefordert wurde; es muß daher bei der Gleichgewichtskontrolle mitberücksichtigt werden. Eine graphische Darstellung von (5.99) zeigt Abb. 35 (gestrichelte Linien).

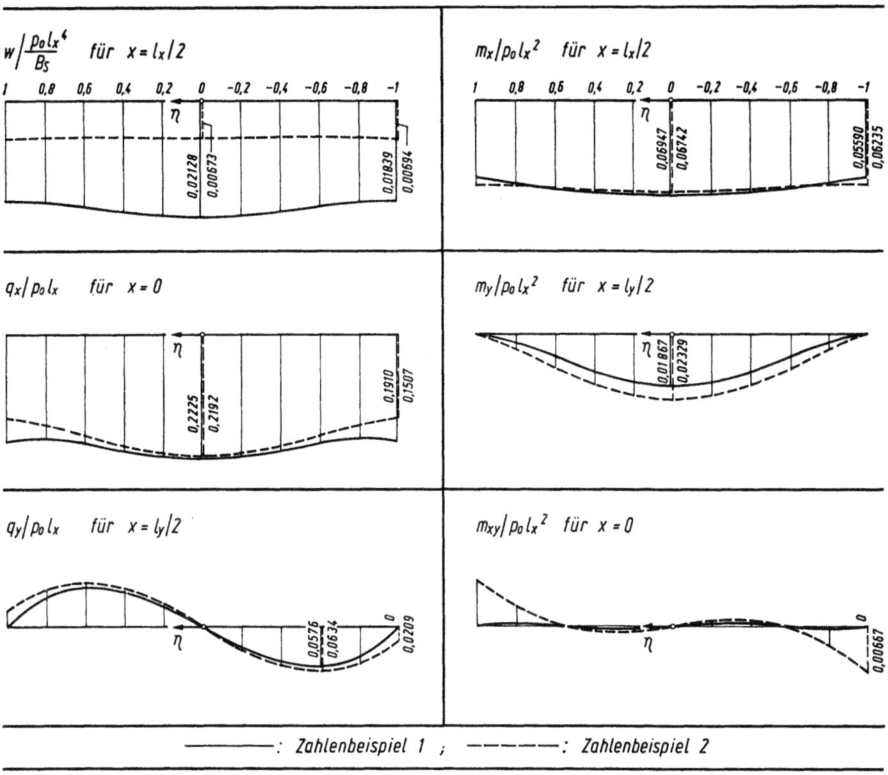

Abb. 35. Graphische Darstellung der Verschiebungen und Schnittlasten

c) *Fazit aus den Ergebnissen*

Folgende Feststellungen können anhand der Berechnungsergebnisse getroffen werden:

— Wie aus (5.82) mit (5.86) ersichtlich, ist bei der vorliegenden Sandwichplatte die Beziehung (5.58) nicht erfüllt. Trotz Isotropie der Sandwichplatte und trotz doppelter Symmetrie von System und Belastung ist also die Methode der Partialdurchsenkungen hier unzulässig[1] — es sei denn, man begnügt sich mit Näherungslösungen.

— Die Lastquerverteilung ist gut, und zwar bei der schubstarren Platte (Zahlenbeispiel 2) etwas besser als bei der schubweichen Sandwichplatte (Zahlenbeispiel 1).

— Die Randbedingungen $m_{xy} = 0$, $q_y = 0$ für $y = -l_y/2$ sind bei der schubstarren Platte mangels ausreichender Anzahl von Integrationskonstanten nicht genau erfüllt; statt dessen ist die statisch äquivalente Ersatzscherkraft $\bar{q}_y = q_y + m_{xy}'$ für $y = -l_y/2$ null. Bei der schubweichen Sandwichplatte hingegen sind alle Randbedingungen exakt erfüllt.

[1] Einzelheiten vgl. in den Abschnitten 5.1.3 und 5.1.4.

5.3. Energieausdrücke und Energiemethode

5.3.1. Energieausdrücke

5.3.1.1. Formänderungsenergie der gebogenen Sandwichplatte

Die Formänderungsenergie W einer quer- und längsbelasteten Sandwichplatte mit dünnen Deckschichten ergibt sich aus der allgemeinen Formel

$$W = \frac{1}{2} \int\limits_{(V)} (\sigma_x \varepsilon_x + \sigma_y \varepsilon_y + \tau_{xy} \gamma_{xy} + \tau_{xz} \gamma_{xz} + \tau_{yz} \gamma_{yz}) \, \mathrm{d}V. \qquad (5.100)$$

Setzt man in (5.100) σ_x, σ_y, τ_{xy} gemäß (5.11), τ_{xz}, τ_{yz} gemäß (5.7) und ε_x, ε_y, γ_{xy} gemäß (5.6) ein, wobei in (5.6) $\bar{u}' = 0$, $\bar{v}^{\cdot} = 0$, $\gamma_{xz2} = \gamma_{xz} - w'$ und $\gamma_{yz2} = \gamma_{yz} - w^{\cdot}$ gesetzt werden, so erhält man mit $\mathrm{d}V = \mathrm{d}x\,\mathrm{d}y\,\mathrm{d}z$ nach Ausführung der Integration über die Plattenhöhe und unter Verwendung der Querschnittswerte B_{xS}, B_{yS}, T_{xyS}, A_{xz} und A_{yz} gemäß (5.26), (5.27) und (5.19)

$$\begin{aligned} W = \frac{1}{2} \iint\limits_{(F)} [& B_{xS} (\gamma_{xz}{}' - w'')^2 + B_{yS} (\gamma_{yz}{}^{\cdot} - w^{\cdot\cdot})^2 + \\ & + (\nu_y B_{xS} + \nu_x B_{yS}) (\gamma_{xz}{}' - w'') (\gamma_{yz}{}^{\cdot} - w^{\cdot\cdot}) + \\ & + T_{xyS} (\gamma_{xz}{}^{\cdot} + \gamma_{yz}{}' - 2 w'^{\cdot})^2 + A_{xz} \gamma_{xz}^2 + A_{yz} \gamma_{yz}^2] \, \mathrm{d}x \, \mathrm{d}y . \end{aligned} \qquad (5.101)$$

Im Sonderfall der Isotropie vereinfacht sich (5.101) zu

$$\begin{aligned} W = \frac{1}{2} \iint\limits_{(F)} & B_S [(\gamma_{xz}{}' - w'')^2 + (\gamma_{yz}{}^{\cdot} - w^{\cdot\cdot})^2 + \\ & + 2\nu (\gamma_{xz}{}' - w'') (\gamma_{yz}{}^{\cdot} - w^{\cdot\cdot}) + (1 - \nu) (\gamma_{xz}{}^{\cdot} + \gamma_{yz}{}' - 2 w'^{\cdot})^2] \, \mathrm{d}x \, \mathrm{d}y + \\ + \frac{1}{2} \iint\limits_{(F)} & A (\gamma_{xz}^2 + \gamma_{yz}^2) \, \mathrm{d}x \, \mathrm{d}y ; \end{aligned} \qquad (5.102)$$

ausgedrückt durch die Partialdurchsenkungen gemäß (5.51) ergibt sich

$$\begin{aligned} W = & \frac{1}{2} \iint\limits_{(F)} B_S [(\Delta w_M)^2 - 2 (1 - \nu) (w_M{}'' w_M{}^{\cdot\cdot} - w_M{}'^{\cdot 2})] \, \mathrm{d}x \, \mathrm{d}y + \\ & + \frac{1}{2} \iint\limits_{(F)} A (w_Q{}'^2 + w_Q{}^{\cdot 2}) \, \mathrm{d}x \, \mathrm{d}y = W_M + W_Q . \end{aligned} \qquad (5.103)$$

In (5.103) ist W_M der durch w_M verursachte und W_Q der durch w_Q verursachte Anteil der gesamten Formänderungsenergie W.

5.3.1.2. Potential der äußeren Kräfte

Die äußere Belastung einer Sandwichplatte besteht aus der Querbelastung $p(x, y)$, den Längskraftbelastungen n_x und n_y sowie der Schubkraftbelastung n_{xy}; dementsprechend setzt sich das Potential U der äußeren Kräfte aus den beiden Anteilen U_q und U_n zusammen. Entsprechend den Überlegungen in Abschnitt 2.3.1.2 erhält man

$$\mathrm{d}U_q = -p w \, \mathrm{d}x \, \mathrm{d}y , \quad \mathrm{d}U_n = \frac{1}{2} (n_x w'^2 + 2 n_{xy} w' w^{\cdot} + n_y w^{\cdot 2}) \, \mathrm{d}x \, \mathrm{d}y ,$$

so daß für $U = U_q + U_n$ nach Integration

$$U = -\iint\limits_{(F)} p w \,\mathrm{d}x\,\mathrm{d}y + \frac{1}{2}\iint\limits_{(F)} (n_x w'^2 + 2 n_{xy} w' w^{\cdot} + n_y w^{\cdot 2})\,\mathrm{d}x\,\mathrm{d}y \qquad (5.104)$$

folgt. Im Sonderfall $n_x = 0$, $n_y = 0$, $n_{xy} = 0$ läßt sich U auch durch die Partialdurchsenkungen gemäß (5.51) ausdrücken:

$$U = -\iint\limits_{(F)} p(w_M + w_Q)\,\mathrm{d}x\,\mathrm{d}y = U_M + U_Q. \qquad (5.105)$$

Im Falle $n_x \neq 0$ oder $n_y \neq 0$ oder $n_{xy} \neq 0$ ist eine Aufspaltung in U_M und U_Q nicht möglich.

5.3.2. Energiemethode

5.3.2.1. Minimum des elastischen Potentials

Das Prinzip vom Minimum des elastischen Potentials[1] $\Pi = W + U$ wurde im Abschnitt 2.3.2.1 allgemein hergeleitet, es gilt also auch für Sandwichplatten:

$$\Pi = \text{Minimum}, \quad \delta\Pi = 0, \quad \delta^2\Pi > 0. \qquad (5.106)$$

5.3.2.2. Eulersche Gleichungen für das Variationsproblem Π = Minimum

Die Aufgabe, das Funktional

$$\Pi = \iint\limits_{(F)} F(w, w', w^{\cdot}, w'', w'^{\cdot}, w^{\cdot\cdot};\ \gamma_{xz}, \gamma_{xz}', \gamma_{xz}^{\cdot};\ \gamma_{yz}, \gamma_{yz}', \gamma_{yz}^{\cdot})\,\mathrm{d}x\,\mathrm{d}y$$

zu minimieren, ist ein Problem der Variationsrechnung und führt auf die Eulerschen Gleichungen

$$\left.\begin{aligned}
&\frac{\mathrm{d}^2}{\mathrm{d}x^2}\left(\frac{\partial F}{\partial w''}\right) + \frac{\mathrm{d}^2}{\mathrm{d}x\,\mathrm{d}y}\left(\frac{\partial F}{\partial w'^{\cdot}}\right) + \frac{\mathrm{d}^2}{\mathrm{d}y^2}\left(\frac{\partial F}{\partial w^{\cdot\cdot}}\right) - \frac{\mathrm{d}}{\mathrm{d}x}\left(\frac{\partial F}{\partial w'}\right) - \\
&\quad - \frac{\mathrm{d}}{\mathrm{d}y}\left(\frac{\partial F}{\partial w^{\cdot}}\right) + \frac{\partial F}{\partial w} = 0, \\
&- \frac{\mathrm{d}}{\mathrm{d}x}\left(\frac{\partial F}{\partial \gamma_{xz}'}\right) - \frac{\mathrm{d}}{\mathrm{d}y}\left(\frac{\partial F}{\partial \gamma_{xz}^{\cdot}}\right) + \frac{\partial F}{\partial \gamma_{xz}} = 0, \\
&- \frac{\mathrm{d}}{\mathrm{d}x}\left(\frac{\partial F}{\partial \gamma_{yz}'}\right) - \frac{\mathrm{d}}{\mathrm{d}y}\left(\frac{\partial F}{\partial \gamma_{yz}^{\cdot}}\right) + \frac{\partial F}{\partial \gamma_{yz}} = 0.
\end{aligned}\right\} \qquad (5.107)$$

Setzt man (5.101) und (5.104) in Π ein, dann liefern die Eulerschen Gleichungen (5.107) drei miteinander gekoppelte, partielle Differentialgleichungen für w, γ_{xz} und γ_{yz}, von denen nach Einführung von H_S gemäß (5.31) die erste mit (5.33) übereinstimmt und die beiden letzten mit den beiden ersten Gleichungen (5.32) identisch sind. Das Prinzip vom Minimum des elastischen Potentials liefert also dieselben Ergebnisse wie die Gleichgewichtsbedingungen.

---

[1] Elastische Stützungen der Sandwichplatte bleiben der Einfachheit halber unberücksichtigt.

5.3.2.3. Lösungen mit Hilfe des Ritzschen Verfahrens

Der Grundgedanke des Ritzschen Verfahrens, angewendet auf das Prinzip vom Minimum des elastischen Potentials, wurde bereits in Abschnitt 2.3.2.3 erläutert. Als Ansätze für w, γ_{xz} und γ_{yz} kommen entsprechende Ansätze wie (2.106) bzw. (2.107) in Betracht, die jedoch von x und y (statt nur von x allein) abhängen. Die Vergleichsfunktionen w_j, γ_{xzj} und γ_{yzj} sind beliebig wählbar, müssen jedoch an allen vier Rändern zumindest die geometrischen und wenn möglich auch die dynamischen Randbedingungen der Platte gemäß Tab. 5.1 erfüllen. Nach Einsetzen der Ansätze in Π ergibt sich meist ein sehr langer und umständlicher Ausdruck, so daß sich die Berechnung der unbekannten Konstanten sehr mühevoll gestaltet. Ein Berechnungsbeispiel nach der Energiemethode für eine Sandwichplatte besonderer Art, nämlich einem Sandwich mit einer Kernschicht aus parallelen Rohren (Rohrkernsandwich), findet sich in [12], Seite 133 ff.

5.4. Weitere Beanspruchungen

5.4.1. Temperatursprung zwischen den Deckschichten einer Sandwichplatte

Um die Differentialgleichungen einer durch Temperaturdehnungsdifferenzen zwischen den Deckschichten beanspruchten Sandwichplatte aufzustellen, hat man zunächst die Schnittlast-Verschiebungs-Beziehungen (5.29) um die Temperaturglieder zu erweitern. Mit den Abkürzungen

$$\vartheta_x = \frac{\alpha_{txu} T_u - \alpha_{txo} T_o}{a}, \quad \vartheta_y = \frac{\alpha_{tyu} T_u - \alpha_{tyo} T_o}{a} \tag{5.108}$$

sind in (5.29) — analog zu den Berechnungen in Abschnitt 2.4.1.2 — $\gamma_{xz}' - w''$ durch $\gamma_{xz}' - w'' - \vartheta_x$ und $\gamma_{yz}^{\cdot} - w^{\cdot\cdot}$ durch $\gamma_{yz}^{\cdot} - w^{\cdot\cdot} - \vartheta_y$ zu ersetzen. Damit ergeben sich in (5.29) für m_x und m_y die Zusatzterme

$$m_{x\vartheta} = -B_{xS}(\vartheta_x + \nu_y \vartheta_y), \quad m_{y\vartheta} = -B_{yS}(\vartheta_y + \nu_x \vartheta_x); \tag{5.109}$$

die Querkräfte bleiben unverändert.

Setzt man die Schnittlasten (5.29) einschließlich der Zusatzterme (5.109) in die Gleichgewichtsbedingungen (5.30) ein und setzt $p = 0$, dann erhält man anstelle der rechten Seiten $r_1 = 0$, $r_2 = 0$ bzw. $r_3 = 0$ der drei Differentialgleichungen (5.32) die neuen rechten Seiten

$$r_1 = B_{xS}(\vartheta_x' + \nu_y \vartheta_y'), \quad r_2 = B_{yS}(\vartheta_y^{\cdot} + \nu_x \vartheta_x^{\cdot}), \quad r_3 = 0, \tag{5.110}$$

und statt $r_4 = p$ in (5.33) ergibt sich

$$r_4 = -B_{xS}(\vartheta_x'' + \nu_y \vartheta_y'') - B_{yS}(\vartheta_y^{\cdot\cdot} + \nu_x \vartheta_x^{\cdot\cdot}). \tag{5.111}$$

Im Sonderfall $\vartheta_x = \vartheta_y = \vartheta$ und bei isotropem Deckschichtmaterial vereinfachen sich r_1, r_2, r_3 und r_4 zu

$$r_1 = (1+\nu) B_S \vartheta', \quad r_2 = (1+\nu) B_S \vartheta^{\cdot}, \quad r_3 = 0, \quad r_4 = -(1+\nu) B_S \Delta\vartheta. \tag{5.112}$$

Im allgemeinen ist $\vartheta = \text{konst}$, womit alle rechten Seiten null, die Differentialgleichungen also homogen werden. Ihre allgemeinen Lösungen enthalten daher ϑ nicht; ϑ kommt erst wieder über die Randbedingungen in die Rechnung — entsprechend wie in dem für Sandwichbalken gültigen Beispiel *b)* des Abschnitts 2.4.1.3. Auf ein Berechnungsbeispiel wird jedoch hier verzichtet.

5.4.2. Transversalschwingungen einer Sandwichplatte

5.4.2.1. Differentialgleichungen

Zu Transversalschwingungen von Sandwichplatten ist alles Grundsätzliche bereits in Abschnitt 2.4.2 erläutert. Die allgemeinen dynamischen Grundgleichungen ergeben sich durch Hinzufügen der D'Alembertschen Trägheitskraft[1] $-\mu\, \partial^2 w / \partial t^2$ zur Flächenbelastung $p(x,y,t)$ in den Differentialgleichungen (5.32) und (5.33) bzw. (5.40) bzw. (5.55) bzw. (5.56). Die dynamischen Grundgleichungen sind partiell; die Verschiebungen hängen von drei unabhängigen Veränderlichen ab, nämlich den Ortskoordinaten x und y sowie der Zeitkoordinate t.

Setzt man in den dynamischen Grundgleichungen

$$\left.\begin{aligned} q(x,y,t) &= q(x,y)\sin\omega t, \quad & w(x,y,t) &= z_1(x,y)\sin\omega t, \\ \gamma_{xz}(x,y,t) &= z_2(x,y)\sin\omega t, \quad & \gamma_{yz}(x,y,t) &= z_3(x,y)\sin\omega t \end{aligned}\right\} \qquad (5.113)$$

ein, dann erhält man durch Koeffizientenvergleich in $\sin\omega t$ die drei Differentialgleichungen für ungedämpfte, erzwungene Transversalschwingungen der Sandwichplatte im eingeschwungenen Zustand. Sie sind partiell, hängen jedoch nur noch von den beiden Ortskoordinaten x und y ab. Ist die Schubdämpfung der Kernschicht mit zu berücksichtigen, so kann diese durch Einführung der komplexen Schubsteifigkeiten

$$\mathfrak{A}_{xz} = A_{xz}(1 + i\,\eta_{xz1}), \quad \mathfrak{A}_{yz} = A_{yz}(1 + i\,\eta_{yz1}) \qquad (5.114)$$

erfolgen; auch für q, w, γ_{xz} und γ_{yz} sind dann komplexe Ansätze in der Art von (2.145) einzuführen.

Setzt man in den dynamischen Grundgleichungen $q(x,y,t) = 0$ sowie w, γ_{xz} und γ_{yz} gemäß (5.113) ein, jedoch mit der Eigenkreisfrequenz ω_j statt der Erregerfrequenz ω im Sinusglied, dann erhält man die drei Differentialgleichungen für ungedämpfte, freie Transversalschwingungen der Sandwichplatte. Sie sind partiell und hängen nur noch von den Ortskoordinaten x und y ab. Die Eigenwertgleichung zur Berechnung der Eigenkreisfrequenzen ω_j ergibt sich aus ihnen mit Hilfe der Randbedingungen der Platte.

5.4.2.2. Näherungslösungen für ω_1^2

Im Falle freier Schwingungen von Sandwichplatten ohne Längs- und Schubkräfte nimmt das aus dem Hamiltonschen Prinzip folgende Variationsproblem $H^* = \text{Extremum}$ wiederum die Form (2.152) an; hierin gilt für E^*

[1] μ ist hier die Plattenmasse je Oberflächeneinheit.

analog zu (2.155)

$$E^* = \frac{1}{2} \iint_{(F)} \mu z_1^2 \, dx \, dy + \frac{m}{2} z_{10}^2 , \tag{5.115}$$

während man W^* aus (5.101) erhält, indem man dort w durch z_1, γ_{xz} durch z_2 und γ_{yz} durch z_3 ersetzt.

Das Variationsproblem (2.152) kann zur näherungsweisen Berechnung von ω_1 dienen, indem man dort im Sinne des Ritzschen Verfahrens geeignete eingliedrige Vergleichsfunktionen einsetzt und H^* nach den freien Konstanten minimiert. Einzelheiten werden hier nicht erörtert, sinngemäß gilt das gleiche wie in Abschnitt 2.4.2.5.

5.5. Ergänzungen

5.5.1. Schubsteifigkeit bei strukturierter Kernschicht

Die in Abschnitt 5.1.1 getroffene Voraussetzung einer homogenen Kernschicht trifft bei vielen Sandwichplatten nicht zu. Die in den vorangehenden Abschnitten entwickelte Sandwichtheorie läßt sich jedoch leicht auf Sandwichplatten mit inhomogener Kernschicht erweitern; alles Wesentliche hierzu ist bereits in Abschnitt 2.5.1 erläutert. Zum Beispiel gelten für eine wabenförmig strukturierte Kernschicht gemäß Abb. 19 für die (auf die Breiteneinheit bezogenen) Schubsteifigkeiten die Beziehungen (5.19) mit G_{xz} gemäß (2.218) und G_{yz} gemäß (2.222).

5.5.2. Kreisförmige Sandwichplatten

5.5.2.1. Allgemeines

In den vorangehenden Abschnitten wurden stets rechteckförmige Sandwichplatten untersucht; sämtliche Berechnungen und Beziehungen wurden daher in rechtwinkligen, kartesischen Koordinaten x, y und z dargestellt. Im folgenden sollen nun kreisförmige Sandwichplatten untersucht werden; zu ihrer Berechnung ist die Einführung von zylindrischen Koordinaten r, φ und z zweckmäßig. Der Einfachheit halber werden nur isotrope, rotationssymmetrisch belastete und gelagerte Kreisplatten betrachtet; alle Beziehungen werden damit unabhängig von φ, hängen also nur noch von r ab (vgl. Abb. 36).

Wegen der Isotropie der Sandwichplatte kann die Methode der Partialdurchsenkungen verwendet werden. Aufgrund der Rotationssymmetrie der Belastung ist der Schubwinkel $\gamma_{\varphi z}$ und das Torsionsmoment $m_{r\varphi}$ im gesamten Plattenbereich null, also auch längs der Umfangslinie $r = R$, an der die Platte gelagert ist. Von den drei Randbedingungen gemäß Tab. 5.1, Spalte III, ist also eine von vornherein erfüllt. Die Befriedigung der beiden noch verbleibenden Randbedingungen bei $r = R$ ist mit Hilfe der Integrationskonstanten in w_M und w_Q immer exakt möglich[1].

[1] Im Gegensatz zu Rechteckplatten (vgl. hierzu Abschnitt 5.1.4), wo bei Verwendung der Partialdurchsenkungen in den meisten Lagerungsfällen auf die Erfüllung einer der drei Randbedingungen verzichtet werden muß, so daß sich nur eine Näherungslösung ergibt.

Die Partialdurchsenkungen werden im vorliegenden Fall — analog zu (5.51) — durch

$$w_M' = -\gamma_{rz2} = w' - \gamma_{rz}, \quad w_Q' = \gamma_{rz} \tag{5.116}$$

definiert; Striche bedeuten hier Ableitungen nach r. Die Differentialgleichungen für w_M und w_Q sind durch (5.56) gegeben, wobei für den Laplace-Operator in Polarkoordinaten bei Rotationssymmetrie

$$\Delta = \frac{d^2}{dr^2} + \frac{1}{r}\frac{d}{dr} = \frac{1}{r}\frac{d}{dr}\left(r\frac{d}{dr}\right)$$

gilt. Da die Lösungen von (5.56) für w_M und w_Q für $r = R$ ringsum konstante Werte sind, und da bei starrer Stützung $w_M(R) + w_Q(R) = 0$ ist, kann willkürlich $w_M(R) = 0$ und $w_Q(R) = 0$ gefordert werden, also das getrennte Verschwinden von w_M und w_Q am Plattenrand. Das bedeutet, daß die beiden Partialdurchsenkungen w_M und w_Q unabhängig voneinander aus den Differentialgleichungen (5.56) berechnet und dann zur Gesamtdurchsenkung w überlagert werden können.

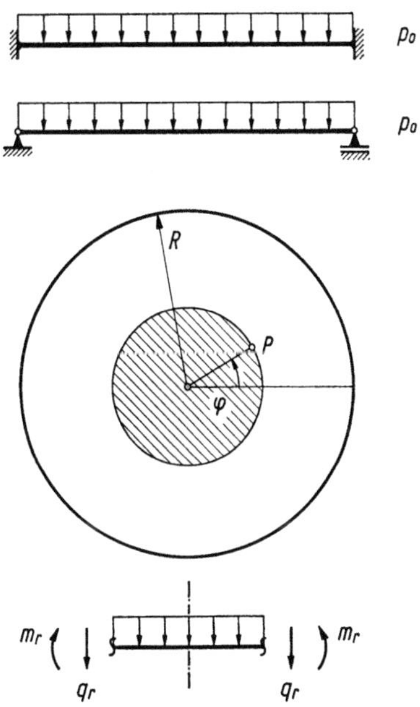

Abb. 36. Kreisförmige Sandwichplatte

Die Differentialgleichungen (5.56) in Polarkoordinaten können noch in eine für die Integration zweckmäßigere Form gebracht werden: Einsetzen des Laplace-Operators in (5.56), Multiplikation mit r, Integration über r, Division durch r und Einführen der Gesamtquerkraft $Q(r)$ in einer Mantelfläche $r =$ konst gemäß

$$Q(r) = 2\pi r q_r = -\int_{\bar{r}=0}^{r} 2\pi \bar{r} p \, d\bar{r} \tag{5.117}$$

liefert die Gleichungen

$$\left[\frac{1}{r}(r w_M')'\right]' = -\frac{Q(r)}{2\pi r B_S}, \quad w_Q' = \frac{Q(r)}{2\pi r A}. \tag{5.118}$$

Für die Schnittlasten ergeben sich dann — analog zu (5.57) — die Beziehungen[1]

$$\left.\begin{aligned} m_r &= -B_S\left(w_M'' + \frac{\nu}{r}\, w_M'\right), \quad m_\varphi = -B_S\left(\nu w_M'' + \frac{1}{r}\, w_M'\right), \\ q_r &= A\, w_Q'. \end{aligned}\right\} \tag{5.119}$$

5.5.2.2. Ringsum eingespannte Sandwichplatte unter Gleichlast p_0

Gemäß (5.117) wird $Q(r) = -\pi r^2 p_0$, womit aus (5.118) nach Integration

$$w_M = \frac{p_0}{B_S}\left(\frac{r^4}{64} + C_1 r^2 + C_2 \ln r + C_3\right), \quad w_Q = \frac{p_0}{A}\left(-\frac{r^2}{4} + D_1\right) \tag{5.120}$$

folgen. Da $w_M(0)$ endlich bleiben muß, ist $C_2 = 0$; die übrigen Konstanten ergeben sich aus den Randbedingungen $w_M(R) = 0$, $w_M'(R) = 0$ und $w_Q(R) = 0$ zu

$$C_1 = -\frac{R^2}{32}, \quad C_2 = \frac{R^4}{64}, \quad D_1 = \frac{R^2}{4};$$

mit dem „dimensionslosen" Radius $\varrho = r/R$ erhält man somit aus (5.120)

$$w_M = \frac{p_0 R^4}{64 B_S}(1-\varrho^2)^2, \quad w_Q = \frac{p_0 R^2}{4A}(1-\varrho^2). \tag{5.121}$$

Die Schnittlasten folgen aus (5.119) mit (5.121) zu

$$\left.\begin{aligned} m_r &= +\frac{p_0 R^2}{16}[(1+\nu) - (3+\nu)\varrho^2], \\ m_\varphi &= +\frac{p_0 R^2}{16}[(1+\nu) - (1+3\nu)\varrho^2], \quad q_r = -\frac{p_0 R}{2}\varrho. \end{aligned}\right\} \tag{5.122}$$

5.5.2.3. Ringsum gelenkig gelagerte Sandwichplatte unter Gleichlast p_0

Es kann wiederum von (5.120) ausgegangen werden; wie dort ist $C_2 = 0$, während die übrigen Konstanten aus den Randbedingungen $w_M(R) = 0$, $m_r(R) = 0$ und $w_Q(R) = 0$ zu

$$C_1 = -\frac{3+\nu}{32(1+\nu)} R^2, \quad C_3 = \frac{5+\nu}{64(1+\nu)} R^2, \quad D_1 = \frac{R^2}{4}$$

folgen; mit $\varrho = r/R$ wird damit

$$w_M = \frac{p_0 R^4}{64 B_S}\left[\frac{5+\nu}{1+\nu} - \frac{2(3+\nu)}{1+\nu}\varrho^2 + \varrho^4\right], \quad w_Q = \frac{p_0 R^2}{4A}(1-\varrho^2). \tag{5.123}$$

Die Schnittlasten ergeben sich aus (5.119) mit (5.123) zu

$$\left.\begin{aligned} m_r &= +\frac{p_0 R^2}{16}(3+\nu)(1-\varrho^2), \\ m_\varphi &= +\frac{p_0 R^2}{16}[(3+\nu) - (1+3\nu)\varrho^2], \quad q_r = -\frac{p_0 R}{2}\varrho. \end{aligned}\right\} \tag{5.124}$$

[1] Vgl. etwa [6], § 12.7, Formel (12.45).

6. Biegung von Sandwichplatten mit ebenen, dicken oder profilierten Deckschichten

6.1. Differentialgleichungen und Randbedingungen

6.1.1. Voraussetzungen

In diesem Kapitel werden die Durchsenkungen, Schnittlasten und Spannungen auf Biegung beanspruchter Sandwichplatten mit ebenen, dicken oder profilierten Deckschichten berechnet. Die getroffenen Voraussetzungen stimmen weitgehend mit denen in Abschnitt 3.1.1 überein, sie werden lediglich auf zweidimensionale Tragwerke erweitert:

— linear elastische, orthotrope Werkstoffe aller Schichten, wobei die x- und die y-Richtung die Orthotropierichtungen sind;
— ebene, dicke Deckschichten, deren Schwereebenen zueinander parallel sind und deren Eigensteifigkeiten so groß sind, daß sie nicht vernachlässigt werden können; die Orthotropieeigenschaften der beiden (im allgemeinen unterschiedlichen) Deckschichten sind allerdings nicht völlig willkürlich, sondern es bestehen bestimmte Zusammenhänge zwischen einander entsprechenden Elastizitätskonstanten der unteren und oberen Deckschicht [siehe die Gleichungen (5.22) und (5.24)]; Schubverformungen γ_{xzD} und γ_{yzD} der Deckschichten in sich bleiben unberücksichtigt; eine Verallgemeinerung von ebenen, dicken auf profilierte Deckschichten erfolgt in Abschnitt 6.5.1;
— homogene und im Vergleich zu den Deckschichten weiche Kernschicht, daher $\sigma_{xK} \approx 0$, $\sigma_{yK} \approx 0$, $\tau_{xzK} = \text{konst}$ und $\tau_{yzK} = \text{konst}$; keine Zusammendrückbarkeit der Sandwichplatte;
— Lagerung der Sandwichplatte ringsum auf zu den Koordinatenachsen parallelen Rändern (zweidimensionales Tragwerk mit rechteckförmigem Grundriß);
— Belastung gleichzeitig durch Quer- und Längskräfte (Theorie zweiter Ordnung);
— Verformungen hinreichend klein (lineare Sandwichtheorie).

6.1.2. Differentialgleichungen für w, γ_{xz} und γ_{yz}

6.1.2.1. Allgemeines

Die Herleitung der partiellen Differentialgleichungen für w, γ_{xz} und γ_{yz} erfolgt entsprechend wie in Abschnitt 3.1.2. Als Bezugsebene $z = 0$ wird die

Gesamtschwerebene der Deckschichtdehnsteifigkeiten gewählt; für a_u und a_o gelten also die Beziehungen (5.21). Abb. 20 und Abb. 2 behalten — mit zum Teil veränderten Indizes — ihre Gültigkeit auch im vorliegenden Kapitel.

6.1.2.2. Verzerrungen

a) Schubwinkel der Kernschicht

Für die Schubwinkel der Kernschicht gelten die gleichen Beziehungen wie in Abschnitt 5.1.2.2 [vgl. (5.1) und (5.2)]:

$$\gamma_{xz1} = w', \quad \gamma_{yz1} = w^{\cdot} \tag{6.1}$$

und

$$\gamma_{xz} = \gamma_{xz1} + \gamma_{xz2} = w' + \gamma_{xz2}, \quad \gamma_{yz} = \gamma_{yz1} + \gamma_{yz2} = w^{\cdot} + \gamma_{yz2}. \tag{6.2}$$

b) Verzerrungen der Deckschichten

Die Verzerrungen der Deckschichten unterscheiden sich von jenen in Abschnitt 5.1.2.2, da die Voraussetzung dünner Deckschichten hier nicht mehr besteht. Berücksichtigt man daher zusätzlich zu den Verzerrungen gemäß (5.6) in Abschnitt 5.1.2.2 noch die Verzerrungen infolge der Eigenbiegung und Eigentorsion der Deckschichten, dann erhält man — analog zu den Beziehungen (3.3), die für Sandwichbalken mit dicken Deckschichten gelten — folgende Zusammenhänge:

$$\left.\begin{aligned}
\varepsilon_{xu} &= \bar{u}' + a_u \gamma_{xz2}' - z_u \gamma_{xz1}', \quad \varepsilon_{xo} = \bar{u}' - a_o \gamma_{xz2}' - z_o \gamma_{xz1}', \\
\varepsilon_{yu} &= \bar{v}^{\cdot} + a_u \gamma_{yz2}^{\cdot} - z_u \gamma_{yz1}^{\cdot}, \quad \varepsilon_{yo} = \bar{v}^{\cdot} - a_o \gamma_{yz2}^{\cdot} - z_o \gamma_{yz1}^{\cdot}, \\
\gamma_{xyu} &= \bar{u}^{\cdot} + \bar{v}' + a_u (\gamma_{xz2}^{\cdot} + \gamma_{yz2}') - z_u (\gamma_{xz1}^{\cdot} + \gamma_{yz1}'), \\
\gamma_{xyo} &= \bar{u}^{\cdot} + \bar{v}' - a_o (\gamma_{xz2}^{\cdot} + \gamma_{yz2}') - z_o (\gamma_{xz1}^{\cdot} + \gamma_{yz1}').
\end{aligned}\right\} \tag{6.3}$$

In (6.3) sind z_u und z_o die von der Eigenschwerebene der unteren bzw. oberen Deckschicht aus nach unten zählenden Koordinaten (vgl. Abb. 2).

6.1.2.3. Materialgesetze

Die Materialgesetze für die aus orthotropen Materialien bestehenden Kern- und Deckschichten können unverändert dem Abschnitt 5.1.2.3 entnommen werden [vgl. die Beziehungen (5.7) für die Kernschicht und (5.11) mit (5.10) für die Deckschichten].

6.1.2.4. Schnittlasten

Die Schnittlasten als Querschnittsresultierende der Spannungen pro Breiteneinheit sind in Abb. 32 dargestellt; sie ergeben sich aus den Beziehungen (5.12). In diese werden die Spannungen gemäß (5.11) und (5.7) mit deren Verzerrungen gemäß (6.3) eingesetzt. Zwecks Vereinfachung der Rechnung werden hinsichtlich Lage der Bezugsebene $z = 0$ und Aufbau der Sandwichplatte dieselben Einschränkungen der Allgemeinheit getroffen, wie in Abschnitt 5.1.2.4 unter *a)* bis *c)* aufgeführt; für a_u und a_o gelten also die Beziehungen (5.23).

Bei der Ausführung der Integration treten in den Formeln außer den Dehnsteifigkeiten der Deckschichten gemäß (5.13), den Schubsteifigkeiten der Kernschicht gemäß (5.19), den Sandwichbiegesteifigkeiten gemäß (5.26) und der Sandwichtorsionssteifigkeit gemäß (5.27) auch noch die Eigenbiegesteifigkeiten der Deckschichten gemäß

$$\left.\begin{aligned} B_{xu} &= E_{xu}'\frac{t_u^3}{12} = E_{xu}' J_u, \quad B_{xo} = E_{xo}'\frac{t_o^3}{12} = E_{xo}' J_o, \\ B_{yu} &= E_{yu}'\frac{t_u^3}{12} = E_{yu}' J_u, \quad B_{yo} = E_{yo}'\frac{t_o^3}{12} = E_{yo}' J_o \end{aligned}\right\} \tag{6.4}$$

sowie die Eigentorsionssteifigkeiten der Deckschichten gemäß

$$T_{xyu} = G_{xyu}\frac{t_u^3}{12} = G_{xyu} J_u, \quad T_{xyo} = G_{xyo}\frac{t_o^3}{12} = G_{xyo} J_o \tag{6.5}$$

auf; die Ausdrücke (6.4) und (6.5) ergeben sich entsprechend wie die Ausdrücke (3.8) in Abschnitt 3.1.2.4. Berücksichtigt man alle diese Querschnittswerte bei der Berechnung der Schnittlasten, dann liefern die ersten sechs Gleichungen (5.12) folgende Beziehungen:

$$\left.\begin{aligned} n_x &= D_x(\bar{u}' + \nu_y \bar{v}^{\cdot}), \quad n_y = D_y(\bar{v}^{\cdot} + \nu_x \bar{u}'), \quad n_{xy} = A_{xy}(\bar{u}^{\cdot} + \bar{v}'), \\ m_x &= -B_{xS}(w'' + \nu_y w^{\cdot\cdot}) + B_{xS}(\gamma_{xz}' + \nu_y \gamma_{yz}^{\cdot}) - \\ &\quad - (B_{xu} + B_{xo})(w'' + \nu_y w^{\cdot\cdot}), \\ m_y &= -B_{yS}(w^{\cdot\cdot} + \nu_x w'') + B_{yS}(\gamma_{yz}^{\cdot} + \nu_x \gamma_{xz}') - \\ &\quad - (B_{yu} + B_{yo})(w^{\cdot\cdot} + \nu_x w''), \\ m_{xy} &= -2\,T_{xyS} w'^{\cdot} + T_{xyS}(\gamma_{xz}^{\cdot} + \gamma_{yz}') - 2(T_{xyu} + T_{xyo}) w'^{\cdot}. \end{aligned}\right\} \tag{6.6}$$

Die drei ersten Gleichungen (6.6) entsprechen einer reinen Scheibenbeanspruchung, die hier nicht näher behandelt wird; sie sind identisch mit den drei ersten Gleichungen (5.29). Die drei letzten Gleichungen (6.6) entsprechen einer reinen Plattenbeanspruchung mit Biege- und Schubverformungen der Sandwichplatte. Die Schnittmomente setzen sich aus zwei Anteilen zusammen: den von der reinen Sandwichtragwirkung herrührenden Ausdrücken

$$\left.\begin{aligned} m_{xS} &= B_{xS}[-(w'' + \nu_y w^{\cdot\cdot}) + (\gamma_{xz}' + \nu_y \gamma_{yz}^{\cdot})], \\ m_{yS} &= B_{yS}[-(w^{\cdot\cdot} + \nu_x w'') + (\gamma_{yz}^{\cdot} + \nu_x \gamma_{xz}')], \\ m_{xyS} &= T_{xyS}(-2 w'^{\cdot} + \gamma_{xz}^{\cdot} + \gamma_{yz}') \end{aligned}\right\} \tag{6.7}$$

[sie sind identisch mit den in (5.29) angegebenen Schnittmomenten] sowie den von der Eigenbiegung und Eigentorsion der Deckschichten herrührenden Zusatztermen

$$\left.\begin{aligned} m_{xu,o} &= -B_{xu,o}(w'' + \nu_y w^{\cdot\cdot}), \\ m_{yu,o} &= -B_{yu,o}(w^{\cdot\cdot} + \nu_x w''), \\ m_{xyu,o} &= -2\,T_{xyu,o} w'^{\cdot}. \end{aligned}\right\} \tag{6.8}$$

Die Querkräfte der Sandwichplatte ergeben sich aus den beiden letzten Gleichungen (5.12); sie setzen sich ebenso wie die Schnittmomente aus zwei

Anteilen zusammen: den von der reinen Sandwichtragwirkung herrührenden Gliedern

$$q_{xS} = A_{xz}\gamma_{xz}, \quad q_{yS} = A_{yz}\gamma_{yz} \tag{6.9}$$

[sie sind identisch mit den in (5.29) angegebenen Querkräften] und den von der Eigenbiegung und Eigentorsion der Deckschichten herrührenden Termen; letztere ergeben sich aus den Gleichgewichtsbedingungen am herausgeschnittenen unteren bzw. oberen Deckschichtelement,

$$q_{xu,o} = m_{xu,o}{}' + m_{yxu,o}{}^{\cdot}, \quad q_{yu,o} = m_{yu,o}{}^{\cdot} + m_{xyu,o}{}',$$

durch Einsetzen von (6.8) und Einführung der neuen Querschnittswerte

$$H_{u,o} = 2\,T_{xyu,o} + \nu_y B_{xu,o} = 2\,T_{xyu,o} + \nu_x B_{yu,o} \tag{6.10}$$

zu[1]

$$q_{xu,o} = -B_{xu,o}w''' - H_{u,o}w'^{\cdot\cdot}, \quad q_{yu,o} = -B_{yu,o}w^{\cdot\cdot\cdot} - H_{u,o}w''^{\cdot}. \tag{6.11}$$

Die Gesamtquerkräfte ergeben sich als Summe von (6.9) und (6.11), also

$$q_x = q_{xS} + q_{xu} + q_{xo}, \quad q_y = q_{yS} + q_{yu} + q_{yo}. \tag{6.12}$$

Führt man nunmehr die Gesamtbiegesteifigkeiten

$$B_x = B_{xS} + B_{xu} + B_{xo}, \quad B_y = B_{yS} + B_{yu} + B_{yo} \tag{6.13}$$

sowie die Gesamttorsionssteifigkeit

$$T_{xy} = T_{xyS} + T_{xyu} + T_{xyo} \tag{6.14}$$

ein, dann lassen sich die Schnittmomente und Querkräfte in folgender vereinfachter Form darstellen:

$$\left.\begin{aligned} m_x &= -B_x(w'' + \nu_y w^{\cdot\cdot}) + B_{xS}(\gamma_{xz}{}' + \nu_y\gamma_{yz}{}^{\cdot}), \\ m_y &= -B_y(w^{\cdot\cdot} + \nu_x w'') + B_{yS}(\gamma_{yz}{}^{\cdot} + \nu_x\gamma_{xz}{}'), \\ m_{xy} &= -2\,T_{xy}w'^{\cdot} + T_{xyS}(\gamma_{xz}{}^{\cdot} + \gamma_{yz}{}'), \\ q_x &= A_{xz}\gamma_{xz} - (B_{xu} + B_{xo})w''' - (H_u + H_o)w'^{\cdot\cdot}, \\ q_y &= A_{yz}\gamma_{yz} - (B_{yu} + B_{yo})w^{\cdot\cdot\cdot} - (H_u + H_o)w''^{\cdot}. \end{aligned}\right\} \tag{6.15}$$

Die Beziehungen (6.15) entsprechen den letzten fünf Beziehungen (5.29) für Sandwichplatten mit dünnen Deckschichten; sie gehen für $B_{xu,o} = B_{yu,o} = 0$ in diese über.

6.1.2.5. Gleichgewichtsbedingungen am Plattenelement

Die Gleichgewichtsbedingungen an einem Plattenelement mit dicken Deckschichten unterscheiden sich nicht von jenen an einem Plattenelement mit dünnen Deckschichten; die Beziehungen (5.30) können daher aus Abschnitt 5.1.2.5 übernommen werden.

6.1.2.6. Differentialgleichungen für w, γ_{xz} und γ_{yz}

Setzt man die Beziehungen (6.15) in die Gleichgewichtsbedingungen (5.30) ein, so erhält man unter Beachtung von (5.31) für konstante Quer-

[1] Die in (6.10) benutzte Beziehung $\nu_y B_{xu,o} = \nu_x B_{yu,o}$ folgt unmittelbar aus (5.9).

schnittswerte

$$\left.\begin{aligned}
&-B_{xS}w''' - H_S w^{\prime\cdot\cdot} + B_{xS}\gamma_{xz}'' + T_{xyS}\gamma_{xz}^{\cdot\cdot} - A_{xz}\gamma_{xz} + \\
&+ (H_S - T_{xyS})\gamma_{yz}^{\prime\cdot} = 0, \\
&-B_{yS}w^{\cdot\cdot\cdot} - H_S w^{\prime\prime\cdot} + B_{yS}\gamma_{yz}^{\cdot\cdot} + T_{xyS}\gamma_{yz}'' - A_{yz}\gamma_{yz} + \\
&+ (H_S - T_{xyS})\gamma_{xz}^{\prime\cdot} = 0, \\
&-(B_{xu} + B_{xo})w'''' - 2(H_u + H_o)w^{\prime\prime\cdot\cdot} - (B_{yu} + B_{yo})w^{\cdot\cdot\cdot\cdot} + \\
&+ A_{xz}\gamma_{xz}' + A_{yz}\gamma_{yz}^{\cdot} + n_x w'' + 2n_{xy}w^{\prime\cdot} + n_y w^{\cdot\cdot} = -p.
\end{aligned}\right\} \quad (6.16)$$

Das sind drei gekoppelte partielle Differentialgleichungen für w, γ_{xz} und γ_{yz} bei Rechnung nach der Theorie zweiter Ordnung. Die ersten beiden Gleichungen (6.16) sind identisch mit den beiden ersten Gleichungen (5.32), die für Sandwichplatten mit dünnen Deckschichten gelten. Die letzte Gleichung (6.16) enthält gegenüber der letzten Gleichung (5.32) einige Zusatzterme, welche die Eigenbiegung und Eigentorsion der Deckschichten berücksichtigt; sie kann bedarfsweise noch umgeformt werden: Hierzu differenziert man die erste Gleichung (6.16) partiell nach x, die zweite nach y, löst die erste nach $A_{xz}\gamma_{xz}'$, die zweite nach $A_{yz}\gamma_{yz}^{\cdot}$ auf und setzt die so erhaltenen Ausdrücke in die dritte Gleichung (6.16) ein. Man erhält nach kurzer Rechnung mit dem Querschnittswert

$$H = H_S + H_u + H_o \quad (6.17)$$

und unter Beachtung von (6.13)

$$\left.\begin{aligned}
&B_x w'''' + 2H w^{\prime\prime\cdot\cdot} + B_y w^{\cdot\cdot\cdot\cdot} - B_{xS}\gamma_{xz}''' - H_S\gamma_{xz}^{\prime\cdot\cdot} - \\
&- B_{yS}\gamma_{yz}^{\cdot\cdot\cdot} - H_S\gamma_{yz}^{\prime\prime\cdot} - n_x w'' - 2n_{xy}w^{\prime\cdot} - n_y w^{\cdot\cdot} = p.
\end{aligned}\right\} \quad (6.18)$$

Das System der drei Gleichungen (6.16) ist dem System der ersten beiden Gleichungen (6.16) allein plus Gleichung (6.18) äquivalent.

Eine Entkoppelung der drei Differentialgleichungen ist möglich und führt auf partielle Differentialgleichungen von achter Ordnung für w, γ_{xz} und γ_{yz}, die sich nur durch ihre rechten Seiten (Störfunktionen) unterscheiden. Die Entkoppelung wird jedoch wegen der Umständlichkeit der dabei entstehenden Ausdrücke nicht durchgeführt.

6.1.2.7. Sonderfall: Die isotrope Sandwichplatte

Im Falle isotropen Deckschicht- und Kernmaterials ergeben sich für die Querschnittswerte die Beziehungen (5.35) und weiterhin gemäß (6.4), (6.5) und (6.10) unter Beachtung von (5.24) die Beziehungen

$$\left.\begin{aligned}
&B_{xu} = B_{yu} = B_u = E_u' J_u = \frac{E_u t_u^3}{12(1-\nu^2)}, \\
&B_{xo} = B_{yo} = B_o = E_o' J_o = \frac{E_o t_o^3}{12(1-\nu)^2}, \\
&T_{xyu} = T_u = G_u J_u = \frac{1-\nu}{2} B_u, \quad T_{xyo} = T_o = G_o J_o = \frac{1-\nu}{2} B_o, \\
&H_u = 2T_u + \nu B_u = B_u, \qquad H_o = 2T_o + \nu B_o = B_o.
\end{aligned}\right\} \quad (6.19)$$

Durch Einsetzen von (5.35) und (6.19) in (6.16) erhält man nach kurzer Zwischenrechnung

$$\left.\begin{aligned}
&-\frac{\partial}{\partial x}(\Delta w)+\left(\frac{\partial^2}{\partial x^2}+\frac{1-\nu}{2}\frac{\partial^2}{\partial y^2}-\frac{A}{B_S}\right)\gamma_{xz}+\frac{1+\nu}{2}\gamma_{yz}{}'^{\cdot}=0,\\
&-\frac{\partial}{\partial y}(\Delta w)+\frac{1+\nu}{2}\gamma_{xz}{}'^{\cdot}+\left(\frac{\partial^2}{\partial y^2}+\frac{1-\nu}{2}\frac{\partial^2}{\partial x^2}-\frac{A}{B_S}\right)\gamma_{yz}=0,\\
&-(B_u+B_o)\Delta\Delta w+A\gamma_{xz}{}'+A\gamma_{yz}{}^{\cdot}+n_x w''+2n_{xy}w'^{\cdot}+n_y w^{\cdot\cdot}=-p.
\end{aligned}\right\}\tag{6.20}$$

Anstelle der dritten Gleichung (6.20) kann auch die folgende Gleichung (6.22) benutzt werden, die sich mit (5.35) und der aus (6.13) und (6.19) folgenden Gesamtbiegesteifigkeit

$$B=B_x=B_y=B_S+B_u+B_o \tag{6.21}$$

nach kurzer Rechnung zu

$$B\Delta\Delta w-B_S\frac{\partial}{\partial x}(\Delta\gamma_{xz})-B_S\frac{\partial}{\partial y}(\Delta\gamma_{yz})-n_x w''-2n_{xy}w'^{\cdot}-n_y w^{\cdot\cdot}=p \tag{6.22}$$

ergibt.

Die Entkoppelung der drei Differentialgleichungen (6.20) soll für den Sonderfall $n_x=0$, $n_y=0$, $n_{xy}=0$ durchgeführt werden. Auf gleichem Wege wie in Abschnitt 5.1.2.7 und mit den gleichen Differentialoperatoren wie in (5.38) außer D_{31}, der hier

$$D_{31}=-(B_u+B_o)\Delta\Delta \tag{6.23}$$

lautet, erhält man folgendes System:

$$\left.\begin{aligned}
&\left(-\frac{B_u+B_o}{A}\Delta\Delta\Delta+\frac{B}{B_S}\Delta\Delta\right)\left(1-\frac{1-\nu}{2}\frac{B_S}{A}\Delta\right)w=\\
&=\left(1-\frac{B_S}{A}\Delta\right)\left(1-\frac{1-\nu}{2}\frac{B_S}{A}\Delta\right)\frac{p}{B_S},\\
&\left(-\frac{B_u+B_o}{A}\Delta\Delta\Delta+\frac{B}{B_S}\Delta\Delta\right)\left(1-\frac{1-\nu}{2}\frac{B_S}{A}\Delta\right)\gamma_{xz}=\\
&=-\Delta\left(1-\frac{1-\nu}{2}\frac{B_S}{A}\Delta\right)\frac{p'}{A},\\
&\left(-\frac{B_u+B_o}{A}\Delta\Delta\Delta+\frac{B}{B_S}\Delta\Delta\right)\left(1-\frac{1-\nu}{2}\frac{B_S}{A}\Delta\right)\gamma_{yz}=\\
&=-\Delta\left(1-\frac{1-\nu}{2}\frac{B_S}{A}\Delta\right)\frac{p^{\cdot}}{A}.
\end{aligned}\right\}\tag{6.24}$$

Es handelt sich also — wie bereits am Ende des Abschnittes 6.1.2.6 festgestellt — um drei partielle Differentialgleichungen von achter Ordnung, deren linke Seiten übereinstimmen. Ihre Lösungen erfüllen natürlich auch die unentkoppelten Differentialgleichungen (6.20), woraus sich gewisse

Zusammenhänge zwischen den Integrationskonstanten in den Lösungen für w, γ_{xz} und γ_{yz} der drei Differentialgleichungen (6.24) ergeben.

In sämtlichen Differentialgleichungen (6.24) kommt der Differentialoperator

$$D = 1 - \frac{1-\nu}{2} \frac{B_S}{A} \Delta$$

links und rechts des Gleichheitszeichens vor. Streicht man ihn, so erhält man das einfachere Differentialgleichungssystem

$$\left.\begin{aligned} -\frac{B_u+B_o}{A}\Delta\Delta\Delta w + \frac{B}{B_S}\Delta\Delta w &= \frac{p}{B_S} - \frac{\Delta p}{A}, \\ -\frac{B_u+B_o}{A}\Delta\Delta\Delta\gamma_{xz} + \frac{B}{B_S}\Delta\Delta\gamma_{xz} &= -\frac{\Delta p'}{A}, \\ -\frac{B_u+B_o}{A}\Delta\Delta\Delta\gamma_{yz} + \frac{B}{B_S}\Delta\Delta\gamma_{yz} &= -\frac{\Delta p^{\cdot}}{A}. \end{aligned}\right\} \quad (6.25)$$

Das System (6.25) ist nur noch von sechster Ordnung. Die allgemeinen Lösungen von (6.25) für w, γ_{xz} und γ_{yz} befriedigen natürlich auch das System (6.24), stellen aber nicht die vollständige Lösung von (6.24) dar, weil durch die Streichung des Differentialoperators D in (6.24) Lösungen der homogenen Differentialgleichungen verlorengegangen sind. Somit reicht auch die Anzahl der willkürlichen Integrationskonstanten nicht mehr aus, um sämtliche Randbedingungen zu erfüllen. Trotzdem kann man bei der Lösung konkreter Aufgaben statt von (6.24) von (6.25) ausgehen, um den ohnehin erheblichen Rechenaufwand nicht noch weiter anschwellen zu lassen, und verzichtet auf die Erfüllung einzelner Randbedingungen. Näheres hierzu ist aus Abschnitt 6.1.3 ersichtlich.

6.1.2.8. Grenz- und Sonderfälle der Differentialgleichungen (6.16) und (6.18)

a) Dünne Deckschichten

Im Falle sehr dünner Deckschichten können $B_{xu} = B_{xo} = B_{yu} = B_{yo} = 0$, also $B_x = B_{xS}$ und $B_y = B_{yS}$ gesetzt werden; damit gehen die Beziehungen (6.16) und (6.18) in die bereits bekannten Beziehungen (5.32) und (5.33) über.

b) Schubschlaffe Kernschicht

Im Falle einer schubschlaffen Kernschicht sind $A_{xz} = A_{yz} = 0$; aus den ersten beiden Gleichungen (6.16) folgt daher sofort

$$\gamma_{xz} = w', \quad \gamma_{yz} = w^{\cdot}, \quad (6.26)$$

während die dritte Gleichung (6.16)

$$\left.\begin{aligned} &(B_{xu}+B_{xo})w'''' + 2(H_u+H_o)w''^{\cdot\cdot} + (B_{yu}+B_{yo})w^{\cdot\cdot\cdot\cdot} - \\ &- n_x w'' - 2n_{xy}w'^{\cdot} - n_y w^{\cdot\cdot} = p \end{aligned}\right\} \quad (6.27)$$

liefert. (6.27) ist die Differentialgleichung der Eigenbiegung zweier lose aufeinanderliegender, reibungsfrei gleitender, orthotroper Platten, während aus (6.26) mit (6.1) und (6.2) $\gamma_{xz2}=0$ und $\gamma_{yz2}=0$ folgen. Vertikal übereinanderliegende Punkte U und O auf den beiden Deckschichtschwereebenen liegen also auch nach der Verformung noch genau übereinander (vgl. Abb. 21 *b* und Erläuterung am Ende von Abschnitt 3.1.2.8 *b*).

c) Schubstarre Kernschicht

Im Falle einer schubstarren Kernschicht sind $A_{xz}=A_{yz}=\infty$. Dividiert man die erste Gleichung (6.16) durch A_{xz}, die zweite durch A_{yz} und bildet $A_{xz}\to\infty$, $A_{yz}\to\infty$, so erhält man unmittelbar

$$\gamma_{xz}=0, \quad \gamma_{yz}=0, \tag{6.28}$$

während die Gleichung (6.18) unter Beachtung von (6.21)

$$B_x w'''' + 2Hw''^{\cdot\cdot} + B_y w^{\cdot\cdot\cdot\cdot} - n_x w'' - 2n_{xy} w'^{\cdot} - n_y w^{\cdot\cdot} = p \tag{6.29}$$

liefert. Das ist die Differentialgleichung für die schubstarre orthotrope Platte — vgl. etwa [10], (823).

d) Beanspruchung der Sandwichplatte als Balken

Für eine als Balken mit der x-Achse als Balkenachse gelagerte und belastete Sandwichplatte verschwinden alle Ableitungen nach y. Aus der zweiten Gleichung (6.16) folgt daher

$$\gamma_{yz}=0; \tag{6.30}$$

die erste und dritte Gleichung (6.16) liefern nach Multiplikation mit der Balkenbreite b und Einführung der auf die Balkenbreite b bezogenen Größen B_S, A, N, q gemäß (5.46) sowie

$$B_u = B_{xu} b, \quad B_o = B_{xo} b \tag{6.31}$$

und mit der einfacheren Schreibweise γ statt γ_{xz} sofort

$$B_S(\gamma'' - w''') - A\gamma = 0, \quad A\gamma' + Nw'' - (B_u + B_o)w'''' = -q. \tag{6.32}$$

Diese Beziehungen sind identisch mit den Gleichungen (3.17) für Sandwichbalken mit dicken Deckschichten.

Auch die entkoppelten Differentialgleichungen (6.25) für eine isotrope Sandwichplatte gehen in die entsprechenden Gleichungen (3.18) eines Sandwichbalkens über, sofern man nur

— in (6.25) $\Delta = d^2/dx^2$ setzt, da $\partial^2/\partial y^2 = 0$ ist,
— in der Gleichung für $\gamma_{xz}=\gamma$ außerdem den Operator Δ auf beiden Seiten der Gleichung streicht (die Gleichung also zweimal nach x integriert) und
— in (3.18) die Normalkraft N null setzt.

6.1.3. Randbedingungen

Bei Integration der partiellen Differentialgleichungen (6.16) und (6.18) für w, γ_{xz} und γ_{yz} ergeben sich in deren Lösungen willkürliche Integrationskonstanten; ihre Berechnung wird mit Hilfe der Randbedingungen durchgeführt. Gegenüber Sandwichplatten mit ebenen, dünnen Deckschichten tritt bei Sandwichplatten mit dicken Deckschichten zu den in Tab. 5.1 angegebenen Randbedingungsgleichungen an jedem Plattenrand noch eine weitere hinzu (vgl. Tab. 3.1 und Abb. 37): Bei einem Rand $x=$ konst ohne oder mit gelenkig an den Deckschichten angeschlossener Randversteifung

$$m_{xu,o} = -B_{xu,o}(w'' + \nu_y w^{\cdot\cdot}) = 0 \tag{6.33}$$

und bei einem Rand $x=$ konst mit biegesteif an den Deckschichten angeschlossener Randversteifung (Stirnplatte)

$$\gamma_{xz} = 0. \tag{6.34}$$

Abb. 37. Gelenkig und biegesteif angeschlossene Randversteifung

An jedem Rand einer Sandwichplatte mit dicken Deckschichten sind also vier Randbedingungen zu erfüllen, an zwei gegenüberliegenden Rändern einer Rechteckplatte zusammen demnach acht. Die Anzahl der Gleichungen stimmt also überein mit der Ordnung der durch Entkoppelung des Systems (6.16) sich ergebenden partiellen Differentialgleichungen für w, γ_{xz} und γ_{yz} [vgl. die Schlußbemerkung in Abschnitt 6.1.2.6 sowie im Isotropiefalle die Beziehungen (6.24)]. Das vorliegende Integrationsproblem erlaubt also die Erfüllung aller vier Randbedingungen an jedem Rand der Rechteckplatte.

Liegt der Sonderfall einer isotropen Sandwichplatte mit dicken Deckschichten vor, dann kann man auch von den vereinfachten Differentialgleichungen (6.25) ausgehen, die nur noch von sechster Ordnung sind. Hierbei können pro Rand nur noch drei Randbedingungen erfüllt werden, d. h. in einem vorgegebenen Lagerungsfall muß man auf die exakte Befriedigung einer der vier Randbedingungen pro Rand verzichten und sich mit einer Näherungslösung begnügen. Welche Randbedingung man jeweils wegläßt oder verändert, hängt davon ab, welche der Randbedingungen sich am wenigsten auf den Gesamtverlauf der Verformungen und Schnittlasten der Sandwichplatte auswirkt. Zweckmäßigerweise geht man analog wie bei der Partialdurchsenkungsmethode für Sandwichplatten mit dünnen Deckschichten vor, d. h. für zwei der drei Randbedingungen wählt man jeweils die gleichen wie dort; hinzu tritt als dritte Randbedingung eine der Beziehungen (6.33) bzw. (6.34). *Beispiel:* Freier Rand $x=$ konst mit biegesteifer Stirnplatte:

$$m_x = 0, \quad \bar{q}_x = q_x + m_{xy}^{\cdot} = 0, \quad \gamma_{xz} = 0.$$

Die Randbedingungen stimmen also überein mit jenen in Spalte III der Tab. 3.1, sofern man dort die Bezeichnungen abändert und in den Zeilen 5 bis 8 anstelle der Querkraft die Summe aus Querkraft und Ersatzscherkraft einführt.

6.1.4. Spannungen in der Sandwichplatte

Hat man die Verschiebungen w, γ_{xz} und γ_{yz} aus (6.16) unter Berücksichtigung der Randbedingungen berechnet, dann kann man die Teilschnittlasten der Sandwichplatte gemäß (6.7) bis (6.11) ermitteln. Mit ihrer Hilfe ergeben sich für die Deckschichtnormalspannungen und Kernschubspannungen folgende Ausdrücke:

$$\left.\begin{aligned}
\sigma_{xu,o} &= \frac{1}{t_{u,o}}\left(\frac{D_{xu,o}}{D_x}n_x \pm \frac{1}{a}m_{xS}\right) \pm \frac{z_{u,o}}{J_{u,o}}m_{xu,o},\\
\sigma_{yu,o} &= \frac{1}{t_{u,o}}\left(\frac{D_{yu,o}}{D_y}n_y \pm \frac{1}{a}m_{yS}\right) \pm \frac{z_{u,o}}{J_{u,o}}m_{yu,o},\\
\tau_{xyu,o} &= \frac{1}{t_{u,o}}\left(\frac{A_{xyu,o}}{A_{xy}}n_{xy} \pm \frac{1}{a}m_{xyS}\right) \pm \frac{z_{u,o}}{J_{u,o}}m_{xyu,o},\\
\tau_{xzS} &= \frac{1}{a}q_{xS}, \quad \tau_{yzS} = \frac{1}{a}q_{yS}.
\end{aligned}\right\} \tag{6.35}$$

Man beachte: Wegen (5.22) gilt in (6.35)

$$\frac{D_{xu}}{D_x} = \frac{D_{yu}}{D_y} = \frac{A_{xyu}}{A_{xy}}, \quad \frac{D_{xo}}{D_x} = \frac{D_{yo}}{D_y} = \frac{A_{xyo}}{A_{xy}}.$$

Außer den Spannungen (6.35) treten auch noch Schubspannungen in den Deckschichten auf (vgl. hierzu Abb. 20). Diese ergeben sich bei rechteckförmigem Deckschichtquerschnitt entsprechend wie in Abschnitt 3.1.4 zu

$$\left.\begin{aligned}
\tau_{xzu,o} &= \frac{1}{2}\left(1 \mp 2\frac{z_{u,o}}{t_{u,o}}\right)\tau_{xzS} + \frac{3}{2}\left(1 - 4\frac{z_{u,o}^2}{t_{u,o}^2}\right)\frac{q_{xu,o}}{t_{u,o}},\\
\tau_{yzu,o} &= \frac{1}{2}\left(1 \mp 2\frac{z_{u,o}}{t_{u,o}}\right)\tau_{yzS} + \frac{3}{2}\left(1 - 4\frac{z_{u,o}^2}{t_{u,o}^2}\right)\frac{q_{y,uo}}{t_{u,o}}.
\end{aligned}\right\} \tag{6.36}$$

6.2. Beispiel querbelasteter Sandwichplatten: Ringsum gelenkig gelagerte isotrope Sandwichplatte mit Randversteifung

6.2.1. Beliebige Querbelastung

Vorgelegt ist eine ringsum gelenkig gelagerte isotrope Sandwichplatte mit dicken Deckschichten und mit gelenkig an diesen befestigten Randversteifungen unter beliebiger Querbelastung $p(x,y)$ (vgl. Abb. 33 und 37). Die maßgebenden Differentialgleichungen sind die Beziehungen (6.20) und (6.22) oder in entkoppelter Form die Beziehungen (6.24). Die Flächenbelastung $p(x,y)$ läßt sich in eine Fouriersche Doppelsinusreihe entwickeln, vgl. (5.66) und (5.67). Die Verschiebungen werden ebenfalls als trigonometrische Doppelreihen mit noch unbekannten Koeffizienten angesetzt:

$$\left.\begin{aligned} w(x,y) &= \sum_{j=1}^{\infty}\sum_{k=1}^{\infty} w_{jk} \sin\frac{j\pi x}{l_x} \sin\frac{k\pi y}{l_y}, \\ \gamma_{xz}(x,y) &= \sum_{j=1}^{\infty}\sum_{k=1}^{\infty} \gamma_{xzjk} \cos\frac{j\pi x}{l_x} \sin\frac{k\pi y}{l_y}, \\ \gamma_{yz}(x,y) &= \sum_{j=1}^{\infty}\sum_{k=1}^{\infty} \gamma_{yzjk} \sin\frac{j\pi x}{l_x} \cos\frac{k\pi y}{l_y}. \end{aligned}\right\} \tag{6.37}$$

Die Randbedingungen des vorliegenden Problems lauten für die Ränder $x=0$ und $x=l_x$

$$w=0, \quad m_x=0, \quad m_{xu,o}=0, \quad \gamma_{yz}=0$$

und für die Ränder $y=0$ und $y=l_y$

$$w=0, \quad m_y=0, \quad m_{yu,o}=0, \quad \gamma_{xz}=0.$$

Wie aus (6.8), (6.15) und (6.37) leicht hervorgeht, werden sämtliche Randbedingungen durch die Ansätze (6.37) bereits erfüllt, da

— die Reihenentwicklungen für w, m_x, $m_{xu,o}$ und γ_{yz} gliedweise den Faktor $\sin(j\pi x/l_x)$ enthalten, der für $x=0$ und $x=l_x$ verschwindet, und da

— die Reihenentwicklungen für w, m_y, $m_{yu,o}$ und γ_{xz} gliedweise den Faktor $\sin(k\pi y/l_y)$ enthalten, der für $y=0$ und $y=l_y$ verschwindet.

Um auch die Differentialgleichungen (6.24) zu erfüllen, werden die Beziehungen (5.66) und (6.37) in diese eingesetzt. Durch Koeffizientenvergleiche erhält man w_{jk}, γ_{xzjk}, γ_{yzjk} und nach deren Einsetzen in (6.37) die vollständigen Verschiebungen $w(x,y)$, $\gamma_{xz}(x,y)$ und $\gamma_{yz}(x,y)$. Mit den Abkürzungen

$$\left.\begin{aligned} &\varkappa=\frac{l_y}{l_x}, \quad \alpha_u=\frac{B_u}{B_S}, \quad \alpha_o=\frac{B_o}{B_S}, \quad \alpha=\frac{B_u+B_o}{B_S}, \\ &\beta=\frac{B_S}{A\,l_y^2}, \quad \xi=\frac{x}{l_x}, \quad \eta=\frac{y}{l_y}. \end{aligned}\right\} \tag{6.38}$$

und den weiteren Abkürzungen

$$L_{jk}=\varkappa^2 j^2+k^2, \quad M_{jk}=1+\pi^2\beta L_{jk}, \quad N_{jk}=1+\alpha M_{jk} \tag{6.39}$$

(j, $k=1, 2, 3, \ldots$) lauten die Verschiebungen

$$\left.\begin{aligned} w &= \sum_{j=1}^{\infty}\sum_{k=1}^{\infty} \frac{p_{jk}\,l_x^4}{B_S}\,\frac{\varkappa^4 M_{jk}}{\pi^4 L_{jk}^2 N_{jk}} \sin j\pi\xi \sin k\pi\eta, \\ \gamma_{xz} &= \sum_{j=1}^{\infty}\sum_{k=1}^{\infty} \frac{p_{jk}l_x^3}{B_S}\,\frac{\varkappa^4\beta j}{\pi L_{jk} N_{jk}} \cos j\pi\xi \sin k\pi\eta, \\ \gamma_{yz} &= \sum_{j=1}^{\infty}\sum_{k=1}^{\infty} \frac{p_{jk}l_x^3}{B_S}\,\frac{\varkappa^3\beta k}{\pi L_{jk} N_{jk}} \sin j\pi\xi \cos k\pi\eta. \end{aligned}\right\} \tag{6.40}$$

Die Teilschnittlasten der Sandwichplatte ergeben sich hieraus mit Hilfe der Beziehungen (6.7) bis (6.11) ebenfalls als trigonometrische Doppelreihen:

$$\left.\begin{aligned}
m_{xS} &= \sum_{j=1}^{\infty}\sum_{k=1}^{\infty} p_{jk}\, l_x^2 \frac{\varkappa^2(\varkappa^2 j^2 + \nu k^2)}{\pi^2 L_{jk}^2 N_{jk}} \sin j\pi\xi \sin k\pi\eta\,,\\
m_{yS} &= \sum_{j=1}^{\infty}\sum_{k=1}^{\infty} p_{jk}\, l_x^2 \frac{\varkappa^2(k^2 + \nu \varkappa^2 j^2)}{\pi^2 L_{jk}^2 N_{jk}} \sin j\pi\xi \sin k\pi\eta\,,\\
-m_{xyS} &= \sum_{j=1}^{\infty}\sum_{k=1}^{\infty} p_{jk}\, l_x^2 \frac{(1-\nu)\varkappa^3 j k}{\pi^2 L_{jk}^2 N_{jk}} \cos j\pi\xi \cos k\pi\eta\,,\\
m_{xu,o} &= \sum_{j=1}^{\infty}\sum_{k=1}^{\infty} p_{jk}\, l_x^2 \frac{\alpha_{u,o}\varkappa^2(\varkappa^2 j^2 + \nu k^2) M_{jk}}{\pi^2 L_{jk}^2 N_{jk}} \sin j\pi\xi \sin k\pi\eta\,,\\
m_{yu,o} &= \sum_{j=1}^{\infty}\sum_{k=1}^{\infty} p_{jk}\, l_x^2 \frac{\alpha_{u,o}\varkappa^2(k^2 + \nu \varkappa^2 j^2) M_{jk}}{\pi^2 L_{jk}^2 N_{jk}} \sin j\pi\xi \sin k\pi\eta\,,\\
-m_{xyu,o} &= \sum_{j=1}^{\infty}\sum_{k=1}^{\infty} p_{jk}\, l_x^2 \frac{\alpha_{u,o}(1-\nu)\varkappa^3 j k M_{jk}}{\pi^2 L_{jk}^2 N_{jk}} \cos j\pi\xi \cos k\pi\eta\,,\\
q_{xS} &= \sum_{j=1}^{\infty}\sum_{k=1}^{\infty} p_{jk}\, l_x \frac{\varkappa^2 j}{\pi L_{jk} N_{jk}} \cos j\pi\xi \sin k\pi\eta\,,\\
q_{yS} &= \sum_{j=1}^{\infty}\sum_{k=1}^{\infty} p_{jk}\, l_x \frac{\varkappa k}{\pi L_{jk} N_{jk}} \sin j\pi\xi \cos k\pi\eta\,,\\
q_{xu,o} &= \sum_{j=1}^{\infty}\sum_{k=1}^{\infty} p_{jk}\, l_x \frac{\alpha_{u,o}\varkappa^2 j M_{jk}}{\pi L_{jk} N_{jk}} \cos j\pi\xi \sin k\pi\eta\,,\\
q_{yu,o} &= \sum_{j=1}^{\infty}\sum_{k=1}^{\infty} p_{jk}\, l_x \frac{\alpha_{u,o}\varkappa k M_{jk}}{\pi L_{jk} N_{jk}} \sin j\pi\xi \cos k\pi\eta\,.
\end{aligned}\right\}(6.41)$$

6.2.2. Belastung $p(x,y) = p_0 \sin \pi x/l_x \sin \pi y/l_y$

Eine Fourier-Reihenentwicklung dieser Belastungsfunktion $p(x,y)$ erübrigt sich, da $p(x,y)$ bereits aus einer Doppelsinuswelle besteht. In (6.40) und (6.41) entfallen daher die Summationszeichen, außerdem sind $j=1$ und $k=1$ zu setzen. Eine numerische Auswertung für einige Plattenpunkte und folgende Parameterwerte wird durchgeführt:

Fall I: $\varkappa = 1$, $\alpha_u = \alpha_o = 0{,}05$, $\beta = 0{,}75$, $\nu = 0$ und $\nu = 0{,}5$;

Fall II: $\varkappa = 1$, $\alpha_u = \alpha_o = 0$, $\beta = 0{,}75$, $\nu = 0$ und $\nu = 0{,}5$.

Die Ergebnisse sind in Tab. 6.1 angegeben.

Tabelle 6.1. *Partialdurchsenkungen und Schnittlasten einer allseitig gelenkig gelagerten Sandwichplatte mit dicken Deckschichten*

			$\nu = 0$		$\nu = 0{,}5$		
Größe	ξ	η	Fall I	Fall II	Fall I	Fall II	
w	0,5	0,5	0,01572	0,04056	0,01572	0,04056	$\cdot p_0 l_x^4/B_S$
m_{xS}	0,5	0,5	0,00981	0,02533	0,01472	0,03800	$\cdot p_0 l_x^2$
$-m_{xyS}$	0	0	0,00981	0,02533	0,00491	0,01267	$\cdot p_0 l_x^2$
$m_{xu,o}$	0,5	0,5	0,00776	0	0,01164	0	$\cdot p_0 l_x^2$
$-m_{xyu,o}$	0	0	0,00776	0	0,00388	0	$\cdot p_0 l_x^2$
q_{xS}	0	0,5	0,0617	0,1591	0,0617	0,01591	$\cdot p_0 l_x$
$q_{xu,o}$	0,5	0	0,0487	0	0,0487	0	$\cdot p_0 l_x$

In Tab. 6.1 wurden m_{yS}, $m_{yu,o}$, q_{yS} und $q_{yu,o}$ weggelassen, da sie wegen $\varkappa = 1$ den entsprechenden Größen m_{xS}, $m_{xu,o}$, q_{xS} und $q_{xu,o}$ gleich sind. Fall I entspricht einer Sandwichplatte mit biegesteifen Deckschichten und Fall II einer Sandwichplatte mit biegeschlaffen Deckschichten[1]; aus der Gegenüberstellung beider Fälle in Tab. 6.1 ist daher der Einfluß der Deckschichtbiegesteifigkeit auf die Durchsenkung und Teilschnittlasten ersichtlich.

6.3. Energieausdrücke und Energiemethode

6.3.1. Energieausdrücke

Die Formänderungsenergie W einer durch Quer-, Längs- und Schubkräfte belasteten Sandwichplatte mit dicken Deckschichten ergibt sich wie in Abschnitt 5.3.1.1 aus der allgemeinen Formel (5.100). Setzt man hier σ_x, σ_y, τ_{xy} gemäß (5.11), τ_{xz}, τ_{yz} gemäß (5.7) und ε_x, ε_y, γ_{xy} gemäß (6.3) ein, so erhält man analog zum Rechengang in Abschnitt 5.3.1.1

$$
\left.
\begin{aligned}
W = \frac{1}{2} \iint_{(F)} & [B_{xS}(\gamma_{xz}' - w'')^2 + B_{yS}(\gamma_{yz}^{\cdot} - w^{\cdot\cdot})^2 + \\
& + (\nu_y B_{xS} + \nu_x B_{yS})(\gamma_{xz}' - w'')(\gamma_{yz}^{\cdot} - w^{\cdot\cdot}) + \\
& + T_{xyS}(\gamma_{xz}^{\cdot} + \gamma_{yz}' - 2w'^{\cdot})^2 + (B_{xu} + B_{xo}) w''^2 + \\
& + (B_{yu} + B_{yo}) w^{\cdot\cdot 2} + 4(T_{xyu} + T_{xyo}) w'^{\cdot 2} + \\
& + \nu_y (B_{xu} + B_{xo}) w'' w^{\cdot\cdot} + \nu_x (B_{yu} + B_{yo}) w'' w^{\cdot\cdot} + \\
& + A_{xz}\gamma_{xz}^2 + A_{yz}\gamma_{yz}^2] \,\mathrm{d}x \,\mathrm{d}y
\end{aligned}
\right\} \quad (6.42)
$$

Im Sonderfall der Isotropie vereinfacht sich (6.42) noch etwas. W gemäß (6.42) unterscheidet sich von W gemäß (5.101) durch einige Zusatzterme, die dem Anteil der Formänderungsenergie in den dicken Deckschichten entsprechen.

Das Potential U der äußeren Kräfte nimmt die gleiche Form an wie bei Sandwichplatten mit dünnen Deckschichten, vgl. (5.104).

---

[1] Fall II kann daher auch mit Hilfe von (5.76) bis (5.78) behandelt werden.

6.3.2. Energiemethode

Das Prinzip vom Minimum des elastischen Potentials $\Pi = W + U$ gilt auch hier. Die Eulerschen Gleichungen (5.107) zu $\Pi =$ Minimum liefern wieder die schon bekannten Differentialgleichungen (6.18) und (6.16). Bei Anwendung des Ritzschen Verfahrens sind Vergleichsfunktionen zu wählen, die möglichst vielen Randbedingungen genügen. Nach Einsetzen in Π ergibt sich meist ein sehr langer und umständlicher Ausdruck, so daß sich die Berechnung der unbekannten Konstanten sehr mühevoll gestaltet.

6.4. Weitere Beanspruchungen

6.4.1. Temperatursprung zwischen den Deckschichten einer Sandwichplatte

Ebenso wie in Abschnitt 3.4.1 ist nur ein Temperatursprung zwischen den Deckschicht-Schwerebenen von Interesse [ϑ_x und ϑ_y gemäß (5.108)], während gleichmäßige Temperaturdehnungen beider Deckschichten sowie Temperaturdehnungsdifferenzen innerhalb der beiden Deckschichten unberücksichtigt bleiben. Erweitert man die Teilschnittlast-Verschiebungs-Beziehungen um die Temperaturglieder, so ergeben sich für m_{xS} und m_{yS} Zusatzterme $m_{xS\vartheta}$ und $m_{yS\vartheta}$ gemäß (5.109), während alle weiteren Teilschnittlasten gemäß (6.8) bis (6.11) unverändert bleiben. Einsetzen der Schnittlasten einschließlich der Zusatzterme in die Gleichgewichtsbedingungen (5.30) liefert mit $p = 0$ die Differentialgleichungen (6.16), jedoch mit den rechten Seiten r_1, r_2, r_3 gemäß (5.110) bzw. (5.112), und in (6.18) ergibt sich die rechte Seite r_4 gemäß (5.111) bzw. (5.112). Im allgemeinen ist $\vartheta_x = \vartheta_y =$ konst., womit alle rechten Seiten null, die Differentialgleichungen also homogen werden. Ihre allgemeinen Lösungen enthalten daher ϑ nicht; ϑ kommt erst wieder über die Randbedingungen in die Rechnung. Auf ein Berechnungsbeispiel wird hier verzichtet.

6.4.2. Transversalschwingungen einer Sandwichplatte

Zu Transversalschwingungen von Sandwichplatten mit dicken Deckschichten wurde alles Grundsätzliche bereits in den Abschnitten 2.4.2, 3.4.2 und 5.4.2 erläutert: Die allgemeinen dynamischen Grundgleichungen ergeben sich durch Hinzufügen der D'Alembertschen Trägheitskraft $-\mu\, \partial^2 w / \partial t^2$ zur Flächenbelastung $p(x,y,t)$ in den Differentialgleichungen (6.16) und (6.18) bzw. (6.24) bzw. (6.25). Sie unterscheiden sich von jenen für Sandwichplatten mit dünnen Deckschichten nur durch von den Eigenbiege- und Eigentorsionssteifigkeiten der Deckschichten herrührenden Zusatztermen. Setzt man in den dynamischen Grundgleichungen (5.113) ein, so erhält man die Differentialgleichungen für ungedämpfte, erzwungene Transversalschwingungen der Sandwichplatte im eingeschwungenen Zustand. Die Schubdämpfung kann durch die komplexen Schubsteifigkeiten gemäß (5.114) berücksichtigt werden. Die Differentialgleichungen für ungedämpfte, freie Transversalschwingungen der Sandwichplatte ergeben sich aus den dynamischen Grundgleichungen für $q(x,y,t)$ sowie w, γ_{xz} und γ_{yz} gemäß (5.113), jedoch mit ω_j statt ω. Die Eigenwertgleichung zur Berechnung der Eigenkreisfrequenzen ω_j findet man aus ihnen mit Hilfe der Randbedingungen der Platte.

Aus dem Hamiltonschen Prinzip ergibt sich für freie Plattenschwingungen auch hier das Variationsproblem $H^* =$ Extremum gemäß (2.152), worin E^* durch (5.115) festgelegt ist und W^* aus (6.42) folgt, indem man dort w durch z_1, γ_{xz} durch z_2 und γ_{yz} durch z_3 ersetzt. (2.152) kann zur näherungsweisen Berechnung von ω_1 herangezogen werden (vgl. die Erläuterungen in Unterabschnitt 2.4.2.5 *b*).

6.5. Ergänzungen

6.5.1. Biege- und Torsionssteifigkeit der Deckschichten bei Profilsandwichen

Die in Abschnitt 6.1.1 getroffene Voraussetzung ebener Sandwichplatten mit dicken Deckschichten trifft oft nicht zu; die Eigenbiegesteifigkeiten B_{xu}, B_{xo}, B_{yu}, B_{yo} und die Eigentorsionssteifigkeiten T_{xyu}, T_{xyo} der Deckschichten können auch daher rühren, daß diese in x- und y-Richtung profiliert sind. Die in den vorangehenden Abschnitten entwickelte Sandwichtheorie läßt sich jedoch leicht auf solche Profilsandwiche erweitern: Wie bereits in Abschnitt 3.5.1 erläutert, hat man

— in B_{xu}, B_{xo}, B_{yu}, B_{yo} gemäß (6.4) die Profilträgheitsmomente J_{xu}, J_{xo}, J_{yu}, J_{yo} der Deckschichten je Breiteneinheit ($b_y = 1$ bzw. $b_x = 1$) einzusetzen und

— in D_{xu}, D_{xo}, D_{yu}, D_{yo} gemäß (5.13) die Profilquerschnittsflächen F_{xu}, F_{xo}, F_{yu}, F_{yo} der Deckschichten je Breiteneinheit ($b_y = 1$ bzw. $b_x = 1$);

damit stehen gemäß (5.26) auch B_{xS} und B_{yS} fest. Für die Torsionssteifigkeiten T_{xyu}, T_{xyo} und die Schubsteifigkeiten A_{xyu}, A_{xyo} der Deckschichten können näherungsweise

$$\left.\begin{aligned} T_{xyu} &= \sqrt{T_{xu}\,T_{yu}}\,, & T_{xyo} &= \sqrt{T_{xo}\,T_{yo}}\,,\\ A_{xyu} &= \sqrt{A_{xu}\,A_{yu}}\,, & A_{xyo} &= \sqrt{A_{xo}\,A_{yo}} \end{aligned}\right\} \tag{6.43}$$

verwendet werden, worin

$$\left.\begin{aligned} T_{xu,o} &= G_{u,o}J_{txu,o}\,, & T_{yu,o} &= G_{u,o}J_{tyu,o}\,,\\ A_{xu,o} &= G_{u,o}F_{xu,o}\,, & A_{yu,o} &= G_{u,o}F_{yu,o} \end{aligned}\right\} \tag{6.44}$$

bedeuten; in (6.44) bedeuten $G_{u,o}$ den Schubmodul der betreffenden Deckschicht in ihrer Schwerfläche und $J_{txu,o}$ bzw. $J_{tyu,o}$ das Torsionsflächenmoment eines Deckschichtstreifens je Breiteneinheit ($b_y = 1$ bzw. $b_x = 1$). Mit (6.43) steht gemäß (5.27) auch die Sandwichtorsionssteifigkeit T_{xyS} fest.

Die Beziehungen (6.43) ähneln dem Huberschen Ausdruck in [10], § 119, Formel (820) und können wie folgt plausibel gemacht werden: Führt man das Profilsandwich derart auf eine ebene Sandwichplatte mit orthotropen, dicken Deckschichten zurück, daß alle Querschnittswerte mit jenen des Profilsandwiches übereinstimmen, dann ist gemäß (5.12) $m_{xy} = m_{yx}$ und $n_{xy} = n_{yx}$. Es gilt daher nur jeweils *eine* Kenngröße für die Torsionssteifigkeit bzw. die Schubsteifigkeit jeder Deckschicht, nämlich $T_{xyu,o}$ bzw. $A_{xyu,o}$.

Eine Bemerkung: Sind die Deckschichten zwar profiliert, aber dünn, dann ist $T_{xyu,o}$ proportional zu $t_{u,o}^3$, T_{xyS} jedoch nur zu $t_{u,o}$; T_{xyu} und T_{xyo} können also gegenüber T_{xyS} vernachlässigt werden — anders als $B_{xu,o}$ und $B_{yu,o}$, die gegenüber B_{xS} und B_{yS} nur dann vernachlässigbar sind, wenn die Deckschichten dünn und außerdem eben sind.

6.5.2. Kreisförmige Sandwichplatten

Bei der Berechnung isotroper, rotationssymmetrisch belasteter und gelagerter Kreisplatten gilt entsprechendes wie in Abschnitt 5.5.2.1 erläutert. Der Schubwinkel $\gamma_{\varphi z}$ und alle Torsionsmomente ($m_{r\varphi S}$, $m_{r\varphi u}$, $m_{r\varphi o}$) sind wegen der Rotationssymmetrie im gesamten Plattenbereich null. Anstelle der drei Differentialgleichungen (6.25) bestehen für w und γ_{rz} nur die beiden ersten der Gleichungen (6.25), jedoch mit γ_{rz} statt γ_{xz}; hierbei bedeutet ein Strich eine Ableitung nach r und Δ den Laplace-Operator in Polarkoordinaten. Ein Berechnungsbeispiel wird hier nicht behandelt.

7. Gesamtinstabilität von Sandwichbalken und Sandwichplatten

7.1. Allgemeines

7.1.1. Was bedeutet Gesamtinstabilität?

Ein nicht querbelasteter, sondern nur durch eine axiale Druckkraft P beanspruchter Sandwichbalken knickt als Ganzes aus, d. h. seine gerade Lage wird instabil, wenn die Druckkraft einen bestimmten kritischen Wert, die Knicklast P_k, überschreitet. Da für $P > P_k$ die Instabilitätsgrenze des Gesamtsystems überschritten wird, spricht man von der Gesamtinstabilität des Balkens. Entsprechendes gilt auch für Sandwichplatten: Hier können sowohl axiale Druckkräfte $n_x = -P_x$ und $n_y = -P_y$ als auch Schubkräfte n_{xy} die Sandwichplatte als Ganzes zum Ausbeulen bringen.

Im Gegensatz zur Gesamtinstabilität können bei Sandwichbalken und -platten auch örtliche Instabilitäten auftreten (vgl. hierzu Abb. 40); diese werden jedoch nicht hier, sondern erst im folgenden Kapitel behandelt.

7.1.2. Voraussetzungen und Berechnungsgang

Zur Berechnung der niedrigsten kritischen Last (der Knicklast des Sandwichbalkens bzw. der Beullast der Sandwichplatte) kann man an die in den Abschnitten 2.1, 3.1, 5.1 bzw. 6.1 getroffenen Voraussetzungen sowie die hieraus sich ergebenden Differentialgleichungen anknüpfen. Da letztere für Biegung mit Längskraft nach der Theorie zweiter Ordnung aufgestellt wurden, hat man in diesen nur die Querbelastung null zu setzen. Nach Lösen der nunmehr homogenen Differentialgleichungen und Erfüllen sämtlicher Randbedingungen erhält man ein lineares, homogenes Gleichungssystem für die Integrationskonstanten, das nur dann von null verschiedene Lösungen hat, wenn seine Koeffizientendeterminante D verschwindet. Aus $D = 0$ ergibt sich die gesuchte Eigenwertgleichung zur Bestimmung der kritischen Lasten des Sandwichbalkens bzw. der Sandwichplatte; nur die erste kritische Last (die Knicklast bzw. Beullast) ist für die technische Praxis von Interesse.

Vielfach ist das beschriebene Verfahren sehr aufwendig; das trifft vor allem für Sandwichplatten zu. In solchen Fällen greift man zweckmäßigerweise auf Näherungsverfahren zurück, z. B. das Ritzsche Verfahren. Die für dieses benötigten Energieausdrücke wurden bereits in den Abschnitten

2.3.1, 3.3.1, 5.3.1 bzw. 6.3.1 hergeleitet; man hat in ihnen nur noch die Querbelastungsterme nullzusetzen.

Die folgenden Ableitungen gelten nur, solange die zur Knick- bzw. Beullast gehörige Knick- bzw. Beulspannung $\sigma_k = P_k/(F_u + F_o)$ der Deckschichten im Linearitätsbereich der σ, ε-Diagramme der Deckschichtmaterialien liegt ($\sigma_k \leqq \sigma_P$). Bezüglich plastischen Knickens bzw. Beulens von Sandwichbalken bzw. Sandwichplatten vgl. etwa die Hinweise in [13], Abschnitt 6.1.

7.2. Sandwichbalken mit ebenen, dünnen Deckschichten

7.2.1. Ermittlung der exakten Knicklast

7.2.1.1. Allgemeine Lösungen der Differentialgleichungen

Die maßgebenden Differentialgleichungen sind durch (2.25) und (2.26) gegeben. Setzt man dort $q = 0$ und $N = -P$ ein[1] und führt die dimensionslose Koordinate $\xi = x/l$ sowie mit β gemäß (2.47) die dimensionslosen Abkürzungen

$$p = \frac{P}{A}, \quad \lambda^2 = \frac{P l^2}{(1 - P/A) B_S} = \frac{p}{(1-p)\beta} \tag{7.1}$$

ein, so erhält man

$$\left.\begin{aligned} \beta(\gamma'' - w'''/l) &= \gamma, \qquad w^{\mathrm{IV}} + \lambda^2 w'' = 0, \\ \gamma' &= p w''/l, \quad \gamma'' + \lambda^2 \gamma = 0; \end{aligned}\right\} \tag{7.2}$$

Striche in (7.2) bedeuten Ableitungen nach ξ. Löst man die beiden rechten Gleichungen (7.2) und berücksichtigt, daß die Lösungen auch die beiden linken Gleichungen (7.2) erfüllen müssen, so erhält man nach kurzer Rechnung

$$\left.\begin{aligned} w &= C_1 \cos\lambda\xi + C_2 \sin\lambda\xi + C_3\xi + C_4, \\ \gamma &= \frac{\lambda p}{l}(C_2\cos\lambda\xi - C_1\sin\lambda\xi). \end{aligned}\right\} \tag{7.3}$$

Die Gleichungen (7.3) sind die Ausgangsbeziehungen zur Ermittlung der Eigenwertgleichung des jeweiligen Knickproblems.

7.2.1.2. Beidseitig gelenkig gelagerter Sandwichbalken

Für einen beidseitig gelenkig gelagerten Sandwichbalken gemäß Abb. 6 gelten gemäß Tab. 2.1 die Randbedingungen

$$w(0) = 0, \quad \gamma_2'(0) = 0, \quad w(1) = 0, \quad \gamma_2'(1) = 0. \tag{7.4}$$

---

[1] $P > 0$ bedeutet also eine axiale Druckkraft.

Unter Beachtung von $\gamma_2=\gamma-w'$ liefert (7.4) mit (7.3) das Gleichungssystem

$$\begin{aligned} C_1+C_4=0, \quad & C_1\cos\lambda+C_2\sin\lambda+C_3+C_4=0, \\ (1-p)C_1=0, \quad & (1-p)(C_1\cos\lambda+C_2\sin\lambda)=0. \end{aligned}$$

Damit von null verschiedene Lösungen für die Integrationskonstanten bestehen, muß die Nennerdeterminante des Gleichungssystems verschwinden:

$$D=(1-p)^2\sin\lambda=0. \tag{7.5}$$

Das ist die Eigenwertgleichung zur Bestimmung der kritischen Last P_k; sie hat die Lösungen

$$\sin\lambda=0, \quad \lambda_j=j\pi \; (j=1,2,\ldots) \quad \text{und} \quad p_S=1, \quad P_S=A. \tag{7.6}$$

Beschränkt man sich auf den ersten Eigenwert $\lambda_1=\pi$, setzt diesen in (7.1) ein und löst nach P_k auf, so erhält man

$$P_k=\frac{\pi^2 B_S}{l^2+\pi^2 B_S/A}=\frac{\pi^2}{1+\pi^2\beta}\frac{B_S}{l^2}. \tag{7.7}$$

Es zeigt sich, daß P_k gemäß (7.7) stets kleiner ist als die in (7.6) angegebene zweite Lösung $P_S=A$, so daß P_k als Knicklast maßgebend ist. Die beiden Grenzfälle $A=\infty$ und $B_S=\infty$ liefern

$$P_B=\frac{\pi^2 B_S}{l^2} \quad \text{bzw.} \quad P_S=A=\frac{B_S}{\beta l^2}, \tag{7.8}$$

also die bei alleiniger Biegeweichheit bzw. alleiniger Schubweichheit sich ergebenden Knicklasten P_B bzw. P_S des Sandwichbalkens. P_B gemäß (7.8) ist mit der Euler-Formel für schubstarre Balken bei Lagerung gemäß Abb. 6 identisch.

7.2.1.3. Links starr eingespannter und rechts gelenkig gelagerter Sandwichbalken

Für einen links starr eingespannten und rechts gelenkig gelagerten Sandwichbalken gemäß Abb. 8 gelten gemäß Tab. 2.1 die Randbedingungen

$$w(0)=0, \quad \gamma_2(0)=0, \quad w(1)=0, \quad \gamma_2'(1)=0. \tag{7.9}$$

Einsetzen von (7.3) in (7.9) liefert das Gleichungssystem

$$\begin{aligned} C_1+C_4=0, \quad & C_1\cos\lambda+C_2\sin\lambda+C_3+C_4=0, \\ (1-p)C_2+C_3=0, \quad & (1-p)(C_1\cos\lambda+C_2\sin\lambda)=0. \end{aligned}$$

Die Nennerdeterminante dieses Gleichungssystems muß verschwinden:

$$D=(1-p)[\lambda(1-p)\cos\lambda-\sin\lambda]=0. \tag{7.10}$$

Das ist die Eigenwertgleichung zur Bestimmung der kritischen Last P_k; unter Beachtung der aus (7.1) folgenden Beziehung

$$1-p=\frac{1}{1+\lambda^2\beta}$$

erhält man aus (7.10)

$$(1+\lambda^2\beta)\tan\lambda = \lambda \quad \text{und} \quad p_S = 1\,, \quad P_S = A\,. \tag{7.11}$$

Beschränkt man sich auf den ersten Eigenwert λ_1 der transzendenten Gleichung (7.11), setzt diesen in (7.1) ein und löst nach P_k auf, so ergibt sich

$$P_k = \frac{\lambda_1{}^2 B_S}{l^2 + \lambda_1{}^2 B_S/A} = \frac{\lambda_1{}^2}{1+\lambda_1{}^2\beta}\,\frac{B_S}{l^2}\,. \tag{7.12}$$

Es zeigt sich, daß P_k gemäß (7.12) stets kleiner als die in (7.11) angegebene zweite Lösung $P_S = A$ ist, so daß P_k als Knicklast maßgebend ist. Die beiden Grenzfälle $A = \infty$ und $B_S = \infty$ liefern $\lambda_1 = 4{,}493$ bzw. $\lambda_1 = \pi$, d. h.

$$P_B = \frac{20{,}19\, B_S}{l^2} \quad \text{bzw.} \quad P_S = A = \frac{B_S}{\beta l^2}, \tag{7.13}$$

also die bei alleiniger Biegeweichheit bzw. alleiniger Schubweichheit sich ergebenden Knicklasten P_B bzw. P_S des Sandwichbalkens. P_B gemäß (7.13) ist mit der Euler-Formel für schubstarre Balken mit Lagerung gemäß Abb. 8 identisch.

7.2.1.4. Weitere Lagerungsfälle

Die Knicklasten von Sandwichbalken, die gemäß Abb. 5 (einseitige starre Einspannung, ein freies Ende) oder Abb. 9 (beidseitige starre Einspannung) gelagert sind, lassen sich in bekannter Weise auf die Knicklast eines beidseitig gelenkig gelagerten Balkens zurückführen: Im erstgenannten Fall hat man nur in (7.7) l durch die „Knicklänge" $l_k = 2l$ zu ersetzen und im zweitgenannten Fall durch die „Knicklänge" $l_k = l/2$:

$$P_k = \frac{\pi^2 B_S}{(2\,l)^2 + \pi^2 B_S/A} = \frac{\pi^2}{4+\pi^2\beta}\,\frac{B_S}{l^2} \tag{7.14}$$

bzw.

$$P_k = \frac{\pi^2 B_S}{(l/2)^2 + \pi^2 B_S/A} = \frac{4\pi^2}{1+4\pi^2\beta}\,\frac{B_S}{l^2}\,. \tag{7.15}$$

Für die Grenzfälle $A = \infty$ bzw. $B_S = \infty$ liefern (7.14) und (7.15)

$$P_B = \frac{\pi^2 B_S}{4 l^2} \quad \text{bzw.} \quad P_S = A = \frac{B_S}{\beta l^2} \tag{7.16}$$

und

$$P_B = \frac{4\pi^2 B_S}{l^2} \quad \text{bzw.} \quad P_S = A = \frac{B_S}{\beta l^2}; \tag{7.17}$$

hierin stimmt P_B jeweils mit der entsprechenden Euler-Formel überein.

7.2.2. Näherungsweise Ermittlung der Knicklast nach dem Ritzschen Verfahren

Alles Wesentliche zum Rechnungsgang wurde schon in Abschnitt 2.3.2.3 erläutert. Als Beispiel wird ein Sandwichbalken gemäß Abb. 8 gewählt (links starre Einspannung, rechts gelenkige Lagerung). Ein eingliedriger Ansatz von Vergleichsfunktionen für w und γ wurde bereits in Abschnitt 2.3.3.2 ermittelt; setzt man in (2.113) zwecks Verminderung der Anzahl der freien Konstanten die Beziehungen (2.114) ein, so folgt mit $p = P/A$

$$\left.\begin{aligned} w_1 &= 2a_1 l^3 x + 3(b_1 - a_1) l^2 x^2 - (a_1 - 5b_1) l x^3 + 2b_1 x^4, \\ \gamma_1 &= 2a_1 l^3 + p[6(b_1 - a_1) l^2 x^2 + 3(a_1 - 5b_1) l x^2 + 8b_1 x^3]. \end{aligned}\right\} \tag{7.18}$$

Nach Einführung der dimensionslosen Koordinate $\xi = x/l$ sowie der neuen Konstanten $a_1 l^3 = A_1$ und $b_1 l^3 = B_1$ in (7.18) erhält man

$$\left.\begin{aligned} w_1 &= A_1 l(2\xi - 3\xi^2 + \xi^3) + B_1 l(3\xi^2 - 5\xi^3 + 2\xi^4), \\ \gamma_1 &= A_1(2 - 6p\xi + 3p\xi^2) + B_1 p(6\xi - 15\xi^2 + 8\xi^3). \end{aligned}\right\} \tag{7.19}$$

Setzt man (7.19) in die Energieausdrücke W gemäß (2.94) und U gemäß (2.96) ein, wobei in U noch $q = 0$ und $N = -P$ gesetzt wird, so ergibt sich nach Ausführung der Integrationen

$$\left.\begin{aligned} W &= \frac{B_S}{l}\frac{6}{5}(1-p)^2(5A_1^2 + 3B_1^2) + \\ &\quad + Al\frac{2}{35}[7(5 - 10p + 6p^2)A_1^2 + 7p^2 A_1 B_1 + 3p^2 B_1^2], \\ U &= -Pl\frac{2}{35}(7A_1^2 + 7A_1 B_1 + 3B_1^2). \end{aligned}\right\} \tag{7.20}$$

Die Minimierung von $\Pi = W + U$ führt auf die beiden notwendigen Bedingungen

$$\frac{\partial \Pi}{\partial A_1} = 0, \quad \frac{\partial \Pi}{\partial B_1} = 0,$$

woraus zwei lineare, homogene Gleichungen für A_1 und B_1 folgen. Die Eigenwertgleichung ergibt sich hieraus durch Nullsetzen der Koeffizientendeterminante des Gleichungssystems; man erhält unter Beachtung von $\beta = B_S/Al^2$ nach einiger Zwischenrechnung die beiden Lösungen

$$\left.\begin{aligned} &(65 + 1692\beta + 3780\beta^2)p^2 - 12(5 + 246\beta + 630\beta^2)p + \\ &+ 1260\beta(1 + 3\beta) = 0 \quad \text{und} \quad p_S = 1, \quad P_S = A. \end{aligned}\right\} \tag{7.21}$$

Nach Auflösung der quadratischen Gleichung[1] (7.21) für p erhält man zwei Werte p_1 und p_2; der kleinere von beiden (es sei p_1) ist maßgebend für die Berechnung der Knicklast:

$$P_k = p_1 A = \frac{p_1}{\beta}\frac{B_S}{l^2}. \tag{7.22}$$

Es zeigt sich, daß P_k gemäß (7.22) stets kleiner als die in (7.21) angegebene zweite Lösung $P_S = A$ ist, so daß also P_k als Knicklast maßgebend ist. Die beiden Grenzfälle $A = \infty$ (d. h. $\beta = 0$ und $p_1 = 0$, jedoch $A\beta = B_S l^2$ und $Ap_1 = P_k$) sowie $B_S = \infty$ (d. h. $\beta = \infty$) liefern

$$P_B = \frac{21 B_S}{l^2} \quad \text{bzw.} \quad P_S = A = \frac{B_S}{\beta l^2}. \tag{7.23}$$

[1] Sie stimmt überein mit Formel (1.56) in [13].

P_S stimmt mit (7.12) überein, während P_B gegenüber der exakten Lösung (7.12) 4% Fehler aufweist.

Eine Bemerkung: Hätte man die Vergleichsfunktionen (2.113) ohne Verwendung der Beziehungen (2.114) benutzt, dann wäre Π nach vier statt zwei freien Konstanten zu minimieren gewesen. Nach recht mühevoller Rechnung hätte man am Ende wiederum die Eigenwertgleichung (7.21) erhalten. Hieraus ist zu schließen, daß die bestmögliche Lösung für $\Pi =$ Minimum diejenige ist, bei der die Querkraftgleichgewichtsbedingung (2.110) am Balkenelement erfüllt ist. Bei Berücksichtigung von (2.114) in (2.113) ist dieser Sachverhalt von vornherein erfüllt, bei Verwendung von (2.113) ohne (2.114) hingegen ergibt er sich erst durch das Minimieren von Π.

7.2.3. Knicklast nach der Methode der Einzelsteifigkeiten

Betrachtet man die Beziehungen (7.7) und (7.8), (7.14) und (7.16) sowie (7.15) und (7.17), so erkennt man zwischen diesen jeweils den Zusammenhang

$$\frac{P_k}{P_B} + \frac{P_k}{P_S} = 1, \quad P_k = \frac{P_B P_S}{P_B + P_S}; \tag{7.24}$$

für (7.12) und (7.13) dagegen gilt (7.24) nicht. Begnügt man sich jedoch mit einer Näherungslösung, dann kann die Gültigkeit der Beziehung (7.24) ganz allgemein — also auch für (7.12) und (7.13) — gefordert werden. In den beiden Grenzfällen $A = \infty$ ($\beta = 0$) und $B_S = \infty$ ($\beta = \infty$) liefert (7.24) sogar in jedem Fall die exakten Knicklasten, nämlich $P_k = P_B$ bzw. $P_k = P_S$. P_k gemäß (7.24) setzt sich nur aus der Knicklast P_B (die für $A = \infty$ gilt, also allein von der Biegesteifigkeit B_S abhängt) und der Knicklast P_S (die für $B_S = \infty$ gilt, also allein von der Schubsteifigkeit A abhängt) zusammen; man spricht daher von der Methode der Einzelsteifigkeiten. Der Vorteil dieser Methode liegt darin, daß P_B für zahlreiche Lagerungsfälle meist schon von der gewöhnlichen Balkentheorie her bekannt ist und P_S durch $P_S = A$ gegeben ist; man kommt also sehr schnell zu Näherungslösungen für P_k.

Wie in [13], Abschnitt 1.6, erläutert, liegt der Methode der Einzelsteifigkeiten die Voraussetzung zugrunde, daß die Partialdurchsenkungen w_M und w_Q sowie die Gesamtdurchsenkung w zueinander affin sind, also gleiche Form haben. Dies ist bei den Eigenfunktionen der gemäß Abb. 5, 6 und 9 gelagerten Sandwichbalken der Fall, nicht dagegen bei dem gemäß Abb. 8 gelagerten Sandwichbalken. Daher liefert (7.24) auch nur bei den Sandwichbalken gemäß Abb. 5, 6 und 9 die exakten Knicklastwerte P_k, bei dem Sandwichbalken gemäß Abb. 8 dagegen nur einen Näherungswert; dieser ist allerdings — wie aus Tab. 7.1 ersichtlich — recht gut.

7.2.4. Numerischer Vergleich der drei Berechnungsmethoden

Abschließend soll für einen links eingespannten und rechts gelenkig gelagerten Sandwichbalken (vgl. Abb. 8) ein Vergleich der drei vorangehend erläuterten Verfahren zur Knicklastberechnung angestellt werden.

P_k wird jeweils auf die Form

$$P_k = c \frac{B_S}{l^2} \tag{7.25}$$

gebracht. Bei Variation des Parameters β erhält man die Tab. 7.1; es zeigt sich:

- — Alle Näherungswerte für P_k sind größer als die exakten Werte P_k;
- — das Ritzsche Verfahren liefert außer für sehr kleine β-Werte etwas kleinere relative Fehler als die Methode der Einzelsteifigkeiten;
- — die Knicklastberechnung nach der Methode der Einzelsteifigkeiten erfordert den geringsten Rechenaufwand und ist für praktische Belange ausreichend genau.

Diese Aussagen behalten auch bei anders gelagerten Sandwichbalken und sogar bei Sandwichplatten ihre Gültigkeit.

Tabelle 7.1. *Vergleich der Knicklasten nach verschiedenen Verfahren*

	Exakt		Ritzsches Verfahren			Einzelsteifigkeiten	
	λ	c	p	c	Fehler	c	Fehler
β	(7.12)	(7.13)	(7.21)	(7.22)	%	(7.24)	%
0	4,493	20,190	0	21,000	4,0	20,190	0
0,00986	4,45	16,569	0,1682	17,059	3,0	16,839	1,6
0,02175	4,4	13,623	0,3028	13,921	2,2	14,029	3,0
0,04765	4,3	9,830	0,4742	9,952	1,24	10,290	4,7
0,07724	4,2	7,467	0,5810	7,523	0,75	7,888	5,6
0,1119	4,1	5,836	0,6558	5,863	0,46	6,197	6,2
0,1534	4	4,631	0,7125	4,644	0,28	4,927	6,4
0,2709	3,8	2,940	0,7973	2,943	0,10	3,120	6,1
0,4858	3,6	1,776	0,8632	1,777	0,05	1,868	5,2
1,0262	3,4	0,899	0,9224	0,899	0	0,930	3,4
∞	π	0	1	0	0	0	0

7.3. Sandwichbalken mit ebenen, dicken oder profilierten Deckschichten

7.3.1. Ermittlung der exakten Knicklast

7.3.1.1. Allgemeine Lösungen der Differentialgleichungen

Die maßgebenden Differentialgleichungen sind durch (3.17) und (3.18) gegeben. Setzt man dort $q = 0$ sowie $N = -P$ und führt die dimensionslose Koordinate $\xi = x/l$ sowie mit α und β gemäß (3.27) die dimensionslosen Abkürzungen

$$p = \frac{P}{A}, \quad \nu^2 = \frac{1+\alpha-p}{\alpha\beta}, \quad \mu^4 = \frac{p}{\alpha\beta^2} \tag{7.26}$$

ein, so erhält man

$$\left.\begin{aligned}\beta(\gamma''-w'''/l)&=\gamma, & -\alpha\beta w^{\mathrm{VI}}+(1+\alpha-p)w^{\mathrm{IV}}+pw''/\beta&=0,\\ \gamma'&=pw''/l+\alpha\beta w^{\mathrm{IV}}/l, & -\alpha\beta\gamma^{\mathrm{IV}}+(1+\alpha-p)\gamma''+p\gamma/\beta&=0;\end{aligned}\right\} \tag{7.27}$$

Striche in (7.27) bedeuten Ableitungen nach ξ. Löst man die letzten beiden Gleichungen (7.27) und berücksichtigt, daß die Lösungen auch die ersten beiden Gleichungen (7.27) erfüllen müssen, so erhält man mit

$$\lambda_1=\sqrt{\frac{1}{2}\left(\sqrt{\nu^4+4\mu^4}-\nu^2\right)}, \quad \lambda_2=\sqrt{\frac{1}{2}\left(\sqrt{\nu^4+4\mu^4}+\nu^2\right)} \tag{7.28}$$

nach kurzer Rechnung

$$\left.\begin{aligned}w&=C_1\cos\lambda_1\xi+C_2\sin\lambda_1\xi+C_3\cosh\lambda_2\xi+C_4\sinh\lambda_2\xi+C_5\xi+C_6,\\ \gamma&=\frac{\lambda_1}{l}(p-\alpha\beta\lambda_1^2)(C_2\cos\lambda_1\xi-C_1\sin\lambda_1\xi)+\\ &\quad+\frac{\lambda_2}{l}(p+\alpha\beta\lambda_2^2)(C_4\cosh\lambda_2\xi+C_3\sinh\lambda_2\xi).\end{aligned}\right\} \tag{7.29}$$

Die Gleichungen (7.29) sind die Ausgangsbeziehungen zur Ermittlung der Eigenwertgleichung des jeweiligen Knickproblems.

7.3.1.2. Beidseitig gelenkig gelagerter Sandwichbalken ohne Stirnplatte

Die Randbedingungen lauten gemäß Tab. 3.1

$$\left.\begin{aligned}w(0)&=0, & w''(0)&=0, & \gamma'(0)&=0,\\ w(1)&=0, & w''(1)&=0, & \gamma'(1)&=0.\end{aligned}\right\} \tag{7.30}$$

Die ersten drei Beziehungen (7.30) liefern $C_1=0$, $C_3=0$, $C_5=0$. Die letzten drei Beziehungen (7.30) liefern dann ein Gleichungssystem für C_2, C_4 und C_6, dessen Nennerdeterminante nullzusetzen ist; man erhält nach kurzer Rechnung

$$D=\lambda_1^2\lambda_2^2(\lambda_1^2+\lambda_2^2)\sin\lambda_1\sinh\lambda_2=0. \tag{7.31}$$

In (7.31) kann für $P\neq 0$ nur der Faktor $\sin\lambda_1$ verschwinden, so daß aus (7.31) die Lösungen

$$\sin\lambda_1=0, \quad \lambda_{1j}=j\pi \quad (j=1,2,\ldots) \tag{7.32}$$

folgen. Beschränkt man sich auf den ersten Eigenwert $\lambda_{11}=\pi$, setzt diesen in (7.28) ein und löst nach P_k auf, so erhält man für die Knicklast

$$P_k=\frac{\pi^2(1+\alpha+\pi^2\alpha\beta)}{1+\pi^2\beta}\frac{B_S}{l^2}. \tag{7.33}$$

Der Sonderfall $\alpha=0$ liefert die schon bekannte Beziehung (7.7), während die Grenzfälle $A=\infty$ und $A=0$

$$P_k=\frac{\pi^2 B}{l^2} \quad \text{bzw.} \quad P_k=\frac{\pi^2(B_u+B_o)}{l^2} \tag{7.34}$$

liefern, also ebenfalls einleuchtende Ergebnisse.

7.3.1.3. Andere Lagerungsfälle

Sandwichbalken mit anderen Randbedingungen als (7.30) können grundsätzlich genauso wie das Beispiel unter 7.2.1.3 behandelt werden. Die sich ergebende Eigenwertgleichung wird jedoch meistens eine recht unübersichtliche transzendente Gleichung; daher werden weitere Beispiele hier nicht behandelt.

7.3.2. Näherungsweise Ermittlung der Knicklast nach dem Ritzschen Verfahren

Als Beispiel wird ein Sandwichbalken gemäß Abb. 8 gewählt, der links eine Einspannung mit Stirnplatte und rechts ein gelenkiges Lager ohne Stirnplatte hat. Ein eingliedriger Ansatz von Vergleichsfunktionen wurde bereits in Abschnitt 3.3.2 ermittelt; führt man in (3.47) die dimensionslose Koordinate $\xi = x/l$ sowie die neuen Konstanten $a_1 l^3 = A_1$, $b_1 l^3 = B_1$ und $c_1 l^3 = C_1$ ein, so erhält man

$$w_1 = A_1 l (3\xi^2 - 5\xi^3 + 2\xi^4), \quad \gamma_1 = B_1 (2\xi - \xi^2) + C_1 (3\xi - \xi^3). \tag{7.35}$$

Setzt man (7.35) in die Energieausdrücke W gemäß (3.46) und U gemäß (2.96) ein, wobei in U noch $q = 0$ und $N = -P$ gesetzt wird, so ergibt sich nach Ausführung der Integrationen

$$\left.\begin{aligned} W &= \frac{B_S}{l}\frac{1}{30}[108(1+\alpha)A_1^2 + 20 B_1^2 + 72 C_1^2 + 27 A_1 C_1 + 75 B_1 C_1] + \\ &\quad + A l \frac{1}{420}(112 B_1^2 + 408 C_1^2 + 427 B_1 C_1), \\ U &= -P l \frac{6}{35} A_1^2. \end{aligned}\right\} \tag{7.36}$$

Die Minimierung von $\Pi = W + U$ führt auf die drei notwendigen Bedingungen

$$\frac{\partial \Pi}{\partial A_1} = 0, \quad \frac{\partial \Pi}{\partial B_1} = 0, \quad \frac{\partial \Pi}{\partial C_1} = 0,$$

woraus drei lineare, homogene Gleichungen für A_1, B_1 und C_1 folgen. Die Eigenwertgleichung ergibt sich hieraus durch Nullsetzen der Koeffizientendeterminante des Gleichungssystems; man erhält unter Beachtung von $\beta = B_S / A l^2$ und $p = P/A$ nach einiger Zwischenrechnung

$$[21(1+\alpha)\beta - p](65 + 1692\beta + 3780\beta^2) - 15876\beta^2(2 + 5\beta) = 0. \tag{7.37}$$

Auflösen von (7.37) nach p liefert unter Beachtung von $P_k = pA$ und $\beta A = B_S / l^2$ die Knicklast

$$P_k = \left[21(1+\alpha) - \frac{15876\beta(2+5\beta)}{65 + 1692\beta + 3780\beta^2}\right]\frac{B_S}{l^2}. \tag{7.38}$$

Grenzfälle und Sonderfälle

a) *Der Fall* $A=\infty$, also $\beta=0$, liefert mit $(1+\alpha)B_S=B$

$$P_k=\frac{21\,B}{l^2}; \tag{7.39}$$

der exakte Wert ist $P_k=20{,}19\,B/l^2$, der Fehler beträgt also 4%.

b) *Der Fall* $B_S=0$, also $\beta=0$ und $\alpha=\infty$, aber $\alpha\beta=(B_u+B_o)/A\,l^2$, liefert

$$P_k=\frac{21\,(B_u+B_o)}{l^2}; \tag{7.40}$$

der exakte Wert ist $P_k=20{,}19\,(B_u+B_o)/l^2$; auch hier beträgt der Fehler 4%.

c) *Der Fall* $A=0$, also $\beta=\infty$, liefert mit $\alpha B_S=B_u+B_o$ wiederum (7.40); der Fehler gegenüber dem exakten Wert $P_k=20{,}19\,(B_u+B_o)/l^2$ beträgt 4%.

d) *Der Fall* $B_u=0$, $B_o=0$, also $\alpha=0$, liefert nach Umformung von (7.38)

$$P_k=\frac{65+180\beta}{65+1692\beta+3780\beta^2}\,\frac{21\,B_S}{l^2}. \tag{7.41}$$

(7.41) stimmt zwar nicht mit der in Abschnitt 7.2.2 ermittelten Lösung (7.21) überein, liefert aber — wie die Tab. 7.2 zeigt — nur wenig andere Zahlenwerte $c=P_k l^2/B_S$. Die Ursache dafür, daß (7.38) für $\alpha=0$ nicht exakt in (7.21) übergeht, liegt in den unterschiedlichen Voraussetzungen der in beiden Fällen verwendeten Vergleichsfunktionen: Die zu (7.38) bzw. (7.41) führenden Vergleichsfunktionen gemäß (7.35) erfüllen unter anderem die Randbedingungen $w_1'(0)=0$ und $\gamma_1(0)=0$, was zwar für $\alpha\neq 0$ zutrifft, für $\alpha=0$ jedoch nicht; die zu (7.21) führenden Vergleichsfunktionen gemäß (7.19) erfüllen diese Randbedingungen nicht, sind also im Falle $\alpha=0$ zutreffender.

Tabelle 7.2. *Vergleich der Knicklasten für* $\alpha=0$ *mit jenen in Abschnitt 7.2*

	Exakt	(7.21)		(7.41)	
β	$\varkappa$	c	Fehler (%)	c	Fehler (%)
0	20,190	21,000	4,0	21,000	4,0
0,02175	13,623	13,921	2,2	13,971	2,6
0,07724	7,467	7,523	0,75	7,592	1,7
0,2709	2,940	2,943	0,10	2,983	1,5
∞	0	0	0	0	0

Da die Beziehung (7.38) für alle Grenzfälle sehr gute Näherungen liefert (maximal 4% Fehler), kann davon ausgegangen werden, daß (7.38) auch für $\alpha\neq 0$ und $\beta\neq 0$ einen guten Näherungswert für die Knicklast P_k liefert.

7.4. Sandwichplatten mit ebenen, dünnen Deckschichten

7.4.1. Ermittlung der exakten Beullast einer ringsum gelenkig gelagerten, isotropen, rechteckförmigen Sandwichplatte mit Randversteifung

7.4.1.1. Allgemeine Lösung

Die maßgebenden Differentialgleichungen für die isotrope Sandwichplatte sind durch (5.36) und (5.37) gegeben oder, wenn man von den Partialdurchsenkungen w_M und w_Q ausgeht, durch die Beziehung (5.55). Setzt man in (5.55) $p=0$ und[1] $C=0$ sowie die Kräfte

$$P_x=-n_x, \quad P_y=-n_y, \quad P_{xy}=-n_{xy} \tag{7.42}$$

ein[2], so erhält man unmittelbar

$$w_Q=-\frac{B_S}{A}\Delta w_M, \quad \frac{B_S}{A}\Delta\Delta w_M+\frac{P_x}{A}w''+\frac{2P_{xy}}{A}w'^{\cdot}+\frac{P_y}{A}w^{\cdot\cdot}=0. \tag{7.43}$$

Des weiteren wird die Schubkraft $P_{xy}=0$ gesetzt. Führt man in (7.43) den alle Randbedingungen erfüllenden Ansatz

$$w_M=C\sin\frac{j\pi x}{l_x}\sin\frac{k\pi y}{l_y} \tag{7.44}$$

ein, so folgt mit den dimensionslosen Abkürzungen

$$\varkappa=\frac{l_y}{l_x}, \quad \beta=\frac{B_S}{A\,l_x^2}, \quad r=\frac{\pi^2\beta}{\varkappa^2} \tag{7.45}$$

aus der ersten Gleichung (7.43)

$$w_Q=C\,r\,(j^2\varkappa^2+k^2)\sin\frac{j\pi x}{l_x}\sin\frac{k\pi y}{l_y}$$

und hiermit unter Beachtung von $w=w_M+w_Q$ und der zweiten Gleichung (7.43) nach Koeffizientenvergleich in $C\sin(j\pi x/l_x)\sin(k\pi y/l_y)$ schließlich

$$\varkappa^2 j^2 P_x+k^2 P_y=\frac{\pi^2(\varkappa^2 j^2+k^2)^2}{1+r(\varkappa^2 j^2+k^2)}\frac{B_S}{l_y^2}. \tag{7.46}$$

(7.46) ist die allgemeine Eigenwertgleichung für den vorliegenden Lagerungsfall, aus welcher die Beullast der Sandwichplatte berechnet werden kann. Der Übersichtlichkeit halber erfolgt eine Beschränkung auf zwei Sonderfälle.

7.4.1.2. Einachsige Beanspruchung einer rechteckförmigen Sandwichplatte

Es sei $P_y=0$; für P_x folgt dann aus (7.46)

$$P_{xjk}=c_{xjk}\frac{B_S}{l_y^2}, \quad c_{xjk}=\frac{\pi^2(\varkappa^2 j^2+k^2)^2}{\varkappa^2 j^2[1+r(\varkappa^2 j^2+k^2)]}. \tag{7.47}$$

---

[1] Vgl. Abschnitt 5.1.4, Erläuterungen hinter (5.60).

[2] $P_x>0$ und $P_y>0$ bedeuten also axiale Druckkräfte.

Zur Ermittlung der Beullast P_{xk} ist c_{xjk} gemäß (7.47) hinsichtlich j und k zu minimieren; hierbei müssen sich für j und k jeweils ganze Zahlen ergeben. Der Ansatz (7.44) ist demnach so auszuwählen, daß jeweils eine ganze Anzahl von Sinushalbwellen in x- und y-Richtung auf den Bereich der Rechteckplatte entfällt, damit die Randbedingungen erfüllt sind. Es leuchtet unmittelbar ein, daß wegen $P_y = 0$ die Beulfigur in y-Richtung nur aus einer Sinushalbwelle besteht. In (7.47) ist also $k = 1$ zu setzen, damit c_{xjk} möglichst klein wird; es vereinfacht sich also zu

$$c_{xj} = \frac{\pi^2 (1 + \varkappa^2 j^2)^2}{\varkappa^2 j^2 [1 + r(1 + \varkappa^2 j^2)]}. \tag{7.48}$$

Die Anzahl j der Sinushalbwellen in x-Richtung hingegen hängt von $\varkappa$ und r ab und wird wie folgt ermittelt:

a) In x-Richtung sehr lange Platte ($\varkappa \to 0$)

Hierbei wird die Anzahl j der Beulwellen in x-Richtung sehr groß, so daß die beiden Plattenränder bei $x = 0$ und $x = l_x$ praktisch ohne Einfluß auf die Beullast sind. j kann daher als kontinuierliche Variable aufgefaßt werden; aus $\mathrm{d}c_{xj}/\mathrm{d}j = 0$ folgt nach kurzer Rechnung

$$\left.\begin{aligned} j &= \frac{1}{\varkappa}\sqrt{\frac{1+r}{1-r}}, \quad c_x = \frac{4\pi^2}{(1+r)^2} \quad &&\text{für} \quad r < 1, \\ j &= \infty, \qquad\qquad\; c_x = \frac{\pi^2}{r} &&\text{für} \quad r \geqq 1. \end{aligned}\right\} \tag{7.49}$$

Die Beulwellenlänge in x-Richtung beträgt

$$\left.\begin{aligned} a_x &= \frac{l_x}{j} = l_y \sqrt{\frac{1-r}{1+r}} \quad &&\text{für} \quad r < 1, \\ a_x &= 0 &&\text{für} \quad r \geqq 1. \end{aligned}\right\} \tag{7.50}$$

Der für den Fall $r \geqq 1$ angegebene Wert $c_x = \pi^2/r$ entspricht $P_k = A$ und bedeutet reine Schubbeulung.

b) In x-Richtung sehr schmale Platte ($\varkappa \to \infty$)

Hierbei stellt sich nur eine Beulwelle in x-Richtung ein ($j = 1$); die beiden Plattenränder bei $y = 0$ und $y = l_y$ sind praktisch ohne Einfluß auf die Beullast. Wegen $\varkappa \to \infty$, aber $\varkappa^2 r = \pi^2 \beta$ und $c_x l_y^2 = c_x \varkappa^2 / l_x^2$, folgt aus (7.47) und (7.48)

$$P_{xk} = \frac{\pi^2}{1 + \pi^2 \beta} \frac{B_S}{l_x^2}; \tag{7.51}$$

(7.51) stimmt überein mit der für beidseitig gelenkig gelagerte Sandwichbalken gültigen Beziehung (7.7).

c) Platte mit beliebigem Seitenverhältnis $\varkappa$

Hierbei stellt sich eine solche ganzzahlige Beulwellenanzahl j ein, die den im allgemeinen nicht ganzzahligen Wert j gemäß (7.49) möglichst nahe kommt. Zum Beispiel ergibt sich die Grenze zwischen einer und zwei Beulwellen in x-Richtung durch Gleichsetzen von c_{x1} und c_{x2} bei dem Seitenverhältnis

$$\varkappa_{12} = \sqrt{\frac{5r+\sqrt{16+9r^2}}{8(1-r)}}\,; \tag{7.52}$$

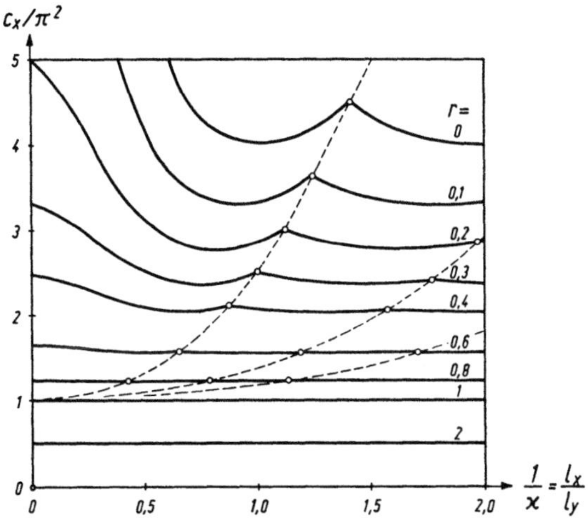

Abb. 38. Beulwert c_x in Abhängigkeit von $\varkappa$ und r

für $\varkappa > \varkappa_{12}$ liefert $j=1$ die kleinere Beullast (nämlich $P_{xk} = c_{x1} B_S / l_x^2$) und für $\varkappa < \varkappa_{12}$ $j=2$ (nämlich $P_{xk} = c_{x2} B_S / l_x^2$). Ganz entsprechend erhält man $\varkappa_{23}$ aus $c_{x2} = c_{x3}$, $\varkappa_{34}$ aus $c_{x3} = c_{x4}$ usw.; Tab. 7.3 gibt eine numerische Auswertung für einige r-Werte. Nach Kenntnis der Grenzseitenverhältnisse $\varkappa_{12}$, $\varkappa_{23}$, $\varkappa_{34}$ usw. ist eine Auswertung von (7.48) möglich: Bei gegebenen Werten $\varkappa$ und r kann aus Tab. 7.3 sofort ersehen werden, welcher Wert j in (7.48) den kleinsten Beulwert c_x ergibt. *Beispiel:* $\varkappa = 1$, $r = 0{,}4$: Wegen $\varkappa_{12} = 1{,}134 > \varkappa = 1 > \varkappa_{23} = 0{,}634$ ist $j=2$ maßgebend, und man erhält $c_x = 2{,}083\,\pi^2$. Eine graphische Darstellung des Verlaufes des Beulwertes c_x in Abhängigkeit von $\varkappa$ und r ist in Abb. 38 gegeben. Wie ihr zu entnehmen ist, nähern sich die Beulwerte c_x für wachsendes $1/\varkappa$, also für abnehmendes $\varkappa$, sehr schnell dem Beulwert c_x gemäß (7.49) für $\varkappa = 0$; (7.49) stellt daher bereits für $\varkappa < 0{,}5$ eine gute Näherung dar.

Tabelle 7.3. *Grenzseitenverhältnis und zugehörige Beulwerte in Abhängigkeit von r*

j	$r=$	0	0,1	0,2	0,3	0,4	0,6	1
1	$\varkappa_{12}$	0,707	0,792	0,888	1	1,134	1,519	∞
	c_x/π^2	4,5	3,632	2,988	2,5	2,122	1,588	1
2								
	$\varkappa_{23}$	0,408	0,453	0,504	0,563	0,634	0,837	∞
	c_x/π^2	4,167	3,416	2,851	2,414	2,070	1,572	1
3								
	$\varkappa_{34}$	0,289	0,320	0,355	0,396	0,445	0,585	∞
4	c_x/π^2	4,083	3,361	2,814	2,391	2,056	1,568	1

7.4.1.3. Zweiachsige Beanspruchung einer quadratischen Sandwichplatte

Nunmehr sei $P_y \neq 0$ und (um die Übersichtlichkeit nicht durch zu viele Parameter zu erschweren) $\varkappa = 1$, also $l_x = l_y = l$. Mit

$$z = P_y / P_x \tag{7.53}$$

folgt dann aus (7.46)

$$P_{xjk} = c_{xjk} \frac{B_S}{l^2}, \quad c_{xjk} = \frac{\pi^2 (j^2 + k^2)^2}{(j^2 + z k^2)[1 + r(j^2 + k^2)]}. \tag{7.54}$$

z gemäß (7.53) kann auch negativ werden, nämlich dann, wenn P_y eine Zugkraft ist. $z > 1$, also $P_y > P_x$, soll im folgenden ausgeschlossen werden, weil bei einer quadratischen Platte das Koordinatensystem stets so gelegt werden kann, daß die x-Richtung mit der Richtung der größten Druckkraft zusammenfällt, so daß $z < 1$ wird.

Zur Ermittlung der Beullast P_{xk} ist c_{xjk} gemäß (7.54) hinsichtlich j und k zu minimieren. Es leuchtet unmittelbar ein, daß wegen $P_y < P_x$ und der quadratischen Form der Platte die Beulfigur in y-Richtung nur aus einer Sinushalbwelle besteht. In (7.54) ist also $k = 1$ zu setzen, womit man

$$c_{xj} = \frac{\pi^2 (1 + j^2)^2}{(j^2 + z)[1 + r(1 + j^2)]} \tag{7.55}$$

erhält. Die Anzahl j der Sinushalbwellen in x-Richtung hingegen hängt von z und r ab und wird wie folgt ermittelt:

Das Grenzlängskraftverhältnis z_{12}, bei welchem die Beulfigur mit einer Sinushalbwelle in x-Richtung in die Beulfigur mit zwei Sinushalbwellen übergeht, ergibt sich durch Gleichsetzen von c_{x1} und c_{x2}; entsprechend findet man z_{23} und z_{34} aus $c_{x2} = c_{x3}$ und $c_{x3} = c_{x4}$. Man erhält

$$z_{12} = \frac{-3 + 10r}{7 + 10r}, \quad z_{23} = \frac{-7 + 10r}{3 + 10r}, \quad z_{34} = \frac{-143 + 170r}{27 + 170r}. \tag{7.56}$$

Für $1 \geqq z \geqq z_{12}$ liefert also $j = 1$ die kleinste Beullast (nämlich $P_{xk} = c_{x1} B_S / l^2$), für $z_{12} \geqq z \geqq z_{23}$ der Wert $j = 2$ usw.; Tab. 7.4 gibt eine numerische Auswertung von (7.56) für einige r-Werte. Nach Kenntnis der Grenzlängskraftverhältnisse z_{12}, z_{23}, z_{34} usw. ist eine Auswertung von (7.55) möglich: Bei gegebenen Werten z und r kann aus Tab. 7.4 sofort ersehen werden,

Tabelle 7.4. *Grenzlängskraftverhältnisse und zugehörige Beulwerte in Abhängigkeit von r*

$r =$	0	0,1	0,2	0,3	0,4	0,6	1
z_{12}	−0,429	−0,25	−0,111	0	0,091	0,231	0,412
c_x/π^2	7	4,444	3,214	2,5	2,037	1,477	0,944
z_{23}	−2,333	−1,5	−1	−0,667	−0,429	−0,111	0,231
c_x/π^2	15	6,667	4,167	3	2,333	1,607	0,985
z_{34}	−5,296	−2,864	−1,787	−1,179	−0,789	−0,318	0,137
c_x/π^2	27	8,148	4,621	3,197	2,436	1,645	0,995

welcher Wert j in (7.55) den kleinsten Beulwert ergibt. *Beispiel:* $z=0$, $r=0{,}4$: Wegen $z_{12}=0{,}091>z=0>z_{23}=-0{,}429$ ist $j=2$ maßgebend, und man erhält $c_x=2{,}081\,\pi^2$. Eine graphische Darstellung des Verlaufes des Beulwertes c_x in Abhängigkeit von z und r ist in Abb. 39 gegeben. Wie ihr zu entnehmen ist, werden die Beulwerte c_x mit abnehmendem z immer größer; Zugkräfte $P_y<0$ steifen also die Sandwichplatte gegenüber einer Beulbeanspruchung $P_x>0$ in x-Richtung aus.

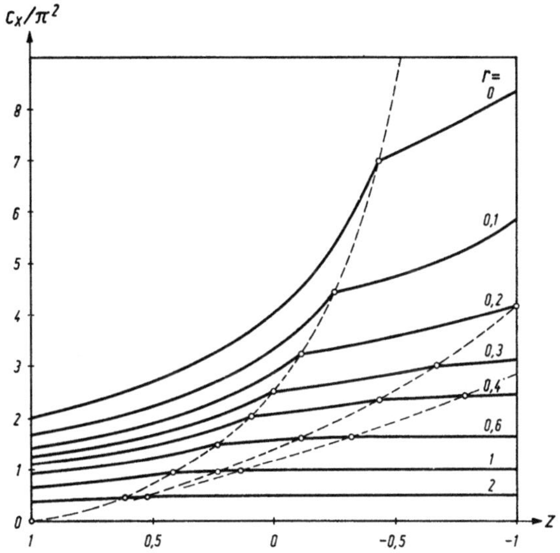

Abb. 39. Beulwert c_x in Abhängigkeit von z und r

Anmerkung: Die Ermittlung der Beullast einer zweiachsig beanspruchten, rechteckförmigen Sandwichplatte kann in ähnlicher Weise wie die einer quadratischen Platte behandelt werden. Es kann jedoch in c_{xjk} nicht von vornherein $k=1$ gesetzt werden; vielmehr ist außer j auch k zu variieren, um den Kleinstwert von c_x bei gegebenen Parameterwerten z, r und $\varkappa$ zu ermitteln.

7.4.2. Näherungsweise Ermittlung der Beullast nach dem Ritzschen Verfahren

Alles Grundsätzliche zum Rechnungsgang wurde bereits in Abschnitt 5.3.2.3 gesagt; die benötigten Energieausdrücke sind durch (5.101) bis (5.105) gegeben. Es zeigt sich jedoch, daß die Energiemethode zur Ermittlung der Beullast von Sandwichplatten numerisch oft sehr aufwendig ist. Das liegt daran, daß für w, γ_{xz} und γ_{yz} bzw. w_M und w_Q drei bzw. zwei separate Vergleichsfunktionen derart angesetzt werden müssen[1], daß

— alle drei bzw. zwei Beulwellenformen miteinander kompatibel sind,
— alle geometrischen und möglichst auch die dynamischen Randbedingungen an sämtlichen vier Rändern der Rechteckplatte erfüllt sind und

[1] Bei gewöhnlichen (d. h. schubstarren) Platten ist es nur eine, nämlich die für w.

— ausreichend viele Wellenformparameter (wie z. B. j und k in Abschnitt 7.4.1) in den Ansätzen enthalten sind, um bei der Minimierung von P nach diesen Parametern eine möglichst gute Annäherung an die exakte Beulfigur zu erhalten.

Nur bei einfachen Randbedingungen bleibt der Rechenaufwand erträglich. Zum Beispiel können bei Verwendung der Partialdurchsenkungen w_M und w_Q für eine Rechteckplatte die folgenden Vergleichsfunktionen benutzt werden.

Ringsum gelenkige Lagerung:

$$w_M = C \sin\frac{j\pi x}{l_x} \sin\frac{k\pi y}{l_y}, \quad w_Q = D \sin\frac{j\pi x}{l_x} \sin\frac{k\pi y}{l_y}; \tag{7.57}$$

ringsum starre Einspannung:

$$\left.\begin{aligned} w_M &= C \sin\frac{\pi x}{l_x} \sin\frac{j\pi x}{l_x} \sin\frac{\pi y}{l_y} \sin\frac{k\pi y}{l_y}, \\ w_Q &= D \sin\frac{j\pi x}{l_x} \sin\frac{k\pi y}{l_y}; \end{aligned}\right\} \tag{7.58}$$

gelenkige Lagerung an den x-Achsen-parallelen Rändern und Einspannung an den y-Achsen-parallelen Rändern:

$$w_M = C \sin\frac{\pi x}{l_x} \sin\frac{j\pi x}{l_x} \sin\frac{k\pi y}{l_y}, \quad w_Q = D \sin\frac{j\pi x}{l_x} \sin\frac{k\pi y}{l_y}. \tag{7.59}$$

Die Ansätze (7.57) bis (7.59) für w_M und w_Q erfüllen die in Tab. 5.1, Spalte V, angegebenen Randbedingungen. w_M und w_Q haben jeweils dieselben Knotenlinien und enthalten auch dieselben Wellenformparameter j und k; eine Minimierung der aus der Energiemethode folgenden Kraft $P_x = P_x(j, k)$ nach j und k ist also ohne weiteres möglich und liefert die gesuchte Beullast P_k. Eine Durchführung der Rechnung für die angegebenen Vergleichsfunktionen wird hier jedoch nicht vorgenommen.

7.4.3. Beullast nach der Methode der Einzelsteifigkeiten

Für eine ringsum gelenkig gelagerte, rechteckförmige Sandwichplatte folgt aus (7.46) unter Beachtung von z gemäß (7.53) leicht

$$P_{xjk} = \frac{\pi^2 (\varkappa^2 j^2 + k^2)^2}{(\varkappa^2 j^2 + z k^2)[1 + r(\varkappa^2 j^2 + k^2)]} \frac{B_S}{l_y^2}. \tag{7.60}$$

Der Sonderfall $A = \infty$ bzw. $r = 0$, jedoch mit endlicher Biegesteifigkeit B_S, liefert

$$P_{xBjk} = \frac{\pi^2 (\varkappa^2 j^2 + k^2)^2}{\varkappa^2 j^2 + z k^2} \frac{B_S}{l_y^2}; \tag{7.61}$$

der Sonderfall $B_S = \infty$ bzw. $r = \infty$, jedoch mit endlicher Schubsteifigkeit A, liefert

$$P_{xSjk} = \frac{\varkappa^2 j^2 + k^2}{\varkappa^2 j^2 + z k^2} A. \tag{7.62}$$

Wie leicht nachzuweisen, besteht zwischen (7.60), (7.61) und (7.62) der Zusammenhang

$$\frac{P_{xjk}}{P_{xBjk}}+\frac{P_{xjk}}{P_{xSjk}}=1\,,\quad P_{xjk}=\frac{P_{xBjk}\,P_{xSjk}}{P_{xBjk}+P_{xSjk}}\,; \tag{7.63}$$

(7.63) stimmt formal mit (7.24) für Sandwichbalken überein. Trotzdem besteht ein wesentlicher Unterschied: Bei Sandwichbalken sind die für $j=1$ ermittelten, kleinsten Knicklasten P_B und P_S der Grenzfälle $A=\infty$ bzw. $B_S=\infty$ in (7.24) einzusetzen; bei Sandwichplatten hingegen sind die die Wellenformparameter j und k noch enthaltenden Kräfte P_{xBjk} und P_{xSjk} in (7.63) einzusetzen. Erst nach deren Einsetzen ist P_{xjk} zu minimieren, woraus dann die kleinste Beullast P_{xk} folgt.

Ein *Beispiel* zur Erläuterung: Sandwichplatte mit $z=0$, $\varkappa=1$ und $r=0{,}4$. Gemäß Abschnitt 7.4.1.2 ist hier $k=1$, so daß nur nach j zu minimieren ist.

a) *Minimierung von* P_{xj}: (7.61) und (7.62) liefern für $k=1$

$$P_{xBj}=\frac{\pi^2(1+j^2)^2}{j^2}\,\frac{B_S}{l_y^2}\,,\quad P_{xSj}=\frac{1+j^2}{j^2}\,A\,; \tag{7.64}$$

Einsetzen in (7.63) liefert unter Beachtung von r gemäß (7.45)

$$P_{xj}=\frac{\pi^2(1+j^2)^2}{j^2[1+r(1+j^2)]}\,\frac{B_S}{l_y^2}\,. \tag{7.65}$$

Das Minimum von P_{xj} ergibt sich aus Tab. 7.3 für den ganzzahligen Wert $j=2$; man erhält

$$P_{xk}=2{,}083\,\pi^2\,\frac{B_S}{l_y^2}=20{,}56\,\frac{B_S}{l_y^2}\,. \tag{7.66}$$

b) *Getrennte Minimierung von* P_{xBj} *und* P_{xSj}: Das Minimum von P_{xBj} bzw. P_{xSj} gemäß (7.64) ergibt sich aus Tab. 7.3 im Falle P_{xBj} für den ganzzahligen Wert $j=1$ und im Falle P_{xSj} für $j=\infty$; man erhält

$$P_{xB}=4\,\pi^2\frac{B_S}{l_y^2}\,,\quad P_{xS}=A\,. \tag{7.67}$$

Einsetzen von (7.67) in (7.63) liefert

$$P_{xk}=1{,}538\,\pi^2\,\frac{B_S}{l_y^2}=15{,}18\,\frac{B_S}{l_y^2}\,. \tag{7.68}$$

(7.68) stimmt nicht mit (7.66) überein und ist daher falsch; die Minimierung hinsichtlich der Wellenformparameter darf also nur für P_{xj} *nach* Einsetzen von P_{xBj} und P_{xSj} in (7.63) vorgenommen werden und nicht schon für P_{xBj} und P_{xSj} einzeln *vor* Einsetzen in (7.63).

Die soeben erläuterte Methode der Einzelsteifigkeiten gilt — wie in Abschnitt 7.2.3 erwähnt und in [13], Abschnitte 1.6 und 4.3, näher erläutert — stets dann exakt, wenn die Partialdurchsenkungen w_M und w_Q

— zueinander affin sind, also die gleiche Form haben, und

— die gleichen Wellenformparameter (etwa j und k) enthalten, nach denen dann P_{xjk} gemäß (7.63) als Funktion dieser Parameter zu minimieren ist.

Die Affinität von w_M und w_Q trifft beispielsweise für eine ringsum gelenkig gelagerte Sandwichplatte exakt zu (vgl. Abschnitt 7.4.1.1), für andere Lagerungsfälle, z. B. teilweise eingespannte Sandwichplatten, dagegen nicht. Begnügt man sich jedoch mit Näherungslösungen, dann kann die Gültigkeit der Beziehung (7.63) ganz allgemein gefordert werden; wesentlich ist nur, daß P_{xBjk} und P_{xSjk} die gleichen Wellenformparameter enthalten. Der Vorteil der Methode der Einzelsteifigkeiten liegt darin, daß P_{xBjk} für schubstarre Platten und P_{xSjk} für biegestarre Platten oft schon bekannt sind oder relativ leicht zu ermitteln sind, z. B. auch nach der Energiemethode. Man kommt also relativ schnell zu Lösungen für die Beullast P_{xk} einer Sandwichplatte.

7.4.4. Vielfalt der möglichen Fälle bei Sandwichplatten

Aufgrund der Zweidimensionalität von Sandwichplatten ist die Vielfalt der möglichen Fälle bei der Beullastberechnung ungleich größer als bei Sandwichbalken. Die Beullast einer Sandwichplatte hängt von folgenden Einflußgrößen ab:

a) Grundrißform der Sandwichplatte

Die gängigsten Grundrißformen sind Rechteck und Kreis, jedoch auch Dreieck, Parallelogramm und Trapez kommen vor.

b) Lagerung der Sandwichplatte

Eine Rechteckplatte beispielsweise hat vier Ränder, davon kann jeder gelenkig gestützt, eingespannt oder frei sein, und dies jeweils mit oder ohne Randversteifung.

c) Belastung der Sandwichplatte

Die Belastung kann aus Normalkräften oder Schubkräften bestehen. Die Normalkräfte können einachsig oder zweiachsig angreifen, und ihre Verteilung längs x und y kann konstant (reiner Druck oder Zug), linear veränderlich (Druck plus Biegung in der Plattenebene) oder nichtlinear sein.

d) Materialeigenschaften der Sandwichplatte

Die beiden Deckschichten können aus gleichem und aus verschiedenem Material bestehen. Das Deckschicht- und das Kernschichtmaterial können isotrop, orthotrop oder anisotrop sein. Das Deckschichtmaterial kann linear elastisch oder (in vereinfachter Darstellung) ideal elastisch-ideal plastisch sein, so daß gegebenenfalls plastisches Knicken bzw. Beulen eintreten kann.

Die Vielfalt der Möglichkeiten ist so groß, daß der Versuch einer auch nur annähernd erschöpfenden Darstellung hier nicht unternommen wird. Statt dessen wird auf [13], Kapitel 4, 5 und 6, verwiesen, wo einige Fälle meist näherungsweise kurz behandelt sind und zahlreiche Hinweise auf weitere Veröffentlichungen über Knick- und Beulprobleme von Sandwichplatten gegeben werden. Bezüglich des Knickens im plastischen Bereich findet man einige Angaben grundsätzlicher Art auch in Abschnitt 8.4.4 dieses Buches.

7.5. Sandwichplatten mit ebenen, dicken oder profilierten Deckschichten

Die Berechnung der Beullast von Sandwichplatten mit ebenen, dicken oder profilierten Deckschichten gestaltet sich noch schwieriger als bei Sandwichplatten mit dünnen Deckschichten, da

— die Differentialgleichungen von achter statt sechster Ordnung sind,
— an jedem Rand eine Randbedingung mehr auftritt und
— die Vielfalt der Kombinationsmöglichkeiten hinsichtlich Grundrißform, Lagerung, Belastung und Materialeigenschaften noch größer ist.

Nur für den Fall einer ringsum gelenkig gelagerten Rechteck- oder Kreisplatte mit gelenkig an dieser angeschlossenen Randversteifungen (vgl. Abb. 37) lassen sich relativ einfach die Beullasten ermitteln.

Andrerseits sind bei Sandwichplatten mit ebenen, dicken oder profilierten Deckschichten die Beullasten von weniger großem praktischem Interesse, da im Bauwesen – z. B. bei einem Trapezsandwich als Dachelement – die Belastung vorwiegend in Querrichtung, jedoch kaum in Längsrichtung wirkt. Auf die Berechnung von Beullasten von Sandwichplatten der vorliegenden Art wird daher im Rahmen dieses Buches verzichtet.

8. Örtliche Instabilitäten (Knittern) bei Sandwichbalken und Sandwichplatten

8.1. Allgemeines

8.1.1. Was sind örtliche Instabilitäten?

Ein Sandwichbalken kann nicht nur dadurch instabil werden, daß er unter der Einwirkung einer Druckkraft als Ganzes ausknickt (Gesamtinstabilität). Vielmehr kann die Instabilität auch in der Weise eintreten, daß dünnwandige Teile des Sandwichbalkens örtlich ausknicken oder ausbeulen, beispielsweise

— eine Deckschicht oder beide Deckschichten des Balkens infolge der in ihr bzw. in ihnen wirkenden Druckspannung (vgl. Abb. 40) oder

— die Wände einer wabenförmigen Kernschicht (vgl. Abb. 19) infolge der in ihnen herrschenden Schubspannung.

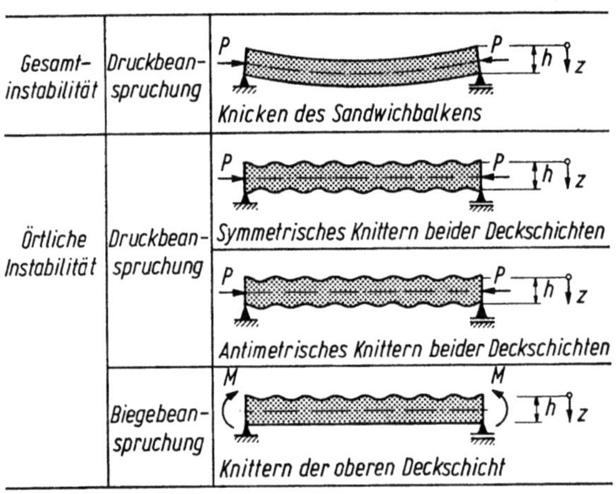

Abb. 40. Gesamtinstabilität und örtliche Instabilitäten eines Sandwichbalkens

Es sind also örtliche Instabilitäten die Ursache für das Überschreiten der Instabilitätsgrenze des Sandwichbalkens; man spricht von *Knittern* der Deckschichten bzw. der Wabenwände des Sandwichbalkens. Entsprechendes gilt auch für Sandwichplatten.

Während ein Gesamtinstabilitätsproblem einer Sandwichplatte nur dann vorliegt, wenn die Belastung aus rein axialen Druck- oder Schubkräften besteht[1], können örtliche Instabilitäten auch bei reiner, nur durch Querlasten hervorgerufener Biegung auftreten: Sowohl eine axiale Druckkraft n als auch ein Biegemoment m verursachen nämlich Deckschichtdruckspannungen, im Falle von n in beiden Deckschichten und im Falle von m in einer der beiden Deckschichten. Eine druckbeanspruchte Deckschicht beult aus (knittert), sobald die in ihr herrschende Druckspannung — egal, ob durch n oder m hervorgerufen — einen bestimmten kritischen Wert, die Knitterspannung σ_k, überschreitet (vgl. Abb. 40).

8.1.2. Voraussetzungen und Berechnungsgang

Zur Berechnung der Deckschichtknitterspannung σ_k einer Sandwichplatte wird folgender Weg eingeschlagen: Man betrachtet die Deckschichten als nachgiebig auf der Kernschicht gebettete, ebene Platten; dabei werden folgende Voraussetzungen getroffen:

— Die Kernschicht besteht aus linear-elastischem, isotropem Material;

— die Deckschichten sind eben, von konstanter Dicke, hinreichend dünn, in mindestens einer der beiden Koordinatenrichtungen (die als x-Richtung bezeichnet wird) unendlich ausgedehnt und bestehen ebenfalls aus linear-elastischem, isotropem Material; plastisches Knittern der Deckschichten wird nicht untersucht;

— die axialen Deckschichtnormalkräfte n_x und n_y sind im gesamten Plattenbereich konstant; mindestens eine von beiden (und zwar n_x) ist eine Druckkraft.

Unter diesen Voraussetzungen beult die druckbeanspruchte Deckschicht nach Überschreiten der Instabilitätsgrenze in z-Richtung aus. Dabei entstehen im gesamten Plattenbereich gleichmäßige, sinusförmige Knitterwellen

$$w(x,y,z=0) = w_0 \sin\frac{\pi x}{a_x} \sin\frac{\pi y}{a_y}, \tag{8.1}$$

(vgl. Abb. 41), die von den Deckschichten auch der Kernschichtoberfläche aufgezwungen werden. Die hierbei auftretenden Kontaktkräfte $p(x,y)$ zwischen Deckschicht und Kernschichtoberfläche erweisen sich als ebenfalls sinuswellenförmig verteilt:

$$p(x,y) = p_0 \sin\frac{\pi x}{a_x} \sin\frac{\pi y}{a_y}; \tag{8.2}$$

die Bettungsziffer $k = w(x,y,z=0)/p(x,y)$ sowie ihr Reziprokwert, die Steifigkeitsziffer $c = 1/k$, sind also unabhängig von x und y:

$$k = \frac{w_0}{p_0}, \quad c = \frac{p_0}{w_0}. \tag{8.3}$$

[1] Wäre zusätzlich eine Querbelastung vorhanden, dann handelte es sich nicht mehr um ein Instabilitätsproblem, sondern um ein Spannungsproblem der Theorie zweiter Ordnung.

Kennt man c, dann ist die Berechnung der Deckschichtknitterspannung σ_k ohne grundsätzliche Schwierigkeiten möglich: Sie ergibt sich für ein vorgegebenes Normalkraftverhältnis $z = n_y / n_x$ aus dem ersten Eigenwert der als nachgiebig gebettete Platte berechneten Sandwichdeckschicht.

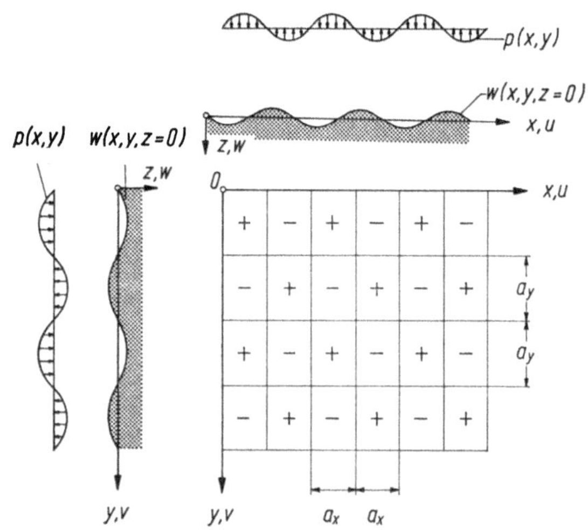

Abb. 41. Knitterwellen der Deckschichten

Es erhebt sich die Frage, inwieweit die getroffenen Berechnungsvoraussetzungen der Wirklichkeit entsprechen. Zunächst zur Kernschicht: Besteht diese z. B. aus einem Kunststoffschaum, so gilt folgendes:

— Ein lineares Verhalten zwischen Spannungen und Verzerrungen liegt meist nur im unteren Belastungsbereich vor. Da aber die Verformungen unmittelbar nach Überschreiten der Knittergrenze noch sehr klein sind, fallen sie in den Linearbereich.

— Die Elastizitätsmoduln im Druck- und Zugbereich (E_d bzw. E_z) können deutlich voneinander abweichen (meist ist $E_z > E_d$, so z. B. bei Polyurethanschaum). Da die sinusförmigen Knitterwellen jedoch abwechselnd in den Kern hinein und aus dem Kern heraus verlaufen, also diesen bereichsweise auf Druck und Zug beanspruchen, kann mit guter Näherung der einheitliche Mittelwert $E_K = (E_d + E_z)/2$ verwendet werden.

— Die Isotropie eines Kunststoffschaumes ist nur bei kugelförmigen Poren im Schaum gewährleistet. Bedingt durch den Schäumvorgang entstehen jedoch meist längliche Poren, wodurch die Elastizitätskonstanten richtungsabhängig werden; das Kernschichtmaterial ist also anisotrop. Beim Knittern der Deckschichten kommen jedoch hauptsächlich nur bestimmte Moduln zum Tragen; dies sind z. B. bei einem in x-Richtung verlaufenden Sandwichbalken E_z und G_{xz}. E_z und G_{xz} werden daher als Elastizitätskonstanten E und G eines zugeordneten isotropen Kernschichtmaterials definiert, mit dem die weitere Rechnung durchgeführt wird. Entsprechende Überlegungen können für Sandwichplatten angestellt werden.

Und nun zu den Deckschichten: Sie bestehen meist aus dünnen, metallischen Blechen; dabei gilt folgendes:

— Die vorausgesetzte Ebenheit der Deckbleche einer Sandwichplatte trifft nur beschränkt zu, da diese vielfach herstellungsbedingte kleine Vorbeulen aufweisen. Die in einem Deckblech wirkenden Druckkräfte haben daher Biegemomente zur Folge, wodurch genaugenommen das Instabilitätsproblem zu einem Spannungsproblem der Theorie zweiter Ordnung für das Deckblech wird. Die Traglast des Sandwichbalkens kann hierdurch deutlich unter die Knitterlast sinken, d. h. unter diejenige Last, bei welcher im druckbeanspruchten Deckblech die theoretische Knitterspannung σ_k erreicht wird. Zunächst bleiben jedoch solche Vorbeuleneinflüsse unberücksichtigt; eine nachträgliche Abschätzung ihres Einflusses erfolgt in Abschnitt 8.4.3.2.

— Von einer unendlichen Ausdehnung der Deckschichten in x-Richtung kann insofern ausgegangen werden, als die Länge a_x der sich einstellenden Knitterwellen meist klein gegenüber der Plattenlänge l_x ist. Der Einfluß der Deckschichtrandbedingungen auf die Knitterwellenlänge a_x im mittleren Plattenbereich und damit auf die Knitterspannung ist also gering; er kann daher auch ganz vernachlässigt werden, was einer unendlichen Ausdehnung der Deckschichten entspricht.

— Die vorausgesetzte Konstanz der Normalkräfte n_x und n_y im gesamten Bereich der Deckschichten trifft exakt zu, wenn die Sandwichplatte nur durch an den Plattenrändern eingeleitete Normalkräfte belastet ist. Greifen dagegen im Plattenfeld Querlasten an, dann ändern sich n_x und n_y mit den Biegemomenten m_x und m_y gemäß $n_x = \pm m_x/a$ und $n_y = \pm m_y/a$. In solchen Fällen werden näherungsweise die Maximalwerte von n_x und n_y als im gesamten Plattenbereich wirkend angenommen; hiermit erfolgt eine Abschätzung zur sicheren Seite hin.

Nachdem nunmehr alle Voraussetzungen genannt und erläutert sind, kann die Berechnung der Steifigkeitsziffer c der Kernschicht durchgeführt und mit dieser die Knitterspannung σ_k der druckbeanspruchten Deckschicht ermittelt werden.

8.2. Steifigkeitsziffer der Kernschicht

8.2.1. Elastische Grundgleichungen und allgemeine Lösungen

Bei der Berechnung des allgemeinen räumlichen Spannungszustandes in der Kernschicht unter der Oberflächenbelastung $p(x,y)$ gemäß (8.2) kann man zwei Wege beschreiten:

— Man eliminiert in den Gleichgewichtsbedingungen am Element, den elastischen Materialgleichungen und den Verschiebungs-Verzerrungs-Beziehungen die Verschiebungen zugunsten der Spannungen; hierbei ergeben sich die Beltramischen Grundgleichungen für das räumliche, elastische Kontinuum — vgl. etwa [6], (9.23). Durch Lösung dieser Gleichungen und Erfüllung aller Randbedingungen lassen sich w_0 und damit c berechnen.

— Man eliminiert in denselben Ausgangsgleichungen die Spannungen zugunsten der Verschiebungen; hierbei ergeben sich die Laméschen Grundgleichungen des räumlichen, elastischen Kontinuums — vgl. etwa [6], (9.19) und (9.20). Durch Lösung dieser Gleichungen und Befriedigung der Randbedingungen lassen sich ebenfalls w_0 und damit c berechnen.

Der zweitgenannte Weg erweist sich hier als etwas bequemer und wird daher beschritten.

Bei nichtvorhandenen Massenkräften lauten die Verschiebungsgrundgleichungen

$$\Delta u + \frac{1}{1-2\nu}\frac{\partial \varepsilon}{\partial x} = 0, \quad \Delta v + \frac{1}{1-2\nu}\frac{\partial \varepsilon}{\partial y} = 0, \quad \Delta w + \frac{1}{1-2\nu}\frac{\partial \varepsilon}{\partial z} = 0; \tag{8.4}$$

hierin bedeutet

$$\varepsilon = \frac{\partial u}{\partial x} + \frac{\partial v}{\partial y} + \frac{\partial w}{\partial z} \tag{8.5}$$

die Volumendehnung des Kontinuums. Es handelt sich also um ein System von drei miteinander gekoppelten, partiellen Differentialgleichungen für die drei Verschiebungen u, v und w.

Aufgrund der in Abschnitt 8.1.2 getroffenen und erläuterten Voraussetzungen können mit den Abkürzungen $\alpha_1 = \pi/a_x$ und $\alpha_2 = \pi/a_y$ die Verschiebungsansätze

$$\left.\begin{aligned} &u = h_1(z)\cos\alpha_1 x \sin\alpha_2 y, \quad v = h_2(z)\sin\alpha_1 x\cos\alpha_2 y, \\ &w = h_3(z)\sin\alpha_1 x\sin\alpha_2 y \end{aligned}\right\} \tag{8.6}$$

in (8.4) eingesetzt werden. Dabei heben sich die trigonometrischen Funktionen weg, und es verbleibt nur noch ein System von drei miteinander gekoppelten, gewöhnlichen Differentialgleichungen für die drei Funktionen $h_1(z)$, $h_2(z)$ und $h_3(z)$. Der Lösungsgang wird hier im einzelnen nicht beschrieben; Einzelheiten, zum Teil mit etwas anderen Bezeichnungen, vgl. in [14], Abschnitt 2.3.1. Man erhält nach längerer Rechnung mit

$$\alpha_1 = \frac{\pi}{a_x}, \quad \alpha_2 = \frac{\pi}{a_y}, \quad \lambda = \sqrt{\alpha_1^2 + \alpha_2^2} \tag{8.7}$$

und mit den willkürlichen Konstanten A_1, A_2, A_3, B_1, B_2 und B_3 die allgemeinen Lösungen

$$\left.\begin{aligned}
h_1(z) &= \left[A_1 + \frac{\alpha_1/\varkappa}{3-4\nu}(\alpha_1 A_1 + \alpha_2 A_2 - \lambda A_3) z\right] e^{+\lambda z} + \\
&+ \left[B_1 + \frac{\alpha_1/\varkappa}{3-4\nu}(\alpha_1 B_1 + \alpha_2 B_2 + \lambda B_3) z\right] e^{-\lambda z}, \\
h_2(z) &= \left[A_2 + \frac{\alpha_2/\varkappa}{3-4\nu}(\alpha_1 A_1 + \alpha_2 A_2 - \lambda A_3) z\right] e^{+\lambda z} + \\
&+ \left[B_2 + \frac{\alpha_2/\varkappa}{3-4\nu}(\alpha_1 B_1 + \alpha_2 B_2 + \lambda B_3) z\right] e^{-\lambda z}, \\
h_3(z) &= \left[A_3 + \frac{1}{3-4\nu}(\alpha_1 A_1 + \alpha_2 A_2 - \lambda A_3) z\right] e^{+\lambda z} + \\
&+ \left[B_3 + \frac{1}{3-4\nu}(\alpha_1 B_1 + \alpha_2 B_2 + \lambda B_3) z\right] e^{-\lambda z}.
\end{aligned}\right\} \tag{8.8}$$

8.2.2. Steifigkeitsziffer bei dicker Kernschicht

Die sinus- bzw. kosinuswellenförmigen Verschiebungen u, v und w klingen mit zunehmender Entfernung z von der Kernschichtoberfläche zum Kerninnern hin schnell ab. Ist die Kernschicht hinreichend dick, so daß für $z = h$, also an der gegenüberliegenden Kernschichtoberfläche, die Verschiebungen schon praktisch auf null abgeklungen sind, so kann die Rechnung wie für einen unendlich ausgedehnten, elastischen Halbraum durchgeführt werden. In (8.8) entfallen dann alle Lösungsanteile mit positivem Exponenten in der Exponentialfunktion, es gilt also

$$A_1 = 0, \quad A_2 = 0, \quad A_3 = 0. \tag{8.9}$$

Die verbleibenden drei Integrationskonstanten B_1, B_2 und B_3 werden mittels der Randbedingungen für $z = 0$ ermittelt: Aufgrund der schubfesten Verbindung zwischen Kernschicht und Deckschichten gilt[1]

$$\left.\begin{aligned}
&u(x,y,z=0) = 0, \quad v(x,y,z=0) = 0, \\
&\sigma_z(x,y,z=0) = -p_0 \sin\alpha_1 x \sin\alpha_2 y.
\end{aligned}\right\} \tag{8.10}$$

Aus den ersten beiden Gleichungen (8.10) folgt unter Beachtung von (8.6) leicht

$$B_1 = 0, \quad B_2 = 0. \tag{8.11}$$

Für die Spannung σ_z gilt nach dem Hookeschen Gesetz[2]

$$\sigma_z = \frac{E}{(1+\nu)(1-2\nu)}\left[(1-\nu)\varepsilon_z + \nu(\varepsilon_x + \varepsilon_y)\right] \tag{8.12}$$

---

[1] Das Minuszeichen in der dritten Gleichung (8.10) rührt daher, daß $\sigma_z > 0$ eine Zugspannung darstellt, $p_0 > 0$ als in positiver x-Achsenrichtung wirkende Flächenlast jedoch eine Druckspannung $\sigma_z < 0$ im Kern zur Folge hat (vgl. Abb. 41).

[2] Vgl. etwa [6], Formel (2.14a).

und für die Dehnungen ε_x, ε_y und ε_z unter Beachtung von (8.6)

$$\left.\begin{aligned}\varepsilon_x &= \frac{\partial u}{\partial x} = -\alpha_1 h_1(z)\sin\alpha_1 x\sin\alpha_2 y,\\ \varepsilon_y &= \frac{\partial v}{\partial y} = -\alpha_2 h_2(z)\sin\alpha_1 x\sin\alpha_2 y,\\ \varepsilon_z &= \frac{\partial w}{\partial z} = +h_3'(z)\sin\alpha_1 x\sin\alpha_2 y.\end{aligned}\right\} \tag{8.13}$$

Mit (8.12) und (8.13) liefert die dritte Gleichung (8.10)

$$B_3 = \frac{(1+\nu)(3-4\nu)}{2(1-\nu)}\frac{p_0}{\lambda E}. \tag{8.14}$$

Mit (8.9), (8.11) und (8.14) sind alle Integrationskonstanten bestimmt, und man erhält für die Flächenlast $p(x,y)$ gemäß (8.2) die Lösungen

$$\left.\begin{aligned}w &= \frac{1+\nu}{2(1-\nu)}\frac{p_0}{\lambda E}(3-4\nu+\lambda z)\mathrm{e}^{-\lambda z}\sin\alpha_1 x\sin\alpha_2 y,\\ \sigma_z &= -p_0\left(1+\frac{\lambda z}{2(1-\nu)}\right)\mathrm{e}^{-\lambda z}\sin\alpha_1 x\sin\alpha_2 y;\end{aligned}\right\} \tag{8.15}$$

speziell ergibt sich an der Kernschichtoberfläche $z=0$

$$w(x,y,z=0) = w_0\sin\alpha_1 x\sin\alpha_2 y,\quad w_0 = \frac{(1+\nu)(3-4\nu)}{2(1-\nu)}\frac{p_0}{\lambda E}. \tag{8.16}$$

Die gesuchte Steifigkeitsziffer c folgt also gemäß (8.3) zu

$$c = \frac{2(1-\nu)}{(1+\nu)(3-4\nu)}\lambda E. \tag{8.17}$$

8.2.3. Steifigkeitsziffer bei dünner Kernschicht

8.2.3.1. Randbedingungen

Die Frage, ob und wann die Verschiebungen und Spannungen in einer Kernschicht der Dicke h tatsächlich von der Kernschichtoberfläche bei $z=0$ bis zur gegenüberliegenden Kernschichtoberfläche bei $z=h$ — wie in Abschnitt 8.2.2 vorausgesetzt — praktisch auf null abklingen, ist noch zu klären. Je dünner die Kernschicht im Verhältnis zur Deckschicht ist, um so weniger wird diese Voraussetzung zutreffen. Daher soll die Ermittlung der Steifigkeitsziffer c auch noch für dünne Kernschichten erfolgen.

Zur Lösung des Problems geht man wieder von (8.8) aus, wobei hier jedoch die Lösungsanteile mit positivem Exponenten in der Exponentialfunktion nicht entfallen. Aufgrund der schubfesten Verbindung zwischen Kernschicht und Deckschichten sind die folgenden Randbedingungen zu erfüllen.

An der oberen Kernschichtoberfläche ($z=0$):

$$\left.\begin{aligned} &u(x,y,z{=}0)=0\,, \quad v(x,y,z{=}0)=0\,,\\ &\sigma_z(x,y,z{=}0)=-p_0\sin\alpha_1 x\sin\alpha_2 y\,; \end{aligned}\right\} \tag{8.18a}$$

an der unteren Kernschichtoberfläche ($z=h$):

$$u(x,y,z{=}h)=0\,, \quad v(x,y,z{=}h)=0\,; \tag{8.18b}$$

die dritte Randbedingung bei $z=h$ hängt von der Art der Belastung (Druck oder Biegung) und der Knitterform (symmetrisches oder antimetrisches Knittern) ab (vgl. Abb. 40):

a) Reine Druckbeanspruchung, symmetrisches Knittern

Hierbei knittern beide Deckschichten gegenphasig aus: $w(x,y,h)= -w(x,y,0)$; die Mittelfläche der Kernschicht ($z=h/2$) bleibt dabei aus Symmetriegründen in z-Richtung verschiebungsfrei, es gilt also auch

$$w(x,y,z{=}h/2)=0\,. \tag{8.19}$$

b) Reine Druckbeanspruchung, antimetrisches Knittern

Hierbei knittern beide Deckschichten gleichphasig aus: $w(x,y,h)= w(x,y,0)$; wegen der Antimetrie zur Kernschichtmittelfläche gilt also auch

$$\sigma_z(x,y,z{=}h)=-\sigma_z(x,y,z{=}0)=p_0\sin\alpha_1 x\sin\alpha_2 y\,. \tag{8.20}$$

c) Reine Biegebeanspruchung

Hierbei ist nur eine Deckschicht, z. B. die obere, druckbeansprucht und knittert; die untere Deckschicht dagegen ist zugbeansprucht und zieht sich straff. Sie behindert alle vom Knittern der oberen Deckschicht herrührenden Verschiebungen in z-Richtung so stark, daß mit guter Näherung

$$w(x,y,z{=}h)=0 \tag{8.21}$$

gesetzt werden kann.

Es leuchtet ein, daß im Falle reiner Druckbeanspruchung stets das antimetrische Knittern maßgebend ist, weil sich bei diesem die Kernschicht stärker verformt als bei symmetrischem Knittern, so daß die Deckschichten weniger wirksam gestützt werden. Es genügt daher im folgenden eine Beschränkung der Rechnung auf die Fälle *b)* und *c)*.

8.2.3.2. Reine Druckbeanspruchung, antimetrisches Knittern

Einsetzen von (8.6), (8.12) mit (8.13) und (8.8) in die sechs Randbedingungen (8.18) und (8.20) liefert sechs Gleichungen für die sechs unbekannten Integrationskonstanten. Mit den Abkürzungen

$$\varepsilon_1=\lambda h\,, \quad \varepsilon_2=\frac{\lambda h}{3-4\nu} \tag{8.22}$$

und mit w_0 gemäß (8.16) erhält man nach längerer Rechnung

$$\left.\begin{aligned} A_1 &= -B_1 = \frac{\varepsilon_2\alpha_1}{\lambda}\,\frac{1+\cosh\varepsilon_1}{2\sinh^2\varepsilon_1}\,w_0,\\ A_2 &= -B_2 = \frac{\varepsilon_2\alpha_2}{\lambda}\,\frac{1+\cosh\varepsilon_1}{2\sinh^2\varepsilon_1}\,w_0,\\ A_3 &= \frac{[1+(1+\varepsilon_2)\mathrm{e}^{-\varepsilon_1}]\sinh\varepsilon_1+\varepsilon_2(1+\mathrm{e}^{-\varepsilon_1})\cosh\varepsilon_1}{2\sinh^2\varepsilon_1}\,w_0,\\ B_3 &= \frac{[1+(1-\varepsilon_2)\mathrm{e}^{\varepsilon_1}]\sinh\varepsilon_1+\varepsilon_2(1+\mathrm{e}^{\varepsilon_1})\cosh\varepsilon_1}{2\sinh^2\varepsilon_1}\,w_0. \end{aligned}\right\} \tag{8.23}$$

Durch Einsetzen von (8.23) in (8.8) und (8.6) erhält man an der Kernschichtoberfläche $z=0$

$$\left.\begin{aligned} w(x,y,z{=}0) &= w_1\sin\alpha_1 x\sin\alpha_2 y\,;\\ w_1 &= f_1(\lambda h)\,w_0,\\ f_1(\lambda h) &= \frac{(\varepsilon_2+\sinh\varepsilon_1)(1+\cosh\varepsilon_1)}{\sinh^2\varepsilon_1}. \end{aligned}\right\} \tag{8.24}$$

Eine Potenzreihenentwicklung von $f_1(\lambda h)$ bis zum zweiten Glied liefert für kleine Werte $\varepsilon_1=\lambda h$

$$f_1(\lambda h) = \frac{8(1-\nu)}{3-4\nu}\,\frac{1}{\lambda h}+\frac{1-2\nu}{3(3-4\nu)}\,\lambda h\,; \tag{8.25}$$

ist z. B. $\nu=0$, dann liegt der relative Fehler von (8.25) gegenüber (8.24) für $\lambda h \leqq \pi$ unter 0,75%. Für die gesuchte Steifigkeitsziffer c erhält man nunmehr analog zu (8.3) $c=p_0/w_1$. also

$$c = \frac{1}{f_1(\lambda h)}\,\frac{2(1-\nu)}{(1+\nu)(3-4\nu)}\,\lambda E. \tag{8.26}$$

8.2.3.3. Reine Biegebeanspruchung

Einsetzen von (8.6), (8.12) mit (8.13) und (8.8) in die sechs Randbedingungen (8.18) und (8.21) liefert sechs Gleichungen für die sechs unbekannten Integrationskonstanten. Mit den Abkürzungen (8.22) und w_0 gemäß (8.16) erhält man nach längerer Rechnung

$$\left.\begin{aligned} A_1 &= -B_1 = -\frac{\varepsilon_2^2\alpha_1}{\lambda}\,\frac{1}{2(\varepsilon_2+\sinh\varepsilon_1\cosh\varepsilon_1)}\,w_0,\\ A_2 &= -B_2 = -\frac{\varepsilon_2^2\alpha_2}{\lambda}\,\frac{1}{2(\varepsilon_2+\sinh\varepsilon_1\cosh\varepsilon_1)}\,w_0,\\ A_3 &= -\frac{\varepsilon_2(1+\varepsilon_2)+\mathrm{e}^{-\varepsilon_2}\sinh\varepsilon_2}{2(\varepsilon_2+\sinh\varepsilon_1\cosh\varepsilon_1)}\,w_0,\\ B_3 &= +\frac{\varepsilon_2(1-\varepsilon_2)+\mathrm{e}^{\varepsilon_2}\sinh\varepsilon_2}{2(\varepsilon_2+\sinh\varepsilon_1\cosh\varepsilon_1)}\,w_0. \end{aligned}\right\} \tag{8.27}$$

Durch Einsetzen von (8.27) in (8.8) und (8.6) erhält man an der Kernschichtoberfläche $z=0$

$$\left.\begin{aligned} w(x,y,z{=}0) &= w_2 \sin\alpha_1 x \sin\alpha_2 y\,; \\ w_2 &= f_2(\lambda h)\, w_0, \\ f_2(\lambda h) &= \frac{\sinh^2\varepsilon_1-\varepsilon_2^2}{\varepsilon_2+\sinh\varepsilon_1\cosh\varepsilon_1}. \end{aligned}\right\} \tag{8.28}$$

Eine Potenzreihenentwicklung von $f_2(\lambda h)$ bis zum zweiten Glied liefert für kleine Werte

$$f_2(\lambda h) = \frac{2(1-2\nu)}{3-4\nu}\lambda h - \frac{1-4\nu}{12(1-\nu)}(\lambda h)^3\,; \tag{8.29}$$

ist z. B. $\nu=0$, dann liegt der relative Fehler von (8.29) gegenüber (8.28) für $\lambda h \leqq 1$ unter 1,4%. Für die gesuchte Steifigkeitsziffer c erhält man nunmehr analog zu (8.3) $c = p_0/w_2$, also

$$c = \frac{1}{f_2(\lambda h)}\frac{2(1-\nu)}{(1+\nu)(3-4\nu)}\lambda E. \tag{8.30}$$

8.2.3.4. Druck und Biegung

Bezeichnen σ_u und σ_o die Normalspannungen in der unteren bzw. oberen Deckschicht, so gilt für das Verhältnis beider Spannungen

— bei reinem Druck, d. h. $\sigma_o=\sigma_u$, $\psi=\sigma_u/\sigma_o=1$,

— bei reiner Biegung, d. h. $\sigma_o=-\sigma_u$, $\psi=\sigma_u/\sigma_o=-1$ und

— bei gleichzeitiger Beanspruchung der Sandwichplatte auf Druck und Biegung unter der Annahme eines positiven Biegemoments[1] $-1<\psi=\sigma_o/\sigma_u<1$.

Die Steifigkeitsziffern c für die beiden Grenzfälle $\psi=-1$ und $\psi=1$ liegen bereits vor [vgl. (8.26) und (8.30)]; sie werden mit c_1 im Falle $\psi=1$ und c_2 im Falle $\psi=-1$ bezeichnet. Für den Fall $-1<\psi<1$ ist die exakte Ermittlung von c weitaus schwieriger; es wird daher vorgeschlagen, c näherungsweise zwischen c_1 und c_2 linear in ψ zu interpolieren. Man erhält dann

$$c = \frac{1+\psi}{2}c_1 + \frac{1-\psi}{2}c_2$$

oder mit

$$\frac{1}{f_3(\lambda h)} = \frac{1+\psi}{2f_1(\lambda h)} + \frac{1-\psi}{2f_2(\lambda h)}, \tag{8.31}$$

wie sich unter Beachtung von (8.26) und (8.30) ergibt,

$$c = \frac{1}{f_3(\lambda h)}\frac{2(1-\nu)}{(1+\nu)(3-4\nu)}\lambda E. \tag{8.32}$$

[1] Die Biegedruckspannung tritt hierbei in der oberen Deckschicht auf und addiert sich zur Normalkraftdruckspannung, während die Biegezugspannung in der unteren Deckschicht auftritt und sich von der Normalkraftdruckspannung subtrahiert.

8.2.3.5. Zusammenfassung und tabellarische Auswertung

Die Steifigkeitsziffer c der Kernschicht einer Sandwichplatte kann gemäß dem Vorangehenden in der Form

$$c = K\frac{\lambda}{f(\lambda h)}, \quad K = \frac{2(1-\nu)E}{(1+\nu)(3-4\nu)} \tag{8.33}$$

dargestellt werden, wobei je nach Kernschichtdicke und Belastungsfall $f(\lambda h) = 1$ bzw. $= f_1(\lambda h)$ bzw. $= f_2(\lambda h)$ bzw. $= f_3(\lambda h)$ sein kann. Bei isotropem Kernschichtmaterial besteht zwischen E, G und ν die Beziehung $E = 2(1+\nu)G$, so daß in K gemäß (8.33) statt E auch

$$E = \sqrt{E^2} = \sqrt{2(1+\nu)GE} \tag{8.34}$$

geschrieben werden kann; damit folgt aus (8.33)

$$c = K\frac{\lambda}{f(\lambda h)}, \quad K = \frac{2(1-\nu)}{3-4\nu}\sqrt{\frac{2GE}{1+\nu}}. \tag{8.35}$$

Bei anisotropem Kernschichtmaterial gelten weder die Beziehungen (8.33) bis (8.35) noch die elastischen Verschiebungsgrundgleichungen (8.4), aus denen c berechnet wurde. Wenn aber — wie bei Polyurethanschaum — die Anisotropie nicht allzu ausgeprägt ist, dann können die für isotropes Kernschichtmaterial hergeleiteten Beziehungen zumindest als Näherungslösungen verwendet werden (vgl. hierzu die Bemerkung in Abschnitt 8.1.2). Dabei ist zweckmäßigerweise von K gemäß (8.35) statt (8.33) auszugehen, weil (8.35) sowohl den E-Modul als auch den G-Modul enthält, (8.33) jedoch nur den E-Modul. Da die Kernschichtverschiebungen sowohl infolge der Kernschichtdehnungen (für die der E-Modul verantwortlich ist) als auch infolge der Kernschichtschubverzerrungen (für die der G-Modul verantwortlich ist) zustande kommen, ist es also sinnvoll, K gemäß (8.35) zu benutzen, weil andersfalls — bei Verwendung von K gemäß (8.33) — der G-Modul überhaupt nicht explizit in die Rechnung einginge; er wäre dann allenfalls implizit über die Beziehung $G = E/2(1+\nu)$ in K gemäß (8.33) enthalten, die aber bei anisotropem Kernmaterial nicht gilt.

Abschließend wird noch eine numerische Auswertung und Gegenüberstellung der Beziehungen $f_1(\lambda h)$ und $f_2(\lambda h)$ gemäß (8.24) und (8.28) für verschiedene λh-Werte und die Querkontraktionszahlen $\nu = 0$, $\nu = 0{,}25$ und $\nu = 0{,}5$ angegeben. Die Werte sind in Tab. 8.1 dargestellt; man ersieht aus ihr folgendes: Für große λh-Werte werden $f_1(\lambda h) = 1$ und $f_2(\lambda h) = 1$, gehen also in die Lösung für Sandwichplatten mit dicker Kernschicht über (vgl. Abschnitt 8.2.2). Für $\lambda h \to 0$ hingegen werden $f_1(\lambda h) \to \infty$ und $f_2(\lambda h) \to 0$, d. h. bei antimetrischem Knittern unter Druckbeanspruchung der Sandwichplatte steift die Kernschicht die Deckschichten um so weniger aus, je dünner die Kernschicht ist. Hingegen wirkt sich bei Biegebeanspruchung der Sandwichplatte der aussteifende Einfluß der zugbeanspruchten Deckschicht auf die druckbeanspruchte Deckschicht um so mehr aus, je dünner die Kernschicht ist. Beide Ergebnisse sind plausibel.

Tabelle 8.1. *$f_1(\lambda h)$ und $f_2(\lambda h)$ in Abhängigkeit von λh und ν*

	$f_1(\lambda h)$			$f_2(\lambda h)$		
λh	$\nu=0$	$\nu=0{,}25$	$\nu=0$	$\nu=0$	$\nu=0{,}25$	$\nu=0{,}25$
0	∞	∞	∞	0	0	0
0,2	13,356	15,017	20,000	0,1327	0,1000	0,001323
0,4	6,711	7,533	10,000	0,2614	0,1999	0,01033
0,6	4,511	5,050	6,668	0,3826	0,2990	0,03346
0,8	3,422	3,817	5,003	0,4934	0,3960	0,07482
1	2,778	3,085	4,005	0,5916	0,4889	0,13545
1,2	2,355	2,602	3,342	0,6762	0,5756	0,2132
1,4	2,060	2,263	2,871	0,7471	0,6540	0,3032
1,6	1,844	2,013	2,520	0,8051	0,7227	0,3992
1,8	1,681	1,823	2,250	0,8515	0,7813	0,4950
2	1,554	1,675	2,037	0,8881	0,8299	0,5851
2,2	1,455	1,558	1,866	0,9163	0,8693	0,6660
2,4	1,375	1,463	1,726	0,9379	0,9007	0,7359
2,6	1,311	1,386	1,611	0,9542	0,9252	0,7943
2,8	1,258	1,323	1,516	0,9664	0,9441	0,8418
3	1,215	1,270	1,436	0,9755	0,9585	0,8797
3,5	1,137	1,175	1,287	0,9890	0,9807	0,9415
4	1,088	1,113	1,189	0,9952	0,9913	0,9726
5	1,036	1,048	1,082	0,9991	0,9983	0,9945
∞	1	1	1	1	1	1

8.3. Knittern der Deckschichten

8.3.1. Allgemeine Lösung

Schneidet man aus einer ebenen Sandwichplatte die durch n_x, n_y und n_{xy} belastete Deckschicht heraus, so gilt für diese im Prinzip die Differentialgleichung (5.37), sofern man dort

— die Sandwichbiegesteifigkeit B_S durch die Deckschichteigenbiegesteifigkeit B_D ersetzt, da nur das Deckschichtknittern untersucht werden soll,

— γ_{xz} und γ_{yz} nullsetzt, da die Deckschicht schubstarr ist, und

— p durch den Bettungsdruck $p=-cw$ ersetzt, worin gemäß (8.33) $c=K\lambda/f(\lambda h)$ ist.

Mit (7.42) erhält man somit

$$\Delta\Delta w+\frac{P_x}{B_D}w''+\frac{2\,P_{xy}}{B_D}w'^{\cdot}+\frac{P_y}{B_D}w^{\cdot\cdot}+\frac{c}{B_D}w=0. \tag{8.36}$$

Im folgenden wird die Schubkraft $P_{xy}=0$ gesetzt. In (8.36) wird nun die dritte Beziehung (8.6) für $z=0$ eingesetzt, also mit $h(0)=w_0$, $\alpha_1=\pi/a_x$ und $\alpha_2=\pi/a_y$ gemäß (8.7) der Ansatz

$$w=w_0\sin\alpha_1 x\sin\alpha_2 y. \tag{8.37}$$

Er wurde bereits bei der Berechnung der Steifigkeitsziffer c in Abschnitt 8.2 verwendet und stellt sicher, daß die Verschiebungen w der Deckschicht und der Kernschichtoberfläche übereinstimmen (Kompatibilität). Nach Koeffizientenvergleich in $w_0 \sin\alpha_1 x \sin\alpha_2 y$ ergibt sich

$$\alpha_1^2 P_x + \alpha_2^2 P_y = (\alpha_1^2 + \alpha_2^2)^2 B_D + c,$$

woraus mit z gemäß (7.53) und λ gemäß (8.7) sofort

$$P_x = \frac{(\alpha_1^2 + \alpha_2^2)^2 B_D + c}{\alpha_1^2 + z\alpha_2^2} = \frac{\lambda^4 B_D + c}{\lambda^2 - (1-z)\alpha_2^2} \tag{8.38}$$

folgt. Durch Einsetzen von c gemäß (8.35) und Einführen der dimensionslosen Abkürzungen

$$\left.\begin{aligned} u &= \frac{\lambda l}{\pi} = \sqrt{\left(\frac{l}{a_x}\right)^2 + \left(\frac{l}{a_y}\right)^2}, \quad v = \frac{\alpha_2 l}{\pi} = \frac{l}{a_y}, \\ \varphi &= (1-z)v^2, \quad \varepsilon_3 = \pi\frac{h}{l}, \quad \chi = \frac{K l^3}{2\pi^3 B_D} \end{aligned}\right\} \tag{8.39}$$

geht (8.38) über in

$$P_x = c_x \frac{B_D}{l^2}, \quad c_x = \pi^2 \frac{u^4 + 2\chi u / f(\varepsilon_3 u)}{u^2 - \varphi}; \tag{8.40}$$

die Größe l in (8.39) und (8.40) ist eine beliebige Bezugslänge, die je nach vorliegendem Fall zweckmäßig festgelegt wird. Mit P_x gemäß (8.40) erhält man die zugehörige Spannung in der Deckschicht zu $\sigma_x = P_x/t$.

c_x gemäß (8.40) ist der Eigenwert der Knitterlast P_x; er hängt implizit über u und φ von den noch unbekannten Knitterwellenlängen a_x und a_y ab. c_x ist nach u und φ zu minimieren, um die kleinste Knitterlast zu erhalten; sie wird des weiteren mit P_{xk} bezeichnet und die zugehörige Knitterspannung mit $\sigma_{xk} = P_{xk}/t$. Im folgenden werden die wichtigsten Fälle behandelt.

8.3.2. Knitterlast und Knitterspannung bei dicker Kernschicht[1]

8.3.2.1. In x- und y-Richtung sehr ausgedehnte Sandwichplatte

Bei dicker Kernschicht ist $f_2(\varepsilon_2 u) = 1$, wie aus Abschnitt 8.2 ersichtlich ist; c_x vereinfacht sich also zu

$$c_x = \pi^2 \frac{u^4 + 2\chi u}{u^2 - \varphi}. \tag{8.41}$$

a) Der Fall $z < 1$, d. h. $P_y < P_x$

Steigert man die Axialkräfte P_x und P_y bei konstant bleibendem Lastverhältnis $z = P_y/P_x$ bis zur Instabilitätsgrenze, dann tritt nur ein Knittern

[1] Wann eine Kernschicht als dick und wann als dünn zu gelten hat, wird in Abschnitt 8.3.3 erläutert.

der Deckschicht in x-Richtung auf, da P_y zum Auslösen von Knitterwellen in y-Richtung nicht ausreicht. Es sind also $a_y = \infty$ und damit gemäß (8.39) $v = 0$ und $\varphi = 0$. Der Kleinstwert von c_x gemäß (8.41) ergibt sich aus $dc_x / du = 0$ zu

$$u = \sqrt[3]{\chi}, \quad c_x = 3\pi^2 \sqrt[3]{\chi^2}. \tag{8.42}$$

Unter Beachtung von (8.39) erhält man aus (8.42) unmittelbar

$$a_x = \pi \sqrt[3]{\frac{2 B_D}{K}}, \quad P_{xk} = \frac{3}{2} \sqrt[3]{2 K^2 B_D}, \quad \sigma_{xk} = \frac{P_{xk}}{F_D}. \tag{8.43}$$

Ist speziell $z = -1$, d. h. $P_y = -P_x$ bzw. $\sigma_y = -\sigma_x$, dann herrscht in einem um 45° gegenüber dem x,y-System gedrehten Deckschichtelement ein reiner Schubspannungszustand mit $\tau = \sigma_x$. Die Knitterschubspannung τ_k einer schubbeanspruchten Deckschicht bei unendlich ausgedehnter Sandwichplatte beträgt also

$$\tau_k = \sigma_{xk} = P_{xk} / F_D \tag{8.44}$$

mit P_{xk} gemäß (8.43).

b) Der Fall $z = 1$, d. h. $P_y = P_x$

Steigert man die axialen Druckkräfte $P_x = P_y$ bis zur Instabilitätsgrenze, dann wird die Knittergrenze der Deckschicht gleichzeitig in x- und y-Richtung erreicht. Aus (8.39) folgt wegen $z = 1$ wiederum $\varphi = 0$, so daß die Minimierung von (8.41) abermals (8.42) liefert. Unter Beachtung von (8.39) und (8.40) liefert (8.42) unmittelbar

$$\frac{1}{\sqrt{1/a_x^2 + 1/a_y^2}} = \pi \sqrt[3]{\frac{2 B_D}{K}}, \quad P_{xk} = \frac{3}{2} \sqrt[3]{2 \mathrm{K}^2 B_D}, \quad \sigma_{xk} = \frac{P_{xk}}{F_D}. \tag{8.45}$$

Für die Knitterlast P_{xk} ergibt sich also derselbe Ausdruck wie in (8.43), während man für die Knitterwellenlängen a_x und a_y keine eindeutigen Werte erhält, sondern nur eine Beziehung, die a_x und a_y miteinander verknüpft. Zum Beispiel liefert der Grenzfall $a_y = \infty$ den Wert a_x gemäß (8.43) und der Grenzfall $a_x = \infty$ einen Wert a_y von gleicher Größe wie a_x gemäß (8.43); a_x und a_y erfüllen die Ungleichung

$$\pi \sqrt[3]{\frac{2 B_D}{K}} \leqq \begin{Bmatrix} a_x \\ a_y \end{Bmatrix} \leqq \infty. \tag{8.46}$$

Wählt man willkürlich einen der beiden Werte a_x und a_y innerhalb der Schranken (8.46), dann ergibt sich der jeweils andere aus der ersten Beziehung (8.45); er liegt zwangsläufig ebenfalls innerhalb der Schranken (8.46).

c) Der Fall $z > 1$, d. h. $P_y > P_x$

In diesem Fall wird die Knittergrenze zuerst in y-Richtung erreicht. Zweckmäßigerweise benennt man das Koordinatensystem derart um, daß x- und y-Richtung vertauscht werden. Dann gehen P_y in P_x und P_x in P_y

über, und es ist $P_x > P_y$, also $z = P_y / P_x < 1$; die Behandlung dieses Falles kann also gemäß Unterabschnitt *a)* durchgeführt werden.

Die Beziehungen (8.43) und (8.45) gelten gemäß den getroffenen Voraussetzungen nur für ebene Deckschichten, so daß dort

$$F_D = t, \quad B_D = \frac{E_D t^3}{12(1-\nu_D^2)}, \quad K = \frac{2(1-\nu_K)}{3-4\nu_K}\sqrt{\frac{2 G_K E_K}{1+\nu_K}} \tag{8.47}$$

einzusetzen sind. Sie dürfen jedoch auch für gesickte (d. h. nur schwach profilierte) Deckschichten mit den Querschnittswerten F_D und $B_D = E_D J_D$ verwendet werden, da diese sich ebenso wie ebene Deckschichten verhalten. Im Falle ebener Deckschichten können die Beziehungen (8.43) auch in der Form

$$a_x = \mu t \sqrt[6]{\frac{E_D^2}{G_K E_K}}, \quad \sigma_{xk} = \varkappa \sqrt[3]{G_K E_K E_D} \tag{8.48}$$

geschrieben werden; hierin sind

$$\mu = \frac{\pi}{2}\sqrt[6]{\frac{2(1+\nu_K)(3-4\nu_K)^2}{9(1-\nu_K)^2(1-\nu_D^2)^2}}, \quad \varkappa = \sqrt[3]{\frac{9(1-\nu_K)^2}{2(1+\nu_K)(3-4\nu_K)^2(1-\nu_D^2)}}. \tag{8.49}$$

σ_{xk} gemäß (8.48) gilt, solange — entsprechend den Voraussetzungen in Abschnitt 8.1.2 — σ_{xk} noch im Linearbereich des Deckschichtmaterials liegt. Ist dies nicht mehr der Fall, dann ist σ_{xk} noch abzumindern, worauf hier jedoch nicht eingegangen wird. Eine numerische Auswertung von (8.49) für $\nu_D = 0{,}30$ (z. B. Stahl) sowie einige ν_K-Werte ist in Tab. 8.2 angegeben. Man

Tabelle 8.2. *Beiwerte μ und $\varkappa$ für $\nu_D = 0{,}30$ und einige Werte ν_K*

ν_K	μ	$\varkappa$
0	1,819	0,819
0,10	1,825	0,814
0,20	1,822	0,817
0,30	1,806	0,838
0,40	1,770	0,865
0,50	1,701	0,938

ersieht aus ihr: Im Bereich $0 \leqq \nu_K \leqq 0{,}30$, der für Kunststoffschäume maßgebend ist, verändern sich μ und $\varkappa$ kaum. Es kann daher statt mit (8.48) vereinfachend mit

$$a_x = 1{,}82\, t \sqrt[6]{\frac{E_D^2}{G_K E_K}}, \quad \sigma_{xk} = 0{,}82 \sqrt[3]{G_K E_K E_D} \tag{8.50}$$

gerechnet werden. Ein *Zahlenbeispiel:* Sandwichbalken mit Deckschichten aus Stahl ($E_D = 2\,100\,000$ kp/cm², $t = 0{,}5$ mm) und einer Kernschicht aus Polyurethanschaum von 50 kp/m³ Raumgewicht ($G_K = 30$ kp/cm², $E_K = 70$ kp/cm²). (8.50) liefert die Knitterwellenlänge $a_x = 3{,}26$ cm und die Knitterspannung $\sigma_{xk} = 1345$ kp/cm².

8.3.2.2. In x-Richtung sehr ausgedehnte und in y-Richtung begrenzte Sandwichplatte

Die folgenden beiden Randbedingungen an den Rändern $y =$ konst der Sandwichplatte sind von Interesse (vgl. Abb. 42):

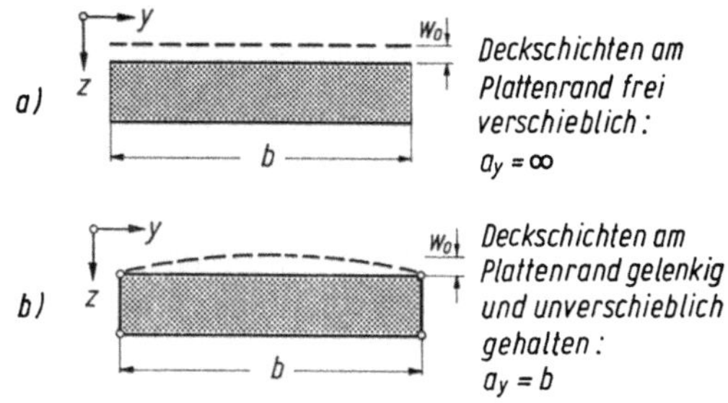

Abb. 42. Randbedingungen für die Deckschichten an den Rändern y-konst

a) In z-Richtung frei verschiebliche Deckschichten an den beiden Rändern $y =$ konst

Dieser Fall tritt bei in x-Richtung verlaufenden ebenen Sandwichbalken ohne Randversteifungen auf, bei denen $P_y = 0$ und damit $z = 0$ ist. Knitterwellen in y-Richtung bilden sich nicht aus, es ist also $a_y = \infty$. Die Berechnung von a_x und P_{xk} bzw. σ_{xk} kann also wie in Abschnitt 8.3.2.1 *a)* erfolgen, vgl. (8.48) und (8.50).

b) In z-Richtung unverschiebliche Deckschichten an den beiden Rändern $y =$ konst

Dieser Fall tritt z. B. auf

— bei in x-Richtung verlaufenden ebenen Sandwichbalken mit gelenkig angeschlossenen Randversteifungen oder

— bei den Flanschfeldern (BC) und Stegfeldern (AB, CD) von in x-Richtung gespannten, querbelasteten Trapezsandwichbalken (vgl. Abb. 43), deren Knickkanten für die Deckschichten wie unverschiebliche Linienauflager wirken, die näherungsweise als Gelenklinien angenommen werden können.

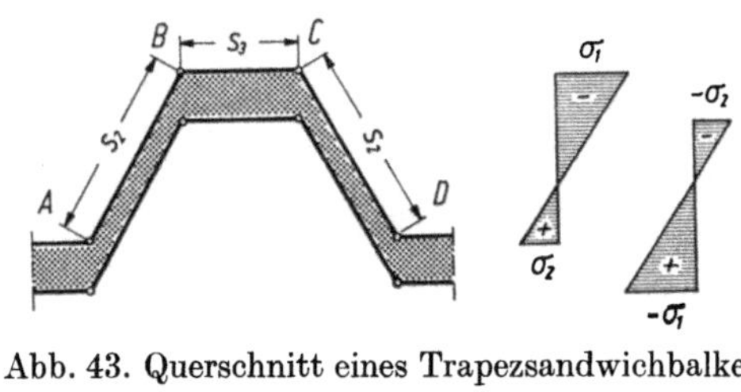

Abb. 43. Querschnitt eines Trapezsandwichbalkens

Meistens ist hierbei $P_y = 0$, jedoch kann auch der Fall $P_y \neq 0$ und damit $z \neq 0$ vorkommen. Der Übersichtlichkeit halber wird im folgenden z auf Werte $z \leqq 1$ beschränkt[1], so daß für φ gemäß (8.39) $\varphi \geqq 0$ gilt.

[1] Das heißt: P_y als Druckkraft $\leqq P_x$ und als Zugkraft beliebig.

Die Minimierung von c_x gemäß (8.41) hinsichtlich φ ist leicht zu übersehen. Die Knitterwellenlänge a_y in y-Richtung beträgt mit Rücksicht auf die Deckschichtrandbedingungen einen ganzzahligen Bruchteil j der Gesamtbreite b:

$$a_y = \frac{b}{j}, \quad \varphi = j^2 (1-z) \left(\frac{l}{b}\right)^2. \tag{8.51}$$

c_x gemäß (8.41) wird um so kleiner, je größer der Nenner von (8.41) ist; da $\varphi \geqq 0$ vorausgesetzt wurde, muß also φ gemäß (8.51) möglichst klein werden. Der bei gegebenem Wert $z < 1$ kleinstmögliche Wert φ ergibt sich bei $j = 1$, also dann, wenn die Deckschicht in einer einzigen Welle über die volle Breite b knittert[1]. Wählt man als Bezugslänge l die Plattenbreite b, dann folgt also aus (8.51) und (8.39)

$$a_y = b, \quad \varphi = 1 - z, \quad \chi = \frac{K b^3}{2 \pi^3 B_D}. \tag{8.52}$$

Die Minimierung von c_x gemäß (8.41) hinsichtlich u liefert mit Hilfe der Beziehung $dc_x/du = 0$ die Gleichung fünften Grades

$$u^3 (u^2 - 2\varphi) = \chi (u^2 + \varphi). \tag{8.53}$$

Hat man aus ihr die maßgebende reelle, positive Lösung u ermittelt, so erhält man a_x, P_{xk} und σ_{xk} mit Hilfe von (8.39), (8.40) und (8.41) zu

$$a_x = \frac{b}{\sqrt{u^2 - 1}}, \quad P_{xk} = \pi^2 \frac{u^4 + 2 \chi u}{u^2 - \varphi} \frac{B_D}{b^2}, \quad \sigma_{xk} = \frac{P_{xk}}{F_D}. \tag{8.54}$$

(8.54) gilt, solange (8.53) eine Lösung $u \geqq 1$ liefert, weil sich sonst aus (8.54) kein reelles a_x ergibt. $u \geqq 1$ tritt ein, solange

$$\chi \geqq \chi_0 = \frac{1 - 2\varphi}{1 + \varphi} \tag{8.55}$$

ist; der Grenzfall $u = 1$ liefert $a_x = \infty$. Ist dagegen $\chi < \chi_0$, so daß (8.54) nicht gilt, dann ergibt sich der kleinste Wert c_x gemäß (8.41) unter der Nebenbedingung eines reellen a_x-Wertes für $u = 1$; man erhält dann mit $1 - \varphi = z$

$$a_x = \infty, \quad P_{xk} = \pi^2 \frac{1 + 2\chi}{z} \frac{B_D}{b^2}, \quad \sigma_{xk} = \frac{P_{xk}}{F_D}. \tag{8.56}$$

(8.54) bzw. (8.56) gelten nur, solange σ_{xk} noch im Linearbereich des Deckschichtmaterials liegt.

Ein Sonderfall zur Kontrolle: Es sei $\chi = 0$ (unendlich weiche Kernschicht) und $\varphi = 1$ (einachsiger Druck). (8.53) liefert $u = \sqrt{2}$, womit (8.54) $a_x = \mathrm{b}$ und $P_{xk} = 4 \pi^2 B_D / b^2$ liefert; dieses Ergebnis stimmt überein mit (7.49) für $r = 0$.

[1] Anders hingegen der (hier nicht näher untersuchte) Fall $z > 1$: Bei diesem muß j möglichst groß sein, allerdings $j \leqq u$ bleiben, damit sich aus der ersten Beziehung (8.39) noch ein reeller Wert $a_x \leqq \infty$ ergibt; es kann also mehrwelliges Knittern in Breitenrichtung eintreten.

Die Auflösung der Gleichung (8.53) nach u und die Berechnung von a_x und $P_{xk} = c_x B_D / l^2$ gemäß (8.54) bzw. (8.56) wurde für verschiedene Zahlenwerte χ und φ numerisch durchgeführt. Die Ergebnisse sind in Tab. 8.3 zusammengestellt.

Tabelle 8.3. *u, a_x/b und c_x/π^2 für verschiedene Parameter φ und χ bei dicken Kernschichten*

χ	$\varphi=0$ $(z=1)$			$\varphi=1$ $(z=0)$			$\varphi=2$ $(z=-1)$		
	u	a_x/b	c_x/π^2	u	a_x/b	c_x/π^2	u	a_x/b	c_x/π^2
0	1	∞	1	1,414	1	4	2	0,577	8
0,1	1	∞	1,2	1,450	0,953	4,273	2,018	0,570	8,197
0,2	1	∞	1,4	1,482	0,914	4,528	2,036	0,564	8,389
0,5	1	∞	2	1,565	0,831	5,219	2,086	0,546	8,940
1	1	∞	3	1,676	0,744	6,215	2,159	0,523	9,787
2	1,260	1,305	4,762	1,845	0,645	7,890	2,283	0,487	11,30
3	1,442	0,962	6,240	1,977	0,587	9,331	2,387	0,461	12,65
5	1,710	0,721	8,772	2,184	0,515	11,83	2,559	0,425	15,05
10	2,154	0,524	13,93	2,553	0,426	16,95	2,882	0,370	20,08
20	2,714	0,396	22,10	3,046	0,348	25,12	3,330	0,315	28,18
50	3,684	0,282	40,72	3,939	0,263	43,72	4,168	0,247	46,75
100	4,642	0,221	64,63	4,848	0,211	67,64	5,040	0,202	70,65

Ein *Zahlenbeispiel:* Gegeben das Flanschfeld eines Trapezsandwichbalkens mit $b = 8{,}0$ cm, $t = 1{,}0$ mm, $z = 0$, $\nu_D = 0{,}30$, $\nu_K = 0$, $E_D = 2\,100\,000$ kp/cm², $E_K = 80$ kp/cm², $G_K = 40$ kp/cm², $\sigma_P = 2880$ kp/cm² (Stahl St 52). Man erhält

$$B_D = 192{,}3 \text{ kp cm}, \quad K = 53{,}33 \text{ kp/cm}^2, \quad \chi = 2{,}290,$$
$$\varphi = 1, \quad u = 1{,}886, \quad c_x = 8{,}326\,\pi^2,$$
$$a_x = 5{,}00 \text{ cm}, \quad P_{xk} = 246{,}9 \text{ kp/cm}, \quad \sigma_{xk} = 2469 \text{ kp/cm}^2.$$

σ_{xk} liegt unterhalb der Proportionalitätsgrenze σ_P des σ,ε-Diagramms. Zum Vergleich: (8.48) liefert mit (8.49) für $\nu_K = 0$ $a_x = 6{,}07$ cm und $\sigma_{xk} = 1545$ kp/cm². Die stabilisierende Wirkung der unverschieblichen Ränder $y =$ konst erhöht also die Knitterspannung σ_{xk}, bezogen auf den Wert 1545 kp/cm², um 60%.

8.3.3. Knitterlast und Knitterspannung bei dünner Kernschicht

Es wird nur der Fall $\varphi = 0$ behandelt, also gemäß Abschnitt 8.3.2

— entweder eine in x- und y-Richtung sehr ausgedehnte Sandwichplatte unter zweiachsiger Normalkraftbelastung (P_x und P_y)

— oder ein in x-Richtung verlaufender ebener Sandwichbalken ohne Randversteifungen mit $P_y = 0$.

Der Fall $\varphi \neq 0$ kann analog wie der Fall $\varphi = 0$ behandelt werden. Wählt man als Bezugslänge l die Kernschichtdicke h, dann gehen aus (8.39) und (8.40)

$$u = \frac{h}{a_x}, \quad \varepsilon_3 = \pi, \quad \chi = \frac{K h^3}{2\pi^3 B_D} \tag{8.57}$$

sowie

$$P_x = c_x \frac{B_D}{h^2}, \quad c_x = \pi^2 \left(u^2 + \frac{2\chi}{u f(\pi u)} \right) \tag{8.58}$$

hervor.

Die Minimierung von c_x gemäß (8.58) hinsichtlich u liefert mit Hilfe der Beziehung $\mathrm{d}c_x/\mathrm{d}u = 0$ die Beziehung[1]

$$u^3 f^2 - \chi(f + \pi u f') = 0. \tag{8.59}$$

Setzt man hier $f(\pi u)$ gemäß (8.24) bzw. (8.28) bzw. (8.31) ein, so erhält man jeweils eine transzendente Gleichung für u, die nur durch Probieren zu lösen ist. Durch Einsetzen der erhaltenen Lösung u in (8.58) ergibt sich dann der minimale c_x-Wert. Der Sonderfall $f(\pi u) = 1$ liefert unmittelbar die für eine dicke Kernschicht gültigen, bereits bekannten Ausdrücke (8.42). Eine numerische Auswertung der Beziehungen (8.59) und (8.58) für $\nu_K = 0$ und verschiedene Werte χ sowie eine Gegenüberstellung mit den Beziehungen (8.42) wird in Tab. 8.4 angegeben. Nach Ermittlung von u und c_x bei gegebenem Wert χ kann man die Knitterwellenlänge, die Knitterlast und die Knitterspannung gemäß

Tabelle 8.4. *u und c_x/π^2 für $\nu_K = 0$ und verschiedene Werte χ bei dünnen Kernschichten*

	Dicke Kernschicht		Dünne Kernschicht					
	$f(\pi u) = 1$		Reiner Druck: $f(\pi u) = f_1(\pi u)$			Reine Biegung: $f(\pi u) = f_2(\pi u)$		
χ	u	c_x/π^2	u	c_x/π^2	Abw. (%)	u	c_x/π^2	Abw. (%)
0	0	0	0	0		0	0	
0,01	0,215	0,1392	0	0,0236	−83,0	0,313	0,2074	+49,0
0,02	0,271	0,2210	0	0,0471	−78,7	0,372	0,3004	+35,9
0,05	0,368	0,4072	0	0,1178	−71,1	0,468	0,4969	+22,1
0,1	0,464	0,6464	0	0,2356	−63,5	0,557	0,7372	+14,1
0,2	0,585	1,026	0	0,4712	−54,1	0,666	1,109	+ 8,1
0,5	0,794	1,890	0	1,178	−37,7	0,850	1,949	+ 3,1
1	1	3	0,001	2,356	−21,5	1,034	3,036	+ 1,2
1,1	1,032	3,197	0,279	2,589	−19,0	1,063	3,229	+ 1,0
1,5	1,145	3,931	0,689	3,435	−12,6	1,167	3,954	+ 0,6
2	1,260	4,762	0,938	4,359	− 8,5	1,275	4,778	+ 0,3
3	1,442	6,241	1,239	5,950	− 4,7	1,450	6,248	+ 0,1
5	1,710	8,772	1,599	8,596	− 2,0	1,713	8,775	+ 0,0
10	2,154	13,924	2,112	13,851	− 0,5	2,155	13,925	+ 0,0
20	2,714	22,104	2,703	22,081	− 0,1	2,714	22,105	+ 0,0

$$a_x = \frac{h}{u}, \quad P_{xk} = c_x \frac{B_D}{h^2}, \quad \sigma_{xk} = \frac{P_{xk}}{F_D} \tag{8.60}$$

berechnen.

Im Falle reiner Druckbelastung wird für $\chi < 1$ der Wert u annähernd null und $f_1(\pi u)$ sehr groß. Verwendet man daher für $f_1(\pi u)$ die Näherung

[1] In ihr bedeutet f' die Ableitung von f nach dem Gesamtargument $\varepsilon_1 = \pi u$.

(8.25), dann geht mit $\lambda h = \pi u$ und $\varphi = 0$ aus (8.58)

$$c_x = \pi^2 \frac{\pi(3 - 4\nu_K)}{4(1 - \nu_K)} \chi \tag{8.61}$$

hervor. Die in Tab. 8.4 für $\chi < 1$ bei Druckbelastung angegebenen Werte c_x wurden gemäß (8.61) statt (8.58) berechnet.

In der sechsten und neunten Spalte von Tab. 8.4 sind die prozentualen Abweichungen der Knitterspannungswerte bei dünner Kernschicht von jenen bei dicker Kernschicht angegeben; sie hängen von χ gemäß (8.57) und der Art der Belastung (Druck oder Biegung) ab. Hieraus läßt sich ein Maß dafür festlegen, wann eine Kernschicht als dick und wann als dünn zu gelten hat. Fordert man z. B., daß der prozentuale Fehler für die Knitterspannung bei Rechnung mit dicker Kernschicht maximal 5% betragen darf, so ergibt sich für $\nu_K = 0$ die Tab. 8.5.

Tabelle 8.5. *Kernschicht dick oder dünn?*

Kernschicht ist	dick	dünn
bei reinem Druck	$\chi \geqq 2{,}9$	$\chi < 2{,}9$
bei reiner Biegung	$\chi \geqq 0{,}32$	$\chi < 0{,}32$

Ein *Zahlenbeispiel:* Gegeben ein Trapezsandwichbalken mit $t = 1{,}0$ mm, $\nu_D = 0{,}30$, $\nu_K = 0$, $E_D = 2\,100\,000$ kp/cm², $E_K = 80$ kp/cm², $G_K = 40$ kp/cm², $h = 30$ mm, $\sigma_P = 1920$ kp/cm² (Stahl St 37) unter a) reiner Druckbeanspruchung und b) reiner Biegebeanspruchung. Man erhält $B_D = 192{,}3$ kp cm, $K = 53{,}33$ kp/cm², $\chi = 0{,}1207$ (gemäß Tab. 8.5 also dünne Kernschicht) und

a) bei reiner Druckbeanspruchung

$$u = 0, \qquad a_x = \infty,$$
$$c_x = 0{,}2844\pi^2, \qquad P_{xk} = 60{,}0 \text{ kp/cm},$$
$$\sigma_{xk} = 600 \text{ kp/cm}^2;$$

b) bei reiner Biegebeanspruchung

$$u = 0{,}585, \qquad a_x = 5{,}13 \text{ cm},$$
$$c_x = 0{,}8225\,\pi^2, \qquad P_{xk} = 173{,}4 \text{ kp/cm},$$
$$\sigma_{xk} = 1734 \text{ kp/cm}^2.$$

In beiden Fällen liegt σ_{xk} unterhalb der Proportionalitätsgrenze σ_P des σ,ε-Diagramms. Zum Vergleich: Bei dicker Kernschicht liefert (8.48) mit (8.49) für $\nu_K = 0$ $a_x = 6{,}07$ cm und $\sigma_{xk} = 1545$ kp/cm². Der Einfluß der geringen Kernschichtdicke vermindert bzw. erhöht also die Knitterspannung σ_{xk}, bezogen auf den Wert 1545 kp/cm², um 61% bzw. 12%.

8.4. Ergänzungen

8.4.1. Knittern der Deckschichten bei linear mit y veränderlicher Druckspannung

8.4.1.1. Näherungslösung

Es soll eine in x-Richtung sehr ausgedehnte und in y-Richtung begrenzte Sandwichplatte mit unverschieblichen Rändern $y =$ konst behandelt werden (vgl. Abb. 42b). In Abschnitt 8.3 wurde vorausgesetzt, daß die Druckspannung $\sigma_x = P_x/t$ in y-Richtung über die gesamte Breite b konstant ist. Jetzt soll der Fall einer linear mit y veränderlichen Spannung

$$\sigma_x(y) = \sigma_1 + \frac{\sigma_2 - \sigma_1}{b}\, y \tag{8.62}$$

behandelt werden, wobei $\sigma_x(0) = \sigma_1$ eine Druckspannung ($\sigma_1 < 0$) und $\sigma_x(b) = \sigma_2 = \psi\sigma_1$ für $\psi > 0$ ebenfalls eine Druckspannung, für $\psi < 0$ jedoch eine Zugspannung ist. Es soll $\psi \leqq 1$ sein, so daß σ_1 die größte Druckspannung im Plattenfeld ist. Die exakte Berechnung der kritischen Spannung σ_{1k} der Deckschicht ist außerordentlich schwierig,

— da die Steifigkeitsziffer c der Kernschicht nicht mehr in so einfacher Weise wie in Abschnitt 8.2 berechnet werden kann, und

— da wegen $\sigma_x = \sigma_x(y)$ der Koeffizient von w'' in der Differentialgleichung (8.36) nicht mehr konstant ist.

Daher wird hier nur eine Näherungslösung angegeben.

Die Feldbreite b des gegebenen Plattenfeldes I mit der linear von σ_1 auf σ_2 abfallenden Druckspannung wird derart in die Feldbreite b_0 eines ersatzweisen Plattenfeldes II umgerechnet (vgl. Abb. 44), daß beide Plattenfelder die gleiche Knitterspannung σ_{xk} haben. Bei dieser Umrechnung von b und b_0 wird angenommen, daß das Verhältnis b_0/b bei Deckschichtbeulfeldern mit

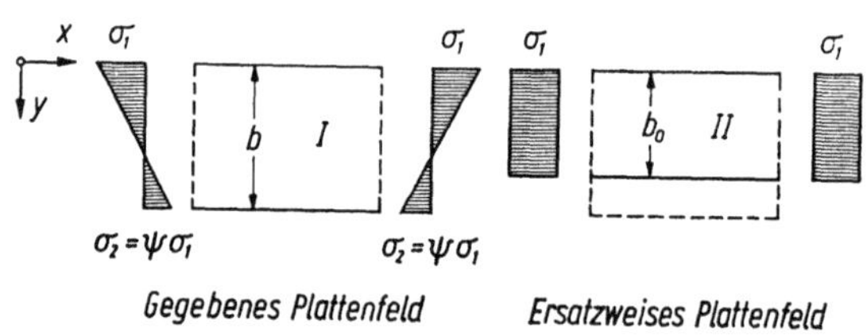

Abb. 44. Gegebenes und ersatzweises Plattenfeld bei linear veränderlicher Druckspannung

elastischer Bettung durch die Kernschicht dasselbe ist wie bei Beulfeldern ohne elastische Bettung. Diese Annahme leuchtet insofern ein, als die Beulfiguren in beiden Fällen ähnlich aussehen: Nur eine Beulwelle von Rand zu Rand in y-Richtung und sehr viele Beulwellen in x-Richtung — mit dem einzigen Unterschied, daß im Falle mit Bettung die Beulwellenlänge in x-Richtung kleiner ist als ohne Bettung und damit die Knitterspannung σ_{xk} größer als die Beulspannung σ_{xb} einer gewöhnlichen Platte.

Die Ermittlung von b_0/b für Beulfelder ohne elastische Bettung bereitet im Gegensatz zu Beulfeldern mit elastischer Bettung keine Schwierigkeiten, da für Platten ohne elastische Bettung fertige Lösungen für die Beulwerte bereitstehen (vgl. etwa [15], Beulwerttafel I/2 oder DIN 4114, Tafel 6 der Vorschriften). Hiernach beträgt die Beulspannung σ_{1k} am oberen Plattenrand ($y=0$)

$$\left.\begin{array}{ll} \text{für Beulfeld I:} & \sigma_{1k\,\mathrm{I}} = c_{x\mathrm{I}} B_D / b^2 t, \\ \text{für Beulfeld II:} & \sigma_{1k\,\mathrm{II}} = c_{x\mathrm{II}} B_D / b_0^2 t \end{array}\right\} \tag{8.63}$$

mit $c_{x\mathrm{I}}$ gemäß Tab. 8.6[1] und $c_{x\mathrm{II}} = 4$. Durch Gleichsetzen von $\sigma_{1k\,\mathrm{I}}$ und $\sigma_{1k\,\mathrm{II}}$ ergibt sich sofort

$$\frac{b_0}{b} = \sqrt{\frac{c_{x\mathrm{II}}}{c_{x\mathrm{I}}}}. \tag{8.64}$$

Eine Auswertung von (8.64) für verschiedene Werte $\psi = \sigma_2/\sigma_1$ ist in Tab. 8.6 gegeben.

Tabelle 8.6. *Beulwerte c_{xI} und Beulfeldbreitenverhältnisse b_0/b für einige ψ-Werte*

ψ	$c_{x\mathrm{I}}/\pi^2$	b_0/b	ψ	$c_{x\mathrm{I}}/\pi^2$	b_0/b
1	4	1,000	−0,6	15,13	0,514
0,8	4,44	0,949	−0,8	19,23	0,456
0,6	4,99	0,895	−1	23,88	0,409
0,4	5,69	0,838	−1,2	28,94	0,372
0,2	6,59	0,779	−1,4	34,43	0,341
0	7,81	0,716	−1,6	40,41	0,315
−0,2	9,49	0,649	−1,8	46,87	0,292
−0,4	11,86	0,581	−2	53,80	0,273

8.4.1.2. Anwendung auf Sandwichfaltwerke

Faltwerke bestehen aus bereichsweise ebenen Flächen; z. B. ist das in Abb. 43 dargestellte Trapezsandwich ein Sandwichfaltwerk. Bei der Biegebeanspruchung von faltwerkartigen Sandwichbalken entstehen in den Sandwichdeckschichten — je nach Neigung der einzelnen Faltwerksebenen — konstante oder linear über die Feldbreite veränderliche Normalspannungen σ_x. Zum Beispiel wirken in dem Trapezsandwich gemäß Abb. 43

- im oberen Trapezflansch BC des oberen Trapezprofils eine über die Flanschbreite BC konstante Druckspannung σ_1 und
- in den beiden Trapezstegen AB und CD des oberen Trapezprofils eine über die Stegbreite AB bzw. CD linear von σ_1 auf σ_2 ansteigende Normalspannung.

Die Größe dieser Normalspannungen ergibt sich aus der Biegetheorie für Sandwichbalken; sie hängt von der Querbelastung ab, und es ist zu prüfen, ob sie nicht bereits ein Knittern der Deckschichtfelder zur Folge hat.

[1] Die Beulwerte c_{xI} wurden [15] entnommen, wobei mit der dortigen Bezeichnung k_o für die Beulwerte $c_{xI} = \pi^2 k_o$ gilt.

Bei der Ermittlung der Knitterspannung kann angenommen werden, daß die längs der Faltwerkknickstellen in axialer Richtung verlaufenden Kanten wie unverschiebliche Linienauflager für die zwischen ihnen liegenden Deckschichtfelder wirken. Die Linienauflager werden vereinfachend und auf der sicheren Seite liegend als Gelenklinien angenommen. Für das Trapezsandwich gemäß Abb. 43 bedeutet dies, daß

— der Trapezflansch BC wie ein ebenes, sehr langes, gelenkig gelagertes Plattenfeld der Breite $b = s_3$ unter konstanter Druckspannung zu berechnen ist (vgl. Abschnitt 8.3.2.2) und
— die Trapezstege AB und CD wie ebene, sehr lange, gelenkig gelagerte Plattenfelder der Breite $b = s_2$ unter linear über die Breite veränderlicher Normalspannung (vgl. Abschnitt 8.4.1.1).

Die Knitterstabilität eines Sandwichfaltwerks für eine bestimmte Belastung ist dann gegeben, wenn in jedem der druckbelasteten, ebenen Beulfelder des Faltwerks für die Deckschichtnormalspannungen die Ungleichung ${}_{\text{vorh}}\sigma_1 \leqq \sigma_{1k}/f$ erfüllt ist; hierin ist f der geforderte Sicherheitsfaktor.

Ein *Zahlenbeispiel:* Gegeben ist ein Trapezsandwich gemäß Abb. 43 mit $s_2 = 8{,}0\,\text{cm}, s_3 = 20{,}0\,\text{cm}, t = 1{,}0\,\text{mm}, \nu_D = 0{,}30, \nu_K = 0, E_D = 2\,100\,000\,\text{kp/cm}^2$, $E_K = 80\,\text{kp/cm}^2$, $G_K = 40\,\text{kp/cm}^2$, $\sigma_1 = -1000\,\text{kp/cm}^2$, $\sigma_2 = 1200\,\text{kp/cm}^2$, $\sigma_P = 2880\,\text{kp/cm}^2$ (Stahl St 52). Man erhält

$B_D = 192{,}3\,\text{kp/cm}$, $K = 53{,}33\,\text{kp/cm}^2$, $\varphi = 1$ und

a) für das Flanschfeld

mit $b = s_3$ wie für das Zahlenbeispiel am Schluß des Unterabschnitts 8.3.2.2b

$$\psi = 1, \quad \chi = 2{,}290,$$
$$u = 1{,}886, \quad c_x = 8{,}326\,\pi^2,$$
$$a_x = 5{,}00\,\text{cm}, \quad \sigma_{xk} = 2469\,\text{kp/cm}^2,$$
$$f = 2{,}47;$$

b) für die Stegfelder

mit $b = s_2$ und Tab. 8.5

$$\psi = -1{,}2, \quad b_0 = 7{,}44\,\text{cm},$$
$$\chi = 1{,}842, \quad u = 1{,}821,$$
$$c_x = 7{,}644\,\pi^2, \quad a_x = 4{,}89\,\text{cm},$$
$$\sigma_{xk} = 2621\,\text{kp/cm}^2, \quad f = 2{,}62.$$

In beiden Fällen liegt σ_{xk} unterhalb der Proportionalitätsgrenze σ_P des σ,ε-Diagramms. Maßgebend für die Knitterstabilität ist — trotz wesentlich geringerer Beulfeldbreite — das Flanschfeld.

8.4.2. Knittern bei strukturierter Kernschicht

8.4.2.1. Knittern der Deckschichten

Es wird eine wabenförmig strukturierte Kernschicht gemäß Abb. 19 betrachtet. Eine unter Druckbeanspruchung stehende Deckschicht einer Sandwichplatte hat das Bestreben, im Bereich über den Wabenhohlräumen auszubeulen. Für die Berechnung der kritischen Belastung, bei welcher das Ausbeulen beginnt, werden folgende Vereinfachungen vorgenommen:

- Die sechseckförmigen Waben werden durch flächengleiche Rechteckzellen ersetzt (vgl. Abb. 45);
- jedes einzelne rechteckförmige Deckschichtfeld wird als ringsum gelenkig gelagert angenommen;
- je zwei benachbarte Rechteckreihen sind in y-Richtung — ebenso wie auch die Sechseckreihen — um das Maß $b/2$ versetzt.

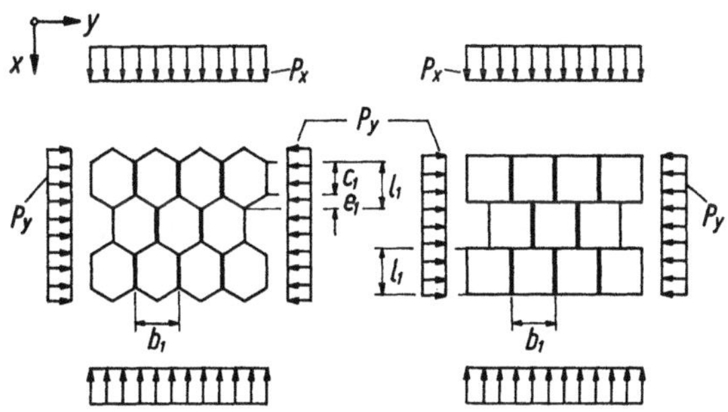

Abb. 45. Druckbelastete Deckschicht über einem Wabenkern

Besonders die zweitgenannte Voraussetzung liegt auf der sicheren Seite, da in Wirklichkeit die Deckschicht über sämtliche Wabenzellen hinweg durchlaufend ist, so daß eine zumindest teilweise Einspannung an den Rändern vorliegt.

Zur Berechnung der kritischen Belastung (Beullast) eines rechteckförmigen Beulfeldes kann man mit

$$\varkappa = b_1/l_1, \quad z = P_y/P_x$$

von (7.46) ausgehen, indem man dort $r = 0$ setzt und B_S durch B_D ersetzt:

$$P_{xjk} = c_{xjk}\,\frac{B_D}{b_1^2}, \quad c_{xjk} = \pi^2\,\frac{(\varkappa^2 j^2 + k^2)^2}{\varkappa^2 j^2 + z k^2}. \tag{8.65}$$

Zur Ermittlung der Beullast P_{xk} ist c_{xjk} gemäß (8.65) hinsichtlich j und k zu minimieren, wobei j und k ganze Zahlen sein müssen. Im allgemeinen ist bei Sechseckwaben gemäß Abb. 45 $\varkappa < 1$ und $z < 1$, wovon hier ausgegangen werden soll. Die Beulfigur in y-Richtung besteht dann nur aus einer Sinushalbwelle, es ist also $k = 1$. Die Minimierung von c_{xj} hinsichtlich j ergibt nach kurzer Rechnung — ähnlich wie in Abschnitt 7.4.1.3 — mit den Hilfswerten

$$z_{12} = \frac{1 - 4\varkappa^4}{2 + 5\varkappa^2}, \quad z_{23} = \frac{1 - 36\varkappa^4}{2 + 13\varkappa^2}, \quad z_{34} = \frac{1 - 144\varkappa^4}{2 + 25\varkappa^2} \tag{8.66}$$

folgende Beulwerte:

$$\left.\begin{aligned} z \geqq z_{12} : j = 1, \quad c_x &= \pi^2 \frac{(1+\varkappa^2)^2}{z+\varkappa^2}, \\ z_{12} \geqq z \geqq z_{23} : j = 2, \quad c_x &= \pi^2 \frac{(1+4\varkappa^2)^2}{z+4\varkappa^2}, \\ z_{23} \geqq z \geqq z_{34} : j = 3, \quad c_x &= \pi^2 \frac{(1+9\varkappa^2)^2}{z+9\varkappa^2}. \end{aligned}\right\} \tag{8.67}$$

Ist beispielsweise $z \geqq z_{12}$, dann erhält man für die Beulspannung $\sigma_{xk} = P_{xk}/t$ mit (8.65), (8.67) und B_D gemäß (8.47)

$$\sigma_{xk} = \alpha_x E_D \left(\frac{t}{b_1}\right)^2, \qquad \alpha_x = \frac{\pi^2 (1+\varkappa^2)^2}{12(1-\nu_D^2)(z+\varkappa^2)}. \tag{8.68}$$

Zum Beispiel liefert (8.68) für $\varkappa = 1$, $z = 0 > z_{12} = -0{,}428$ und $\nu_D = 0{,}3$ den Wert $\alpha_x = 3{,}61$.

8.4.2.2. Knittern der Wabenwände

Es wird wiederum eine sechseckwabenförmig strukturierte Kernschicht gemäß Abb. 19 betrachtet. Bei einer unter Querkraftbeanspruchung stehenden Sandwichplatte sind die Wabenwände auf Schub beansprucht, vgl. hierzu (2.219) und (2.223), die nach Überschreiten einer bestimmten kritischen Belastung ausbeulen können. Die Berechnung dieser Beullast erfolgt unter der Annahme, daß die Wabenwände als ringsum gelenkig gelagerte Rechteckfelder der Seitenabmessungen h und c_1 bzw. h und s_1 mit den Dicken $2t_1$ bzw. t_1 betrachtet werden können (vgl. Abb. 19). Die Annahme gelenkiger Lagerung liegt zumindest längs der Klebeverbindung mit den Deckschichten (Rechteckseiten c_1 bzw. s_1) auf der sicheren Seite; eine Einspannung träfe hier eher zu.

Die Beulschubspannung $\tau_{\xi zk}$ kann in der Form

$$\tau_{\xi zk} = c_{\xi z} \frac{B_K}{h^2 t_K} \tag{8.69}$$

geschrieben werden, worin der Beulwert $c_{\xi z}$ vom Seitenverhältnis $\varkappa$ abhängt. In (8.69) bedeuten

z die Koordinatenrichtung senkrecht zu den Deckschichten,

ξ die Koordinatenrichtung parallel zu den Deckschichten innerhalb der jeweils untersuchten Wabenwand,

t_K die Dicke der Wabenwand (gemäß Abb. 19 also $2t_1$ bzw. t_1),

h die Kernschichthöhe,

$\varkappa$ das Seitenverhältnis (gemäß Abb. 19 also c_1/h bzw. s_1/h) und

$B_K = E_K t_K^3 / 12(1-\nu_K^2)$ die Biegesteifigkeit der Wabenwand.

Die Beulwerte $c_{\xi z}$ sind in Tab. 8.7 zusammengestellt; sie wurden [15], Beulwerttafel I/3, entnommen. (8.69) kann auch in der Form

$$\tau_{\xi zk} = \alpha_{\xi z} E_K \left(\frac{t_K}{h}\right)^2, \quad \alpha_{\xi z} = \frac{c_{\xi z}}{12\,(1 - \nu_K^2)} \tag{8.70}$$

geschrieben werden. Zum Beispiel liefert (8.70) für $\varkappa = 1$ und $\nu_K = 0$ den Wert $\alpha_{\xi z} = 7{,}68$.

Tabelle 8.7. *Beulwerte $c_{\xi z}$ für einige Seitenverhältnisse $\varkappa$*

$\varkappa$	$c_{\xi z}/\pi^2$	$\varkappa$	$c_{\xi z}/\pi^2$
0,3	64,35	1,2	7,94
0,4	37,79	1,5	7,08
0,5	26,21	2	6,55
0,6	18,98	2,5	6,05
0,7	14,71	3	5,85
0,8	12,15	3,5	5,75
1	9,34	4	5,64

8.4.3. Traglast von Sandwichplatten

8.4.3.1. Allgemeines

Es wird ein Sandwichbalken mit dünnen Deckschichten und dicker Kernschicht unter Biegebeanspruchung betrachtet (vgl. etwa Abb. 46). Als

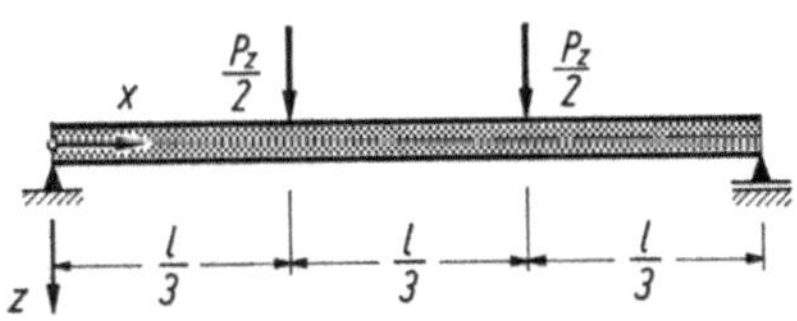

Abb. 46. Beidseitig gelenkig gelagerter Balken mit zwei Einzelkräften

Knitterlast des Sandwichbalkens bezeichnet man diejenige Querbelastung P_{zk}, unter welcher in der druckbeanspruchten Deckschicht erstmals die Knitterspannung σ_{xk} gemäß (8.48) erreicht wird. Bei dem System in Abb. 46, in dessen mittleren Bereich das konstante Biegemoment $M = Pl/6$ herrscht, ist

$$P_{zk} = \frac{6\,W\sigma_{xk}}{l} = \frac{6bat\sigma_{xk}}{l}. \tag{8.71}$$

Die Knitterlast P_{zk} stimmt mit der tatsächlichen Traglast P_{zT} eines Sandwichbalkens nicht immer überein:

— Einerseits können herstellungsbedingte kleine Vorbeulen der druckbeanspruchten Deckschicht so große Zusatzspannungen und -verformungen in der Kern- und Deckschicht hervorrufen, daß der Sandwichbalken bereits deutlich vor Erreichen der theoretischen Knitterspannung σ_{xk} zu Bruch geht.

— Andrerseits kann bei sehr ebenen Deckschichten die Traglast des Sandwichbalkens manchmal auch oberhalb der theoretischen Knitterlast liegen, da nach Überschreiten der Knitterlast die Amplituden der sich ausbildenden Knitterwellen erst eine gewisse Größe erreichen müssen, bis der Sandwichbalken durch Reißen der Kernschicht oder Abreißen der Deckschicht zerstört wird.

Beide Einflüsse werden im folgenden teils quantitativ, teils qualitativ untersucht.

8.4.3.2. Einfluß von Deckschichtvorbeulen auf die Traglast

Der Verlauf der Vorbeulen der druckbeanspruchten Deckschicht sei durch

$$w_1 = W_1 \sin \frac{\pi x}{a_x} \tag{8.72}$$

vorgegeben; die Wellenlänge der Vorbeulen wird mit der Knitterwellenlänge a_x gemäß (8.48) übereinstimmend gewählt. Die in der Deckschicht wirkende Druckkraft P_x hat wegen der Vorbeulen ein Biegemoment $M = P_x w_1$ zur Folge, so daß das Instabilitätsproblem der elastisch gebetteten Deckschicht zu einem Spannungsproblem der Theorie zweiter Ordnung wird. Die maßgebende Differentialgleichung ergibt sich leicht aus (8.36) unter Beachtung von $\partial / \partial y = 0$, $P_y = 0$, $P_{xy} = 0$ und durch Erweiterung um das Belastungsglied $q = -M'' = -P_x w_1''$ zu

$$w^{\mathrm{IV}} + \frac{P_x}{B_D} w'' + \frac{c}{B_D} w = -\frac{P_x}{B_D} w_1''. \tag{8.73}$$

Mit w_1 gemäß (8.72) und dem Lösungsansatz

$$w = w_0 \sin \frac{\pi x}{a_x} \tag{8.74}$$

ergibt sich für die Verschiebungsamplitude w_0 nach kurzer Rechnung

$$w_0 = \frac{P_x}{\dfrac{\pi^2 B_D}{a_x^2} + \dfrac{c a_x^2}{\pi^2} - P_x} W_1. \tag{8.75}$$

Wie unter Beachtung von (8.35), (8.39), (8.40) und $\varphi = 0$ nachprüfbar, ist die Summe der beiden ersten Summanden des Nenners in (8.75) gleich der Knitterlast P_{xk}; aus (8.75) geht also

$$w_0 = \frac{\alpha}{1-\alpha} W_1, \qquad \alpha = \frac{P_x}{P_{xk}} = \frac{\sigma_x}{\sigma_{xk}} \tag{8.76}$$

hervor.

Für die durch die Deckschichtverschiebung w gemäß (8.74) hervorgerufenen Spannungen σ_z an der Kernschichtoberfläche gilt

$$\sigma_z = -p(x,y) = -c w_0 \sin \frac{\pi x}{a_x};$$

ihr Maximalwert ergibt sich mit $c = K\pi / a_x$ gemäß (8.33), sofern man dort $\lambda = \pi / a_x$ und $f = 0$ setzt, zu

$$\sigma_z = c w_0 = \frac{\pi \alpha}{1-\alpha} \frac{W_1}{a_x} K . \tag{8.77}$$

Erreicht σ_z die Zugfestigkeit σ_{zKB} des Kernschichtmaterials, so erhält man durch Auflösen von (8.77) nach $\alpha = \alpha_T$

$$\alpha_T = \frac{\sigma_{xT}}{\sigma_{xk}} = \frac{1}{1 + \pi \dfrac{W_1}{a_x} \dfrac{K}{\sigma_{zkB}}} ; \tag{8.78}$$

hierin ist σ_{xT} die Traglastspannung der druckbeanspruchten Deckschicht. Setzt man in (8.78) noch K gemäß (8.35) ein und beachtet hierbei, daß für $\nu_K = 0 \ldots 0{,}30$

$$\frac{2\sqrt{2}(1-\nu_K)}{(3-4\nu_K)\sqrt{1+\nu_K}} \approx \frac{3}{\pi} = \text{konstant}$$

ist, dann erhält man für die Traglastspannung die Näherungsformel

$$\sigma_{xT} = \frac{\sigma_{xk}}{1 + 3 \dfrac{W_1}{a_x} \dfrac{\sqrt{G_K E_K}}{\sigma_{zKB}}} . \tag{8.79}$$

Die Traglastspannung σ_{xT} ist also kleiner als die theoretische Knitterspannung σ_{xk}.

Ein *Zahlenbeispiel:* Sandwichbalken mit Kernschicht aus Polyurethanschaum von 50 kp/m³ Raumgewicht ($G_K = 30$ kp/cm², $E_K = 70$ kp/cm², $\sigma_{zKB} = 2{,}2$ kp/cm²) und Stahldeckschichten einer relativen Welligkeit von a) $W_1 / a_x = 0{,}001$ und b) $W_1 / a_x = 0{,}01$. Man erhält

a) *bei* $W_1 / a_x = 0{,}001$:

$\sigma_{xT} = 0{,}941\, \sigma_{xk}$, also mit (8.50)

$\sigma_{xT} = 0{,}77 \sqrt[3]{G_K E_K E_D} = 1265$ kp/cm²;

b) *bei* $W_1 / a_x = 0{,}01$:

$\sigma_{xT} = 0{,}615\, \sigma_{xk}$, also mit (8.50)

$\sigma_{xT} = 0{,}50 \sqrt[3]{G_K E_K E_D} = 820$ kp/cm².

Mit $W_1 / a_x = 0{,}01$ — wie im Fall b) — ist die relative Welligkeit der Deckschichten in vielen Fällen sicherlich zu hoch angesetzt; trotzdem findet man die hierbei sich ergebende Formel für die Traglastspannung, nämlich

$$\sigma_{xT} = 0{,}50 \sqrt[3]{G_K E_K E_D} , \tag{8.80}$$

in der Literatur sehr häufig.

8.4.3.3. Tragfähigkeit über die theoretische Knitterlast hinaus

Die Berechnung der Knitterwellenamplitude w_0 der druckbeanspruchten Sandwichdeckschicht nach Überschreiten der theoretischen Knitterlast P_{zk} ist mathematisch schwierig, da in der maßgebenden Differentialgleichung die Krümmung k in diesem Fall nicht mehr durch den linearen Ausdruck w'' ersetzt werden darf. Daher wird hier nur ein qualitativer Vergleich mit einem ähnlichen, in [6] behandelten Problem angestellt, nämlich einem beidseitig gelenkig gelagerten Einfeldbalken unter axialer Druckbelastung $P_x > P_{xk}$, jedoch im Gegensatz zur elastisch auf dem Sandwichkern gelagerten Deckschicht ohne Bettung. Die Balkenlänge sei a_x und die Biegesteifigkeit B_D. Es wird angenommen, daß sich die beiden verglichenen Systeme ähnlich verhalten. Für nicht zu große Durchbiegungen gilt gemäß [6], (15.13) mit den Abkürzungen

$$P_{xk} = \frac{\pi^2 B_D}{a_x^2}, \qquad \alpha = \frac{P_x}{P_{xk}} \tag{8.81}$$

nach geringen Umformungen die Beziehung

$$w = w_0 \sin\frac{\pi x}{a_x}, \qquad w_0 = \frac{2 a_x}{\pi}\sqrt{\frac{2(\alpha-1)}{\alpha}}. \tag{8.82}$$

Überschreitet z. B. P_x die Knitterlast P_{xk} um nur 1% ($\alpha = 1{,}01$), dann liefert (8.82) $w_0/a_x = 0{,}09$. Man ersieht, daß bereits eine geringfügige Überschreitung der Knitterlast zu beträchtlichen Knitterwellenamplituden führt. Andrerseits ist aus Abschnitt 8.4.3.2 ersichtlich, daß bereits eine sehr geringe Welligkeit der Deckschicht (etwa $w_1/a_x = 0{,}01$) beachtliche Kernspannungen σ_{zk} hervorruft und damit die Traglast des Sandwichbalkens deutlich unter die Knitterlast senken kann. Es leuchtet daher ein, daß die Traglast P_{xT} eines Sandwichbalkens mit ideal ebenen Deckschichten im Normalfall nicht wesentlich oberhalb der Knitterlast P_{xk} liegen kann. Lediglich bei Kernschichten mit sehr großer Zugfestigkeit σ_{zkB} kann P_{xT} um einige Prozente größer als P_{xk} sein, jedoch treten hierbei große Knitterwellenamplituden auf.

8.4.4. Knittern im plastischen Bereich

8.4.4.1. Spannungs-Dehnungs-Diagramm

Die Berechnung der Knitterspannung σ_k nach den in den vorangehenden Abschnitten angegebenen Formeln setzt ein lineares Spannungs-Dehnungs-Diagramm des Deckschichtmaterials voraus. Ergibt sich hierbei jedoch ein ideeller Knitterspannungswert σ_{ki}, der oberhalb der Proportionalitätsgrenze σ_P des Deckschichtmaterials liegt, dann sind die angegebenen Berechnungsmethoden noch abzuwandeln, um auch den nichtlinearen Bereich im σ,ε-Diagramm zu erfassen. Gemäß DIN 4114, Abschnitt 7.4.2 der Richtlinien, wird das σ,ε-Diagramm für Baustähle im Druckbereich durch

$$\left.\begin{aligned} &\sigma = E\varepsilon && \text{für } \varepsilon \leqq \sigma_P/E, \\ &\sigma = \sigma_P + (\sigma_S - \sigma_P)\tanh\frac{E\varepsilon - \sigma_P}{\sigma_S - \sigma_P} && \text{für } \varepsilon \geqq \sigma_P/E \end{aligned}\right\} \tag{8.83}$$

angenähert; hierin bedeuten $\sigma > 0$ Druck und $\varepsilon > 0$ Stauchungen. Zum Beispiel gilt für Stahl St 37 $\sigma_S = 2400$ kp/cm², $\sigma_P = 0{,}80\,\sigma_S = 1920$ kp/cm² und für Stahl St 52 $\sigma_S = 3600$ kp/cm², $\sigma_P = 0{,}8\,\sigma_S = 2880$ kp/cm². Mit (8.83) erhält man:

— Für den tangentialen Elastizitätsmodul $E_t = \mathrm{d}\sigma/\mathrm{d}\varepsilon$ unter der Spannung $\sigma = \sigma_k$

$$\left.\begin{aligned} E_1 &= E \qquad && \text{für} \quad \sigma_k \leqq \sigma_P\,, \\ E_2 &= eE\,, \quad e = 1 - \left(\frac{\sigma_k - \sigma_P}{\sigma_S - \sigma_P}\right)^2 && \text{für} \quad \sigma_P \leqq \sigma_k \leqq \sigma_S\,; \end{aligned}\right\} \tag{8.84}$$

— für den Engeßerschen T-Modul gemäß DIN 4114, Abschnitt 7.4.2 der Richtlinien, bei rechteckförmiger Querschnittsform[1]

$$T = \frac{4E_1E_2}{(\sqrt{E_1} + \sqrt{E_2})^2} = \left(\frac{2\sqrt{e}}{1 + \sqrt{e}}\right)^2 E\,; \tag{8.85}$$

— für den Zusammenhang zwischen tatsächlicher Knickspannung σ_k und ideeller Knickspannung σ_{ki}, die sich bei unbeschränkter Gültigkeit des Linearbereiches im σ,ε-Diagramm ergäbe,

$$\sigma_k = \frac{T}{E}\,\sigma_{ki} = \left(\frac{2\sqrt{e}}{1 + \sqrt{e}}\right)^2 \sigma_{ki}\,. \tag{8.86}$$

Mit (8.84), (8.85) und (8.86) sind alle Ausdrücke bekannt, die für die Berechnung der Knitterspannung σ_k bei plastischem Knittern benötigt werden. Der Einfachheit halber erfolgt eine Beschränkung auf Sandwich*balken*, da sich bei Sandwich*platten* — außer für $z = P_y/P_x = 1$ — in x-Richtung und in y-Richtung verschiedene T-Moduln einstellen, so daß die Deckschicht als orthotrope Platte behandelt werden müßte; davon soll hier abgesehen werden. Zwei Berechnungsmethoden werden im folgenden angegeben.

8.4.4.2. Abminderung der ideellen Knitterspannung σ_{ki}

Durch (8.86) ist ein Zusammenhang zwischen σ_k und σ_{ki} gegeben. Löst man (8.86) nach σ_k auf, wobei zu beachten ist, daß auch e gemäß (8.84) noch von σ_k abhängt, dann ergibt sich eine Beziehung, deren numerische Auswertung für Stahl St 37 und St 52 in Tab. 8.8 zusammengestellt ist. Die Werte sind identisch mit denen in DIN 4114, Tafel 7 der Vorschriften. Hiermit ergibt sich folgendes einfache Verfahren zur näherungsweisen Ermittlung der kritischen Spannung bei plastischem Knittern der Deckschichten:

Man berechnet die ideelle Knitterspannung σ_{ki} so wie bei unbeschränkt gültigem linear-elastischem σ,ε-Diagramm. Ergibt sich hierbei $\sigma_{ki} > \sigma_P$, mindert man σ_{ki} gemäß Tab. 8.8 auf den kleineren Wert σ_k ab. σ_k ist dann ein auf der sicheren Seite liegender Näherungswert für die Knitterspannung der Sandwichplatte unter Berücksichtigung des für $\sigma > \sigma_P$ nichtlinear-plastischen σ,ε-Diagramms.

[1] ist bei ebenen Deckschichten der Fall

Ein *Zahlenbeispiel:* Sandwichbalken mit Deckschichten aus Stahl St 37 ($E_D = 2\,100\,000$ kp/cm², $\sigma_P = 1920$ kp/cm²) und einer Kernschicht aus Polyurethanschaum von 100 kp/m³ Raumgewicht ($G_K = 80$ kp/cm², $E_K = 200$ kp/cm²). (8.50) liefert die Knitterspannung $\sigma_{ki} = 2646$ kp/cm² $> \sigma_P$; die Abminderung gemäß Tab. 8.8 ergibt $\sigma_k = 2185$ kp/cm².

Tabelle 8.8. *Abgeminderte Knitterspannungen*

Stahl St 37		Stahl St 52	
σ_{ki}	σ_k	σ_{ki}	σ_k
kp/cm²	kp/cm²	kp/cm²	kp/cm²
1920	1920	2880	2880
2000	1983	3000	2974
2200	2077	3200	3077
2400	2136	3400	3149
2600	2178	3600	3204
2800	2209	3800	3248
3000	2233	4000	3284
3500	2274	4500	3349
4000	2300	5000	3394
5000	2331	6000	3450
10000	2374	10000	3532
∞	2400	∞	3600

8.4.4.3. Rechnung mit Engeßerschem T-Modul

Der Engeßersche T-Modul ist durch (8.85) gegeben; eine numerische Auswertung von (8.85) für Stahl St 37 und St 52 ist in Tab. 8.9 zusammengestellt. Hiermit ergibt sich folgendes Verfahren zur Ermittlung der kritischen Spannung bei plastischem Knittern der Deckschichten:

Tabelle 8.9. *Engeßersche T-Moduln*

Stahl St 37		Stahl St 52	
σ_k	T	σ_k	T
kp/cm²	Mp/cm²	kp/cm²	Mp/cm²
1920	2100	2880	2100
2000	2071	3000	2071
2050	2021	3100	1998
2100	1944	3200	1876
2150	1835	3300	1687
2200	1687	3400	1404
2250	1487	3450	1208
2300	1208	3500	954
2350	795	3550	603
2400	0	3600	0

Man setzt in die maßgebenden Ausdrücke, also in (8.47) oder (8.48) oder (8.50), statt E_D den Engeßerschen Modul T_D der Deckschichten ein und berechnet für diesen die Knitterspannung σ_k. Da T_D gemäß (8.85) bzw. Tab. 8.9 von σ_k abhängt, σ_k jedoch zu Beginn der Rechnung noch nicht bekannt ist, muß zunächst ein σ_k-Wert geschätzt werden, dessen zugehöriger T_D-Modul dann verwendet wird. Stimmt der hiermit berechnete σ_k-Wert mit dem anfänglich geschätzten nicht überein, dann ist das Verfahren mit verbesserten Schätzwerten so oft zu wiederholen, bis Schätzwert und berechneter Wert übereinstimmen („trial-and-error-procedure"). σ_k ist dann die exakte Knitterspannung des Sandwichbalkens unter Berücksichtigung des für $\sigma > \sigma_P$ nichtlinear-plastischen σ, ε-Diagramms.

Ein *Zahlenbeispiel:* Der gleiche Sandwichbalken wie in Abschnitt 8.4.4.2. Wählt man die dort erhaltene Knitterspannung $\sigma_k = 2185$ kp/cm^2 als ersten Schätzwert, dann liefert (8.85) $T_D = 1736$ Mp/cm^2, womit aus (8.50) $\sigma_k = 2483$ kp/cm^2 folgt; Schätzwert und Rechenwert stimmen also nicht überein. Mehrfache Wiederholung des Verfahrens liefert schließlich bei einem T-Modul von $T = 1341$ Mp/cm^2 die Knitterspannung $\sigma_k = 2278$ kp/cm^2, also einen um 4,3% höheren Wert als in Abschnitt 8.4.4.2. Das Näherungsverfahren mit den abgeminderten Spannungen liegt also — wie in Abschnitt 8.4.4.2 bereits angeführt — auf der sicheren Seite.

9. Statische und dynamische Versuche mit Sandwichbauteilen

9.1. Zweck von Versuchen mit Sandwichbauteilen

Versuche an Bauteilen haben ebenso wie theoretische Untersuchungen den Zweck, das Verhalten des Bauteils unter der Einwirkung äußerer Einflüsse zu prüfen. In diesem Kapitel werden als äußere Einflüsse statische (d. h. ruhende) und dynamische (d. h. bewegliche) Lasten sowie Temperaturen betrachtet. Da Versuche im allgemeinen teurer sind als theoretische Berechnungen, wird man Versuche nur dann durchführen, wenn

— entweder noch keine brauchbare Theorie existiert

— oder eine bereits entwickelte Theorie noch der praktischen Bestätigung bedarf.

Die Frage, ob bei einer technischen Neuentwicklung zuerst Versuche durchzuführen sind und mit Hilfe der Versuchsergebnisse eine praktisch brauchbare Theorie aufzustellen ist, oder ob umgekehrt zuerst eine Theorie aufgestellt werden soll, die anschließend durch Versuchsergebnisse zu bestätigen oder zu korrigieren ist, wird oft gestellt. In der Praxis wechseln sich diese beiden Alternativen meist in kleinen Schritten ab, so daß ein unmittelbarer Gegensatz zwischen beiden Alternativen nicht besteht.

Eine praktisch brauchbare Theorie enthält in jedem Fall idealisierende Vereinfachungen, Vernachlässigungen und Voraussetzungen. Der Gedanke liegt daher nahe, daß Versuchsergebnisse genauer und wirklichkeitsgetreuer sind als theoretisch gewonnene Ergebnisse. Das ist jedoch nur der Fall, wenn im Versuch die wirklichen Verhältnisse genau reproduziert werden können; bei Bauteilen betrifft dies vor allem die Auflagerung der Versuchskörper und die Einleitung der Lasten. Hierbei treten oft Probleme auf, da z. B. das Aufbringen einer gleichmäßig verteilten Flächenlast einen erheblichen Aufwand mit sich bringt und eine kontinuierliche, einfach zu messende Laststeigerung schwierig ist. Dienen die Versuche dagegen zur Bestätigung einer Theorie, dann müssen die bei der Theorie zugrunde gelegten Idealisierungen, z. B. eine gelenkige Lagerung, auch im Versuch reproduziert werden.

Im folgenden werden Fragen des Versuchsaufbaus und verschiedene meßtechnische Verfahren für die Prüfung von Sandwichbauteilen und ihre Begutachtung für den praktischen Einsatz kurz beschrieben. Dies erfolgt am Beispiel einer breit angelegten Versuchsreihe, die zum Teil von Hochschulinstituten im Auftrage der Hoesch AG und zum Teil von der Abteilung

Produktplanung der Hoesch AG durchgeführt wurden. Sie dienten zum kleineren Teil zur praxisnahen Prüfung von Sandwichbauteilen, zum überwiegenden Teil jedoch zur Kontrolle und Bestätigung der in den vorangehenden Kapiteln entwickelten Sandwichtheorie.

9.2. Statische Versuche an Sandwichbauteilen

9.2.1. Lagerung und Lasteinteilung

Es ist grundsätzlich zu unterscheiden, ob ein bestimmtes Bauteil entsprechend seiner praktischen Verwendung geprüft werden soll, oder ob eine allgemeine Theorie durch Versuche zu bestätigen ist. Beide Fälle werden im folgenden behandelt.

9.2.1.1. Praxisnahe Prüfung von Sandwichbauteilen

Ein tragendes Wandelement für einen Tafelbau wird wie folgt belastet:

- durch die vertikale Kraft P_V infolge von Decken- und Dachauflasten, die als Normalkraft in der Ebene des Wandelements wirkt,
- durch die horizontale Kraft P_H von den durch Windkräfte belasteten starren Decken- und Dachscheiben her, die als Schubkraft in der Ebene des Wandelements wirkt, und
- durch die horizontale Flächenlast p_W infolge direkten Winddruckes auf die Wand, die als Querbelastung senkrecht zur Ebene des Wandelements angreift.

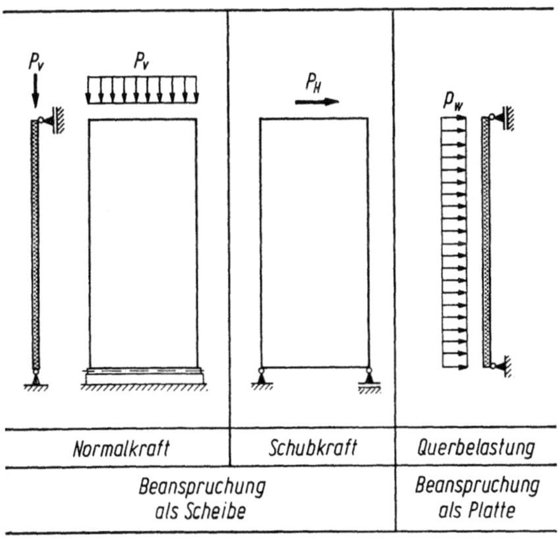

Abb. 47. Lagerung und Belastung eines Sandwichwandelements

P_V und P_H beanspruchen das Wandelement als Scheibe und p_W als Platte; Lagerung und Belastung sind in Abb. 47 schematisch dargestellt.

Zur Ermittlung der Tragfähigkeit eines Sandwichwandelements unter der Einwirkung von P_V und p_W wurden im Institut für Statik und Stahlbau der

TH Darmstadt (Prof. KLÖPPEL) Versuche mit einem Versuchsaufbau durchgeführt, die in Abb. 48a schematisch dargestellt sind. Die Vertikalkraft P_V wurde durch einen hydraulischen Druckzylinder aufgebracht und über eine Lastverteilungsbrücke aus einem IP-Profil als gleichmäßig verteilte Linienlast in das Sandwichelement eingeleitet. Da die Aufbringung einer gleichmäßig verteilten, horizontalen Flächenlast p_W schwierig ist, wurde diese ersetzt durch eine in halber Höhe angreifende horizontale Pressenkraft P_W,

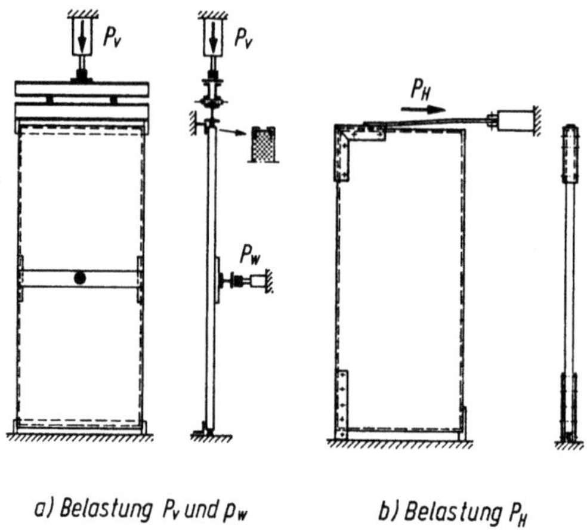

Abb. 48. Versuchsaufbau für einen Traglastversuch an einem Wandelement

welche die gleiche Plattendurchbiegung wie p_W erzeugt. Da das Wandelement einen umlaufenden Versteifungsrahmen aus einem [-Profil besaß, wurde P_W je zur Hälfte rechts und links am Versteifungsrahmen eingeleitet, um Eindrückungen der dünnen Deckschicht des Sandwichelements zu vermeiden. Nach den Vorschriften für die Lastannahmen für ein aus solchen Wandelementen zu erstellendes Bauwerk gilt für die Windlast p_W ein bestimmter Maximalwert. Deshalb wurde für den Traglastversuch P_W mit dem im Stahlbau üblichen Sicherheitsbeiwert $f = 1{,}71$ multipliziert, in dieser Größe als Querlast aufgebracht und während des gesamten Versuches konstant gehalten. Sodann wurde P_V aufgebracht und so lange gesteigert, bis unzulässig große Durchbiegungen auftraten; der hierbei erhaltene P_V-Wert war die gesuchte vertikale Traglast P_{VT} des Sandwichwandelements.

Die Aufnahmefähigkeit für die Scheibenlast P_H des Sandwichwandelements wurde am gleichen Institut durch Versuche mit einem Versuchsaufbau gemäß Abb. 48b untersucht. Die Horizontalkraft P_H wurde durch einen Zugzylinder aufgebracht und über das Randprofil am oberen Scheibenrand als Schubkraft in das Sandwichbauteil eingeleitet. Die Laststeigerung wurde nur bis zur f-fachen Horizontalkraft P_H bei maximaler Windbelastung vollzogen; das Sandwichelement hielt stand. Eine getrennte Durchführung des Scheibenversuchs ohne gleichzeitige Wirkung von P_V und p_W ist deshalb zulässig, weil P_H keine Verschiebungen senkrecht zum Wandelement verursacht und daher dessen Tragverhalten unter P_V und p_W kaum beeinflußt.

Weitere Versuche an Sandwichbauteilen unter praktisch auftretenden Belastungsfällen wurden für die Hoesch-isowand in der Versuchsanstalt für Stahl, Holz und Steine an der TH Karlsruhe (Prof. STEINHARDT) durchgeführt. Die Hoesch-isowand wird als Wandverkleidung verwendet; sie hat als Belastung den senkrecht zu ihrer Ebene angreifenden Winddruck p_W aufzunehmen und auf die Wandriegel abzutragen, die im Abstand von 2,50 bis 5,0 m als Stützkonstruktion dienen. Als Vertikalkraft treten nur die Belastungen aus dem Eigengewicht der Wandkonstruktion auf, z. B. durch ein über der Wandverkleidung angeordnetes Lichtband. Konstruktive Einzelheiten zur Hoesch-isowand sind in Kapitel 12 ausführlich beschrieben, während der Versuchsaufbau aus Abb. 49 hervorgeht. Die Versuche wurden an horizontal liegenden Platten durchgeführt. Als Ersatz für die kontinuierliche Windlast p_W dienten Einzelgewichte auf zwei Quertraversen in den Drittelspunkten des Sandwichelements; sie wurden in f-facher Größe der maximalen Windlast aufgebracht und während der Versuche konstant gehalten. Die Normalkraft P_V wurde durch einen Druckzylinder aufgebracht und über den lastverteilenden Wandriegel in das Wandelement eingeleitet; dieses war wie in der Praxis mit drei durchgehenden Schrauben M 6 am Riegel befestigt. Das Sandwichelement hielt zwar dem f-fachen Wert der Eigengewichtsnormalkraft P_V stand, jedoch weiteten sich bei weiterer Laststeigerung die Schraubenlöcher der Anschlüsse in den nur 0,5 mm dicken Sandwichdeckschichten zunehmend auf; die Schrauben stellten sich schräg und knickten schließlich ab. Hier war also die Lasteinleitung maßgebend für die Traglast.

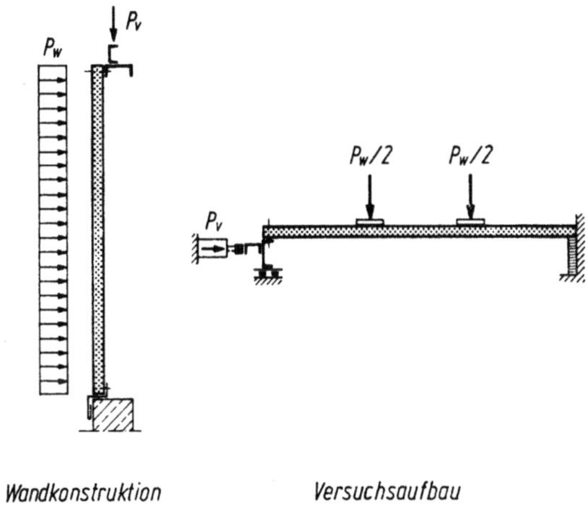

Abb. 49. Belastungsversuch an der Hoesch-isowand

9.2.1.2. Grundsatzversuche zur Bestätigung der Sandwichtheorie

Um die in den vorangehenden Kapiteln entwickelte Sandwichtheorie zu überprüfen, wurde in der Abteilung Produktplanung der Hoesch AG ein umfangreiches Untersuchungsprogramm über das Tragverhalten von ebenen und trapezprofilierten Sandwichbalken unter Biegebelastung durchgeführt — vgl. hierzu [16]. Das Programm stand unter der Betreuung des Instituts für konstruktiven Ingenieurbau der Ruhruniversität Bochum (Prof. ZERNA). Zur Untersuchung des Tragverhaltens war ein möglichst einfacher, praxisnaher und eindeutiger Spannungszustand zu erzeugen; diese Forderung wird durch einen einachsigen Biegezustand erfüllt. Es wurde deshalb eine Anordnung gewählt, bei der

— die Lagerung der Prüflinge als eindimensionales Tragwerk, also als Balken, erfolgte mit zwei gelenkigen Linienauflagern an den Enden und
— die Belastung der Prüflinge durch Einzelkräfte in den Drittelspunkten aufgebracht wurde, bei welcher im mittleren Balkendrittel das Biegemoment konstant und die Querkraft null ist.

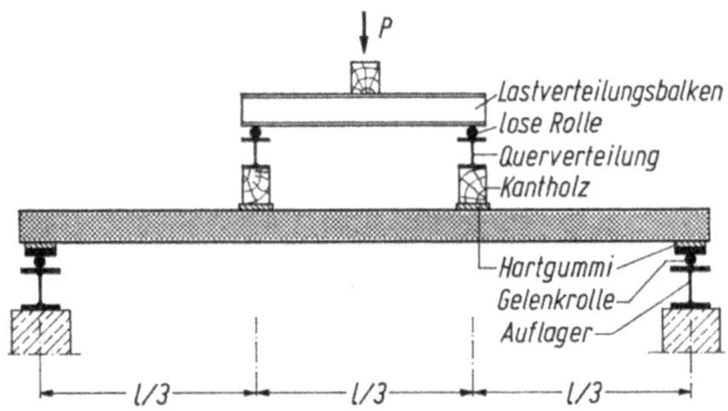

Abb. 50. Versuchsaufbau und Lasteinleitung bei ebenen Sandwichbalken

Dabei war die Länge des mittleren Balkendrittels im Vergleich zur Balkenhöhe ausreichend groß, so daß sich unabhängig von dem komplizierten, räumlichen Spannungszustand an den Lasteinleitungsstellen in der Mitte der Prüflinge, wo sämtliche Messungen erfolgten, ein ungestörter, ebener Spannungszustand einstellen konnte.

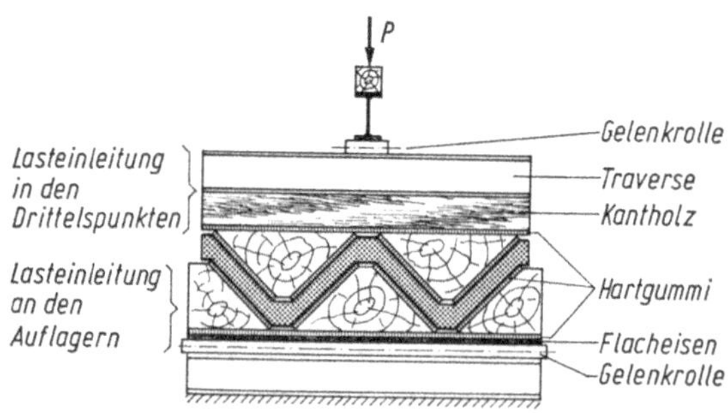

Abb. 51. Lasteinleitung bei Trapezsandwichen

Besondere Aufmerksamkeit wurde der Lasteinleitung in den Drittelspunkten und an den Auflagern gewidmet (vgl. Abb. 50 und 51), um die Voraussetzungen der Theorie möglichst genau zu erfüllen und örtliche Störeinflüsse soweit wie möglich zu vermeiden. Die gelenkige Auflagerung war durch Gelenkrollen gewährleistet, die über die volle Balkenbreite verliefen und auf Stahlträgern auflagen. Aufgeschweißte Flacheisen und Hartgummizwischenlagen sorgten dafür, daß die Auflagerkräfte als gut verteilte Flächenlasten in den Sandwichbalken gelangten und örtliche Eindrückungen

Abb. 52. Versuche an ebenen Sandwichbalken

der dünnen Deckschicht vermieden wurden. In ähnlicher Weise erfolgte auch die über die Balkenbreite gleichmäßige Lasteinleitung in den Drittelspunkten. Bei den Trapezsandwichbalken wurden trapezförmige Holzfüllstücke mit Hartgummizwischenlagen verwendet, um an den Auflagern und in den Drittelspunkten eine gleichmäßige Lasteinleitung zu erreichen. Der gesamte Versuchsaufbau für die ebenen und trapezprofilierten Sandwichbalken ist in Abb. 52 und 53 nochmals im Foto gezeigt.

Abb. 53. Versuche an Trapezsandwichbalken

Bei den bisher beschriebenen Versuchsaufbauten erfolgte die Lastaufbringung mit Hilfe eines hydraulischen Druckzylinders. Die Verwendung von Druckzylindern hat folgende Vorteile:

— einfache, kontinuierliche Laststeigerung durch Ausfahren des Zylinders;
— einfache Messung und ständige Kontrolle der Größe der Kraft durch Messen des Druckes im Hydraulikzylinder.

Die Nachteile dieser Lasterzeugung liegen darin, daß sie

— nur Einzelkräfte erzeugt, wogegen in der Praxis meist Flächen- oder Linienlasten auftreten, und
— die Größe der Kraft verschiebungsabhängig ist, so daß z. B. bei Kriechvorgängen in einem Sandwichbalken die Druckkraft bei fester Zylindereinstellung im Laufe der Zeit abfällt.

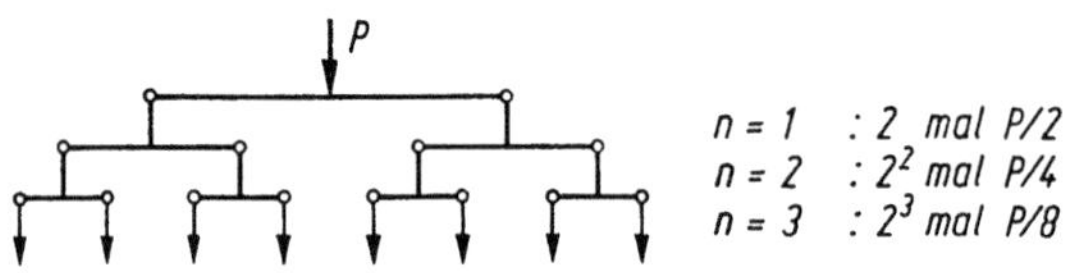

Abb. 54. Lasteinleitung mittels Längstraversen

Den erstgenannten Nachteil kann man mildern, indem man Lastverteilungstraversen in Längsrichtung des Balkens nach dem Schema in Abb. 54 verwendet. Hierdurch wird eine Einzelkraft P in 2^n Einzelkräfte der Größe $P_1 = P/2^n$ zerlegt und so mit steigendem n einer gleichmäßigen Linien- oder Flächenlast zunehmend angenähert. Will man beide Nachteile völlig vermeiden, so kann die Last in Form von Gewichten (Sandsäcke, loser Sand, Ziegelsteine) aufgebracht werden. Problematisch ist hierbei jedoch die Gewichtsbestimmung, die von Versuch zu Versuch neu durchgeführt werden muß, da diese Medien Feuchtigkeit aufnehmen und damit Gewichtsschwankungen unterliegen. Präzise ist die Belastung durch geeichte Metallgewichte (z. B. Stahlknüppel); diese Art hat Vorteile z. B. bei Langzeitversuchen, bei denen der Prüfbalken kriecht, d. h. seine Durchsenkung unter zeitlich konstanter Belastung zunehmend vergrößert. In diesen Fällen müßte, um eine konstante Dauerlast zu erzeugen, der Druckzylinder laufend nachgefahren werden, was bei Versuchen über längere Zeiträume praktisch nicht möglich ist. Von der Krafterzeugung her gesehen mit dem Hydraulikzylinder verwandt ist die pneumatische Belastung mit aufgeblasenen Kissen, die zwischen der mit einer gleichmäßigen Flächenlast zu belastenden Sandwichplatte und einer Widerlagerplatte angeordnet und pneumatisch expandiert werden. Schließlich sei noch die über die Fläche gleichmäßig verteilte Belastung mit Wasser erwähnt, die sich für Großversuche mit hohen Belastungsgewichten eignet, weil das Wasser in unbegrenzter Menge und preiswert zur Verfügung steht. Der einzige Aufwand besteht in der Herstellung einer wasserdichten Wanne über der zu prüfenden Platte. Wenn größere Durchsenkungen zu erwarten sind, ist allerdings die Zunahme der Flächenlast im Bereich der größten Durchsenkung zu beachten.

9.2.2. Messung von Kräften, Dehnungen, Spannungen und Verschiebungen

9.2.2.1. Allgemeines

Bei statischen Belastungsversuchen interessiert vor allem der Spannungs- und Verformungszustand unter der Einwirkung einer äußeren Kraft. Die Kräfte und Verformungen können entweder direkt gemessen werden oder über den Umweg anderer Meßgrößen, wenn eine eindeutige Beziehung zwischen der Meßgröße und der gesuchten Größe besteht. Zu den direkten Meßmethoden zählt z. B. das Messen der Durchsenkung mit Hilfe eines Maßstabes gegen einen festen Bezugspunkt. Zu den indirekten Meßmethoden gehört die Spannungsermittlung über die gemessene Dehnung mit Hilfe der Umrechnung über das Hookesche Gesetz. Das Spezialgebiet der Meßtechnik soll hier nicht näher behandelt werden. Es werden lediglich die bei den zu behandelnden Versuchen verwendeten Geräte und Methoden aufgezählt und Hinweise gegeben, die für die praktische Anwendung der Meßmethoden wichtig sind.

9.2.2.2. Messung von Kräften

Kräfte werden je nach Versuchsaufbau gemessen durch Wiegen der Belastungsgewichte, durch hydraulische oder elektrische Kraftmeßdosen bzw. mittels Dehnungsmeßstreifen[1] am Kraftübertrager. Bei Traglastversuchen ist es wichtig, die höchste erreichte Belastungsstufe zu kennen. Da nach Erreichen der Traglast die aufnehmbare Last zurückgeht, muß entweder die Höhe der Last ständig mitgeschrieben oder als Anzeiggerät ein Instrument mit Schleppzeiger verwendet werden.

9.2.2.3. Messung von Dehnungen und Spannungen

Zur Messung von Dehnungen eines Prüflings dienen Dehnungsmeßstreifen, die an den betreffenden Stellen aufgeklebt werden und der Dehnung des Prüflings folgen. Aus der hiermit verbundenen Änderung des Ohmschen Widerstandes des Dehnungsmeßstreifens läßt sich auf elektrischem Wege die Dehnung messen.

Spannungen werden in den meisten Fällen über Dehnungen gemessen. Mit Hilfe des Hookeschen Gesetzes ergibt sich im Falle eines zweiachsigen Dehnungszustandes

$$\sigma_x = \frac{\varkappa E}{1-\nu^2}(\varepsilon_x + \nu\varepsilon_y), \quad \sigma_y = \frac{\varkappa E}{1-\nu^2}(\varepsilon_y + \nu\varepsilon_x); \tag{9.1}$$

hierin sind ε_x und ε_y die gemessenen Dehnungen, E und ν der Elastizitätsmodul bzw. die Querkontraktionszahl des Prüflings und $\varkappa$ ein empirischer Korrekturwert, der unter anderem von der Länge des Meßkabels und dem Ohmschen Nennwiderstand der Dehnungsmeßstreifen abhängt. Die Formeln (9.1) gelten selbstverständlich nur für den elastischen Bereich, in dem Spannungen und Dehnungen zueinander proportional sind; außerhalb dieses

[1] Vgl. hierzu Abschnitt 9.2.2.3.

Bereiches ist das für den betreffenden Werkstoff maßgebende nichtlineare σ, ε-Diagramm zugrunde zu legen.

Wichtig ist die sinnvolle Auswahl der Meßstellen. Bei den Versuchen an Sandwichtafeln sind die Meßstellen weit genug von Störstellen durch Lasteinleitungen entfernt anzuordnen. Bei Sandwichtafeln mit dünnen Deckschichten wird in den Deckschichten ein Membranspannungszustand angenommen, so daß an sich Messungen an der äußeren Deckschichtseite genügen. Will man den Einfluß einer eventuellen Biegung einer einzelnen Deckschicht prüfen, z. B. im Bereich einer möglichen Deckschichtbeulzone, dann müssen die Dehnungsmeßstreifen auf beiden Seiten der Deckschicht angeordnet werden. Der auf der inneren Deckschichtseite zu befestigende Dehnungsmeßstreifen ist also schon einschließlich Stromkabel bei der Sandwichherstellung anzubringen.

9.2.2.4. Messung von Verschiebungen

Verschiebungen lassen sich messen, indem ein am Prüfling angebrachter Zeiger den Weg auf einem Maßstab anzeigt. Gebräuchlicher und handlicher sind Meßuhren mit einem Kontaktstift; drückt der sich verformende oder verschiebende Prüfkörper den Kontaktstift zurück, läßt sich der Verschiebungsweg auf der Uhr ablesen. Muß man aus Sicherheitsgründen oder wegen der Größe des Prüfkörpers weit von der Meßstelle entfernt stehen, so daß eine direkte Ablesung nicht möglich ist, können elektrische Geräte mit Fernanzeige, z. B. induktive Wegaufnehmer, verwendet werden. Außerdem sind auch optische Meßmethoden aus der Geodäsie wie trigonometrische Messungen und Nivellements möglich. Bei Durchsenkungsmessungen an Sandwichplatten darf die Meßstelle nicht in der Nähe beulgefährdeter Zonen liegen, da die Ergebnisse durch örtliche Instabilitäten verfälscht werden können. Bei Sandwichbalken sollte die Durchsenkungsmessung in mehreren Punkten über die Querschnittsbreite verteilt erfolgen, um eine aus eventuellen Unzulänglichkeiten herrührende Torsion zu eliminieren.

9.2.2.5. Art der Meßwertaufnahme

Bei der Beschreibung der Meßmethoden wurden einige Arten der Aufnahme von Meßdaten bereits kurz erwähnt. Der einfachste Weg ist die Ablesung und die manuelle Eintragung der Meßwerte in eine Liste. Bei der elektrischen Meßwertaufnahme ist es möglich, die Werte über einen Schreiber direkt als Kurve aufzutragen. Hierbei ist eine lückenlose Nachverfolgung des Versuches möglich; außerdem werden Ablese- und Schreibfehler vermieden. Bei der elektrischen Meßwertaufnahme kann auch ein elektronisches Auswertgerät angeschlossen werden, das die gewünschten Werte nach einem bestimmten Programm ausdruckt und so das gesamte Prüfprotokoll von sich aus erstellt.

9.2.3. Fehlerausgleich bei Meßergebnissen

Alle Meßergebnisse sind mit Ungenauigkeiten behaftet. Sie resultieren aus Unvollkommenheiten des Versuchsaufbaus, aus Ungenauigkeiten der Meßgeräte und aus Ableseungenauigkeiten. Will man die Meßergebnisse verallgemeinern, d. h. auf ein ideales Bauteil beziehen, so kommen noch die Abweichungen der Prüflinge von diesem idealen Bauteil hinzu, die sowohl rein geometrischer Art (z. B. Dickenabweichungen) als auch werkstofflicher Art (z. B. Streubereich im G-Modul) sein können. Hieraus ergibt sich, daß in der Regel mindestens drei unabhängige Messungen, nach Möglichkeit an drei verschiedenen Prüflingen, durchzuführen sind. Die Zahl der Prüfkörper richtet sich allerdings nach den Kosten des Prüflings, vor allem dann, wenn die Prüfung nicht zerstörungsfrei durchgeführt werden kann wie bei einem Traglastversuch, ferner nach der geforderten Genauigkeit und Zuverlässigkeit der Versuchsergebnisse sowie der Bedeutung der Versuche, die für ein einmaliges Bauteil anders zu bewerten ist als für Rückschlüsse auf Serienbauteile oder gar zur Bestätigung einer grundlegenden Theorie. Wegen der Vielzahl der Gesichtspunkte gibt es für die Anzahl der Prüflinge keine verbindliche Regel. Bei mindestens drei vergleichbaren Messungen kann der Fehlerausgleich durch Bildung des arithmetischen Mittels erfolgen, bei fünf und mehr gleichartigen Messungen können die oberen und unteren Extremwerte (Ausreißer) bei der Mittelwertbildung ausgeschlossen werden.

Es wird nun ein praktisches Beispiel eines Fehlerausgleichs aus dem von der Abteilung Produktplanung der Hoesch AG durchgeführten Versuchsprogramm mit Sandwichbalken beschrieben. Das Beispiel betrifft drei ebene Sandwichbalken mit 0,5 mm dicken Stahldeckschichten, einem 50 mm dicken Kern aus Polyurethanhartschaum von 50 kp/m³ Raumgewicht, einer Breite von 500 mm und einer Stützweite von 3,80 m. Versuchsaufbau und Belastung sind in Abb. 50 dargestellt. Gemessen wurden in Feldmitte mit Hilfe von Dehnungsmeßstreifen die Spannung σ_o in der oberen Deckschicht, die Spannung σ_u in der unteren Deckschicht und mit Meßuhren die Durchsenkung w. Die Meßwerte in Abhängigkeit von der Last P sind in Tab. 9.1 zusammengestellt.

Tabelle 9.1. *Meßwerte für drei ebene Sandwichbalken*

Prüf-körper	Kraft	Meßwerte		
	P	σ_o	σ_u	w
Nr.	kp	kp/cm²	kp/cm²	mm
1	73	− 310	+ 324	15,2
	128	− 546	+ 552	27,1
	184	− 815	+ 801	38,5
	239	−1104	+1059	48,2
2	73	− 346	+ 289	15,1
	128	− 570	+ 489	26,5
	184	− 794	+ 703	36,2
	239	−1059	+ 957	46,1
3	73	− 350	+ 301	14,6
	128	− 570	+ 499	25,2
	184	− 798	+ 727	35,8
	239	−1059	+ 961	45,8

Der Fehlerausgleich besteht bei den Spannungen aus drei und bei den Durchsenkungen aus zwei Rechengängen:

a) Ausgleich zwischen σ_o und σ_u

Da aus Symmetriegründen in jedem Prüfling die Beträge der Spannungen in der unteren und oberen Deckschicht gleich groß sein müssen, wird für jeden Prüfling der Mittelwert

$$\sigma_m = \frac{1}{2}\,(\sigma_u + |\sigma_o|) \tag{9.2}$$

gebildet.

b) Ausgleich zwischen den Prüfkörpern

Da alle drei Prüfkörper gleichartig sind, müssen sie unter gleicher Last auch gleiche Deckschichtspannungen und Durchsenkungen haben; es werden daher für die Serie die Mittelwerte

$$\sigma_M = \frac{1}{3}\sum_{j=1}^{3}\sigma_{mj}, \quad w_M = \frac{1}{3}\sum_{j=1}^{3} w_{mj} \tag{9.3}$$

berechnet.

c) Ausgleich hinsichtlich des Linearitätsgesetzes

Spannungen und Durchsenkungen hängen linear von der Belastungskraft P ab; die zu verschiedenen Laststufen gehörenden Wertepaare (P, σ_M) bzw. (P, w_M) müssen daher jeweils auf einer Geraden liegen. Da die gemessenen Werte jedoch im allgemeinen innerhalb eines gewissen Streubereichs liegen, wird die Lage dieser Geraden nach der Methode vom Minimum der Fehlerquadratsumme ermittelt. Benennt man die Wertepaare (P, σ_M) bzw. (P, w_M) allgemein in (x, y) um und bezeichnet mit k $(k = 1, 2, \ldots, n)$ die Nummer der Messung bei einer bestimmten Laststufe, dann beträgt mit dem Geradenansatz

$$y = mx + b \tag{9.4}$$

die Fehlerquadratsumme

$$\Phi = \sum_{k=1}^{n} [y_k - (m x_k + b)]^2; \tag{9.5}$$

in (9.5) ist y_k der zu x_k gehörige Meßwert und $m x_k + b$ der zu x_k gehörige Wert auf der gesuchten Geraden. Minimiert man Φ hinsichtlich m und b, dann erhält man mit den Hilfsgrößen

$$A = \sum_{k=1}^{n} x_k, \qquad B = \sum_{k=1}^{n} x_k^2, \qquad C = \sum_{k=1}^{n} y_k, \qquad D = \sum_{k=1}^{n} x_k y_k$$

die Geradenkoeffizienten

$$m = \frac{AC - nD}{A^2 - nB}, \qquad b = \frac{AD - BC}{A^2 - nB}. \tag{9.6}$$

m gibt die Steigung der Geraden an und b die Nullpunktverschiebung.

Führt man die drei beschriebenen Fehlerausgleiche für die Meßwerte gemäß Tab. 9.1 durch, dann geht aus dieser die Tab. 9.2 hervor; speziell liefert (9.6) für die Spannungsmessungen $m = 4{,}285\ \text{cm}^{-2}$, $b = 13{,}20\ \text{kp/cm}^2$ und für die Verschiebungsmessungen $m = 0{,}1906\ \text{mm/kp}$, $b = 1{,}46\ \text{mm}$. Die verbesserten Werte σ_{verb} und w_{verb} können nun den nach der Sandwichtheorie berechneten Werten gegenübergestellt werden und zu deren Bestätigung oder Korrektur dienen.

Tabelle 9.2. *Fehlerausgleich der Meßwerte gemäß Tab. 9.1*

Prüfkörper	Kraft	Mittelwerte			Verbesserte Werte	
	P	σ_m	σ_M	w_M	σ_{verb}	w_{verb}
Nr.	kp	kp/cm²	kp/cm²	mm	kp/cm²	mm
1	73	317				
	128	549				
	184	808				
	239	1082				
2	73	318	320	15,0	310	15,4
	128	530	538	26,3	546	25,9
	184	749	773	36,8	786	36,5
	239	1008	1033	46,7	1022	47,0
3	73	326				
	128	535				
	184	763				
	239	1010				

Entsprechend wie für ebene Sandwichbalken gestaltet sich auch der Fehlerausgleich bei Trapezsandwichbalken; die Erläuterung weiterer Einzelheiten erübrigt sich jedoch. Einige Versuchsergebnisse für ebene und trapezprofilierte Sandwichbalken unter Biegebeanspruchung und ein Vergleich mit der Theorie werden in den Abschnitten 9.6.2 und 9.6.3 angegeben.

9.3. Dynamische Versuche an Sandwichbalken

9.3.1. Allgemeines

Statische und dynamische Versuche unterscheiden sich durch die Art der Belastung. Zu dynamischen Belastungen zählen u. a.

- — örtlich bewegliche Kräfte, die z. B. beim Überfahren einer Brücke durch ein Fahrzeug entstehen;
- — Stoßkräfte, die durch sehr hohe Werte gekennzeichnet sind, aber nur sehr kurzfristig auf einen Körper einwirken, oder
- — periodisch veränderliche Kräfte, die einen Schwingungsvorgang des Körpers zur Folge haben.

Im folgenden wird nur von periodischen Kräften und transversalen Schwingungsvorgängen von Sandwichbalken die Rede sein. Für die Lagerung und Lasteinleitung bei Schwingungsversuchen mit Sandwichbalken gelten die gleichen Gesichtspunkte wie bei den in Abschnitt 9.2 beschriebenen statischen Versuchen. Hinsichtlich der Schwingungsart bei den Versuchen wird zwischen der Erzeugung freier Schwingungen und der Erzeugung erzwungener Schwingungen unterschieden. Schwingungsversuche an Sandwichbalken dienen folgenden Zwecken:

— Bestimmung der elastischen Materialkonstanten im Prüfling, z. B. Bestimmung des Schubmoduls der Kernschicht des Sandwichbalkens;
— Kontrolle des theoretisch ermittelten Schwingungsverhaltens und
— Prüfung der Dauerschwingfestigkeit des Bauteils.

Für die beiden erstgenannten Zwecke genügt die Erzeugung freier Schwingungen, während die Dauerschwingfestigkeit eines Sandwichbalkens nur über erzwungene Schwingungen zu messen ist.

9.3.2. Freie Schwingungen von Sandwichbalken

Freie Schwingungen eines Sandwichbalkens werden durch Auslenken und Loslassen des Prüfbalkens erzeugt; es entspricht dem Anzupfen einer gespannten Saite. Bei den Versuchen mit der in Abb. 50 dargestellten Lagerung des Sandwichbalkens, die zur Bestätigung der Schwingungstheorie für Sandwichbalken und zur Ermittlung des Schubmoduls des Kernwerkstoffes dienten, hat es sich als zweckmäßig erwiesen, den Prüfbalken zusätzlich mit in Feldmitte aufgelegten Gewichten in Form von Stahlknüppeln zu belasten. Hiermit kann

— ein Abheben des Prüfbalkens von den Auflagern während der Schwingungen verhindert und
— die Eigenfrequenz des Systems herabgesetzt werden, was insofern von Vorteil ist, als ein langsamer Schwingungsvorgang bequemer und genauer zu messen ist.

Die so erzeugte Schwingung wurde von einem angeschlossenen Koordinatenschreiber aufgezeichnet. Es erweist sich bei Schwingungsversuchen generell als zweckmäßig, den zeitlichen Ablauf der Schwingungen nicht mechanisch über die periodischen Bewegungen der Balkendurchsenkungen aufzunehmen, sondern elektrisch über die periodischen Bewegungen der Dehnungen, die mit aufgeklebten Dehnungsmeßstreifen gemessen werden. Einige Einzelheiten über Versuchsergebnisse und Auswertung sind in Abschnitt 9.6.4 kurz angegeben.

9.3.3. Erzwungene Schwingungen von Sandwichbalken

Erzwungene Schwingungen eines Sandwichbalkens können mittels eines Motors mit einer Unwuchtscheibe erzeugt werden; dieser Motor kann direkt auf den Sandwichbalken gestellt und an diesem befestigt werden. Will man das zusätzliche Gewicht durch den Motor vermeiden, wird nur die Unwuchtscheibe auf den Prüfbalken montiert und zwischen dem außerhalb stehenden Motor und der Unwucht eine biegsame Welle angeordnet. Die Motordrehzahl muß stufenlos regelbar sein bis zur höchsten zu messenden Eigenfrequenz der Systemeigenschwingung (meist genügt die erste Eigenfrequenz). Bei Erreichen der ersten Eigenfrequenz ergeben sich große Schwingungsamplituden, die zur Zerstörung des Prüfkörpers führen können.

9.4. Versuche mit Temperaturbeanspruchung von Sandwichplatten

9.4.1. Allgemeines

Wie bereits in Abschnitt 2.4.1.1 beschrieben, können aufgrund der guten Wärmedämmeigenschaften einer Sandwichplatte erhebliche Temperaturunterschiede zwischen den beiden Deckschichten auftreten. Diese führen entweder zu großen Verformungen der Sandwichplatte oder — wenn diese durch die Art der Lagerung behindert werden — zu großen inneren Spannungen in den Deckschichten und im Kern. Von praktischem Interesse an einem Bauwerk ist (unter Ausschluß von Brandkatastrophenfällen) der Temperaturbereich von —30° bis +100° C. In der Regel gibt das Verhalten eines Sandwichbauteils im Temperaturbereich von +20° bis +90° C hinreichend Aufschluß über temperaturbedingte Verformungen, so daß bei den von der Hoesch AG durchgeführten Versuchsprogrammen auf Messungen bei Tieftemperaturen (etwa —30° C) verzichtet werden konnte. Zweck der Versuche war auch hier, die Sandwichtheorie zu überprüfen.

9.4.2. Versuche bei statisch bestimmter Lagerung der Sandwichplatten

Es wurde ein geschlossener Raum geschaffen, von dem zwei gegenüberliegende Wände aus den zu prüfenden ebenen Sandwichplatten bestanden

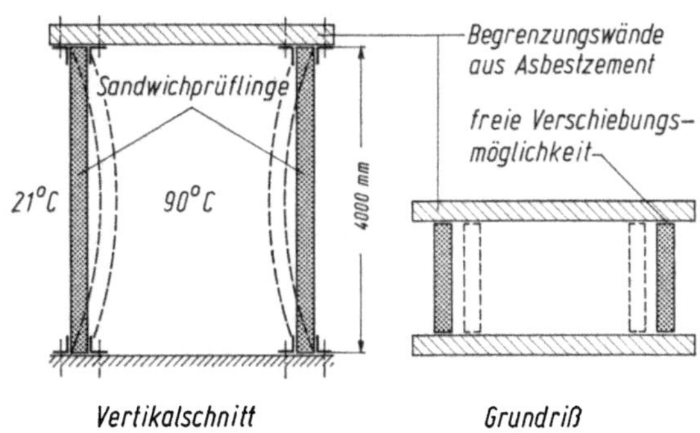

Abb. 55. Versuchsaufbau für Temperaturversuche

(vgl. Abb. 55). Oben und unten konnten die Wände sich frei drehen; der seitliche Anschluß zu den anderen zwei Begrenzungswänden, die aus Asbestzementplatten bestanden, gestattete ein unbehindertes, reibungsfreies Gleiten bei der Temperaturverformung. Der Innenraum wurde durch ein Heißluftgebläse bis zu einer Lufttemperatur von +90° C erwärmt. Gemessen wurden die hierbei aufgetretenen Oberflächentemperaturen der Sandwichprüflinge auf der Innen- und Außenseite. Hierzu wurden Widerstandsthermometer auf die Deckschichten geklebt. Um einen Störeinfluß durch vorbeistreichende Heißluft zu vermeiden, erhielten die aufgeklebten Thermometer eine Abdeckung. Die Temperaturablesung erfolgte mit einem T-Spul-Meßgerät. Die aus der Temperaturdifferenz entstandene Verschiebung der Prüfwände wurde in Feldmitte, d. h. in halber Höhe, mit mechanischen Meßuhren gemessen. Einige Versuchsergebnisse sind in Abschnitt 9.6.5 angegeben.

9.4.3. Versuche bei statisch unbestimmter Lagerung der Sandwichplatten

In einer weiteren vom Bauteilwerk der Hoesch Siegerlandwerke AG durchgeführten Versuchsserie sollte geprüft werden, wie sich eine Hoesch-isowand-Platte bei einseitiger Temperaturbestrahlung verhält, die als Durchlaufbalken über vier Felder, also dreifach statisch unbestimmt gelagert, angeordnet wurde. Im einzelnen wurden drei Varianten geprüft:

- vierfeldrige Lagerung der Sandwichplatte mit starrer Befestigung an den Zwischenauflagern;
- vierfeldrige Lagerung der Sandwichplatte mit federnder Befestigung an den Zwischenauflagern; die Federn waren im entspannten Zustand 70 mm lang und ließen einen maximalen Federweg von 30 mm zu;
- vierfeldrige Lagerung der Sandwichplatte mit starrer Befestigung, jedoch mit durchgetrennter innerer Deckschicht über den Zwischenauflagern.

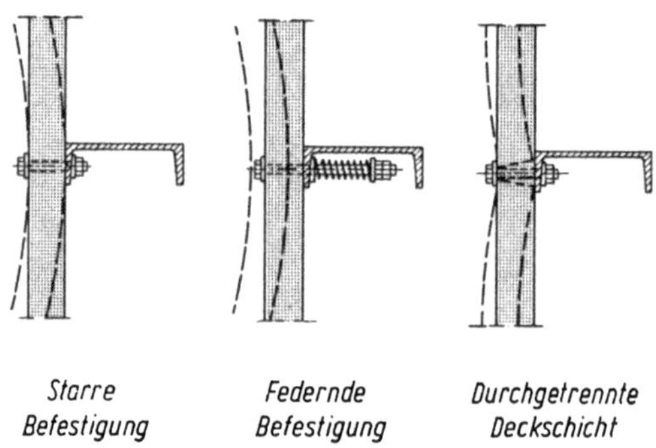

Abb. 56. Befestigungsarten an der Zwischenstütze

Alle drei Lagerungsarten sind in Abb. 56 dargestellt. Der Zweck der Versuche war folgender: Eine starre Befestigung der Sandwichplatten an den Zwischenauflagern hat nach der Sandwichtheorie über den Zwischenstützen recht hohe Deckschichtspannungen zur Folge. Es sollte geprüft werden,

— ob diese hohen Deckschichtspannungen bei starrer Befestigung auch in der Praxis auftreten,
— ob durch Anordnung einer Feder zwischen Sandwichinnenseite und Schraubenmutter ein wesentlicher Abbau der Spannungen möglich ist, und
— ob bei Durchtrennung der inneren Deckschicht die Befestigung an den Zwischenauflagern — so wie es nach der Theorie sein muß — wie ein Gelenk wirkt, die Deckschichtspannungen also bis auf null abgebaut werden.

Es wurden nur Traglastversuche durchgeführt, d. h. die einseitige Erwärmung durch kontinuierlich längs der vierfeldrig gelagerten Sandwichplatte aufgestellte Heizstrahler wurde so lange durchgeführt, bis sich infolge Überschreitens der Knitterspannung in der erwärmten Deckschicht über den Zwischenstützen Knitterwellen, bleibende Knicke und Ablösungen von der Polyurethanschaum-Kernschicht einstellten. Ergebnisse und eine Gegenüberstellung mit theoretischen Erwartungen sind in Abschnitt 9.6.5 angegeben.

9.5. Messungen der elastischen Konstanten des Kernschichtmaterials

9.5.1. Besonderheiten von Kunststoffhartschäumen

Zur Übertragung der Elastizitätstheorie in die Praxis ist die Kenntnis der elastischen Konstanten der verwendeten Werkstoffe, d. h. der Elastizitätsmoduln E, der Schubmoduln G und der Querkontraktionszahlen ν, notwendig. Bei Metallen sind diese Werte bekannt; bei Kunststoffhartschäumen hingegen, die als Kernschicht von Sandwichtafeln vielfach verwendet werden[1], sind feste Wertangaben für die Materialkonstanten problematisch. Sie hängen ab von der Art des Kunststoffs, von der Zellstruktur des Hartschaums, vom Raumgewicht, außerdem von der Temperatur und bei Überschreitung des Linearitätsbereiches von der Größe der Belastung. Aus der Abhängigkeit von der Zellstruktur leitet sich ab, daß bei Sandwichtafeln, deren Kern aus einem Polyurethanschaum besteht, der bei der Sandwichherstellung selbst geschäumt worden ist, die Materialkonstanten auch von der Schäummethode und der Geometrie des Sandwichbauteils abhängig sind. Der Schaumstoff ist deshalb auch nicht isotrop. Aus diesen Gründen können die elastischen Konstanten nicht aus Tabellen mit festen Werkstoffkenngrößen abgelesen werden, sondern sind von Fall zu Fall experimentell neu zu ermitteln. Hierbei werden zwei Methoden unterschieden: die direkte Messung an kleinen Prüfkörpern aus Kunststoffhartschaum und die indirekte Messung über die Durchsenkungen oder Eigenschwingungen an Sandwichprüfbalken.

[1] Eine Übersicht über die gebräuchlichsten Arten gibt Tab. 11.1.

9.5.2. Direkte Messungen der elastischen Konstanten

9.5.2.1. Schubmodul G der Kernschicht

Die Beschreibung der Messung des Kernschichtschubmoduls G in der x,z-Ebene des Sandwichbalkens[1] beschränkt sich auf einen Kern aus Polyurethanhartschaum aus dem Versuchsprogramm der Hoesch AG; bei anderen Kernmaterialien sieht der Meßvorgang ähnlich aus. Es hat sich als vorteilhaft erwiesen, aus den Sandwichplatten Proben der Breite $b=120$ mm, der Länge $l=500$ mm und der Höhe $h=100$ mm ($h=$ Höhe der verwendeten ebenen Sandwichbalken) zu verwenden. Die Deckschichten der Sandwichplatte wurden mit herausgeschnitten und ermöglichten die Befestigung des Probekörpers an den Backen einer Zerreißmaschine mit Blechschrauben. Die Prüfanordnung ist in Abb. 57 dargestellt.

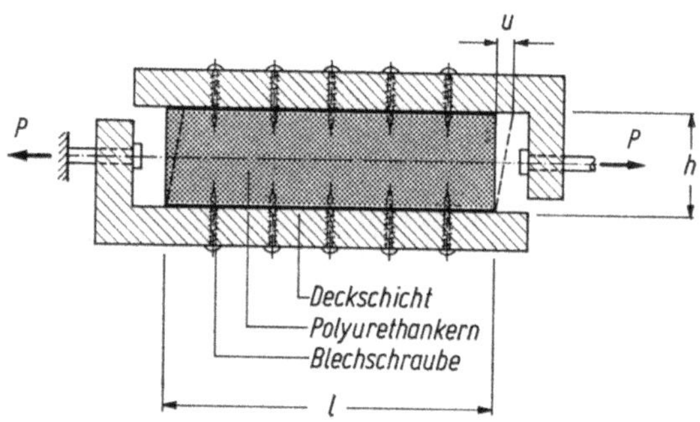

Abb. 57. Scherversuch zur Messung des Schubmoduls

Die Scherkraft P wurde von der Zerreißmaschine kontinuierlich aufgebracht; ein gekoppeltes Schreibgerät zeichnete das Kraft-Verschiebungs-Diagramm auf (vgl. Abb. 58). Es weist einen deutlich ausgeprägten Proportionalitätsbereich zwischen Kraft und Verschiebung aus, der etwa bis 60% der Bruchlast reicht: $P_P=0{,}6\,P_B$. Wegen

$$\tau=\frac{P}{bl}=G\gamma, \qquad \gamma=\frac{u}{h}$$

ergibt sich der Schubmodul zu

$$G=\frac{h}{bl}\frac{P}{u}; \tag{9.7}$$

hierin ist P/u innerhalb des Proportionalitätsbereiches konstant. Die erhaltenen Werte G sowie die Bruchfestigkeit $\tau_B=P_B/bl$ für verschiedene Raumgewichte des Polyurethanhartschaums sind in Tab. 9.3 angegeben. Die Streuungen von Probekörper zu Probekörper waren gering.

---

[1] x-Richtung = Balkenlängsrichtung, z-Richtung = Richtung senkrecht zu den Deckschichten.

9.5.2.2. Elastizitätsmodul E der Kernschicht

Die Beschreibung der Messung des Kernschichtelastizitätsmoduls E in z-Richtung beschränkt sich wiederum auf einen Kern aus Polyurethanhartschaum. Es hat sich als zweckmäßig erwiesen, aus den Sandwichplatten Proben der Breite und Länge $b = 100$ mm und der Höhe $h = 100$ mm ($h =$ Höhe der verwendeten ebenen Sandwichbalken) zu verwenden. Die Deckschichten der Sandwichplatte wurden wiederum mit herausgeschnitten und ermöglichten beim Zugversuch die Befestigung des Probekörpers an den Backen der Zerreißmaschine durch Verklebung. Beim Druckversuch wurde eine Druckprüfmaschine verwendet. Die Prüfanordnung ist in Abb. 59 dargestellt.

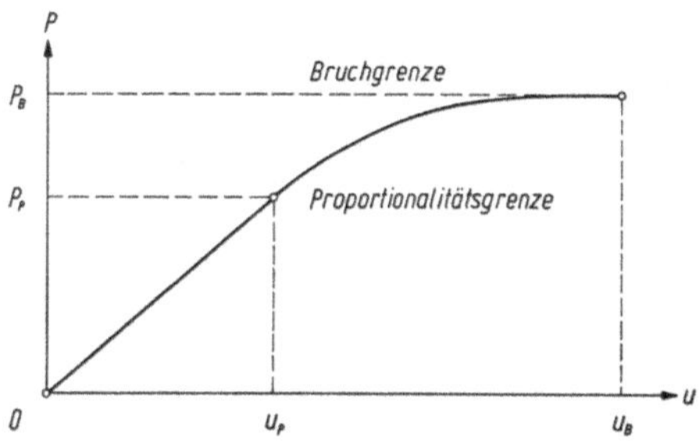

Abb. 58. Kraft-Verschiebungs-Diagramm beim Scherversuch

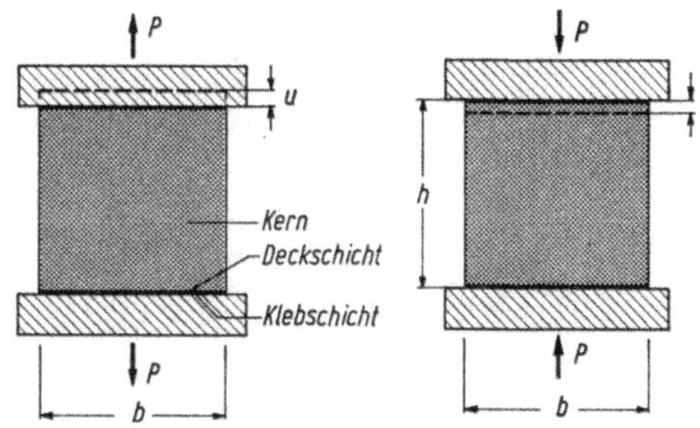

Abb. 59. Zugversuch und Druckversuch zur Messung der Elastizitätsmoduln E_z und E_d

Die Zug- bzw. Druckkraft P wurde kontinuierlich aufgebracht; es ergab sich wiederum ein Kraft-Verschiebungs-Diagramm gemäß Abb. 58. Wegen

$$\sigma = \frac{P}{b^2} = E\,\varepsilon, \qquad \varepsilon = \frac{u}{h}$$

ergibt sich der Elastizitätsmodul zu

$$E = \frac{h}{b^2}\frac{P}{u}. \tag{9.8}$$

Die erhaltenen Werte E_z und E_d sowie die Bruchfestigkeiten $\sigma_{zB} = P_{zB}/b^2$ und $\sigma_{dB} = P_{dB}/b^2$ beim Zugversuch bzw. beim Druckversuch für verschiedene Raumgewichte des Polyurethanhartschaums sind in Tab. 9.3 angegeben. Die Streuungen waren auch hier gering.

9.5.2.3. Ergebnisse und Folgerungen

Die in Tab. 9.3 zusammengestellten Elastizitätskonstanten für Polyurethanhartschaum gelten exakt nur für Temperaturen von 12° bis 20° C und nur für eine Schaumstoffrezeptur und ein Verarbeitungsverfahren, die bei den Sandwichbauteilen des vorliegenden Versuchsprogramms verwendet wurden. Als Richtwerte können sie jedoch auch auf anders hergestellte

Polyurethanschäume gleichen Raumgewichts übertragen werden. In Tab. 9.3 fällt auf:

— E_z und E_d stimmen nicht überein, sondern weichen um bis zu 20% voneinander ab, wobei $E_z > E_d$ ist. Da die Abweichungen nicht groß sind, kann für Berechnungen nach der Elastizitätstheorie der (in Tab. 9.3 ebenfalls angegebene) Mittelwert

$$E = \frac{1}{2}(E_z + E_d) \tag{9.9}$$

verwendet werden.

— Die für isotropes Material gültige Beziehung $E = 2(1+\nu)G$ mit $0 \leqq \nu \leqq 0{,}5$ wird durch die gemessenen Modulwerte zum Teil nicht erfüllt; hieraus ist bereits ohne weitere Messungen ersichtlich, daß der Polyurethanhartschaum nicht isotrop ist.

Tabelle 9.3. *Elastizitätskonstanten von Polyurethanhartschaum*

Raumgewicht des Kerns		50 kp/m³	80 kp/m³	100 kp/m³
G	kp/cm²	25	35	40
E_z	kp/cm²	75	175	240
E_d	kp/cm²	65	145	200
E	kp/cm²	70	160	220
τ_B	kp/cm²	1,6	2,4	3,0
σ_{zB}	kp/cm²	2,0	3,7	4,8
σ_{dB}	kp/cm²	2,2	5,2	7,2

9.5.3. Indirekte Messungen

9.5.3.1. Messung der Durchsenkung

Nach der Biegetheorie für Sandwichbalken besteht ein Zusammenhang zwischen der Durchsenkung des Sandwichbalkens und dem Schubmodul G der Kernschicht. Benutzt man für den Biegeversuch die Versuchsanordnung gemäß Abb. 50, so ergibt sich für die Durchsenkung in Feldmitte nach der Theorie für ebene Sandwichbalken mit dünnen Deckschichten gemäß Abschnitt 2.1.3 die Beziehung

$$w = w_M + w_Q = \frac{23}{1296}\frac{Pl^3}{B_S} + \frac{1}{6}\frac{Pl}{A}. \tag{9.10}$$

Mißt man w, dann ist $A = GF_K = Gab$ die einzige Unbekannte in (9.10); durch Auflösen nach G ergibt sich der gesuchte Schubmodul der Kernschicht unter statischer Belastung.

9.5.3.2. Messung der Eigenkreisfrequenz

Nach der Schwingungstheorie für Sandwichbalken besteht auch ein Zusammenhang zwischen der ersten Eigenkreisfrequenz eines Sandwichbalkens und dem Schubmodul der Kernschicht. Benutzt man für den Schwingungsversuch ein System gemäß Abb. 17 mit ebenen, dünnen Deckschichten und aufgelegten Stahlknüppeln als Einzelmasse in Feldmitte, dann folgt gemäß (2.176)

$$\omega_1 = \sqrt{\frac{c}{G_0 + \alpha_1 G_1} g}, \tag{9.11}$$

worin c und α_1 durch (2.174) und (2.177) gegeben sind, G_1 das Balkeneigengewicht, G_0 das Stahlknüppelgewicht und $g = 981$ cm/s² die Erdbeschleunigung bedeuten. c und α_1 enthalten implizit über β gemäß (2.47) die Schubsteifigkeit A der Kernschicht. Mißt man ω_1, dann ist $A = GF_K = Gab$ die einzige Unbekannte in (9.11); durch Auflösen nach G ergibt sich der gesuchte Schubmodul der Kernschicht unter dynamischer Belastung.

9.5.3.3. Ergebnisse und Folgerungen

Ein Vergleich der Versuchsergebnisse hat gezeigt, daß sich bei indirekten Messungen an Sandwichbalken für die Elastizitätskonstanten um 20 bis 50% höhere Werte als bei direkten Messungen ergeben. Dies liegt daran, daß im Innern eines Sandwichbalkens größere Zwängungen als an herausgeschnittenen Kernschichtproben herrschen. Außerdem macht sich bei dynamischen Versuchen die innere Dämpfung des Kernschichtmaterials bemerkbar (siehe z. B. [7]). Beide Einflüsse wirken sich versteifend aus, d. h. sie erhöhen die Werte der Elastizitätskonstanten.

9.6. Versuchsergebnisse für Sandwichbalken mit Metalldeckschichten und Polyurethanschaum-Kernschicht

9.6.1. Überblick über das Versuchsprogramm

Über Versuchsaufbau und Belastungsanordnung des von der Abteilung Produktplanung der Hoesch AG durchgeführten Grundsatzversuchsprogramms wurde bereits an mehreren Stellen in den vorangehenden Abschnitten berichtet. Im folgenden soll nur ein kurzer Überblick über Umfang des Versuchsprogramms und Versuchsergebnisse gegeben werden; weitere Einzelheiten wurden in [16] veröffentlicht.

Für das Programm standen 66 ebene und 56 trapezprofilierte Sandwichbalken zur Verfügung; die Balkenquerschnitte sind aus Abb. 60 ersichtlich. Folgende Parameter wurden variiert:

— Bei den ebenen Sandwichbalken das Deckschichtmaterial (Stahl und Aluminium), die Deckschichtdicke t (0,5, 1 und 1,5 mm bei den Stahldeckschichten und 0,7 mm bei den Aluminiumdeckschichten), die Kernschichtdicke h (50, 100 und 150 mm), die Stützweite l (1,80, 2,80 und 3,80 m) und das Polyurethanschaum-Raumgewicht γ_K (50 und 100 kp/m³);

— bei den Trapezsandwichen der Profilquerschnitt (Typ I und Typ II), die Deckschichtdicke t (1 und 1,5 mm), die Kernschichtdicke h (55 und 80 mm) und das Polyurethanschaumraumgewicht γ_K (50 und 80 kp/m³); die Stützweite l betrug einheitlich 4,80 m.

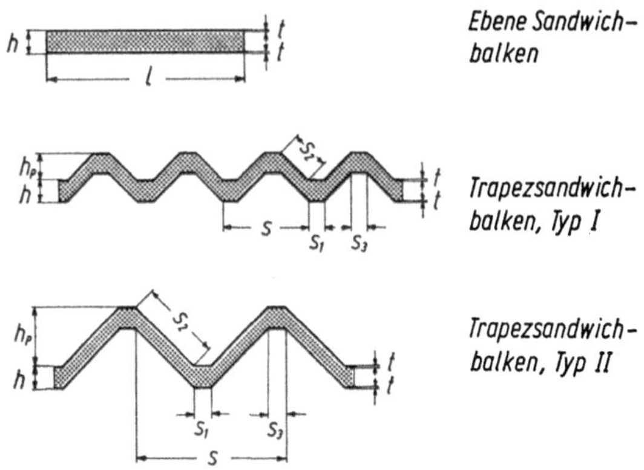

Abb. 60. Querschnitte der geprüften Sandwichbalken

Folgende Versuche wurden an den einzelnen Versuchskörpern durchgeführt:

— bei den ebenen Sandwichbalken Spannungsmessungen, Durchsenkungsmessungen, Traglastmessungen, Eigenschwingungsversuche, Temperaturversuche und Dauerlastversuche (Kriechmessungen);

— bei den Trapezsandwichen Spannungsmessungen, Durchsenkungsmessungen und Traglastmessungen.

9.6.2. Spannungs- und Durchsenkungsmessungen

Der Versuchsaufbau ist in Abb. 50 bis 53 dargestellt. Für jede Parameterkombination wurden die Versuche an drei Prüfbalken durchgeführt. Spannungen und Durchsenkungen wurden in Feldmitte in mehreren Last-

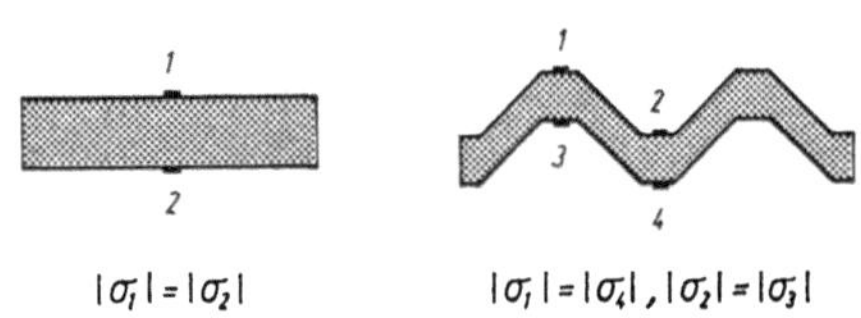

Abb. 61. Anordnung der Dehnungsmeßstreifen

stufen gemessen. Die ebenen Sandwichbalken waren mit je zwei und die Trapezsandwichbalken mit je vier Dehnungsmeßstreifen versehen in einer Anordnung gemäß Abb. 61. Einzelne Prüflinge hatten auch mehrere, über die Balkenbreite verteilte Dehnungsmeßstreifen, um die Querverteilung der Deckschichtspannungen zu prüfen. Nach Aufnahme sämtlicher Meßwerte wurde für das gesamte Versuchsprogramm ein Fehlerausgleich gemäß Abschnitt 9.2.3 durchgeführt. Die hierbei erhaltenen Werte konnten dann den mit Hilfe der Sandwichtheorie berechneten Werten gegenübergestellt werden. Dabei ergab sich folgendes:

Bei den ebenen Sandwichbalken lagen die gemessenen Spannungen zwischen 4 und 17% und die gemessenen Durchsenkungen — nach Aussonderung eines Ausreißers — zwischen 3 und 25% unter den berechneten Werten. Durchweg ist also das tatsächliche Verhalten der Sandwichbalken günstiger als das theoretisch ermittelte. Als Gründe für die Abweichungen kommen in Betracht:

- gewisse Einspannwirkung an den Auflagern durch Reibung statt der angenommenen gelenkigen Lagerung;
- positive Maßabweichungen bei der Dicke der Deckschichten und des Kerns;
- teilweise (wenn auch nicht große) Beteiligung der Kernschicht an der Biegemomentenaufnahme (besonders bei den Sandwichbalken mit 100 kp/m³ Raumgewicht des Kerns).

Bei den trapezprofilierten Sandwichbalken lagen die gemessenen Spannungen zwischen 0 und 11% unter den berechneten Werten, während die Durchsenkungen bei Profiltyp I nur zwischen −3 und +7% von den berechneten Werten abwichen, bei Profiltyp II jedoch zwischen 15 und 28% darüber lagen. Bei den Durchsenkungen ist das tatsächliche Verhalten der Sandwichbalken also teilweise ungünstiger als das theoretisch ermittelte. Als Gründe für die Abweichungen kommen in Betracht:

- teilweise Beteiligung der Kernschicht an der Biegemomentenaufnahme;
- Inhomogenitäten im Schaumstoff, vor allem in den Stegen des Profiltyps II, die wegen ihrer geringen Dicke (teilweise nur 39 mm) nur schwer mit Polyurethanschaum auszuschäumen sind.

Die gegenüber den ebenen Sandwichbalken kleineren Abweichungen bei den Deckschichtspannungen sind insofern einleuchtend, als bei den Trapezsandwichen ein großer Teil des Biegemoments von den Deckschichten unmittelbar durch Eigenbiegung aufgenommen wird; nur der verbleibende Rest wird durch die Sandwichtragwirkung aufgenommen. Von diesem ausgehende Störeinflüsse wirken sich daher — bezogen auf die Gesamtspannungen — prozentual nicht mehr stark aus.

9.6.3. Traglastmessungen

Bei den in Abschnitt 9.6.2 erläuterten Biegeversuchen wurde die Belastung P nach Abschluß der Spannungs- und Durchsenkungsmessungen bis zum Bruch der Sandwichbalken gesteigert. Alle Prüfkörper versagten durch Knittern der Deckschichten im mittleren Balkendrittel. Die gemessenen Traglasten P_T wurden den mit Hilfe der theoretischen Knitterspannung σ_k berechneten Knitterlasten P_k gegenübergestellt. Dabei ergab sich folgendes Bild:

Bei den ebenen Sandwichbalken mit sehr dünnen Deckschichten (0,5 mm bei den Stahldeckschichten und 0,7 mm bei den Aluminiumdeckschichten) wurden die theoretischen Knitterlasten P_k — nach Aussonderung eines Ausreißers — um 4 bis 23% von den gemessenen Traglasten P_T übertroffen. Bei den etwas dickeren Stahldeckschichten hingegen (1 und 1,5 mm) ergaben sich zwischen 3 und 27% kleinere Traglasten P_T, wobei die 27% bei weicher Kernschicht ($\gamma_K = 50$ kp/m³) und die 3% bei harter Kernschicht ($\gamma_K = 100$ kp/m³) auftraten. Als Gründe für diese Abweichungen kommen in Betracht:

— Bei den Sandwichbalken mit dünnen Deckschichten (0,5 bzw. 0,7 mm) ist trotz Knitterwellenausbildung noch eine weitere Lastaufnahme möglich, da die auf die Kernschicht einwirkenden Abtriebskräfte im Bereich von Deckschichtbeulen kleiner sind als bei dicken Deckschichten; ein Abreißen der Deckschichten vom Kern tritt daher erst bei etwas höheren Deckschichtdruckspannungen auf.

— Bei den Sandwichbalken mit etwas dickeren Deckschichten (1 und 1,5 mm) erreicht die Traglast eine Größe, bei der die Lasteinleitung in den Drittelspunkten trotz Hartgummizwischenlagen (vgl. Abb. 50) bereits kritisch zu werden beginnt. Die Flächenpressung des Kerns an den Lasteinleitungsstellen liegt bereits in der Nähe der Druckfestigkeit des Kernmaterials, so daß seine Reserven für die Deckschichtstabilisierung gegen Knittern nicht mehr groß genug sind.

— Unzulänglichkeiten der Theorie (idealisierte Voraussetzungen) und Fehler der Versuchskörper (Vorbeulen in den Deckschichten, Lunker im Polyurethanschaum usw.).

Bei den trapezprofilierten Sandwichbalken wurden die theoretischen Knitterlasten P_k — nach Aussonderung eines Ausreißers — um 2 bis 60% von den gemessenen Traglasten übertroffen. Das Knittern trat meistens im oberen Stegbereich auf und begann vielfach bereits merklich vor Erreichen der Traglast. Als Gründe für dieses Verhalten kommen in Betracht:

— Wegen der relativ schmalen Beulfelder wird das Bauchigwerden der Knitterwellen relativ stark behindert, so daß ein Abreißen der Deckschichten vom Kern erst bei hohen Deckschichtdruckspannungen erfolgt.

— Unzulänglichkeiten der Theorie, vor allem die Annahme einer gelenkigen Lagerung der Steg- und Flanschbeulfelder an den seitlichen Rändern (vgl. Abb. 43).

Das gegenüber ebenen Sandwichbalken günstigere Abschneiden der Trapezsandwichbalken bei den Traglastversuchen legt nahe, auch ebene Sandwiche wenigstens mit kleinen Sicken zu versehen. Dies wird zum Beispiel bei der Hoesch-isowand bei den meisten Ausführungen auch getan.

9.6.4. Eigenschwingungsversuche

Bei den in Abschnitt 9.3.2 beschriebenen Eigenschwingungsversuchen mit insgesamt vier Sandwichbalken stellte sich bei nicht zu großen Schwingungsamplituden ein annähernd sinusförmiger zeitlicher Schwingungsablauf ein. Die gemessenen Eigenfrequenzen waren zwischen 8 und 11% kleiner als die berechneten Werte. Das bedeutet, daß sich die Kernschicht im Innern eines ebenen Sandwichbalkens schubsteifer verhält als an herausgeschnittenen Proben (vgl. hierzu auch Abschnitt 9.5.3.3). Weitere Ursachen für die Abweichungen zwischen Theorie und Praxis sind in Abschnitt 9.6.2 aufgezählt.

9.6.5. Temperaturversuche

Bei den in Abschnitt 9.4.2 beschriebenen Versuchen mit vier verschiedenen statisch bestimmt gelagerten ebenen Sandwichplatten unter einseitiger Erwärmung ergaben sich zwischen Messung und Rechnung gemäß Formel (2.127) in Feldmitte Abweichungen zwischen 12 und 17%. Durchweg waren die gemessenen Verformungen kleiner, möglicherweise deshalb,

- weil Reibung am oberen und unteren Auflager auftrat, und
- weil die Kernschicht wegen ihres anderen Wärmeausdehnungskoeffizienten als Stahl die freie Temperaturausdehnung der erwärmten Deckschicht teilweise behinderte.

Im wesentlichen wurde die Theorie jedoch bestätigt.

Bei den in Abschnitt 9.4.3 erläuterten Versuchen mit dreifach statisch unbestimmt gelagerten, über vier Felder verlaufenden Hoesch-isowand-Platten wurde folgendes beobachtet:

- Bei den Platten mit starren Befestigungen bildeten sich über den Zwischenstützen bereits bei $\Delta T = 60°$ C bleibende Knicke. Die zu dieser Temperaturdifferenz gehörige Temperaturspannung entspricht etwa der Knitterspannung gemäß (8.50), wenn man dort gegenüber Tab. 9.3 etwas abgeminderte Elastizitätskonstanten einsetzt[1].
- Bei den Platten mit elastischen Befestigungen entstanden über den Zwischenstützen bleibende Knicke erst bei $\Delta T = 87°$ C, da die Sandwichplatte sich durch Zusammendrücken der Federn teilweise „Luft machen" und die Deckschichtspannungen abbauen konnte.
- Bei den Platten mit durchgetrennter innerer Deckschicht über den Zwischenstützen trat gar kein Knittern auf. Es bildete sich nur ein vorübergehender Knick in der erwärmten äußeren Deckschicht über jeder Zwischenstütze, der sich jedoch nach Abkühlung der Sandwichplatte wieder vollständig glatt zog.

Die nach der Theorie zu erwartenden Ergebnisse wurden durch die Versuche also vollends bestätigt. Sie sind von großer Bedeutung für den praktischen Einsatz von Sandwichelementen als Wandplatten, in denen durch einseitige Sonneneinstrahlung besonders bei dunkelfarbiger Außenhaut beträchtliche Temperaturdifferenzen ΔT entstehen können.

9.6.6. Dauerbelastungsversuche

Abschließend wurden bei dem Versuchsprogramm der Hoesch AG Dauerbelastungsversuche an insgesamt 16 ebenen Sandwichbalken mit dünnen Deckschichten durchgeführt, um das Kriechverhalten der auf Schub bean-

[1] Die Werte der Elastizitätskonstanten E und G von Polyurethanhartschaum sinken mit steigender Temperatur.

spruchten Kernschicht aus Polyurethanhartschaum unter der Einwirkung von Dauerlasten zu untersuchen. Es wurde ein ähnlicher Versuchsaufbau wie in Abb. 50 gewählt, jedoch mit Stahlknüppeln in den Drittelspunkten statt eines Druckzylinders als Belastung. Die Größe der Dauerbelastung P wurde zwischen 18 und 67% der Traglast P_T variiert, um zu prüfen, ob und wie stark der Kriechmodul φ von der Höhe der Dauerlast abhängt. Gemessen wurden über acht Monate in zweiwöchigem Turnus die Durchsenkungen in Feldmitte mittels mechanischer Meßuhren. Nach Wegnahme der Dauerbelastung wurde nochmals über sechs Wochen beobachtet, ob und wie weit eine Relaxation, d. h. ein langsamer Rückgang der Kriechverformungen, eintrat.

Von den 16 Sandwichbalken sind zwei Stück 16 Wochen nach Versuchsbeginn zusammengebrochen, davon einer mit $P/P_T = 0{,}67$; die übrigen Balken vergrößerten ihre Kriechverformungen stetig. Nach der Entlastung ging die Durchsenkung schlagartig um den elastischen Durchsenkungsanteil zurück; innerhalb von weiteren sechs Wochen trat auch bei dem durch den Kriechvorgang entstandenen plastischen Durchsenkungsanteil eine Relaxation zwischen 11 und 18% ein.

Eine systematische Versuchsauswertung erfolgte über die Ermittlung der Kriechzahl. Die zeitabhängige Durchsenkung in Feldmitte eines gemäß Abb. 50 belasteten Sandwichbalkens ergibt sich unter Beachtung von (2.200) zu

$$w(\varphi) = w_{M0} + (1+\varphi) w_{Q0} = \frac{23}{1296} \frac{Pl^3}{B_S} + \frac{1+\varphi}{6} \frac{Pl}{A}; \qquad (9.12)$$

hierin sind w_{M0} und w_{Q0} der Biegeanteil bzw. der Schubanteil der Gesamtdurchsenkung $w(\varphi = 0) = w_{M0} + w_{Q0}$ zum Zeitpunkt $\varphi = 0$. Mit β gemäß (2.47) und dem Verhältniswert

$$p = \frac{w_{Q0}}{w_{M0} + w_{Q0}} = \frac{216\beta/23}{1 + 216\beta/23} \qquad (9.13)$$

ergibt sich durch Auflösen von (9.12) nach φ der Kriechmodul zu

$$\varphi = \frac{1}{p}\left[\frac{w(\varphi)}{w(\varphi = 0)} - 1\right]. \qquad (9.14)$$

p ist ein Systemwert, während $w(\varphi)$ und $w(\varphi=0)$ gemessen wurden; (9.14) ermöglicht also die Berechnung des Kriechmoduls φ aus den Meßwerten. Eine Auswertung der Versuchsergebnisse ergab:

— Eine nennenswerte Abhängigkeit des Kriechmoduls von der Höhe der Belastung besteht nicht;

— Polyurethanhartschaum mit 100 kp/m³ Raumgewicht kriecht nur etwa 3/5mal soviel wie Polyurethanhartschaum mit 50 kp/m³ Raumgewicht;

— zur kalten Jahreszeit verläuft der Kriechvorgang deutlich langsamer als zur warmen Jahreszeit.

Eine graphische Darstellung des zeitlichen Verlaufs des aus allen Versuchsergebnissen gemittelten Kriechmoduls φ zeigt Abb. 62.

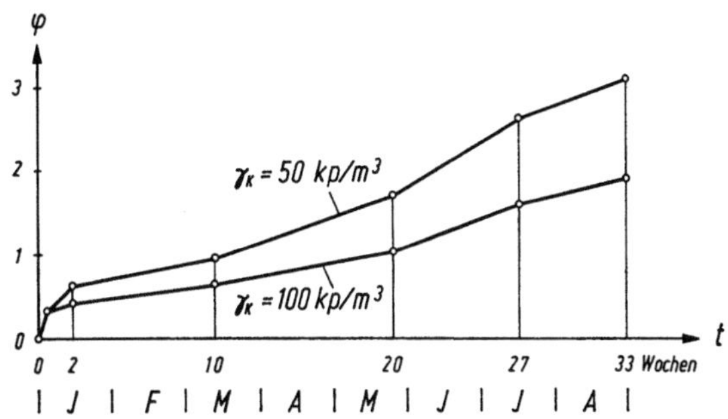

Abb. 62. Zeitlicher Verlauf des Kriechmoduls

9.7. Rückschlüsse aus den Versuchen auf das Verhalten des Kunststoffkernmaterials im Sandwich

Der Einfluß der Werkstoffeigenschaften des Kernmaterials auf das Tragverhalten von Sandwichkonstruktionen verdient besondere Beachtung, da noch nicht lange Erfahrungen mit diesem Material vorliegen und da in einigen Eigenschaften wesentliche Unterschiede zu den konventionellen Konstruktionswerkstoffen (Metalle, Holz und Beton) bestehen. Wenn auch z. B. bei Metallblechen gewisse Anisotropien in den Richtungen quer und längs zur Walzrichtung oder senkrecht zur Blechebene bekannt sind, so sind die Anisotropien von Kunststoffhartschäumen doch einer weitaus größeren Streuung unterworfen. Bei tragenden Bauteilen ist deshalb eine kontrollierte, gleichmäßige Produktion besonders wichtig. Diese Bedingung wird am besten in weitgehend automatisierten Anlagen erfüllt. Interessant ist das Phänomen, daß sich das Kernmaterial im Baukörper in seiner Gesamtheit günstiger verhält als in kleineren Prüfkörpern. Hier liegt eine Sicherheit gegenüber theoretischen Betrachtungen vor.

Aus der Tatsache, daß Kunststoffschäume kriechen, stellt sich die Forderung an den Konstrukteur, den Kunststoffschaum nur kurzzeitig Druck-, Zug- und Schubbeanspruchungen auszusetzen. Zu den kurzzeitigen Beanspruchungen gehören z. B. Windlasten auf Wände. Bei *Sandwichfaltwerken* gemäß Abb. 118 dient der Kern lediglich zur Aussteifung der Deckschichten gegen das Knittern; die eigentliche Belastung wird von den Deckschichten durch Eigenbiegung aufgenommen. Sandwichfaltwerke sind daher in der Lage, langfristige Dauerlasten aufzunehmen. Bei *Trapezprofilsandwichen* oder vergleichbaren Sandwichbauteilen, wo außer der reinen Profilsteifigkeit der Deckschichten auch die Sandwichtragwirkung einen wesentlichen Beitrag zur Gesamtsteifigkeit liefert, ist der Kern zwar auf Schub beansprucht, jedoch nicht sonderlich hoch. Sie sind daher in der Lage, mittelfristige Dauerlasten, wie etwa die Schneelast, aufzunehmen. Zwar treten hierbei gewisse Umlagerungen der Schnittlasten und Durchsenkungsvergrößerungen auf; letztere sind jedoch nicht sehr groß, außerdem verschwinden sie weitgehend wieder nach Wegnahme der mittelfristigen Belastung infolge der Relaxation. Bei *ebenen Sandwichen* mit dünnen Deckschichten besteht keine Eigentragwirkung der Deckschichten; der Kern ist daher voll und dauerhaft (d. h. ohne allmählichen Querkraftabbau durch Schnittlastumlagerungen) auf Schub beansprucht. Ebene Sandwiche sollten daher nur kurzzeitig belastet werden.

Mit der in den vorhergehenden Kapiteln dargestellten Theorie und der Kenntnis der in diesem Kapitel beschriebenen Versuche und Versuchsergebnisse können die in diesem Buch behandelten Tragwerke hinreichend genau in ihrem Tragverhalten beurteilt werden. Die Übertragung auf andere Konstruktionen bedarf einer weiteren experimentellen Kontrolle.

10. Verhalten gegenüber Schall, Wärme und Feuer

10.1. Allgemeines

Die Fragen der Schall- und Wärmedämmung werden in der Bautechnik oft unter der Bezeichnung Bauphysik behandelt. Da die Elastizitätstheorie, die Statik, die Schwingungslehre und die Stabilitätstheorie ebenfalls Teildisziplinen der Physik sind, ist die Bezeichnung Bauphysik zu eng gefaßt, wenn sie nur die Schall- und Wärmetechnik umfaßt; der Begriff sollte nicht trennend, sondern zusammenfassend benutzt werden.

Die wissenschaftliche Erforschung der Schall- und Wärmetechnik im Bauwesen ist lange vernachlässigt worden. Für die Entwicklung neuer Konstruktionsformen — und dazu gehört auch die Sandwichtechnik — ist die Kenntnis der physikalischen Gesetze auf allen Gebieten und nicht nur auf dem Sektor der Statik wichtig. Wie die Gebiete der Statik und der Schalltechnik ineinandergreifen, zeigt der Abschnitt über Luftschalldämmung. Zur Abrundung der Betrachtung gehört auch der Brandschutz, der mit den Problemen der Statik und der Wärmetechnik zusammenhängt; von ausschlaggebender Bedeutung ist hierbei das Werkstoffverhalten bei höheren Temperaturen.

10.2. Schalldämmung und Schalldämpfung

10.2.1. Grundbegriffe

Raumabschließende Bauteile haben unter anderem die Aufgabe, störenden Lärm fernzuhalten, und zwar entweder einen Raum gegen von außen eindringenden Lärm zu schützen oder einen in einem Raum entstehenden Lärm nicht nach außen dringen zu lassen. Physikalisch wird Lärm durch den Begriff des Schalls beschrieben; Schall kann als eine Überlagerung von periodischen, ungedämpften und gedämpften Bewegungen von Materialteilchen beschrieben werden. Man unterscheidet — je nach dem Medium, in welchem der Schall sich ausbreitet — zwischen Luftschall und Körperschall.

Der *Luftschall* breitet sich — ebenso wie der Schall in anderen Gasen — durch longitudinale Dichtewellen aus. Das Schallfeld wird durch zwei charakteristische Größen gekennzeichnet: den Schalldruck p und die Schallschnelle $\mathfrak{v}$. Der Schalldruck ist ein periodisch verlaufender Wechseldruck, der sich dem atmosphärischen Druck p_0 überlagert; hierbei wird stets angenommen, daß $p \ll p_0$ ist. Die Schallschnelle ist die periodisch verlaufende Wechselgeschwindigkeit der Mediumteilchen, die bei Dichtewellen stets parallel zur Wellenausbreitungsrichtung gerichtet ist. Der Schalldruck p ist ein Skalar, die Schallschnelle $\mathfrak{v}$ dagegen ein Vektor. Die Ausbreitungsgeschwindigkeit des Schalls in Gasen bei adiabatisch angenommener Zustandsänderung des Gases beträgt nach [6], Formel (21.24) und (21.25a)

$$c = \sqrt{\frac{\mathrm{d}p}{\mathrm{d}\varrho}} = \sqrt{\frac{\varkappa p_0}{\varrho_0}}; \qquad (10.1)$$

hierin ist $\varkappa = c_v/c_p$ das Verhältnis der spezifischen Wärmen des Gases bei konstantem Volumen bzw. Druck und ϱ_0 dessen Dichte für den Druck p_0. Zum Beispiel gilt für Luft im Normalzustand[1] $p_0 = 10332$ kp/m², $\varrho_0 = 0{,}132$ kp s²/m⁴, $\varkappa = 1{,}405$ und damit $c_L = 332$ m/s.

Der *Körperschall* kann sich — je nach Anregung und Körperform — durch Dichtewellen, Dehnwellen, Schubwellen, Oberflächenwellen (= Rayleigh-Wellen), Biegewellen und Torsionswellen ausbreiten. Die Beschreibung des Schallfeldes ist insofern komplizierter als beim Luftschall, als hier an die Stelle des skalaren Druckes Spannungszustände im Körper treten, die Tensorcharakter haben. Die wichtigste Wellenart in der Bautechnik, wo es sich meist um Flächenbauteile handelt, ist die Biegewelle; bei Sandwichplatten überlagern sich zu dieser noch Schubwellen. Die Ausbreitungsgeschwindigkeit einer reinen Biegewelle in einer homogenen, schubstarren, aber biegeweichen Platte beträgt gemäß [17], (2.24)

$$c_B = \sqrt{\omega}\,\sqrt[4]{\frac{B}{\mu}} \qquad (10.2)$$

und die Ausbreitungsgeschwindigkeit einer reinen Schubwelle in einer homogenen, biegestarren, aber schubweichen Platte gemäß [17], (2.20) bzw. (3.39)

$$c_K = \sqrt{\frac{A}{\mu}}; \qquad (10.3)$$

in (10.2) und (10.3) ist μ die Plattenmasse je Oberflächeneinheit. Wie man sieht, steigt die Schallausbreitungsgeschwindigkeit in festen Körpern mit der Steifigkeit (Biegesteifigkeit B bzw. Schubsteifigkeit A) und fällt mit der Masse; c_B hängt außerdem von der Schallfrequenz ω ab. Dieses Verhalten, aufgrund dessen sich die höherfrequenten Bestandteile einer Biegewelle rascher ausbreiten, bezeichnet man — analog zu Vorgängen in der Optik — als Dispersion.

Beim Schalldurchgang durch ein Flächenbauteil erfolgt eine Verminderung des Luftschallpegels infolge Schalldämmung und Schalldämpfung. *Schalldämmung* tritt ein infolge Reflexion eines Teils der auftreffenden Schallwelle an der Oberfläche einer Bauplatte, und *Schalldämpfung* entsteht infolge Absorption des Schalls im Innern der Platte durch Umwandlung von Schallenergie in Wärmeenergie. Die Güte der Schalldämmwirkung einer Platte hängt aber nicht nur vom stofflichen Aufbau der Platte ab, sondern auch von der Zusammensetzung des Schalls hinsichtlich des Einfallswinkel- und Frequenzspektrums und vor allem von unvermeidbaren Unzulänglichkeiten

[1] Das heißt bei 0° C und 760 Torr.

der Bauausführung. Die Stöße von Wandelementen, ihre Anschlüsse an den Fußboden und die Decke sowie Tür- und Fensterrahmen bilden meistens Körperschallbrücken, die den Schall stärker durchlassen als die gesamte Wand selbst. Ähnlich störend wirken sich Luftschallbrücken in sonst gut isolierenden Wänden aus, das sind kleinflächige Übertragungswege für Luftschall wie z. B. Risse, Schlüssellöcher usw. Anders als in der Festigkeitslehre, wo einzelne Schwachstellen von Bauteilen durch Spannungsumlagerungen meistens eliminiert werden und ohne nennenswerten Einfluß auf die Gesamtkonstruktion sind, dominiert in der Schalltechnik der Einfluß der schlechten Konstruktionselemente. Um alle vorangehend genannten Einflußparameter zu erfassen, greift man in der technischen Akustik weit mehr auf Versuche und statistisch ausgewertete Messungen zurück als in der Statik und Festigkeitslehre. Für die Konstruktion und Entwicklung von Bauteilen ist die Kenntnis der theoretischen Grundlagen aus dem Gebiet der technischen Akustik aber dennoch unerläßlich. Für Sandwichtafeln, die hier mit Vorrang behandelt werden, ist vor allem die Theorie der Luftschalldämmung und der Körperschalldämpfung wichtig; deshalb beschränken sich die folgenden Auszüge auf diese Gebiete.

10.2.2. Schallausbreitung in Gasen

Bei Schallausbreitung in Gasen gilt für den Schalldruck p gemäß [17], (2.4) mit c gemäß (10.1) die bekannte Wellengleichung

$$\Delta p = \frac{1}{c^2}\frac{\partial^2 p}{\partial t^2}. \tag{10.4}$$

Zwischen Schalldruck p und Schallschnelle $\mathfrak{v}$ besteht gemäß [17], (2.1) die Beziehung

$$-\operatorname{grad} p = \varrho_0 \frac{\partial \mathfrak{v}}{\partial t}. \tag{10.5}$$

In der technischen Akustik werden vor allem solche Bewegungen untersucht, deren Geschwindigkeit $\mathfrak{v}$ ein Potential Φ besitzt:

$$\mathfrak{v} = \operatorname{grad} \Phi. \tag{10.6}$$

Mit (10.6) folgt aus (10.4) und (10.5) leicht

$$\Delta\Phi = \frac{1}{c^2}\frac{\partial^2 \Phi}{\partial t^2}, \quad p = -\varrho_0 \frac{\partial \Phi}{\partial t}. \tag{10.7}$$

Für den eindimensionalen Fall, also für ebene Wellen z. B. in z-Richtung, hat die Wellengleichung (10.7) die allgemeine Lösung

$$\Phi = \Phi_1\left(t - \frac{z}{c}\right) + \Phi_2\left(t + \frac{z}{c}\right), \tag{10.8}$$

worin Φ_1 und Φ_2 noch willkürliche, erst durch Anfangsverteilungen und Randbedingungen festgelegte Funktionen sind. $\Phi_1(t - z/c)$ beschreibt eine in positiver z-Richtung mit der Geschwindigkeit c fortschreitende Welle und

$\Phi_2(t+z/c)$ eine in negativer z-Richtung mit der Geschwindigkeit c laufende Welle.

Beschränkt man sich auf periodische Lösungen, die in der technischen Akustik überwiegend interessieren, und verwendet man zu ihrer Darstellung die komplexe Schreibweise, dann geht aus (10.8) mit $i=\sqrt{-1}$

$$\Phi=\hat{\Phi}_1 e^{i\omega(t-z/c)}+\hat{\Phi}_2 e^{i\omega(t+z/c)} \tag{10.9}$$

hervor[1]; hierin gilt nach der bekannten Eulerschen Formel

$$e^{i\omega(t\pm z/c)}=\cos\omega\left(t\pm\frac{z}{c}\right)\pm i\sin\omega\left(t\pm\frac{z}{c}\right).$$

Mit der sogenannten Wellenzahl

$$k=\frac{\omega}{c}=\frac{2\pi}{\lambda}, \tag{10.10}$$

dem örtlichen Analogon zur Periodendauer $T=2\pi/\omega$ ($\omega=$ Kreisfrequenz der Schallwelle, $\lambda=$ Wellenlänge der Schallwelle) kann (10.9) auch in der Form

$$\Phi=\hat{\Phi}_1 e^{i(\omega t-kz)}+\hat{\Phi}_2 e^{i(\omega t+kz)} \tag{10.11}$$

geschrieben werden. Für eine in positiver z-Richtung fortschreitende Schallwelle ($\hat{\Phi}_2=0$) ergibt sich also aus (10.6) und (10.7) mit (10.11) und $|\mathfrak{v}|=v_z=v$

$$v=-ik\hat{\Phi}_1 e^{i(\omega t-kz)}, \quad p=-i\omega\varrho_0\hat{\Phi}_1 e^{i(\omega t-kz)}; \tag{10.12}$$

hieraus folgt nach Division

$$\frac{p}{v}=\varrho_0 c\equiv Z_L. \tag{10.13}$$

Entsprechend ergibt sich für eine in negativer z-Richtung fortschreitende Schallwelle ($\hat{\Phi}_1=0$)

$$v=+ik\hat{\Phi}_2 e^{i(\omega t+kz)}, \quad p=-i\omega\varrho_0\hat{\Phi}_2 e^{i(\omega t+kz)}, \tag{10.14}$$

woraus nach Division

$$\frac{p}{v}=-\varrho_0 c\equiv -Z_L \tag{10.15}$$

folgt. Z_L wird als Wellenwiderstand des Gases für ebene Schallwellen bezeichnet; der Index L weist auf Luft hin, weil in der Bautechnik ausschließlich Schallwellen in Luft interessieren. Z_L gibt an, welcher Schalldruck $p=\pm Z_L v$ erforderlich ist, um eine bestimmte Schallschnelle v zu erzielen.

Außer ebenen Wellen sind auch zylindrische und kugelförmige Luftschallwellen von Interesse; sie werden hier jedoch nicht näher behandelt.

[1] Das Dach kennzeichnet hier (über Φ_1 und Φ_2) sowie in allen folgenden Formelzeichen jeweils den Amplitudenwert einer harmonisch-periodischen Funktion.

10.2.3. Theorie der Luftschalldämmung

10.2.3.1. Einschalige Wand bei senkrechtem Schalleinfall

Eine im schalltechnischen Sinn einschalige Wand ist eine Tafel, bei der alle Massenpunkte, die auf ein und derselben Flächennormalen liegen, ihren Abstand voneinander nicht ändern, wenn die Wand Schwingungen ausführt. In diesem Sinne sind nicht nur Tafeln aus einem homogenen Werkstoff einschalig, sondern auch Sandwichtafeln, die in ihrer Dicke inkompressibel sind. Der Fall einer Dickenschwingung bei einer Sandwichtafel mit leichtem, kompressiblem Kern wird später behandelt.

Trifft eine ebene Schallwellenfront senkrecht auf eine einschalige Wand auf, dann wird die gesamte Wand zu periodischen Schwingungen angeregt; hierbei schwingen sämtliche Elemente der Wand in Phase, da auch der erregende Schalldruck an jedem Wandelement gleichphasig auftrifft. Die auftreffende Schallwelle (Druck p_a) wird zum Teil an der Wand reflektiert (Druck p_r) und zum Teil durch diese hindurchgelassen (Druck p_d). Unter der Einwirkung von p_a, p_r und p_d liefert für ein Wandelement $dm = \mu\, dx\, dy$ gemäß Abb. 63 das Newtonsche Gesetz

$$\mu \frac{\partial^2 w}{\partial t^2} = p_a + p_r - p_d. \qquad (10.16)$$

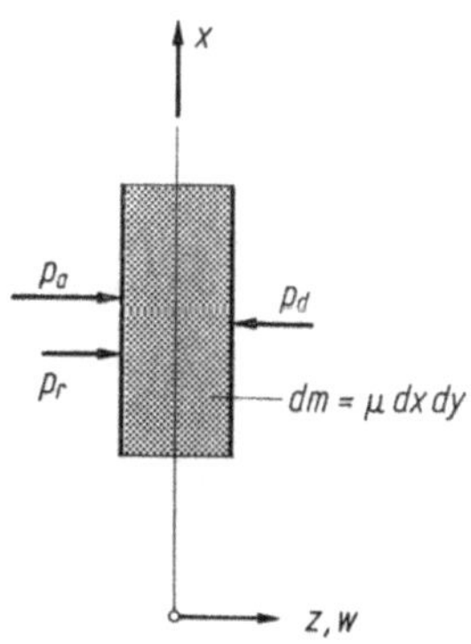

Abb. 63. Wandelement bei senkrechtem Schalleinfall

Für die Schalldrücke p_a, p_r und p_d gilt gemäß Abschnitt 10.2.2

$$p_a = \hat{p}_a e^{i(\omega t - kz)}, \quad p_r = \hat{p}_r e^{i(\omega t + kz)}, \quad p_d = \hat{p}_d e^{i(\omega t - kz)}. \qquad (10.17)$$

Legt man das Koordinatensystem so fest, daß an der Wand $z = 0$ ist, dann folgt aus (10.17) für die in (10.16) einzusetzenden Drücke

$$p_a = \hat{p}_a e^{i\omega t}, \quad p_r = \hat{p}_r e^{i\omega t}, \quad p_d = \hat{p}_d e^{i\omega t} \qquad (10.18)$$

Für die erzwungene Verschiebung der Wand wird der gleichfrequente Ansatz

$$w = \hat{w}\, e^{i\omega t} \qquad (10.19)$$

gewählt, woraus

$$\frac{\partial w}{\partial t} = v_W = \hat{w}\, i\, \omega\, e^{i\omega t} = \hat{v}_W e^{i\omega t}, \quad \frac{\partial^2 w}{\partial t^2} = \hat{v}_W\, i\, \omega e^{i\omega t} \tag{10.20}$$

folgen; hierin ist v_W die Wandgeschwindigkeit. Einsetzen von (10.18) und (10.20) in (10.16) liefert nach Weglassen des Faktors $e^{i\omega t}$ und Auflösen nach $\hat{v}_W$

$$\hat{v}_W = \frac{\hat{p}_a + \hat{p}_r - \hat{p}_d}{Z_W}, \quad Z_W = i\, \omega\, \mu. \tag{10.21}$$

Z_W wird als Trennimpedanz der Wand bezeichnet; diese im allgemeinen komplexe, hier speziell rein imaginäre Widerstandsgröße gibt an, welcher Gesamtschalldruck $\hat{p} = \hat{p}_a + \hat{p}_r - \hat{p}_d = Z_W \hat{v}_W$ erforderlich ist, um eine bestimmte Geschwindigkeit $\hat{v}_W$ der Wand zu erzielen.

Die Berechnung von $\hat{v}_W$ aus (10.21) ist noch nicht möglich, da zwar der Schalldruck $\hat{p}_a$ der auftreffenden Welle bekannt ist, nicht aber die Schalldrücke $\hat{p}_r$ und $\hat{p}_d$ der reflektierten und durchgelassenen Schallwellen. Zu ihrer Ermittlung sind noch die Kontinuitätsbedingungen an der Wandoberfläche auszuschöpfen; es gilt links bzw. rechts von der Wand

$$\hat{v}_a + \hat{v}_r = \hat{v}_W, \quad \hat{v}_d = \hat{v}_W. \tag{10.22}$$

Mit den aus (10.13) und (10.15) folgenden Beziehungen

$$\hat{v}_a = \frac{\hat{p}_a}{Z_L}, \quad \hat{v}_r = -\frac{\hat{p}_r}{Z_L}, \quad \hat{v}_d = \frac{\hat{p}_d}{Z_L} \tag{10.23}$$

erhält man aus (10.22)

$$\hat{p}_r = \hat{p}_a - Z_L v_W, \quad \hat{p}_d = Z_L v_W; \tag{10.24}$$

Einsetzen von (10.24) in (10.21) und Auflösen nach $\hat{v}_W$ liefert

$$\hat{v}_W = \frac{2}{Z_W + 2Z_L}\, \hat{p}_a. \tag{10.25}$$

Das Verhältnis der Schalldrücke bzw. der Schallschnellen von auftreffender und durchgelassener Schallwelle folgt nunmehr mit (10.24) und (10.25) zu[1]

$$\frac{p_a}{p_d} = \frac{v_a}{v_d} = 1 + \frac{Z_W}{2Z_L}. \tag{10.26}$$

Als Schalldämm- oder Schallisoliermaß einer Wand definiert man mit ${}^{10}\log(\ldots) = \lg(\ldots)$ den Ausdruck

$$R = 10 \lg \frac{I_a}{I_d}$$

oder, da die Schallintensität[2] $I = p^2/\varrho_0 c = v^2 \varrho_0 c$ quadratisch von der Schallschnelle bzw. vom Schalldruck abhängt,

$$R = 20 \lg \frac{v_a}{v_d} = 20 \lg \frac{p_a}{p_d}; \tag{10.27}$$

[1] Die Dächer können hier weggelassen werden, da $\hat{p}_a/\hat{p}_d = p_a/p_d$ und $\hat{v}_a/\hat{v}_d = v_a/v_d$ ist.

[2] Hierunter versteht man die Schallenergie, die je Zeiteinheit durch eine senkrecht zur Schallausbreitungsrichtung gelegene Flächeneinheit hindurchtritt.

R wird in Dezibel (dB) gemessen. Mit (10.26) folgt also aus (10.27) das Bergersche „Massegesetz“

$$R = 20\lg\left|1+\frac{Z_W}{2Z_L}\right| = 20\lg\left|1+i\frac{\omega\mu}{2\varrho_0 c}\right|. \tag{10.28}$$

Die Schalldämmung einer Wand bei senkrechtem Schalleinfall ist also um so besser, je größer die Masse der Wand ist. Verdoppelt man die Masse μ einer Wand, so gilt für $\omega\mu/2\varrho_0 c \gg 1$ (was meist der Fall ist)

$$R_1 \approx 20\lg\frac{\omega\mu}{2\varrho_0 c}, \quad R_2 \approx 20\lg\frac{\omega\mu}{\varrho_0 c},$$

also

$$\Delta R = R_2 - R_1 = 20\lg 2 \approx 6\ \mathrm{dB};$$

die Schalldämmung der Wand steigt also um 6 Dezibel. Dieselbe Steigerung des Schalldämmaßes ergibt sich auch bei Frequenzverdoppelung des Schalls, d. h. bei Anhebung der Tonhöhe um eine Oktave.

10.2.3.2. Einschalige Wand bei schrägem Schalleinfall

Trifft eine ebene Schallwellenfront schräg auf eine Wand (vgl. Abb. 64), dann ist der Schalldruck auf die Wand zu einem festen Zeitpunkt nicht mehr auf der gesamten Wandfläche konstant (gleichphasige Erregung), sondern örtlich verschieden. Für p_a, p_r und p_d längs der Wand folgt aus (10.12) mit $-i\omega\varrho_0\hat{\Phi}_1 = \hat{p}_a$ bzw. $\hat{p}_r$ bzw. $\hat{p}_d$ und nach Ersetzen von z durch $x\cdot\sin\vartheta$

$$p_{a,r,d} = \hat{p}_{a,r,d}\, e^{-ikx\sin\vartheta} e^{i\omega t}. \tag{10.29}$$

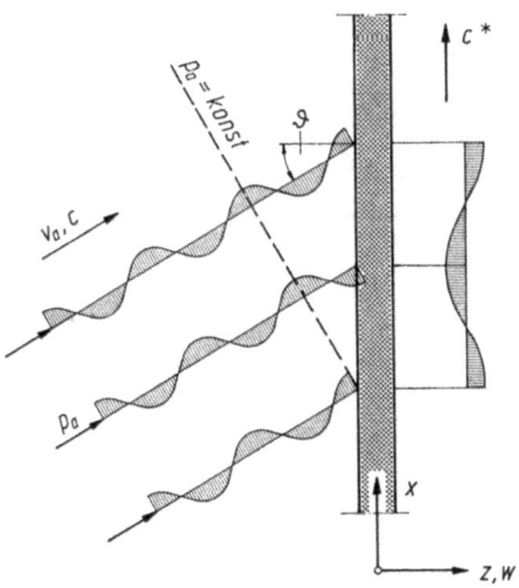

Abb. 64. Schräg einfallender Schall

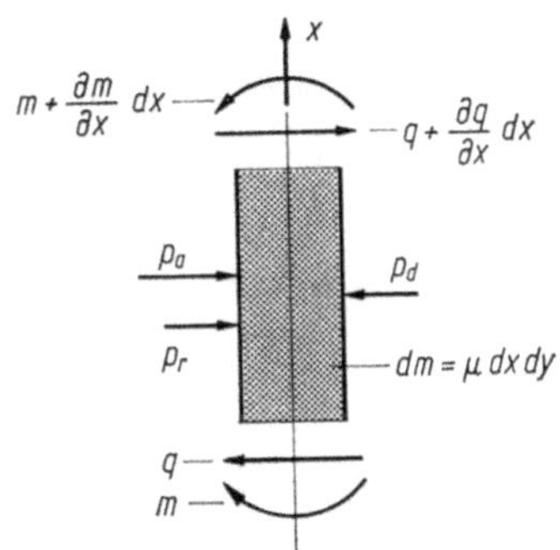

Abb. 65. Wandelement bei schrägem Schalleinfall

p_a, p_r und p_d hängen von x ab, wobei die x-Richtung durch die senkrechte Projektion des Schallschnellenvektors auf die Wandfläche gegeben ist. Entsprechend der Luftschallgeschwindigkeit c_L in Schallausbreitungsrichtung stellt sich längs der Wand eine Spurgeschwindigkeit

$$c^* = \frac{c_L}{\sin\vartheta} \tag{10.30}$$

der ebenen Schallwelle ein. Die Erregung der Wand durch $p = p_a + p_r - p_d$ erfolgt also durch in x-Richtung mit der Spurgeschwindigkeit c^* fortschreitende Druckwellen.

Die Veränderlichkeit von p mit x ruft in der Wand — im Gegensatz zu senkrechtem Schalleinfall — Biegemomente und Querkräfte hervor, unter deren Einwirkung sie sich verformt. Das Newtonsche Gesetz für ein Wandelement $dm = \mu\, dx\, dy$ lautet hier gemäß Abb. 65

$$\mu \frac{\partial^2 w}{\partial t^2} = p_a + p_r - p_d + \frac{\partial q}{\partial x}, \tag{10.31}$$

woraus mit der aus der Biegetheorie für schubstarre Balken bekannten Beziehung

$$q = -B \frac{\partial^3 w}{\partial x^3} \tag{10.32}$$

unmittelbar die partielle Differentialgleichung

$$\mu \frac{\partial^2 w}{\partial t^2} + B \frac{\partial^4 w}{\partial x^4} = p_a + p_r - p_d \tag{10.33}$$

folgt. Für $B = 0$ geht (10.33) über in (10.16).

Ganz analog wie in Abschnitt 10.2.3.1, insbesondere unter Verwendung der Beziehungen und Ansätze (10.18), (10.19), (10.20) und (10.30), erhält man aus (10.33) nach kurzer Rechnung die Trennimpedanz Z_W der Wand zu

$$Z_W = i\,\omega\,\mu \left(1 - \frac{\omega^2 B \sin^4\vartheta}{c^4 \mu}\right) = i\,\omega\,\mu \left(1 - \frac{\omega^2 B}{c^{*4} \mu}\right). \tag{10.34}$$

Die Kontinuitätsbedingungen an der Wandoberfläche lauten

$$\hat{v}_a \cos\vartheta - \hat{v}_r \cos\vartheta = \hat{v}_W, \quad \hat{v}_d \cos\vartheta = \hat{v}_W, \tag{10.35}$$

woraus unter Beachtung von (10.23) in analoger Weise wie in Abschnitt 10.2.3.1

$$\hat{v}_W = \frac{2}{Z_W + 2 Z_L / \cos\vartheta}\, \hat{p}_a \tag{10.36}$$

und

$$\frac{p_a}{p_d} = \frac{v_a}{v_d} = 1 + \frac{Z_W}{2 Z_L} \cos\vartheta \tag{10.37}$$

folgen. Das Schalldämmaß ist mit (10.37) durch (10.27) gegeben:

$$R = 20 \lg \left| 1 + \frac{Z_W}{2 Z_L} \cos\vartheta \right| = 20 \lg \left| 1 + i \frac{\omega \mu \cos\vartheta}{2 \varrho_0 c} \left(1 - \frac{\omega^2 B}{c^{*4} \mu}\right) \right|. \tag{10.38}$$

Der Sonderfall $B = 0$ (biegeschlaffe Wand unter schrägem Schalleinfall) liefert

$$R = 20 \lg \left| 1 + i \frac{\omega \mu \cos\vartheta}{2 \varrho_0 c} \right|; \tag{10.39}$$

(10.39) geht für $\vartheta = 0$ (senkrechter Schalleinfall) in die schon bekannte Beziehung (10.28) über.

Aus (10.38) ist ersichtlich, daß bei schräg auftreffendem Schall das Schalldämmaß R einer Wand nicht nur von deren Masse μ abhängt wie bei senkrechtem Schalleinfall ($\vartheta = 0$), sondern auch von deren Biegesteifigkeit $B = E d^3 / 12 (1 - \nu^2)$. Das Schalldämmaß R kann auch null werden, nämlich dann, wenn der Imaginärteil in (10.38) verschwindet, d. h. wenn $Z_W = 0$ ist, woraus unter Beachtung von (10.30) und (10.2)

$$c^* = c_B \tag{10.40}$$

folgt. Es ist also $R = 0$, wenn die Spurgeschwindigkeit c^* der Luftschallwelle längs der Wand und die Geschwindigkeit c_B der Körperschallbiegewelle in der Wand übereinstimmen („koinzidieren"); man spricht vom *Koinzidenzfall.* Die zugehörige Koinzidenzkreisfrequenz ergibt sich zu

$$\omega_K = \frac{c^2}{\sin^2 \vartheta} \sqrt{\frac{\mu}{B}} = c^{*2} \sqrt{\frac{\mu}{B}}. \tag{10.41}$$

Mit (10.41) läßt sich (10.38) umschreiben:

$$R = 20 \lg \left| 1 + i \frac{\omega \mu \cos \vartheta}{2 \varrho_0 c} \left(1 - \frac{\omega^2}{\omega_K{}^2} \right) \right|. \tag{10.42}$$

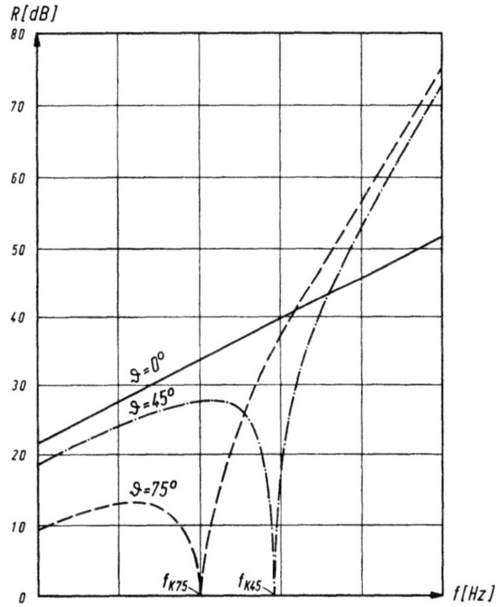

Abb. 66. Schalldämm-Maße einer einschaligen Wand für verschiedene Schalleinfallwinkel

Den Verlauf von $R = R(f)$ für verschiedene Schalleinfallswinkel zeigt in einfach logarithmischer Darstellung Abb. 66. Wie man sieht, ist das Schalldämmaß gemäß (10.42) im Frequenzbereich $0 < \omega < \sqrt{2}\, \omega_K$ kleiner und für $\omega > \sqrt{2}\, \omega_K$ größer als die nach dem „Massegesetz" gemäß (10.39) sich ergebende Schalldämmung. Die Biegesteifigkeit der Platte wirkt sich also für $\omega < \sqrt{2}\,\omega_K$ negativ auf die Schalldämmung aus und für $\omega > \sqrt{2}\,\omega_K$ positiv; die Verbesserung für $\omega > \sqrt{2}\,\omega_K$ ist jedoch meist nur von geringer Bedeutung, da durch sie der Einfluß des im Bereich $\omega < \sqrt{2}\,\omega_K$ verstärkt durchgelassenen Schalls im allgemeinen bei weitem nicht kompensiert werden kann.

Da in der Baupraxis nur Schallfrequenzen zwischen 100 und 3200 Hz bewertet werden und da der Schall aus fast allen Winkeln ϑ auf eine Wand einfallen kann, muß für eine enge Folge von Schallfrequenzen f ein aus allen auftretenden Einfallsrichtungen gemitteltes Schalldämmaß R ermittelt werden. Dies geschieht durch einen in DIN 4109 genormten Schallversuch; die hierbei gemessenen Kurven $R = R(f)$ charakterisieren dann das Schalldämmverhalten einer Wand. Folgende Schalldämmaße sind in der Baupraxis gebräuchlich:

a) Das *Schalldämmaß*

$$R = 20 \lg \frac{p_a}{p_d} + 10 \lg \frac{F}{A_0};$$

es kennzeichnet die Luftschalldämmung eines Bauteils der Fläche F bei einer bestimmten Schallfrequenz f, wobei A_0 die „äquivalente Absorptionsfläche" im Raum hinter der Wand (Empfangsraum) ist.

b) Das *Bauschalldämmaß* R'; es kennzeichnet die Luftschalldämmung eines flächigen Bauteils einschließlich Übertragungen auf bauüblichen Nebenwegen bei einer bestimmten Schallfrequenz f.

c) Das *mittlere Schalldämmaß* R_m bzw. das mittlere *Bauschalldämmaß* R_m'; es ist der über den gesamten bauakustischen Frequenzbereich von 100 bis 3200 Hz gebildete Mittelwert der in halblogarithmischem Maßstab aufgetragenen Kurven $R(f)$ bzw. $R'(f)$.

Wie (10.42) zeigt, ist die Schalldämmung einer Wand um so kleiner, je schräger der Schall auftrifft. Da jedoch in der Praxis wegen der begrenzten Wandgrößen der Anteil der Schallenergie an der Gesamtenergie, der bei sehr schrägem Schalleinfall durch die Wand übertragen wird, sehr klein ist, treten Schalleinfallswinkel der Größe $\vartheta = 80° \ldots 90°$ beim Schallversuch meist nicht auf. Sie können daher auch unberücksichtigt bleiben, wenn das Schalldämmaß R gemäß (10.38) auf rechnerischem Wege über die Einfallswinkel gemittelt wird. Im allgemeinen ergibt sich bei diffusem Schalleinfall ein um 6 dB niedrigeres Schalldämmaß als bei senkrechtem Schalleinfall.

10.2.3.3. Inkompressible Sandwichplatte bei schrägem Schalleinfall

Auch eine inkompressible *Sandwichplatte* ist schalltechnisch eine einschalige Wand; sie ist jedoch — im Gegensatz zu dem in Abschnitt 10.2.3.2 behandelten Fall — eine schubweiche Platte. Trifft auf diese eine ebene Schallwellenfront schräg auf (vgl. Abb. 64), dann gilt sinngemäß dasselbe wie in Abschnitt 10.2.3.2. Der einzige Unterschied besteht darin, daß für die Querkraft q in (10.31) anstelle von (10.32) die Beziehung (3.16) zu verwenden ist:

$$q = A\gamma - (B_u + B_o)\frac{\partial^3 w}{\partial x^3}. \tag{10.43}$$

Auch wenn die Deckschichten als sehr dünn vorausgesetzt werden (B_u, $B_o \ll B_S$), darf dennoch der Deckschichtenanteil in q gemäß (10.43) nicht vernachlässigt werden, wie aus dem folgenden noch ersichtlich sein wird; hier unterscheiden sich also die Voraussetzungen für die schalltechnische und die statische Berechnung einer Sandwichplatte.

Setzt man q gemäß (10.43) in (10.31) ein, so erhält man — zusammen mit der ersten Beziehung (3.17), die einen Zusammenhang zwischen w und γ vermittelt — die beiden Gleichungen

$$\left.\begin{aligned} \mu\frac{\partial^2 w}{\partial t^2} + (B_u + B_o)\frac{\partial^4 w}{\partial x^4} - A\frac{\partial \gamma}{\partial x} &= p_a + p_r - p_d, \\ B_S\left(\frac{\partial^2 \gamma}{\partial x^2} - \frac{\partial^3 w}{\partial x^3}\right) - A\gamma &= 0. \end{aligned}\right\} \tag{10.44}$$

Der Grenzfall $A = \infty$, d. h. $\gamma = 0$, liefert nach Einsetzen von $A\gamma$ gemäß der zweiten Gleichung (10.44) in die erste mit B gemäß (3.15) wieder die schon bekannte Beziehung (10.33).

Führt man in (10.44) für die Drücke (10.29) ein und für w und γ die Lösungsansätze

$$w = \hat{w}\,\mathrm{e}^{-ikx\sin\vartheta}\mathrm{e}^{i\omega t}, \quad \gamma = \hat{\gamma}\,\mathrm{e}^{-ikx\sin\vartheta}\mathrm{e}^{i\omega t}, \tag{10.45}$$

so erhält man für $\hat{w}$ und $\hat{\gamma}$ das Gleichungssystem

$$\left.\begin{aligned} [-\mu\omega^2 + (B_u + B_o)k^4\sin^4\vartheta]\,\hat{w} + A\,i\,k\sin\vartheta\cdot\hat{\gamma} &= \hat{p}_a + \hat{p}_r - \hat{p}_d, \\ B_S\,i\,k^3\sin^3\vartheta\cdot\hat{w} + (B_S k^2\sin^2\vartheta + A)\cdot\hat{\gamma} &= 0. \end{aligned}\right\} \tag{10.46}$$

Berechnet man hieraus $\hat{w}$ und führt sodann $\hat{v}_W = i\omega\hat{w}$ gemäß (10.20) und die Abkürzungen

$$\left.\begin{aligned} Z_\mu &= +i\omega\mu, & Z_S &= -i\frac{B_S\omega^3\sin^4\vartheta}{c^4}, \\ Z_D &= -i\frac{(B_u + B_o)\,\omega^3\sin^4\vartheta}{c^4}, & Z_K &= -i\frac{A\,\omega\sin^2\vartheta}{c^2} \end{aligned}\right\} \tag{10.47}$$

ein[1], dann läßt sich $\hat{v}_W$ nach einiger Zwischenrechnung wieder in der Form (10.21) schreiben, jedoch mit der Trennimpedanz Z_W gemäß

$$Z_W = Z_\mu + Z_D + \frac{Z_S Z_K}{Z_S + Z_K}. \tag{10.48}$$

In der elektrotechnischen Analogie ergibt sich Z_W also aus einem Schaltbild, in dem Z_μ, Z_D und eine Parallelschaltung von Z_S und Z_K in Serie geschaltet sind. Wie aus (10.47) und (10.48) hervorgeht, ist Z_W eine rein imaginäre

[1] Z_μ, Z_D, Z_S und Z_K können als Trennwiderstände der Wand unter alleinigem Einfluß von μ bzw. $B_u + B_o$ bzw. B_S bzw. A aufgefaßt werden.

Größe. Im Grenzfall $A = \infty$, d. h. $Z_K = \infty$, geht $Z_W = Z_\mu + Z_D + Z_S$ aus (10.48) hervor, also unter Beachtung von (10.47) und (3.15) wiederum (10.34).

Die Kontinuitätsbedingungen an der Wandoberfläche sind durch (10.35) gegeben, so daß in analoger Weise zu den vorangehenden Abschnitten $\hat{v}_W$ gemäß (10.36), p_a/p_d gemäß (10.37) und R wie in (10.38) durch

$$R = 20 \lg \left| 1 + \frac{Z_W}{2 Z_L} \cos\vartheta \right| \tag{10.49}$$

folgen, jedoch mit Z_W gemäß (10.48).

R gemäß (10.49) soll nun näher untersucht werden. Für hinreichend große Werte ω (im allgemeinen bereits fast im gesamten bauakustisch interessierenden Bereich von $f = 100 \ldots 3200$ Hz) ist gemäß (10.47) $Z_S \gg Z_K$, so daß sich nach (10.48) Z_W zu

$$Z_W \approx Z_\mu + Z_D + Z_K$$

vereinfacht; Z_W und damit R gemäß (10.49) sind also von der Sandwichbiegesteifigkeit B_S unabhängig. Bei Sandwichplatten mit leichter Kernschicht (z. B. Kunststoffhartschaum) gilt außerdem meist $A/\mu c^{*2} \gg 1$ und damit $Z_K \ll Z_\mu$, so daß sich Z_W noch weiter zu

$$Z_W \approx Z_\mu + Z_D$$

vereinfacht. Bei kleiner Biegesteifigkeit $B_u + B_o$ der Deckschichten und niedrigen Schallfrequenzen kann auch Z_D gegenüber Z_μ vernachlässigt werden; man erhält dann das reine Bergersche „Massegesetz", vgl. (10.28). Für hinreichend hohe Schallfrequenzen ist diese Vernachlässigung jedoch *nicht* mehr zulässig, da Z_μ nur linear, Z_D jedoch kubisch mit ω anwächst. Die Sandwichwand verhält sich also hinsichtlich ihrer Schalldämmung so, als habe sie bei voller Masse μ nur die sehr kleine Biegesteifigkeit $B_u + B_o$ der Deckschichten, wogegen hinsichtlich ihrer statischen Tragfähigkeit die im Vergleich zu $B_u + B_o$ sehr große Sandwichbiegesteifigkeit B_S wirksam ist. Da gemäß Abschnitt 10.2.3.2 die Biegesteifigkeit zwecks Erreichung einer guten Schalldämmung möglichst klein sein soll, verhalten sich also Sandwichplatten schalltechnisch wesentlich günstiger als gleich schwere Platten mit homogenem Aufbau, bei denen nicht nur statisch, sondern auch schalltechnisch die volle Biegesteifigkeit B wirksam ist. Die aus bauakustischen Gründen vielfach verwendete zweischalige Wand in Form einer schweren, biegesteifen, tragenden Schale (z. B. Ziegelwand) und einer leichten, biegeweichen Vorsatzschale (z. B. Holzwolleleichtbauplatte) könnte also ohne Einbuße an Schalldämmung durch eine schwere, mehrschichtige, kompakte Sandwichplatte ersetzt werden.

Auch bei einer Sandwichplatte kann Koinzidenz eintreten und das Schalldämmaß R null werden, nämlich dann, wenn

$$\left| 1 + \frac{Z_W}{2 Z_L} \cos\vartheta \right| = 1$$

ist; hieraus folgt — da Z_W eine rein imaginäre Zahl ist — unmittelbar $Z_W = 0$. Aus (10.48) ergibt sich nach kurzer Umformung

$$\frac{Z_S}{Z_\mu} + \frac{Z_K}{Z_\mu} + \frac{Z_K}{Z_\mu}\left(\frac{Z_S}{Z_\mu} + \frac{Z_D}{Z_\mu}\right) + \frac{Z_S}{Z_\mu}\frac{Z_D}{Z_\mu} = 0. \qquad (10.50)$$

Führt man in (10.50) anstelle der Trennwiderstände die Schallausbreitungsgeschwindigkeiten

$$c_S = \sqrt{\omega}\sqrt[4]{\frac{B_S}{\mu}}, \quad c_D = \sqrt{\omega}\sqrt[4]{\frac{B_u + B_o}{\mu}}, \quad c_K = \sqrt{\frac{A}{\mu}} \qquad (10.51)$$

und c^* gemäß (10.30) ein[1], dann geht aus (10.50)

$$\left(\frac{c_S}{c^*}\right)^4 + \left(\frac{c_K}{c^*}\right)^2 - \left(\frac{c_K}{c^*}\right)^2\left[\left(\frac{c_S}{c^*}\right)^4 + \left(\frac{c_D}{c^*}\right)^4\right] - \left(\frac{c_S}{c^*}\right)^4\left(\frac{c_D}{c^*}\right)^4 = 0 \qquad (10.52)$$

hervor. Multipliziert man (10.52) mit c^{*8}/c_S^4, so erhält man

$$F_1 c^{*6} + c^{*4} - F_2 c^{*2} - F_3 = 0, \qquad (10.53)$$

worin mit B gemäß (3.15)

$$F_1 = \frac{A}{B_S\,\omega^2}, \quad F_2 = \frac{A}{\mu}\frac{B}{B_S}, \quad F_3 = \frac{(B_u + B_o)\,\omega^2}{\mu} \qquad (10.54)$$

bedeuten. (10.53) ist eine transzendente Gleichung, aus der entweder

— bei gegebener Schallkreisfrequenz ω diejenige Schallspurgeschwindigkeit $c^* = c_L/\sin\vartheta$ ermittelt werden kann, bei welcher Koinzidenz eintritt, oder
— bei gegebener Spurgeschwindigkeit c^* die Koinzidenzkreisfrequenz ω_K des Schalls berechnet werden kann.

Es soll nun eine Diskussion des Verlaufes von $c^* = f(\omega)$ gemäß (10.53) durchgeführt werden.

Fall 1: Kleine ω-Werte. In diesem Fall ist der zweite und vierte Term in (10.53) klein gegenüber dem ersten und dritten Term und daher vernachlässigbar, so daß sich

$$c^* \approx \sqrt[4]{c_S^4 + c_D^4} = \sqrt{\omega}\sqrt[4]{\frac{B}{\mu}} \qquad (10.55)$$

ergibt. Bei sehr dünnen Deckschichten ($B_u + B_o \ll B_S$) ist näherungsweise

$$c^* \approx c_S = \sqrt{\omega}\sqrt[4]{\frac{B_S}{\mu}}. \qquad (10.55\,\mathrm{a})$$

Fall 2: Große ω-Werte. In diesem Fall ist der erste und dritte Term in (10.53) klein gegenüber dem zweiten und vierten Term und daher vernach-

[1] c_S, c_D und c_K können als Schallausbreitungsgeschwindigkeiten in der Wand unter alleinigem Einfluß von B_S und μ bzw. $B_u + B_o$ und μ bzw. A und μ aufgefaßt werden, vgl. auch die Beziehungen (10.2) und (10.3).

lässigbar, so daß sich

$$c^* \approx c_D = \sqrt{\omega}\, \sqrt[4]{\frac{B_u + B_o}{\mu}} \tag{10.56}$$

ergibt.

Fall 3: Mittlerer Frequenzbereich. In diesem Fall ist $c_D \ll c_K \ll c_S$, so daß der erste und vierte Term klein gegenüber dem zweiten und dritten Term und daher vernachlässigbar ist; man erhält

$$c^* \approx c_K \sqrt{1 + \frac{c_D{}^4}{c_S{}^4}} = \sqrt{\frac{A}{\mu}\,\frac{B}{B_S}}. \tag{10.57}$$

Bei sehr dünnen Deckschichten $(B_u + B_o \ll B_S)$ ist näherungsweise

$$c^* \approx c_K = \sqrt{\frac{A}{\mu}}. \tag{10.57a}$$

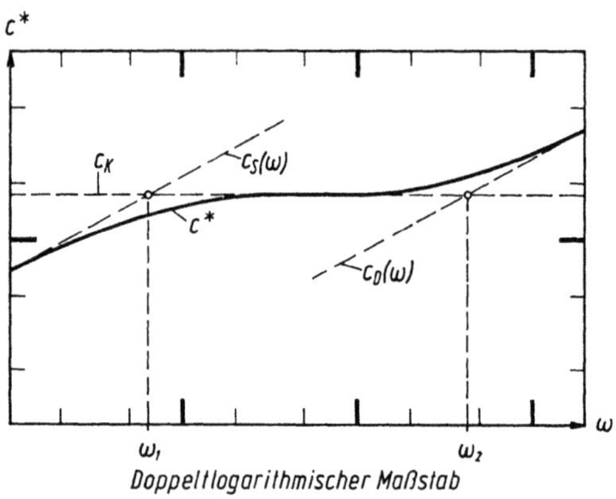

Abb. 67. Schallausbreitungsgeschwindigkeit in einer Sandwichplatte mit dünnen Deckschichten im Koinzidenzfall

Stellt man $c^* = f(\omega)$ in doppeltlogarithmischem Maßstab für den Sonderfall dünner Deckschichten $(B_u + B_o \ll B_S)$ graphisch dar, so erhält man den in Abb. 67 gezeigten Verlauf. Die Geraden $c^* = c_S(\omega)$ bzw. $c^* = c_D(\omega)$ sind Asymptoten der Kurve $c^* = f(\omega)$ für sehr kleine bzw. sehr große ω-Werte, während die Gerade $c^* = c_K = \text{konst}$ den Kurvenverlauf im mittleren Frequenzbereich annähert. Die Grenzkreisfrequenzen ω_1 und ω_2, die die drei Frequenzbereiche gemäß (10.55a), (10.56) und (10.57a) voneinander trennen, ergeben sich aus $c_S = c_K$ bzw. aus $c_D = c_K$ zu

$$\omega_1 = \frac{A}{\sqrt{\mu B_S}}, \quad \omega_2 = \frac{A}{\sqrt{\mu\,(B_u + B_o)}}. \tag{10.58}$$

Die zu ω_1 bzw. ω_2 gehörigen Spurgeschwindigkeiten $c_1{}^*$ bzw. $c_2{}^*$ erhält man durch Einsetzen von (10.58) in (10.53) und Vernachlässigen des vierten bzw. des ersten Terms in (10.53) zu

$$c_1{}^* = 0{,}786\, c_K, \quad c_2{}^* = 1{,}272\, c_K. \tag{10.59}$$

Nunmehr sollen noch einige *Grenzfälle* untersucht werden.

a) $A = \infty$: (10.53) liefert unmittelbar c^* gemäß (10.55) für den gesamten Frequenzbereich; in Abb. 67 gilt also nur die linke schräge Gerade $c^* = c_S(\omega)$.

b) $A = 0$: (10.53) liefert unmittelbar c^* gemäß (10.56) für den gesamten Frequenzbereich; in Abb. 67 gilt also nur die rechte schräge Gerade $c^* = c_D(\omega)$.

c) $B_u = B_o = 0$ und nicht zu kleine ω: (10.53) liefert unmittelbar c^* gemäß (10.57a) für den mittleren und oberen Frequenzbereich; in Abb. 67 gilt also die horizontale Gerade $c^* = c_K$.

Aus Abb. 67 können nun hinsichtlich der Schalldämmung einer Sandwichtafel einige Schlußfolgerungen gezogen werden. Alle auf der Kurve $c^* = f(\omega)$ gelegenen Wertepaare (ω, c^*) stellen einen Koinzidenzfall dar. Liegen die tatsächlich auftretenden Wertepaare (ω, c^*) genügend weit von der Kurve $c^* = f(\omega)$ entfernt, dann ist hierfür die Schalldämmung der Sandwichtafel gut. Um innerhalb des bautechnisch interessanten Luftschallfrequenzbereiches eine gute Schalldämmung zu erreichen, hat man also bei der Dimensionierung der Sandwichplatte folgendes zu beachten:

— Die Schubwellengeschwindigkeit c_K muß deutlich kleiner sein als die Spurgeschwindigkeit c^* des Luftschalls für $\vartheta = 90°$ (wandparalleler Schalleinfall, d. h. $c^* = c_L = 340$ m/s), indem man etwa

$$c_K \leqq \frac{2}{3} c_L \quad \text{bzw.} \quad c_L \geqq \frac{3}{2} c_K$$

fordert; es tritt dann erst weit oberhalb der Grenzkreisfrequenz ω_2 gemäß (10.58) Koinzidenz ein.

— Die Gerade $c^* = c_D(\omega)$ darf den Wert c_L erst deutlich oberhalb des bauakustischen Frequenzbereiches ($f = 100 \ldots 3200$ Hz) erreichen.

Die Einhaltung dieser Bedingungen hat zur Folge, daß sich die Wand hinsichtlich der Koinzidenz so verhält, als habe sie bei voller Masse μ nur die sehr kleine Biegesteifigkeit $B_u + B_o$ der Deckschichten allein [Gerade $c_D(\omega)$ in Abb. 67 maßgebend].

10.2.3.4. Kompressible Sandwichplatte bei senkrechtem Schalleinfall

Eine aus zwei Deckschichten und einer leichten Kernschicht bestehende, kompressible Sandwichplatte ist schalltechnisch eine zweischalige Wand. Die Deckschichten können Dickenschwingungen ausführen, wobei die Kernschicht als Federsystem wirkt. Der Einfachheit halber wird nur die Schalldämmung bei senkrechtem Einfall einer ebenen Schallwellenfront untersucht; bei schräg einfallendem Schall würde nämlich die Rechnung wesentlich komplizierter, da sich hierbei Dickenschwingungen infolge Kernschichtkompressibilität, Biegewellen infolge Biegeweichheit der Deckschichten und Schubwellen infolge Schubweichheit der Kernschicht überlagern und gegenseitig beeinflussen und daher bereits in den Ausgangsdifferentialgleichungen miteinander gekoppelt in die Rechnung eingehen.

Bei senkrechtem Schalleinfall schwingen alle Punkte einer Deckschicht gleichphasig. Es kann daher ein Element gemäß Abb. 68 aus der Sandwichplatte herausgeschnitten werden; an den Schnittstellen treten dabei

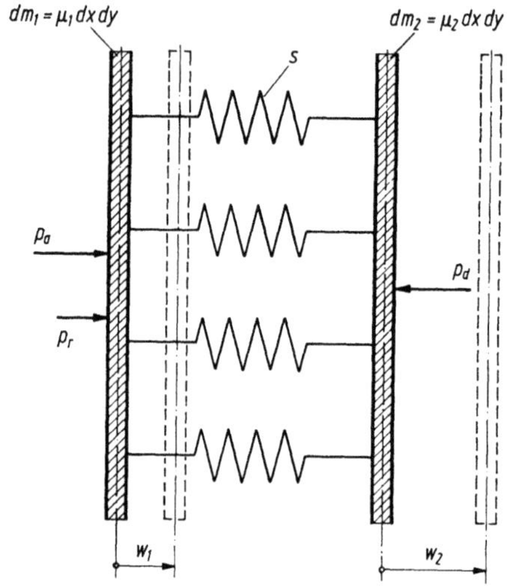

Abb. 68. Dickenschwingung einer Sandwichplatte

— ähnlich wie in Abb. 63, jedoch anders als in Abb. 65 — keine Schnittlasten m und q auf. Unter der Einwirkung von p_a, p_r und p_d liefert für die beiden freigeschnittenen Wandelemente $\mathrm{d}m_1 = \mu_1 \mathrm{d}x\,\mathrm{d}y$ und $\mathrm{d}m_2 = \mu_2 \mathrm{d}x\,\mathrm{d}y$ das Newtonsche Gesetz

$$\mu_1 \frac{\partial^2 w_1}{\partial t^2} = p_a + p_r + F\,, \quad \mu_2 \frac{\partial^2 w_2}{\partial t^2} = -p_d - F\,; \tag{10.60}$$

hierin ist F die als Zugkraft angesetzte Federkraft je Oberflächeneinheit. Mit der dynamischen Steifigkeit

$$s = \frac{E_{dyn}}{h} \tag{10.61}$$

(E_{dyn} = Elastizitätsmodul der Kernschicht bei dynamischer Beanspruchung, h = Kernschichtdicke) ist

$$F = s\,(w_2 - w_1)\,; \tag{10.62}$$

Einsetzen von (10.62) in (10.60) liefert die beiden gekoppelten Differentialgleichungen

$$\left.\begin{aligned} \mu_1 \frac{\partial^2 w_1}{\partial t^2} + s w_1 - s w_2 &= p_a + p_r\,, \\ \mu_2 \frac{\partial^2 w_2}{\partial t^2} - s w_1 + s w_2 &= -p_d\,. \end{aligned}\right\} \tag{10.63}$$

Zunächst soll die Eigenkreisfrequenz des vorliegenden Systems berechnet werden. Führt man in die zu (10.63) gehörigen homogenen Differentialgleichungen die Ansätze

$$w_1 = \hat{w}_1 e^{i\omega t}, \quad w_2 = \hat{w}_2 e^{i\omega t} \tag{10.64}$$

ein und führt einen Koeffizientenvergleich in $e^{i\omega t}$ durch, so erhält man für $\hat{w}_1$ und $\hat{w}_2$ die beiden Gleichungen

$$\left.\begin{aligned} (s - \mu_1\omega^2)\hat{w}_1 - s\hat{w}_2 &= 0, \\ -s\hat{w}_1 + (s - \mu_2\omega^2)\hat{w}_2 &= 0. \end{aligned}\right\} \tag{10.65}$$

Durch Nullsetzen der Koeffizientendeterminante ergibt sich unmittelbar die Eigenkreisfrequenz der Dickenschwingung:

$$\omega_D = \sqrt{\frac{s}{\mu_1} + \frac{s}{\mu_2}}. \tag{10.66}$$

Leitet man aus (10.66) eine dimensionsgebundene Formel her, in welcher die Massen μ_1 und μ_2 der Deckschichten je Flächeneinheit in kg/m² und die dynamische Steifigkeit s in kp/cm³ einzusetzen sind, so erhält man

$$f_D \approx 500 \sqrt{\frac{s}{\mu_1} + \frac{s}{\mu_2}} \quad [\mathrm{Hz}]; \tag{10.67}$$

diese Formel befindet sich auch in DIN 4109. Näherungsweise kann auch der Einfluß der Kernschichtmasse μ_K auf f_D berücksichtigt werden; ist z. B. $\mu_1 = \mu_2 = \mu_D$, so hat man in (10.67) nur μ_D um den Term $1/3 \cdot \mu_K/2$ zu vergrößern[1]: $\overline{\mu}_D = \mu_D + \mu_K/6$.

Die Lösung der inhomogenen Differentialgleichungen (10.63) geschieht unter Verwendung der Ansätze (10.18) für p_a, p_r, p_d und (10.64) für w_1, w_2. Führt man analog zu (10.20) $\hat{v}_1$ und $\hat{v}_2$ anstelle von $\hat{w}_1$ und $\hat{w}_2$ mittels

$$\hat{v}_1 = i\omega\hat{w}_1, \quad \hat{v}_2 = i\omega\hat{w}_2 \tag{10.68}$$

ein und setzt diese in (10.63) ein, so erhält man das Gleichungssystem

$$\left.\begin{aligned} \left(i\omega\mu_1 + \frac{s}{i\omega}\right)\hat{v}_1 - \frac{s}{i\omega}\hat{v}_2 &= \hat{p}_a + \hat{p}_r, \\ -\frac{s}{i\omega}\hat{v}_1 + \left(i\omega\mu_2 + \frac{s}{i\omega}\right)\hat{v}_2 &= -\hat{p}_d. \end{aligned}\right\} \tag{10.69}$$

Die Kontinuitätsbedingungen an den beiden Wandoberflächen lauten

$$\hat{v}_a + \hat{v}_r = \hat{v}_1, \quad \hat{v}_d = \hat{v}_2. \tag{10.70}$$

Unter Beachtung von (10.23) erhält man also für die Schalldrücke

$$\hat{p}_r = \hat{p}_a - Z_L\hat{v}_1, \quad \hat{p}_d = Z_L\hat{v}_2. \tag{10.71}$$

[1] Faktor $1/2$, da für $\mu_1 = \mu_2 = \mu_D$ in Plattenmitte ein Bewegungsruhepunkt liegt und daher jeder Deckschicht jeweils eine Hälfte der Kernschicht zugeordnet werden kann; bezüglich des Faktors $1/3$ vgl. etwa Abschnitt 2.4.2.5a oder [3], Formel (23.27).

(10.71) wird in (10.69) eingesetzt und nach Faktoren von $\hat{v}_1$ und $\hat{v}_2$ geordnet. Führt man dort die Abkürzungen

$$Z_0 = i\frac{s}{\omega}, \quad Z_1 = i\mu_1\omega, \quad Z_2 = i\mu_2\omega \tag{10.72}$$

ein, löst die Gleichungen nach $\hat{v}_1$ und $\hat{v}_2$ auf, setzt $\hat{v}_2$ in $\hat{p}_d$ gemäß (10.71) ein und bildet $R = 20\lg|p_a/p_d|$ gemäß (10.27), so erhält man nach kurzer Zwischenrechnung

$$R = 20\lg\left|\frac{(Z_1 - Z_0 + Z_L)(Z_2 - Z_0 + Z_L) - Z_0^2}{-2Z_0 Z_L}\right|$$

und nach weiterer Umformung

$$R = 20\lg\left|1 + \frac{Z_W}{2Z_L}\right| \tag{10.73}$$

mit

$$Z_W = Z_1 + Z_2 - \frac{(Z_1 + Z_L)(Z_2 + Z_L)}{Z_0}. \tag{10.74}$$

R läßt sich also wiederum in der Form (10.28) oder (10.38) oder (10.49) darstellen (die beiden letztgenannten Beziehungen für $\vartheta = 0°$); die Trennimpedanz Z_W gemäß (10.74) ist jetzt jedoch eine komplexe Größe. Der Betrag von $1 + Z_W/2Z_L$ ergibt sich mit den dimensionslosen Abkürzungen

$$\left.\begin{aligned} \alpha &= \frac{\mu_1\omega^2}{2s}, \quad \beta = \frac{\mu_2\omega^2}{2s}, \quad \gamma = \frac{Z_L\omega}{2s}, \\ p &= \alpha + \beta - 1, \quad q = \gamma + \frac{\alpha + \beta - 2\alpha\beta}{2\gamma} \end{aligned}\right\} \tag{10.75}$$

zu

$$\left|1 + \frac{Z_W}{2Z_L}\right| = \sqrt{p^2 + q^2}, \tag{10.76}$$

womit R gemäß (10.73) leicht zu berechnen ist.

Grenzfälle und Näherungen

a) Inkompressible Wand ($s = \infty$): Es ist $Z_0 = \infty$, womit (10.74) unmittelbar

$$Z_W = Z_1 + Z_2 = i\omega(\mu_1 + \mu_2) = Z_\mu \tag{10.77}$$

liefert, also das bekannte „Massegesetz" gemäß (10.28).

b) Masselose Deckschichten ($\mu_1 = 0$, $\mu_2 = 0$): Es ist $Z_1 = 0$ und $Z_2 = 0$, womit (10.74) unmittelbar

$$Z_W = -\frac{Z_L^2}{Z_0} = i\frac{\omega Z_L^2}{s} \tag{10.78}$$

liefert. Selbst ohne Masse der Deckschichten (z. B. dünne Folien) hat also eine Sandwichwand noch eine (wenn auch im allgemeinen sehr geringe) Schalldämmung.

c) Näherungsformel: Im bauakustischen Frequenzbereich gilt stets $Z_L \ll |Z_1|$ und $Z_L \ll |Z_2|$, so daß sich die unübersichtliche, komplexe Trennimpedanz Z_W gemäß (10.74) zu dem rein imaginären Ausdruck

$$Z_W \approx Z_1 + Z_2 - \frac{Z_1 Z_2}{Z_0}$$

vereinfachen läßt. Unter Beachtung von (10.72) folgt hieraus

$$Z_W \approx Z_\mu \left(1 - \frac{\omega^2}{\omega_D{}^2}\right) \tag{10.79}$$

mit Z_μ gemäß (10.21) oder (10.77) und ω_D gemäß (10.66). Soll auch der Einfluß der im allgemeinen kleinen Kernschichtmasse μ_K mitberücksichtigt werden, dann kann mit guter Näherung so vorgegangen werden, daß in Z_μ der volle Wert μ_K berücksichtigt wird ($\mu = \mu_1 + \mu_2 + \mu_K$), bei der Berechnung von $\omega_D = 2\pi f_D$ gemäß (10.67) jedoch nur ein bestimmter Bruchteil von μ_K, der im Falle $\mu_1 = \mu_2 = \mu_D$ ein Sechstel[1] beträgt ($\bar{\mu}_D = \mu_D + \mu_K/6$). (10.79) zeigt deutlich, daß Z_W und damit die Schalldämmung R bei Dickenschwingungsresonanz ($f = f_D$) einen tiefen Einbruch hat.

Den Verlauf der Schalldämmung $R = R(f)$ einer kompressiblen Sandwichplatte in einfach logarithmischer Darstellung gibt Abb. 69 wieder.

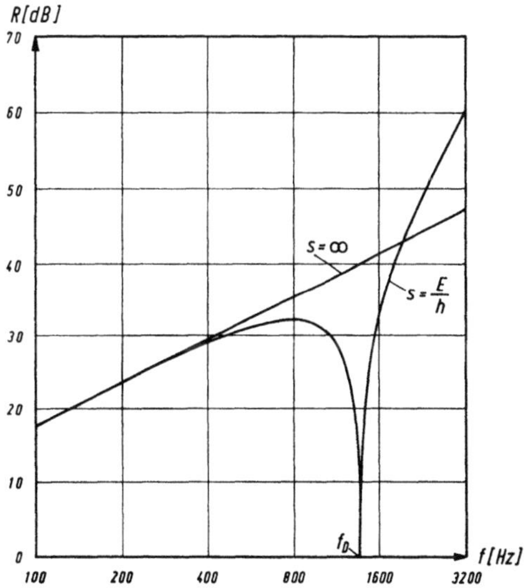

Abb. 69. Schalldämm-Maße einer kompressiblen Sandwichplatte bei senkrechtem Schalleinfall

10.2.4. Anwendung der Theorie der Luftschalldämmung

Es werden einige einschalige Wände mit homogenem Aufbau und einige Sandwichplatten betrachtet; dabei werden Rechnungen und Meßergebnisse gegenübergestellt.

[1] Vgl. Fußnote auf Seite 273.

10.2.4.1. Glasscheibe

Für eine Glasscheibe von 12 mm Dicke gilt bei senkrechtem Schalleinfall das „Massegesetz" gemäß (10.28). Mit $\mu g = 30$ kp/m² und $\varrho_0 c = 42$ kp s/m³ (bei 15° C) erhält man

$$\text{für } f = 100 \text{ Hz}: \; R_{100} = 27 \text{ dB}; \quad \text{für } f = 3200 \text{ Hz}: \; R_{3200} = 57 \text{ dB}.$$

Das mittlere Schalldämmaß beträgt also

$$R_m = \frac{1}{2}(R_{100} + R_{3200}) = 42 \text{ dB}.$$

Bei schrägem Schalleinfall ($\vartheta \neq 0°$) vermindert sich R entsprechend Formel (10.38). Den theoretischen und den gemessenen Verlauf des Schalldämmmaßes R in Abhängigkeit von der Schallfrequenz f zeigt in einfach-logarithmischem Maßstab Abb. 70, und zwar

— Kurve 1: berechnete Werte für $\vartheta = 0°$ („Massegesetz") mit $R_m = 42$ dB;
— Kurve 2: gemessene Werte für $\vartheta = 0°$ mit $R_m = 38$ dB;
— Kurve 3: gemessene Werte für $\vartheta = 75°$ mit $R_m = 31$ dB.

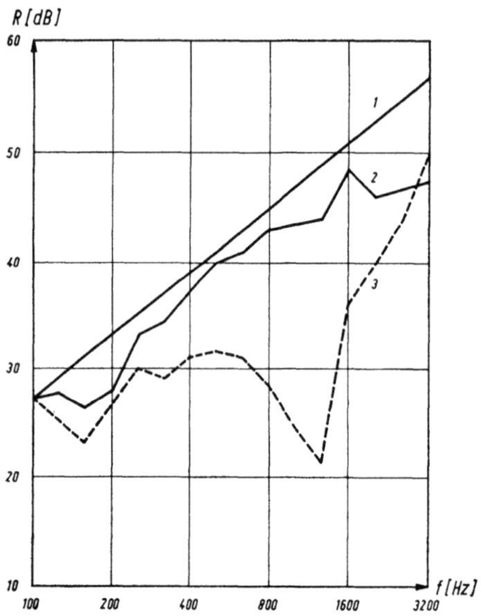

Abb. 70. Luftschalldämmung einer Glasscheibe

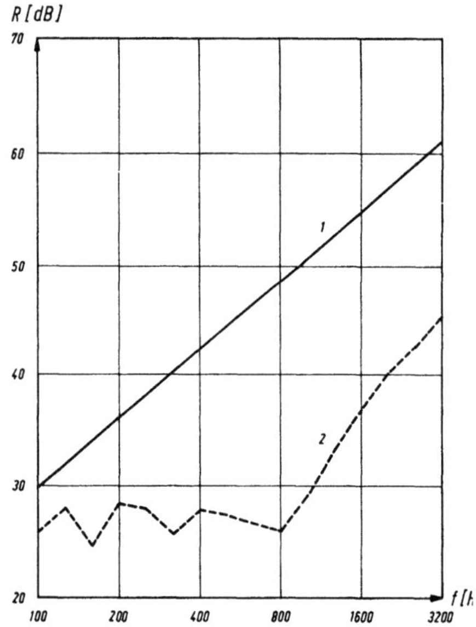

Abb. 71. Luftschalldämmung einer Gasbetonwand

Die gemessenen Werte sind [17] entnommen. Kurve 3 für $\vartheta = 75°$ zeigt einen deutlichen Einbruch von R bei einer Schallfrequenz von etwa 1250 Hz. Die rechnerische Koinzidenzfrequenz gemäß (10.41) für $\vartheta = 75°$ errechnet sich mit $E = 700\,000$ kp/cm² und $c = 340$ m/s (bei 15° C) für $f_K = 1086$ Hz. Theorie und Messung stimmen also leidlich überein; insbesondere ist auch der schalldämmungsmindernde Einfluß der Biegesteifigkeit in der weiteren Umgebung der Koinzidenzfrequenz erkennbar.

10.2.4.2. Gasbetonwand

Für eine Gasbetonwand von 75 mm Dicke gilt bei senkrechtem Schalleinfall ebenfalls das „Massegesetz". In Abb. 71 ist der Verlauf des Schalldämmaßes R in Abhängigkeit von der Schallfrequenz f dargestellt, und zwar

- Kurve 1: berechnete Werte für $\vartheta = 0$ („Massegesetz"), $\mu g = 50$ kp/m² und $\varrho_0 c = 42$ kp s/m³;
- Kurve 2: gemessene Werte, die im genormten Schallversuch mit breitem Einfallswinkelspektrum ($\vartheta = 0° \ldots 80°$) aufgenommen wurden; sie sind [18] entnommen.

Die Koinzidenzfrequenz für $\vartheta = 90°$ ergibt sich aus (10.41) mit $E =$ 20000 kp/cm² und $c = 340$ m/s zu $f_K = 495$ Hz; man bezeichnet sie auch als *Koinzidenzgrenzfrequenz* f_G, weil unterhalb von f_G bei keinem Schalleinfallswinkel ϑ mehr Koinzidenz eintritt. Leitet man für inkompressible, homogene Wände aus (10.41) eine nicht mehr dimensionsreine, aber für baupraktische Belange zweckmäßige Formel her, in welcher die Wanddicke d in cm, die Dichte ϱ in kg/m³ und der Elastizitätsmodul E in kp/cm² einzusetzen sind, dann ergibt sich unter Zugrundelegung einer Luftschallgeschwindigkeit von 340 m/s für die Koinzidenzgrenzfrequenz

$$f_G \approx \frac{20000}{d}\sqrt{\frac{\varrho}{E}} \quad [\mathrm{Hz}]. \tag{10.80}$$

Diese Formel befindet sich auch in DIN 4109; in ihr ist zu beachten, daß für E der *dynamische* Elastizitätsmodul E_{dyn} einzusetzen ist. Er wird nach DIN 53426 bestimmt und ist für viele Materialien (vor allem bei Kunststoffen) etwas größer als der statische E-Modul.

Wie Abb. 71 zeigt, ist der Unterschied zwischen den Kurven 1 und 2 beträchtlich. Leichte und zugleich recht steife Baustoffe wie Gasbeton erweisen sich also zur Erzielung einer hohen Schalldämmung als ungeeignet. Die Koinzidenzgrenzfrequenz liegt bei ihnen mitten im bauakustischen Schallfrequenzbereich, so daß bei diffusem Schalleinfall die relativ schmalen Koinzidenzminima der zu den einzelnen Einfallswinkeln $\vartheta = 0°, 10°, \ldots, 80°$ gehörigen Kurven $R = R(f)$ durch die Mittelung über das gesamte Einfallswinkelspektrum zu einem breiten Tal verschmelzen.

10.2.4.3. Sandwichplatten

Es werden drei Sandwichplatten vom Typ Hoesch-isowand (vgl. Abb. 110 oben) mit verzinkten Stahldeckschichten ($E_D = 2{,}1 \cdot 10^6$ kp/cm²) und einem Polyurethanhartschaumkern von 50 kp/m³ Raumgewicht ($G_K =$ 25 kp/cm², $E_{dyn} = 80$ kp/cm²) untersucht und einigen Meßergebnissen gegenübergestellt. Tab. 10.1 gibt die Querschnittswerte an; in ihr wurden B_u und B_o gemäß (2.17), s gemäß (10.61) und B_S gemäß (2.21) berechnet.

Für die vorliegenden Sandwichplatten werden nunmehr die Schalldämmmaße nach dem „Massegesetz" berechnet sowie die Koinzidenz und die Dickenschwingungen untersucht und den Meßergebnissen gegenübergestellt.

Tabelle 10.1. *Querschnittswerte der Sandwichplatten*

	Größe	Dimension	Wand 1	Wand 2	Wand 3
Deck-schichten	Form unten	—	eben	eben	eben
	Form oben	—	eben	eben	trapezförmig[1]
	t	mm	0,5	0,5	0,5
	B_u	kp · m	0,219	0,219	0,219
	B_o	kp · m	0,219	0,219	72,3
	$\mu_u g$	kp/m²	4,4	4,4	4,4
	$\mu_o g$	kp/m²	4,4	4,4	4,4
Kern-schicht	h	mm	34	59	59
	A	Mp/m	8,75	15,0	15,0
	s	kp/cm³	23,5	13,6	11,9
	$\mu_K g$	kp/m²	1,7	3,0	3,0
Sandwich	a	mm	34,5	59,5	59,5
	B_S	Mp · m	6,25	18,6	18,6
	μg	kp/m²	10,5	11,8	11,8

a) Schalldämmaße gemäß „Massegesetz“: (10.28) liefert bei senkrechtem Schalleinfall ($\vartheta = 0°$) die in Tab. 10.2 angegebenen Werte.

Tabelle 10.2. *Schalldämmaße der Hoesch-isowand*

Schalldämmaß	Wand 1	Wände 2 und 3
R für 100 Hz	18,1 dB	19,1 dB
R für 3200 Hz	48,1 dB	49,2 dB
R_m (Mittelwert)	33,1 dB	34,1 dB

Die im genormten Schallversuch mit breitem Einfallswinkelspektrum gemessenen Bauschalldämmaße[2] R' für alle drei Sandwichplatten in Abhängigkeit von der Schallfrequenz f sind in Abb. 72 wiedergegeben. Die aus ihnen berechneten mittleren Bauschalldämmaße R_m' betragen

für Wand 1: $R_m' = 32$ dB; für Wand 2: $R_m' = 34$ dB;
für Wand 3: $R_m' = 30$ dB.

Diese Werte stimmen mit den rechnerischen Mittelwerten R_m' gemäß Tab. 10.2 gut überein.

b) Koinzidenz: (10.51) liefert für die Schubwellengeschwindigkeit für Wand 1 $c_K = 90{,}4$ m/s und für die Wände 2 und 3 $c_K = 111{,}7$ m/s. Da in allen drei Fällen $c_K \ll 2c_L/3 = 227$ m/s ist, geht gemäß Abschnitt 10.2.3.3 (Ende) die Einzelbiegesteifigkeit $B_u + B_o$ der beiden Deckschichten als für die Koinzidenz maßgebende Steifigkeitsgröße der Sandwichplatte in die

[1] Leichte Trapezprofilierung gemäß Abb. 23 mit $s_1 = 50$ mm, $c_2 = 10$ mm, $s_3 = 263$ mm, $h_P = 7$ mm.

[2] Gemäß Abschnitt 10.2.3.2 also die Schalldämmaße einschließlich der Stöße der Hoesch-isowand.

Rechnung ein. (10.41) liefert daher bei parallelem Schalleinfall ($\vartheta = 90°$) folgende Koinzidenzgrenzfrequenzen:

$$\text{Wand 1: } f_G = 28760 \text{ Hz}; \quad \text{Wand 2: } f_G = 30490 \text{ Hz};$$
$$\text{Wand 3: } f_G = 2370 \text{ Hz}.$$

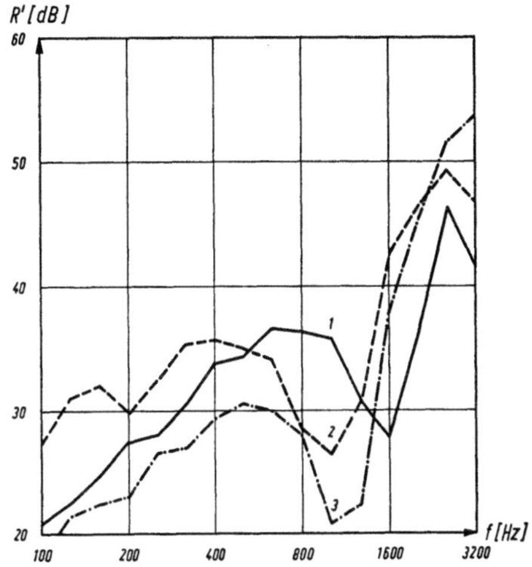

Abb. 72. Luftschalldämmung der Hoesch-isowand

Bei den Sandwichwänden 1 und 2 liegt die Koinzidenzgrenzfrequenz f_G also in einem bauakustisch uninteressanten Schallfrequenzbereich. Bei Wand 3 hingegen bewirkt die Profilierung der Deckschichten eine Senkung von f_G in den bautechnisch bedeutsamen Frequenzbereich zwischen 100 und 3200 Hz, so daß oberhalb von 2370 Hz Schalleinfallswinkel ϑ möglich sind, für die Koinzidenz (und damit verstärkter Schalldurchgang) eintritt. f_G entspricht $\vartheta = 90°$, die weitaus meisten Schallwellen treffen jedoch mit $\vartheta = 0° \ldots 60°$ auf die Wand; ein deutlicher „Koinzidenzeinbruch" der Kurve $R = R(f)$ ist daher erst weit oberhalb von f_G zu erwarten, wirkt sich also auch bei Wand 3 kaum schalldämmungsmindernd aus.

Eine Bemerkung: Berechnet man für Wand 3 f_G gemäß (10.41) nicht einfach für[1] $B_u + B_o = 72{,}5$ kp · m, sondern ermittelt den genauen f_G-Wert aus der transzendenten Gleichung[2] (10.53) für $c^* = c_L$, so erhält man $f_G = 2239$ Hz. Der Fehler der Näherung beträgt also 5,8%.

c) Dickenschwingungen: (10.66) liefert bei senkrechtem Schalleinfall ($\vartheta = 0°$) unter Mitberücksichtigung der Kernschichtmasse ($\overline{\mu}_D = \mu_D + \mu_K/6$) folgende Dickenschwingungseigenfrequenzen:

$$\text{Wand 1: } f_D = 1584 \text{ Hz}; \quad \text{Wände 2 und 3: } f_D = 1178 \text{ Hz}.$$

[1] Entspricht Schnittpunkt der Geraden $c^* = c_D(\omega)$ in Abb. 67 mit der Abszissenparallelen $c^* = c_L =$ konst.

[2] Entspricht Schnittpunk t der Kurve $c^* = c^*(\omega)$ in Abb. 67 mit der Abszissenparallelen $c^* = c_L =$ konst.

Diese Werte liegen mitten im bauakustisch bedeutsamen Schallfrequenzbereich und stimmen mit den gemessenen Resonanzfrequenzen (1600 Hz und 1250 Hz) gut überein (vgl. Abb. 72); sie erklären die zum Teil erheblichen lokalen Einbrüche der Kurven $R = R(f)$. Die Hoesch-isowand ist also in schalltechnischer Hinsicht keine einschalige Wand.

Das Fazit aus diesen Versuchen ist folgendes:

Soll eine Verbesserung der Schalldämmung einer Sandwichtafel derart erreicht werden, daß keine Dickenresonanzschwingungen auftreten, so hat man folgende Möglichkeiten:

— Entweder man wählt eine so weiche Kernschicht, daß f_D deutlich unter 100 Hz liegt; eine solche Wand ist jedoch im statischen Sinne kein Sandwich mehr, sondern eine zweischalige Wand ohne tragende Schubverbindung.

— Oder man wählt eine anisotrope Kernschicht, die parallel zur Wand bei statisch ausreichender Schubfestigkeit hinreichend weich ist, so daß die Forderung $c_K \leqq 2c_L/3$ gemäß Abschnitt 10.2.3.3 erfüllt ist, die senkrecht zur Wand jedoch so steif ist, daß f_D deutlich über 3200 Hz liegt. Ein Beispiel hierfür zeigt Bild 3.16 in [17].

Mit einem isotropen Hartschaumkern ist eine gleichzeitige Erfüllung der beiden Forderungen $c_K \leqq 2c_L/3$ und $f_D \geqq 5000$ Hz im allgemeinen nicht zu erreichen.

10.2.4.4. Zusammenfassung

Die Schalldämmung von Sandwichtafeln ist im allgemeinen besser als die Schalldämmung gleich schwerer homogener Wände; das ist darauf zurückzuführen, daß schalltechnisch im allgemeinen nur die sehr kleinen Eigenbiegesteifigkeiten der Deckschichten wirksam sind. Trotzdem kommt statisch die sehr viel größere Sandwichbiegesteifigkeit zur Wirkung. Eventuelle Dickenresonanzschwingungen, die bei einschaligen Konstruktionen nicht auftreten, können durch anisotropen Kernschichtaufbau umgangen werden. Eine Gegenüberstellung der Schalldämmeigenschaften verschiedener Wandbauarten in Relation zum Flächengewicht zeigt Abb. 73.

10.2.5. Körperschalldämpfung in Sandwichplatten

Das Wesentliche über die Energiedissipation durch Dämpfung in einer Sandwichplatte, die erzwungene Schwingungen ausführt, wurde bereits in Abschnitt 2.4.2.2 erläutert. Im vorliegenden Abschnitt besteht die Erregung der Sandwichplatte aus den Druckwellen des auftreffenden, reflektierten und durchgelassenen Luftschalls. Die Schallwellen pflanzen sich in der Platte als Körperschall fort und werden hierbei gedämpft. Diese Dämpfung, d. h. die teilweise Umwandlung von mechanischer Energie in Wärme durch innere Reibung, erfolgt bei Sandwichplatten ausschließlich durch Schubdämpfung in der Kernschicht. Man erfaßt sie gemäß (2.146) durch die komplexe Schubsteifigkeit $\mathfrak{A} = A\,(1 + i\eta_K)$ bzw. den komplexen Schubmodul $\mathfrak{G} = G\,(1 + i\eta_K)$ der Kernschicht, worin η_K der Verlustfaktor der Kernschicht bei Schub-

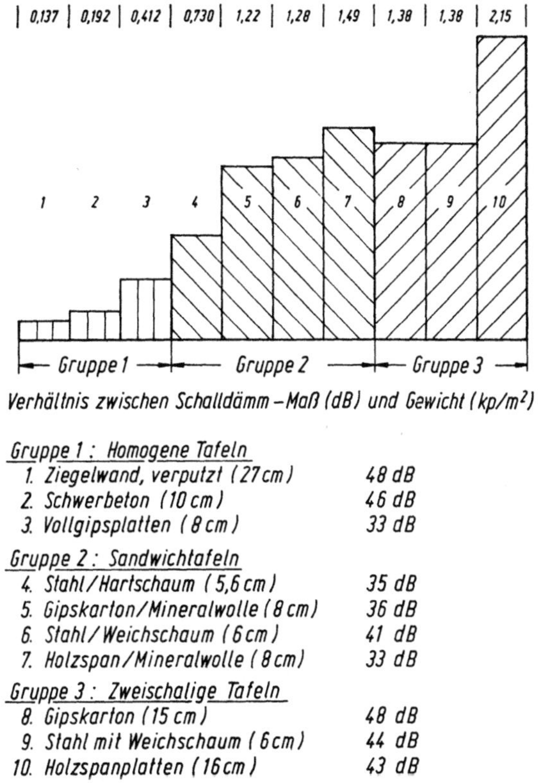

Abb. 73. Schalldämmung und Flächengewicht bei verschiedenen Wandbauarten

dämpfung ist. η_K ist definiert als Verhältnis von Imaginärteil zu Realteil der komplexen Schubsteifigkeit $\mathfrak{A}$ oder auch von Energieverlust je Schwin-

Tabelle 10.3. *Verlustfaktor η_K für einige Materialien*

Aluminium	0,00007
Stahl	0,0001
Glas	0,004
Beton	0,007
Mauerwerk	0,010
Nadelholz	0,012
Polyäthylen	0,04
Plexiglas	0,06
Polyester	0,14
Weichfaserdämmplatte	0,14
Vinylacetat-Copolymerisat bei 20° C (Kernschicht von Bondal)	0,20...0,60

gungsperiode zu erhaltenen gebliebener mechanischer Energie nach Ablauf einer Schwingungsperiode. Tab. 10.3 gibt die η_K-Werte für einige Materialien an[1]. Besonders groß ist die Dämpfung bei Kunststoffen; sie hängt zudem stark von deren Temperatur ab. Eine ausführliche Darstellung der bei dynamischen Beanspruchungen in Kunststoffen auftretenden molekularen Vorgänge findet man in [19].

Will man die Trennimpedanz Z_W einer Sandwichwand unter Mitberücksichtigung der inneren Dämpfung berechnen, so hat man in (10.48) für Z_K gemäß (10.47) nur $Z_K(1+i\eta_K)$ einzusetzen; man erhält

$$Z_W = Z_\mu + Z_D + \frac{Z_S Z_K(1+i\eta_K)}{Z_S + Z_K(1+i\eta_K)}. \tag{10.81}$$

Hierin sind Z_μ, Z_S und Z_K gemäß (10.47) rein imaginäre Größen, so daß Z_W eine komplexe Zahl der Form $Z_W = A + iB$ mit $A > 0$ und $B \neq 0$ ist. Das Schalldämmaß R gemäß (10.49) für eine Sandwichplatte mit Dämpfung kann daher — wie leicht nachzurechnen — nie null werden, weil die Forderung

$$\left|1+\frac{Z_W}{2Z_L}\cos\vartheta\right| = 1$$

für reelle ω-Werte nicht erfüllbar ist. Es gibt also allenfalls — je nach Größe des Verlustfaktors η_K — einen mehr oder weniger starken Einbruch der Kurve $R = R(f)$ in einem bestimmten Frequenzbereich, dessen Minimum jedoch stets oberhalb $R = 0$ liegt. Bezüglich des Einflusses von η_K auf die Größe der Körperschalldämpfung gilt sinngemäß dasselbe wie im letzten Absatz 2.4.2.2; ein großer Verlustfaktor ist danach in gewissen Frequenzbereichen ebenso ungünstig wie ein zu kleiner.

10.3. Wärmedämmung

10.3.1. Grundbegriffe und Berechnungsgrundlagen

Ein raumabschließendes Bauteil hat meistens die Aufgabe, den Raum gegen äußere Witterungseinflüsse abzuschirmen und ein erwünschtes Klima gleichmäßig zu erhalten. Das Klima eines Raumes wird im wesentlichen bestimmt durch die Raumtemperatur und die relative Luftfeuchtigkeit. Das gewünschte Klima hängt von der Nutzung des Raumes ab. Bei Kühlhäusern wird eine bestimmte niedrige Temperatur verlangt, bei Wohnräumen ein Klima, das dem Menschen Behaglichkeit bietet. Die durch Flächenbauteile eingeschlossenen Räume sollen in der Regel eine bestimmte, zeitlich konstante Temperatur besitzen, wogegen die Umwelt eine schwankende Temperatur hat, deren Mittelwert meistens auch noch von dem konstanten Wert im Raum abweicht. Die Funktion besteht also aus einer Dämmung und einer Dämpfung des Wärmeflusses, d. h. aus einer Behinderung des Wärmeflusses durch einen Wärmedurchgangswiderstand und durch Wärmespeicherung der Wand. Soll die Raumtemperatur eine andere Höhe als die des Mittelwertes der Außentemperatur haben, ist Zufuhr oder Abfuhr von

[1] Sie sind etwa von gleicher Größe wie die Verlustfaktoren η_D des komplexen Elastizitätsmoduls $\mathfrak{E} = E(1+i\eta_D)$ bei Dehnungsdämpfung der gleichen Materialien.

Wärme erforderlich. Da die Ansprüche an das Raumklima bei Wohnräumen in der Regel am höchsten sind, wird im folgenden das Thema der Wärmedämmung am Beispiel von Wohnräumen behandelt. Die hierfür geltende deutsche Norm DIN 4108 für den Wärmeschutz im Hochbau behandelt die Wärmeschutzprobleme im wesentlichen unter dem Gesichtspunkt des stationären Wärmeflußzustandes.

Bei einer Temperaturdifferenz $\Delta T = T_i - T_a$ zwischen innerer und äußerer Oberfläche einer einschichtigen Wand mit der Wärmeleitzahl[1] λ des Wandmaterials, der Fläche F und der Dicke d fließt im stationären Zustand in der Zeit t die Wärmemenge

$$Q = \frac{\lambda}{d} F \Delta T t = \Lambda F \Delta T t. \tag{10.82}$$

In (10.82) ist $\Lambda = \lambda / d$ die *Wärmedurchlaßzahl*[2] der einschichtigen Wand; sie gibt an, welche Wärmemenge in kcal im stationären Zustand stündlich durch 1 m² Wandfläche unter Wirkung des senkrecht zur Wandoberfläche vorhandenen Temperaturgefälles strömt, wenn zwischen den Oberflächen ein Temperaturunterschied von 1° C besteht. Ihr Kehrwert $1/\Lambda = d/\lambda$ heißt *Wärmedurchlaßwiderstand.* Bei mehrschichtigen Wänden errechnet er sich aus

$$\frac{1}{\Lambda} = \sum_{j=1}^{n} \frac{1}{\Lambda_j} = \sum_{j=1}^{n} \frac{d_j}{\lambda_j}. \tag{10.83}$$

Der Wärmeaustausch an der Wandoberfläche zwischen Wand und angrenzender Luft erfolgt durch Wärmeleitung, Wärmekonvektion und Wärmestrahlung; mit der Temperaturdifferenz ΔT zwischen Wandoberfläche und Luft gilt

$$Q = \alpha F \Delta T t. \tag{10.84}$$

α ist die *Wärmeübergangszahl*[3] zwischen Wand und Luft; ihr Kehrwert $1/\alpha$ heißt *Wärmeübergangswiderstand.*

Beim Wärmefluß von der Innenluft durch die Wand zur Außenluft oder umgekehrt addieren sich Wärmedurchlaßwiderstand und Wärmeübergangswiderstand an der Außen- und Innenseite zum Gesamtwiderstand, dem *Wärmedurchgangswiderstand* $1/k$; er beträgt

$$\frac{1}{k} = \frac{1}{\alpha_i} + \frac{1}{\Lambda} + \frac{1}{\alpha_a}. \tag{10.85}$$

Sein Kehrwert heißt *Wärmedurchgangszahl;* mit ihr ergibt sich die gesamte durchfließende Wärmemenge zu

$$Q = k F \Delta T t, \quad q = Q/t = k F \Delta T. \tag{10.86}$$

Die angegebenen Beziehungen dienen vor allem zur Ermittlung des Wärmebedarfs eines Gebäudes in der Zeit, in welcher das Gebäude beheizt wird. Als

[1] Dimension: kcal/(m² · h · °C/m) = kcal/m · h · °C
[2] Dimension: kcal/m² · h · °C
[3] Dimension: kcal/m² · h · °C

Innentemperatur T_i der Luft wird ein Wert von 20° C in DIN 4701 vorgeschrieben. Die Behaglichkeit in einem Raum hängt aber nicht nur von der Lufttemperatur, sondern auch von der Oberflächentemperatur der Wandinnenseite ab; [20] ist die Tab. 10.4 für Luft- und Wandtemperaturen ent-

Tabelle 10.4. *Temperaturskala zur Behaglichkeit*

Lufttemperatur [°C]	12	14	16	18	20	22	24
Wandtemperatur [°C]	25	23	21	19	17	15	13

nommen, bei der eine Behaglichkeit gegeben ist. Bei einer Innenraumtemperatur T_i errechnet sich die Oberflächentemperatur der Wandinnenseite zu

$$T_{iW} = T_i - \frac{k}{\alpha_i} \Delta T . \qquad (10.87)$$

Der bis hierher beschriebene stationäre Zustand wird im Winter annähernd erreicht, wenn die Innenräume ständig beheizt werden; bei unterbrochener Heizung ist dieser Zustand jedoch gestört. Ebenfalls ist im Sommer kein stationärer Zustand anzutreffen; vielmehr muß hier die Höhe der Außentemperatur als eine Schwingung mit der Periode von 24 Stunden angesehen werden. Die Schwingung wird gedämpft durch die Wärmespeicherung der Wand, die von der Rohdichte des Wandmaterials und der spezifischen Stoffwärme abhängt; sie ist also bei leichten Wänden geringer als bei schweren Wänden. Bei leichten Wänden soll dieses Manko — wie auch in DIN 4108 vorgeschrieben — durch einen höheren Wärmedurchlaßwiderstand kompensiert werden.

Die Oberflächentemperatur einer Wand ist nicht nur wichtig für die Behaglichkeit, sondern auch bei der Bildung von *Kondenswasser*. Sinkt die Oberflächentemperatur unter den Taupunkt (vgl. Tab. 10.5), so bildet sich

Tabelle 10.5. *Taupunkttemperaturen in Abhängigkeit von der relativen Luftfeuchtigkeit*

Lufttemperatur	Taupunkttemperatur bei einer relativen Luftfeuchtigkeit von					
°C	50%	60%	70%	80%	90%	100%
−10	−17,6	−15,7	−13,9	−12,5	−11,2	−10,0
0	− 8,1	− 5,6	− 3,8	− 2,3	− 0,9	0,0
10	0,1	2,6	4,8	6,7	8,4	10,0
20	9,3	12,0	14,3	16,5	18,3	20,0
30	18,5	21,2	24,2	26,4	28,4	30,0
40	27,6	30,7	33,5	35,9	38,0	40,0

auf der Wandoberfläche Kondenswasser. Ist die Wärmedämmung einer Wand über die Gesamtfläche gesehen unterschiedlich, so tritt an den Stellen des geringsten Wärmedurchgangswiderstandes, z. B. an Montagefugen, die Schwitzwasserbildung zuerst auf. Deshalb ist den durch Fugen auftretenden

Wärmebrücken besondere Aufmerksamkeit zu widmen. Nach [21] läßt sich die tiefste Oberflächentemperatur einer Wärmebrücke nach der Formel

$$T_{iW} = T_i - \frac{k + \xi (k_W - k)}{\alpha_i} \Delta T \qquad (10.88)$$

berechnen; hierin ist k die Wärmedurchgangszahl der Wand, k_W die der Wärmebrücke und ξ ein zwischen 0 und 1 liegender Koeffizient, der vom Verhältnis a/d (a = Breite der Wärmebrücke, d = Dicke der Wand) abhängt und in Abb. 74 dargestellt ist.

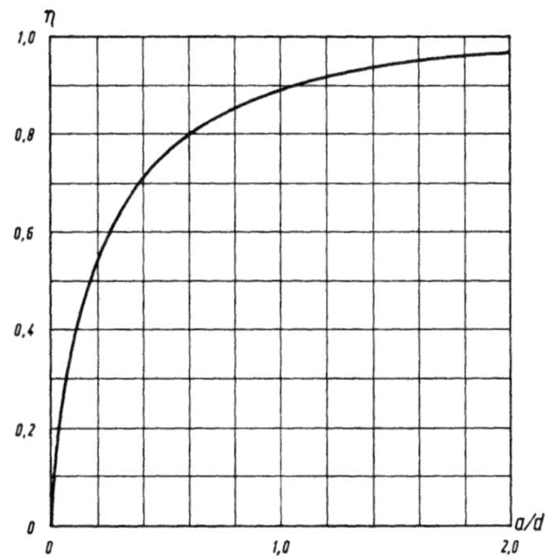

Abb. 74. Koeffizient ξ bei Wärmebrücken

Außer der Kondenswasserbildung auf der Wandoberfläche ist auch die *Wasserdampfdiffusion* innerhalb der Wand zu beachten, durch die ein Dampfdruckgefälle infolge der in Wanddickenrichtung veränderlichen Temperatur entsteht. Die Wasserdampfdiffusion wird behindert bzw. verhindert durch Dampfbremsen bzw. Dampfsperren, d. h. durch Schichten mit großem Wasserdampf-Diffusionswiderstandsfaktor. Als Faustregel gilt, daß eine Dampfsperre an der Wandseite mit der höheren Temperatur anzuordnen ist. Läßt sich ein Wasserdampfeintritt nicht verhindern, so ist dafür zu sorgen, daß der Dampf auf der gegenüberliegenden Seite wieder entweichen kann, da sonst der entstehende Druck hinter Sperrschichten anstaut und zu Schäden führt.

Die im Wärme- und Kälteschutz anfallenden Probleme werden ausführlich in [22] und [23] behandelt.

10.3.2. Anwendung bei Sandwichbauteilen

Die hier interessierenden Sandwichtafeln haben dünne, metallische Deckschichten und eine dicke, leichte Kunststoffkernschicht. Die Wärmeleitzahl der Deckschichten ist hierbei so groß und die Deckschichtdicke so klein, daß die Wärmedämmung der Sandwichtafeln allein durch die Kernschicht gegeben ist. In Tab. 10.6 sind die Wärmeleitzahlen für einige Stoffe bei 20° C angegeben.

Kunststoffe besitzen eine wesentlich geringere Wärmeleitfähigkeit als Metalle. Werden sie zu Schaumstoffen verarbeitet, so bilden die Gase in den Zellen eine zusätzliche Wärmedämmung. Die Wärmeleitzahl hängt bei diesen Kunststoffschäumen vom Raumgewicht des Schaumes ab; je geringer das Raumgewicht ist, um so mehr nähert sich der Wert dem des in den Zellen eingeschlossenen Gases. In der Tab. 10.6 ist der mit (1) bezeichnete Polyurethanschaum mit Fluortrichlormethan getrieben, während die Variante (2) das besser wärmeleitende Kohlendioxid in ihren Zellen hat. Da eine Diffusion des Gases durch die Zellenwände stattfindet, steigt die Wärmeleitfähigkeit in der ersten Zeit nach der Schaumstoffherstellung so lange an, bis ein stationärer Gleichgewichtszustand erreicht ist. Hierbei ist es von Bedeutung, ob der Schaumstoff frei liegt oder — wie bei einer Sandwichtafel — zwischen diffusionsdichten Deckschichten eingeschlossen ist. Messungen haben gezeigt, daß bei Polyurethanschäumen mit Raumgewichten zwischen 30 und 60 kp/m³ die Wärmeleitzahl nicht über $\lambda = 0{,}025$ kcal/m · h · °C steigt, wenn der Schaumstoff offen liegt. Bei einem Abschluß durch Metalldeckschichten liegt der Wert sogar unter $\lambda = 0{,}020$ kcal/m · h · °C. Unter Berücksichtigung einer zusätzlichen Sicherheit erlaubt DIN 4108 in der Ergänzung von 1970 die Rechenwerte $\lambda = 0{,}030$ kcal/m · h · °C für Polyurethanhartschaum ohne Deckschichten und $\lambda = 0{,}025$ kcal/m · h · °C für Polyurethanschaum zwischen diffusionsdicht eingeschlossenen metallischen Deckschichten, sofern diese eine Mindestdicke von 50 µm haben.

Tabelle 10.6. *Wärmeleitzahlen für einige Materialien*

Material	λ in $\frac{\text{kcal}}{\text{m} \cdot \text{h} \cdot {}^\circ\text{C}}$	Material	λ in $\frac{\text{kcal}}{\text{m} \cdot \text{h} \cdot {}^\circ\text{C}}$
Stahl	47	Polystyrolschaum	0,028—0,035
Aluminium	195	Schaumkunststoffe	
Holz	0,12	nach DIN 4108	0,035
PVC massiv	0,14	Kohlendioxid	0,14
Polyurethanschaum (1)	0,020—0,030	Fluortrichlormethan	0,08
Polyurethanschaum (2)	0,032	Luft	0,022

Die Wärmedämmung von Dämmstoffen wird stark herabgesetzt, wenn sich deren Hohlräume mit Wasserdampf oder Wasser füllen. Metalldeckschichten — wie sie in der Sandwichtechnik üblich sind — stellen absolute Dampfsperren dar und verhindern Wasserdampf- oder Wassereintritt in den Kern. Bei einem Sandwich mit nur einer metallischen Deckschicht und einer Deckschicht aus anderem Material, z. B. Dachpappe oder Asbestzement, muß anhand der Verhältnisse im eingebauten Zustand das Problem der Wasserdampfdiffusion genau studiert und berücksichtigt werden.

Sandwichwände sind leicht und haben ein geringes *Wärmespeichervermögen;* diese Eigenschaft wird kompensiert durch einen gegenüber schweren Wänden erhöhten Wärmedurchgangswiderstand. Bei einem stationären Temperaturzustand ist die Wärmespeicherfähigkeit ohne Einfluß. Bei veränderlichen Temperaturen hingegen, z. B. bei intermittierendem Heizbetrieb, heizt sich ein Raum mit leichten Sandwichwänden schneller auf als eine schwere Wand mit großem Wärmespeicherungsvermögen; dies ist bei solchen Räumen von Vorteil, die nur eine bestimmte Zeit am Tag benutzt werden wie Büro- und Schulräume. Ebenso ist eine Sandwichwand vorteilhaft bei klimatisierten Räumen, deren Temperatur durch ein Gerät gesteuert und gehalten wird, im Winter durch eine Heizung und im Sommer durch eine Kühlung. Bei nichtklimatisierten Räumen dagegen sind schwere, wärmespeichernde Wände manchmal von Vorteil, da sie eine Phasenverschiebung des Wärmedurchgangs bewirken, also tagsüber die Nachtkühle an die Innenräume abgeben und somit die Sonnenstrahlung und das Eindringen warmer Luft durch geöffnete Fenster zum Teil kompensieren; sie bewirken also eine Dämpfung der Temperaturschwankungen.

Wärmedämmung und Wärmespeicherung von Wänden müssen also im Zusammenhang mit der Heizung, der Klimatisierung, der Sonneneinstrahlung, der Luftbewegung im Raum und dem Verwendungszweck des Raumes gesehen werden. Weiterhin ist auch die Wärmespeicherung der übrigen Bauglieder (z. B. von Geschoßdecken) und von aufgestellten Maschinen (z. B. in Produktionshallen) von Einfluß und daher bei der Planung zu berücksichtigen.

10.4. Brandschutz

10.4.1. Grundbegriffe

Im Gegensatz zur Festigkeitslehre, zum Schallschutz und zum Wärmeschutz ist beim Brandschutz das Verhalten eines Bauteiles unter Brandbeanspruchung rechnerisch kaum oder nur sehr angenähert zu erfassen, so daß die Widerstandsfähigkeit eines Bauteiles gegenüber Feuer normalerweise durch Versuche an Bauteilen in natürlicher Größe ermittelt werden muß. Für den normalen Hochbau (Wohngebäude, Verwaltungsgebäude u. ä.) werden die allgemeinen Vorschriften an den Brandschutz in den Bauordnungen geregelt. Dagegen gibt es im Industriebau bisher noch keine verbindlichen Bestimmungen darüber, wo welche Bauteile oder Baustoffe eingesetzt werden müssen bzw. noch zulässig sind. Es ist zwar geplant, entsprechende Rechtsverordnungen einzuführen; zur Zeit werden die Brandschutzforderungen bei Industriebauten jedoch von Fall zu Fall nach Ermessen der Baubehörde festgelegt oder oft auch von der Brandversicherung beeinflußt.

Die je nach Einsatzzweck geforderten Eigenschaften der Baustoffe oder Bauteile, die deren Verhalten im Feuer bestimmen, sind in der deutschen Norm DIN 4102 definiert und werden hier kurz wiedergegeben. DIN 4102 unterscheidet zwischen Baustoffen, Bauteilen und Sonderbauteilen und klassifiziert diese wie folgt.

Baustoffe:

Klasse A	nicht brennbar (z. B. Beton)
Klasse B	brennbar
Unterklasse B 1	schwer entflammbar (z. B. Holzwolleleichtbauplatten mit mineralischen Bindemitteln)
Unterklasse B 2	normal entflammbar (z. B. Holz mit >2 mm Dicke)
Unterklasse B 3	leicht entflammbar (z. B. Stroh, Papier).

Bauteile:

Feuerwiderstandsklasse F 30	feuerhemmend, Feuerwiderstandsdauer 30 Minuten
Feuerwiderstandsklasse F 60	feuerhemmend, Feuerwiderstandsdauer 60 Minuten
Feuerwiderstandsklasse F 90	feuerbeständig, Feuerwiderstandsdauer 90 Minuten
Feuerwiderstandsklasse F 120	feuerbeständig, Feuerwiderstandsdauer 120 Minuten
Feuerwiderstandsklasse F 180	hochfeuerbeständig, Feuerwiderstandsdauer 180 Minuten.

Sonderbauteile:

Feuerwiderstandsklasse W 30	Feuerwiderstandsdauer 30 Minuten
Feuerwiderstandsklasse W 60	Feuerwiderstandsdauer 60 Minuten
Feuerwiderstandsklasse W 90	Feuerwiderstandsdauer 90 Minuten.

Als *Bauteile* im Sinne von DIN 4102 gelten tragende Wände, Decken Stützen, Unterzüge, Treppen usw.; als *Sonderbauteile* gelten nichttragende Außenwände, Brüstungen usw. Zur Feststellung der genannten Klassifizierungen eines Baustoffs oder Bauteils werden Prüfungen in genormten Brandversuchen durchgeführt.

10.4.2. Brandprüfungen

Die Prüfbedingungen in den Brandversuchen sind in DIN 4102 angegeben. Zur Erläuterung werden drei Fälle herausgegriffen: B 1, F 30 und W 30

Baustoffe der Klasse B 1:

Vier Baustoffproben werden zu einem Schacht mit genormten Abmessungen zusammengesetzt und in genau definierter Weise von unten her beflammt. Es sind drei Versuche an drei verschiedenen Prüflingen durchzuführen. Das Prädikat B 1 wird vergeben, wenn in allen Versuchen folgende Anforderungen erfüllt werden:

1. Die Prüflinge müssen auf einer Mindestdurchschnittslänge von 150 mm außen und im Innern unbeschädigt bleiben;
2. die mittlere Rauchgastemperatur darf 250° C nicht überschreiten.

Bauteile der Feuerwiderstandsklasse F 30:

Das Bauteil wird in einen Brandraum eingebaut und nach einer vorgeschriebenen Temperaturkurve beflammt, die nach 30 Minuten 820° C erreicht. Es sind zwei Versuche an zwei verschiedenen Prüflingen durchzuführen. Das Prädikat F 30 wird vergeben, wenn in beiden Versuchen folgende fünf Anforderungen erfüllt werden:

1. Das Bauteil muß mindestens 30 Minuten lang den Durchgang des Feuers verhindern;
2. auf der dem Feuer abgewandten Seite dürfen keine entzündbaren Gase auftreten;
3. auf der dem Feuer abgewandten Seite darf die Temperaturerhöhung an keiner der Meßstellen 180° C und im Mittel über alle Meßstellen 140° C nicht überschreiten;
4. unter der rechnerischen Gebrauchslast darf das Bauteil nicht zusammenbrechen;
5. Wände müssen nach Abschluß des Brandversuches entweder noch in einer Mindestdicke ohne Hohlräume von 10 mm erhalten geblieben sein oder einem genormten Kugelschlagfestigkeitsversuch standhalten.

Sonderbauteile der Feuerwiderstandsklasse W 30:

Das Sonderbauteil wird einschließlich Halterungen, Befestigungen und Stoßfugen in einen Brandraum eingebaut. Es sind zwei Versuche an zwei verschiedenen Prüflingen durchzuführen; hierbei erfolgt die Beflammung

a) einmal auf der Wandinnenseite mit der gleichen Temperaturkurve wie für F 30 und
b) einmal auf der Wandaußenseite mit einer abgeminderten Temperaturkurve, die nach 10 Minuten 660° C erreicht und dann konstant bleibt.

Das Prädikat W 30 wird vergeben, wenn folgende Anforderungen erfüllt werden:

1. Bei der Beflammung von innen die gleichen Anforderungen wie für F 30, jedoch mit Ausnahme der Punkte 3 und 4, da
   - Temperaturmessungen auf der dem Feuer abgewandten Seite nicht durchgeführt zu werden brauchen und da
   - nichttragende Außenwände keine Gebrauchslasten aufzunehmen haben, sondern nur sich selbst tragen müssen;
2. bei der Beflammung von außen mit der abgeminderten Temperaturkurve ohne Ausnahme die gleichen Anforderungen wie für F 30.

Insgesamt sind die Prüfbedingungen für W 30 also milder als die für F 30.

10.4.3. Anwendung auf Sandwichtafeln

Die Widerstandsfähigkeit einer Sandwichtafel mit metallischen Deckschichten gegen Feuer hängt im wesentlichen vom Material der Kernschicht ab. Ist die Kernschicht unbrennbar und — je nach Feuerwiderstandsklasse — bis zu einer Temperatur von 820° bzw. 1090° C beständig, dann ist das Verhalten der Sandwichtafel im Brandfall nur eine Frage der Wärmedämmung und der Konstruktion der Wand. Dieser Fall ist in der Praxis selten, da für das Kernmaterial meistens Kunststoffe verwendet werden. Bei Verwendung von mineralischen Kernschichten, die höheren Temperaturen als Kunststoffe widerstehen, ist oft das Bindemittel oder die Klebeverbindung organischer Herkunft und damit temperaturanfällig. Trotzdem ist auch mit solchen Sandwichtafeln eine bestimmte Feuerwiderstandsfähigkeit zu erreichen.

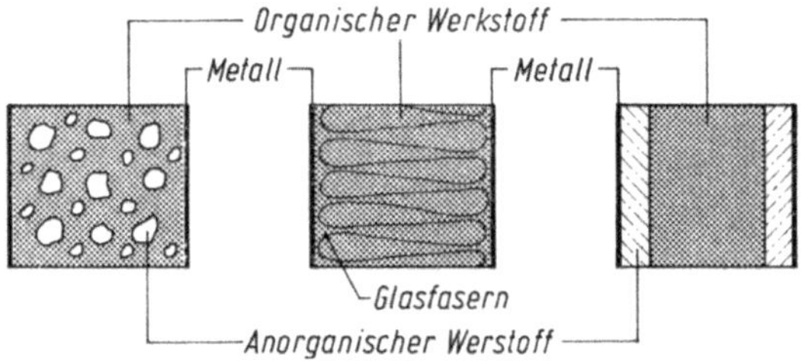

Abb. 75. Brandtechnisch verbesserte Sandwich-Kernschichten

Je nach Anwendungsfall kann eine Sandwichtafel als Baustoff, Bauteil oder Sonderbauteil geprüft werden. Eine Sandwichtafel mit Stahldeckschichten und einer Kernschicht aus Polyurethanhartschaum (Hoeschisowand), die als Baustoff geprüft wurde, erreichte das Prädikat B 1 (schwer entflammbar). Prüft man die gleiche Sandwichtafel als Bauteil und soll F 30 oder W 90 erreicht werden, so bedarf es einiger Änderungen in der Kernschicht. Folgende Möglichkeiten kommen in Betracht:

— Verwendung von Polyisocyanurathartschaum mit Füllstoffen wie Blähton oder Blähglas anstelle von Polyurethanhartschaum als Sandwichkernschicht; mit einer solchen Sandwichtafel wurde F 30 bereits erreicht.

— Verwendung von Polyisocyanurathartschaum als Kernschicht, der beim Auftrag auf die Deckschichten mit endlosen und/oder gehäckselten Glasfasern durchsetzt wird; hier wurden sowohl F 30 als auch W 90 erreicht.

— Verwendung eines mehrschichtigen Sandwichkerns, z. B. mit je einer mineralischen Zwischenschicht zwischen den beiden außenliegenden Stahldeckschichten und der innenliegenden Hartschaumkernschicht.

Die drei genannten Möglichkeiten sind in Abb. 75 dargestellt.

11. Fertigungstechnik

11.1. Problematik und Abgrenzung

Die Vielfalt der Varianten von Sandwichtafeln bedingt auch eine Vielfalt von Fertigungsmethoden. Das Herstellungsverfahren ist abhängig vom geometrischen Aufbau der Sandwichtafel, von den Werkstoffen (die wiederum verschiedene Verbindungsmittel zur Folge haben) und einigen Faktoren, deren Ursachen außerhalb der Technik liegen, die aber die Technik in starkem Maße beeinflussen. Die wesentlichen Faktoren dieser Art sind

- Produktionsmenge, absolut und je Zeiteinheit,
- die Produktionsart und der Produktionsort (an der Baustelle, in einem zentral gelegenen Großwerk oder in verstreut liegenden kleinen Einzelwerkstätten) sowie
- die produktionswirtschaftlichen Daten wie Lohnkosten, Investitionskosten und Kapitalkosten.

Im Gegensatz zur Biege- und Stabilitätstheorie, die auf gegebenen physikalischen Gesetzen beruht und daher keinen zeitlichen Veränderungen unterworfen ist, sondern allenfalls durch neuere Erkenntnisse verfeinert werden kann, hängen die oben genannten Faktoren von der Wirtschaftsstruktur und dem wirtschaftlichen Entwicklungsstand eines Landes ab, sind also zeitlich veränderlich. Ein weiterer zeitabhängiger Einfluß entspringt der technischen Entwicklung auf dem Gebiet der Werkstoffe, der Verbindungsmittel und der Verarbeitungsmethoden. Diese Entwicklungen laufen unter dem Zwang der Rationalisierung oft schneller als die Forschung auf dem Gebiet der theoretischen Mechanik. Alle genannten Faktoren stehen nicht unabhängig nebeneinander, sondern beeinflussen sich gegenseitig. Trotz dieser Problematik soll unter Beschränkung auf einige wenige Varianten das Gebiet der Fertigung unter technischen und wirtschaftlichen Gesichtspunkten in seinen Grundlagen behandelt werden, da es für die Ingenieurpraxis von entscheidender Bedeutung ist.

Vom technischen Gesichtspunkt aus handelt es sich bei der Herstellung von Sandwichtafeln um die Verarbeitung und Formgebung der Konstruktionswerkstoffe und um die Verbindung verschiedener Schichten untereinander. Bei Sandwichplatten mit gleichen Werkstoffen in den verschiedenen Schichten können als Verbindungstechniken neben dem Kleben auch Schweißverfahren angewendet werden. Läßt sich ein Vormaterial leicht verarbeiten und verformen, wird man den Formgebungsprozeß in den Herstellungsgang der Sandwichtafeln mit einbeziehen; ist der Werkstoff schwierig zu verarbeiten, wird die Verarbeitung des Grundwerkstoffes zu einem einsatzfähigen Halbzeug an anderer Stelle durchgeführt. In den folgenden Kapiteln werden nur Sandwichtafeln mit metallischen Deckschichten und leichter Kernschicht aus unterschiedlichen Kunststoffen behandelt.

11.2. Grundlagen der Fertigungstechnik

11.2.1. Materialeigenschaften von Deckschichten und Kern

11.2.1.1. Metallische Deckschichten

Die Verarbeitungstechniken sind in erster Linie abhängig von den Werkstoffeigenschaften. Metalle sind Werkstoffe, die in einem hochindustrialisierten Erzeugungsverfahren hergestellt werden. Im Gegensatz zu Beton, der als Werkstoff aus den einzelnen Komponenten Zement, Wasser und Zuschlagstoffen am Verwendungsort des Bauteils hergestellt werden kann, muß das Metall im Hüttenwerk in seiner endgültigen Eigenschaft erzeugt werden und schon die wesentliche Formgebung als Halbzeug im Walzwerk erhalten, das dem Hüttenwerk in der Regel direkt nachgeschaltet ist. Dieses Halbzeug in Gestalt von Profilen, Blechen oder anderen vorgeformten Körpern wird dann zu Endprodukten weiterverarbeitet. Bei der Herstellung von Sandwichtafeln, die Flächenbauteile sind, wird das metallische Vormaterial als Blech eingesetzt. Bei der weiteren Verarbeitung bleibt der Stoff als solcher, d. h. sein chemischer Aufbau, unverändert. Die Verarbeitung bleibt auf die Verformung der Bleche beschränkt, wenn man von dem Einfluß der Verformung auf einige Werkstoffeigenschaften wie z. B. die Kaltverfestigung durch das Profilieren oder Tiefziehen absieht. Die Metallbleche können durch Schneiden, Stanzen o. ä. in ihren Abmessungen für das Endprodukt zugerichtet oder durch Biegen, Strecken, Stauchen u. ä. in ihrer Form verändert werden. Die wesentlichen Verarbeitungsprozesse sind also Schneiden und Verformen. Einen Überblick über Verarbeitungsmethoden an Feinblechen findet man in [24].

Das Stahl- oder Aluminiumblech als Konstruktionswerkstoff für die Sandwichdeckschichten bedarf in den meisten Fällen noch einer Oberflächenbehandlung. Auf der Außenseite des Sandwiches, vor allem im Bauwesen, ist dies aus Gründen der Korrosion und der architektonischen Gestaltung erforderlich; daher wird das Stahlblech zuerst verzinkt. Für tragende Bauteile ist eine Zinkschichtdicke von 25 μm erforderlich, die in einer Bandfeuerverzinkungsanlage aufgebracht wird. Für Konstruktionen, die nicht den Anforderungen der DIN 4115 unterliegen, z. B. nichttragende Innenwände, genügt eine Zinkschichtdicke von 5 μm, die elektrolytisch im Durchlaufverfahren hergestellt wird. Auf diese Zinkschichten wird nach besonderen chemischen Vorbehandlungen eine Lackierung oder Kunststoffbeschichtung aufgetragen. Das kann manuell durch Streichen oder Spritzen erfolgen. Üblich sind heute jedoch kontinuierlich laufende Bandbeschichtungsanlagen, die Stahl- oder Aluminiumbänder mit Breiten von 1,5 m und mehr beschichten. Die wichtigsten Beschichtungsarten sind

— Lackierung in einer oder mehreren Schichten mit anschließendem Einbrennen,
— Plastisol- oder Organosolbeschichtungen, die nach dem Auftrag polymerisieren, und
— Aufkleben von Folien.

Als Beschichtungsstoffe werden verwendet: hitzehärtende Kunstharzlacke (z. B. Acrylat, Polyester oder Phenol/Epoxid), thermoplastische Kunststoffdispersionen (z. B. PVDF oder PVC) oder Folien (z. B. aus PVC, PVF oder Acrylat). Die Schichtdicken variieren zwischen wenigen µm und 500 µm. Diese Beschichtungen sind in erster Linie für die Außenseite der Sandwichdeckschicht vorgesehen. Um aber beim Verkleben der Deckschichten mit dem Kunststoffkern eine gute Haftung zu erzielen, ist es vorteilhaft, wenn die Innenseite der Sandwichdeckschicht ebenfalls einen Lackfilm (Einbrennlackierung) aufweist. Dieser als Rückseitenlackierung bezeichnete Lackfilm wird in der Bandbeschichtungsanlage parallel zur Außenbeschichtung aufgebracht. Bei bandbeschichtetem Material, das unverformt zu einem Coil aufgewickelt wird und erst später die Formgebung durch Biegen, Strecken und Stauchen erfährt, ist es wichtig, daß diese Formgebung erfolgen kann, ohne daß die Beschichtung zerstört wird; die beschriebenen Beschichtungen entsprechen dieser Forderung. Zum Schutz vor Kratzern bei der Verarbeitung oder bei der späteren Bauteilmontage können die Bleche auch mit abziehbaren Schutzfolien versehen werden.

11.2.1.2. Kunststoffkernschicht

Die Kunststoffe unterscheiden sich sehr stark von den Metallen, insbesondere dadurch, daß ihre Werkstoffeigenschaften breiter gestreut sind. Kunststoffe sind hochmolekulare, überwiegend organische Verbindungen, die durch Abwandeln von Naturstoffen oder synthetisch hergestellt werden. Vom physikalischen Verhalten und vom morphologischen Aufbau her unterscheidet man drei Gruppen:

— die *Plastomere* (frühere Bezeichnung: Thermoplaste) mit eindimensionalen, fadenförmigen Makromolekülen;
— die *Duromere* (frühere Bezeichnung: Duroplaste) mit eng, meistens dreidimensional vernetzten Makromolekülen und
— die *Elastomere* mit lose vernetzten Molekülketten.

Der Unterschied im Aufbau bringt grundlegend verschiedene Werkstoffeigenschaften mit sich. Plastomere haben drei temperaturabhängige Zustandsbereiche: den festen, den thermoplastischen und den thermoelastischen Zustand; sie lassen sich also mit einer Temperaturbehandlung reversibel urformen, umformen und verbinden. Duromere sind im technischen Bereich Festkörper und entstehen durch irreversible chemische Reaktionen; Kunststoffentstehung und Formgebung müssen also in einem Arbeitsgang vereinigt werden.

Von der Struktur her unterscheidet man die massiven Kunststoffe von den Schaumkunststoffen, die in der Sandwichtechnik für das Bauwesen eine besondere Bedeutung haben. Schaumkunststoffe sind synthetische Leichtstoffe mit Zellstruktur; in den Zellen befindet sich entweder Luft oder ein bestimmtes Gas. In den meisten Fällen wird der Kunststoff durch ein physikalisch oder chemisch wirkendes Treibmittel aufgeschäumt. Von der Zellstruktur unterscheidet man geschlossenzellige, offenzellige und gemischtzellige Arten. Das Verformungsverhalten der Schaumkunststoffe kann zähhart, spröd-hart oder weich-elastisch sein. In der nachfolgenden Tabelle sind einige wichtige Schaumkunststoffe zusammengestellt.

Tabelle 11.1. *Einteilung der Schaumkunststoffe*

Produkt	Kunststoff-entstehung	Physikalisches Verhalten	Zellstruktur	Härte-grad
Harnstoff-formaldehyd	Polykonden-sation	Duromer	offenzellig	spröd-hart
Phenol-formaldehyd	Polykonden-sation	Duromer	gemischt-zellig	spröd-hart
Polystyrol	Polymerisa-tion	Plastomer	geschlossen-zellig	zäh-hart
Polyvinyl-chlorid (hart)	Polymerisa-tion	Plastomer	geschlossen- oder offenzellig	zäh-hart
Polyurethan (hart)	Polyaddition	Duromer	gemischt-zellig	spröd-hart

11.2.2. Formgebung der Metalldeckschichten

11.2.2.1. Umformverfahren

In der Regel werden die Deckschichten für ein Sandwichbauteil vor dem Zusammenfügen zum Sandwich in die für das Bauteil konzipierte endgültige Form gebracht. Für das Zusammenfügen der vorgefertigten Bauteile am Bauwerk erhalten die Sandwichtafeln eine entsprechende Randausbildung. Aus statischen oder architektonischen Gründen ist oft die Fläche selbst auch geformt. Für das Umformen von Blechen gibt es eine große Zahl von Verfahren. Von der Gestalt der Umformung her gesehen betrachten wir hier

— die einachsige Formgebung,
— die zweiachsige Formgebung und
— die vielgestaltige Formgebung.

Abb. 76 zeigt diese Verformungsarten in Beispielen.

Die Herstellung dieser Formen gehört zu den Fertigungsverfahren des Umformens, die in der Norm DIN 8582 definiert sind. Bei dem Umformen von Blechen zu Sandwichdeckschichten handelt es sich um Kaltumformen mit oder ohne Festigkeitsänderung. Da eine Festigkeitsänderung oder Streckgrenzenerhöhung durch Kaltverfestigung bei Sandwichdeckschichten in der Regel ohne Bedeutung ist, wird auf das Umformen mit Festigkeitsänderung nicht näher eingegangen. Das Umformen geschieht durch eine Formänderung des Werkstoffes im plastischen Bereich. Diese plastische Formänderung kann durch Druck-, Zug-, Schub- oder Biegeumformung oder

Kombinationen erfolgen. Für die Formgebungsarten nach Abb. 76 kommen die Verfahren des Biege- und Zugdruckumformens in Frage.

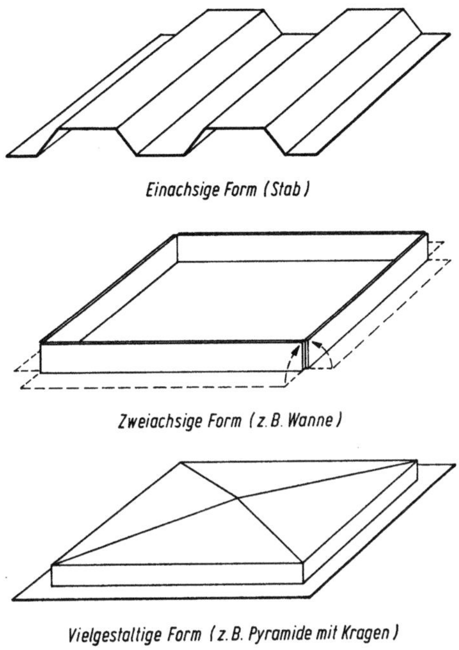

Abb. 76. Verschiedene Biegeformen

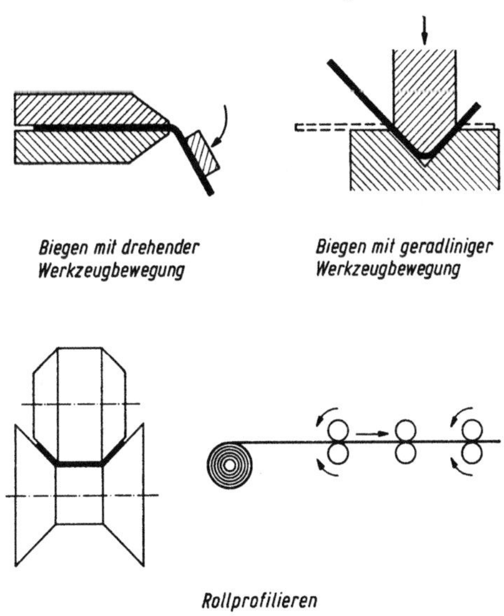

Abb. 77. Verfahren zum Biegeumformen

Die einachsige Formgebung wird durch das *Biegeumformen* erreicht (vgl. Abb. 77). Beim Biegen mit *drehender Werkzeugbewegung* wird die Blechtafel fest eingespannt und der freie Rand durch eine schwenkbare Wange umgebogen. Das Biegen im Gesenk mit *geradliniger* Werkzeugbewegung bezeichnet man meist mit Abkanten; hierbei wird das zu verformende Blech lose auf ein Unterwerkzeug gelegt und durch ein niederfahrendes Werkzeug in die gewünschte Form gedrückt. Soll das Werkstück mehrere Knicke erhalten, werden mehrere Abkantprozesse hintereinander vollzogen. Beim Biegen und Abkanten wird eine Verformungsfigur über eine bestimmte Länge in einem Arbeitstakt hergestellt. Dieser Vorgang kann auch kontinuierlich gestaltet werden durch das *Rollprofilieren.* Das Umbiegen des Bleches entlang einer oder mehrerer Geraden wird durch Walzenpaare hervorgerufen. Es handelt sich jedoch nicht um ein Walzen mit Dickenänderung, sondern lediglich um ein Formen des Bleches. Während des Verformungsprozesses wird das Blech jedoch nicht nur entlang des zu profilierenden Knickes beansprucht, sondern erfährt wegen des kontinuierlichen Herstellens der Flanken vom ebenen Blech zum Profil auch zusätzliche Beanspruchungen in der Blechebene. Mit dem Roll- oder Walzprofilieren lassen sich komplizierte offene und halbe Querschnitte herstellen. Die Zahl der für die Verformung erforderlichen Rollenpaare hängt von der Querschnittsform, der Blechdicke und der geforderten Toleranz der Querschnittsgeometrie ab. Bei einfachen Formen genügen drei Rollenpaare, bei größeren Verformungen werden zwanzig und mehr Gerüste hintereinandergeschaltet. Der Vorschub des Blechs oder des Bandes erfolgt in der Regel durch die Rollen selbst, wobei entweder jedes Gerüst angetrieben ist oder einige Antriebsgerüste und einige mitlaufende Rollenpaare angeordnet sind. Eine Variante des Rollprofilierens ist das *Ziehprofilieren* des Blechs durch nichtangetriebene Rollensätze. Hierbei wird das Blech am Ende gefaßt und durch die Rollensätze gezogen. Für das Rollprofilieren werden Blechtafeln oder Bänder, d. h. zu Coils aufgewickelte lange Bleche, eingesetzt. Bei einer kontinuierlich laufenden Massenproduktion laufen die Coils von einem Haspel in die Profiliermaschine. Die taktweise Verformung durch Biegen und Abkanten kann dagegen nur an Blechtafeln vorgenommen werden.

Das *Ziehen* von Blechen, eingeteilt in Tief- und Streckziehen (Abstreckziehen), unterscheidet sich von den vorgenannten Verfahren dadurch, daß die Verformung sich nicht über Linien, sondern über Flächen erstreckt; es fällt unter die Kategorie des Zugdruckumformens. Die sich über eine Fläche erstreckende Verformung läßt sich dadurch veranschaulichen, daß ein vor dem Ziehen auf dem Blech markiertes Quadratraster nach dem Ziehen zu unregelmäßigen Vierecken geworden ist, strenggenommen auch keine geraden Linien mehr aufweist. Ist der Flächeninhalt der Figuren gleichgeblieben, spricht man vom *Tiefziehen,* ist die Fläche größer geworden, handelt es sich um *Streckziehen* (Abstreckziehen); beim Streckziehen tritt gleichzeitig eine Blechdickenverminderung ein. Bei den Tiefziehverfahren unterscheidet man nach Tiefziehen mit Werkzeugen und Tiefziehen mit Wirkmedien. Für die Verformung von Blechen zu Sandwichdeckschichten kommt nur das erstgenannte Verfahren in Frage, das in Abb. 78 schematisch dargestellt ist. Als Werkzeug dient die Ziehmatrize (Ziehring), in die das Blech hineingezogen wird. Der Blechrand kann frei aufliegen oder mit einem Niederhalter festgehalten werden. Der Verformungsvorgang wird von dem Ziehstempel vorgenommen. Eine ausführliche Darstellung der Ziehverfahren und der zugehörigen Maschinentechnik findet man in [25].

Im Gegensatz zum Rollprofilieren, das ein kontinuierliches Umformverfahren ist, gehören das Tiefziehen und Streckziehen zu den Taktverfahren, bei denen Blechtafeln eingesetzt werden. Während sich beim Biegen und Abkanten die Blechfläche nicht verändert und die Ränder gerade bleiben,

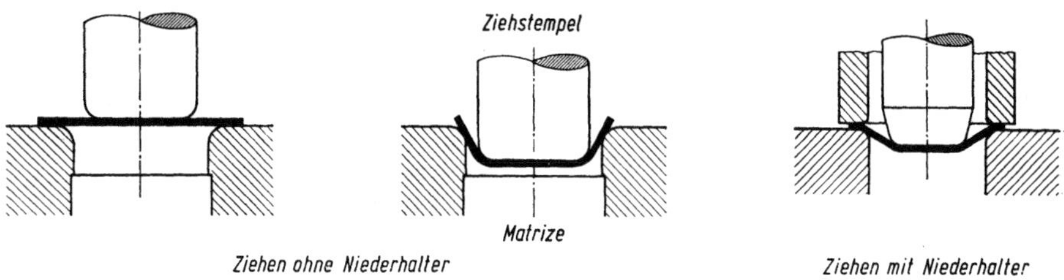

Abb. 78. Ziehverfahren

bewirkt das Tief- oder Streckziehen durch die Flächenveränderung eine unregelmäßige Randkurve. Dieser Flächenveränderung muß man entweder mit einem entsprechenden Platinenzuschnitt vor dem Tiefziehen oder mit einem nachträglichen Beschneiden des gezogenen Teiles Rechnung tragen.

11.2.2.2. Auswahl des Umformverfahrens

Die Wahl des Umformverfahrens hängt von vielen Kriterien ab. Die wesentlichen Gesichtspunkte sind im folgenden genannt.

Hinsichtlich Form des Produktes: Abkanten und Rollprofilieren erzeugen nur eine einachsige Formgebung, universell ist das Tiefziehen. Es sind jedoch Kombinationen möglich, z. B. Rollprofilieren in einer Richtung und anschließend Abkanten in der zweiten Richtung oder Sickenpressen im ersten Arbeitsgang und Anprofilieren von Rändern im zweiten Arbeitsgang. Beim Abkanten ist die Produktlänge durch die Maschinenbreite und die Länge der einsetzbaren Blechtafeln begrenzt. Beim Profilieren entfällt diese Begrenzung, weil das Material als aufgewickeltes Band (Coil) in die Maschine einläuft. Bei einer im Abkantverfahren hergestellten Wanne (vgl. Abb. 76) sind an den hochgestellten Rändern Schlitze in den Ecken. Wird ein solches Teil gezogen, können die Ecken geschlossen sein.

Hinsichtlich Kosten der Anlage und der Werkzeuge: Beim Abkanten müssen für verschiedene Randausbildungen verschiedene Ober- und Unterwerkzeuge vorhanden sein. Länge und Breite der Bauteile sind jedoch innerhalb der Grenzen der Blechabmessungen und der Gesamtgröße der Maschine variabel. Beim Rollprofilieren ist die Breite nicht variierbar, weil das Profil und damit der Walzensatz festliegen; die Länge dagegen ist beliebig. Eine andere Querschnittsform erfordert einen neuen oder geänderten Walzensatz, d. h. es fallen Werkzeug- und Umbaukosten an. Beim Tiefziehen wird das Werkzeug sowohl von der Länge als auch von der Breite beeinflußt; die

Werkzeugkosten steigen also mit der Anzahl der Varianten. Werden die Rollensätze oder die Tiefziehwerkzeuge als zusammensetzbare Systeme ausgebildet, können die Kosten reduziert werden. Generell ist jedoch festzustellen, daß sich das Abkanten für kleine Stückzahlen oder eine große Zahl von Varianten eignet, das Rollprofilieren für große Stückzahlen mit gleicher Querschnittsform und das Ziehen für komplizierte Formen für hohe Ansprüche (z. B. geschlossene Ecken) bei großen Stückzahlen.

Hinsichtlich Bedienungsaufwand: Da beim Abkanten jedes Werkstück von Hand eingeschoben werden muß, sind die Arbeitszeiten verhältnismäßig groß, und die Kapazität wird durch die Bedienungszeit begrenzt. Das Rollprofilieren ist ein kontinuierlich ablaufender Prozeß, der weitgehend automatisch abläuft. Beim Ziehen ist eine automatische Beschickung möglich, erfordert aber zusätzlichen Maschinenaufwand.

Hinsichtlich Materialqualität: Beim Abkanten wird das Material lediglich in einer Richtung gebogen. Beim Streckziehen erfolgt eine Streckung des Materials. Da hierbei mehrachsige Spannungszustände auftreten und je nach Verformungsgrad größere Fließwege auftreten, werden an das Material hohe Qualitätsanforderungen gestellt. Da Tiefziehgüten und Sondertiefziehgüten mehr kosten als normales Blech oder einfache Falzgüten, geht auch dieser Faktor als Auswahlkriterium ein. Kombinationen verschiedener Verfahren können hier von Vorteil sein.

Zusammenfassend ist festzustellen, daß kleine Losgrößen das Abkantverfahren fordern, große Losgrößen mit Produkten variabler Länge das Profilieren und große Losgrößen mit festen Abmessungen das Tief- oder Streckziehen.

11.2.3. Verarbeitung der Kunststoffe in der Kernschicht

11.2.3.1. Klebeverbindung zwischen Kernschicht und Deckschichten

Bei der Kunststoffverarbeitung sind drei Stufen zu betrachten:

— die Kunststoffherstellung (Urformen),
— die Formgebung (Umformen) und
— das Verbinden (Fügen).

Liegt der Kunststoff bereits in seiner einbaufertigen Gestalt vor, so muß er nur noch mit den Deckschichten verbunden werden. Bei der flächigen Verbindung zwischen Metall und Kunststoff wird hierfür das *Kleben* benutzt. In der Regel benutzt man hierfür einen Klebstoff, man verbindet also die in ihrer fertigen Form vorliegende Metalldeckschicht mit der fertigen Kunststoffplatte durch ein drittes Medium, den Kleber. Wichtig ist hierbei die bilaterale Verträglichkeit der Stoffe. Der Kleber muß gut haften und darf dort keine Korrosion verursachen. Deshalb werden überwiegend bandlackierte Stahl- oder Aluminiumbleche eingesetzt.

Bei der Verbindung des Klebers mit dem Kunststoffkern des Sandwich ist ebenfalls die chemische Verträglichkeit wichtig. Vielfach werden Kuns stoffe und Kunststoffschäume verwendet, die gegen Lösungsmittel empfindlich sind. In diesem Fall muß ein lösungsmittelhaltiger Kleber vor dem Zusammenfügen ablüften. Besser noch werden lösungsmittelfreie Kleber eingesetzt, die aus mehreren Komponenten gemischt werden und nach dem Mischen chemisch reagieren. Der Zeitablauf dieser chemischen Reaktion kann durch die Zusammensetzung des Klebers gesteuert und so die Aushärtezeit und die zulässige Zeit für die Verarbeitung, die sogenannte Topfzeit, auf die Fabrikationsmethode abgestimmt werden. Es wird wegen der Materialkosten und auch wegen der Ebenheit der Sandwichtafel Wert darauf gelegt, daß der Kleber dünn und gleichmäßig aufgetragen wird. Bei einer kleinen Produktion erfolgt dies mittels Zahnspachteln, mit denen der Klebstoff manuell aufgetragen wird. Bei größeren Produktionsmengen läßt man die Platte, die mit dem Klebstoff bestrichen werden soll, über eine Auftragswalze laufen. Nach dem Zusammenfügen der einzelnen Schichten werden die Platten in Formen gepreßt, bis die Aushärtung des Klebers vollzogen ist. Eine andere Möglichkeit ist der Einsatz eines festen Klebers. Dabei wird zwischen die zu fügenden Werkstoffe eine Plastomerfolie gelegt. Durch Erwärmen wird diese Folie in ihren plastischen Zustand versetzt und verbindet so die Schichten miteinander. Diese mittelbare Verklebung mit einem dritten Stoff wird zur unmittelbaren Verklebung, wenn als Kern von vornherein ein *Plastomer* verwendet wird. Es genügt, wenn die Oberflächen des thermoplastischen Kerns so weit erhitzt werden, daß sie klebrig werden. Bei dünnen Sandwichplatten mit einem dünnen Kunststoffkern von wenigen Millimetern kann man das Plastomer auch in geschmolzener Form auf die waagrecht liegende untere Deckschicht aufgießen und anschließend das obere Blech auflegen. Das Sandwich wird dann unter Druckbelastung abgekühlt. Dieser Prozeß besteht also aus Fügen und Formen, einem Verfahren, für das sich die Plastomere eignen. *Duromere* müssen entweder mittelbar verklebt oder im Herstellungsprozeß des Sandwichteiles selbst erst hergestellt werden. Ein Verfahren, das Urformen, Formen und Fügen in sich vereinigt, wird bei der Herstellung von Polyurethanschaumstoffen angewandt, die im folgenden eingehender beschrieben werden.

11.2.3.2. Kernschicht aus Polyurethanhartschaum

Bei der Herstellung von Polyurethan-Hartschaum werden verschiedene Methoden angewendet, die in Tab. 11.2 dargestellt sind.

Der Polyurethan-Hartschaum wird aus mehreren Komponenten hergestellt. Das Mischen der Komponenten bewirkt eine chemische Reaktion, aus der dann der eigentliche Werkstoff Polyurethan-Hartschaum entsteht. Die Hauptkomponenten sind das Polyol und das Isocyanat. Hinzu kommen noch Zusatzstoffe wie der Aktivator und das zum Aufschäumen dienende Treibmittel. Erfolgt die Verarbeitung mit nur zwei Komponenten, so werden die Zusatzstoffe größtenteils der Polyolkomponente bereits vorher beigemischt. Bei Verschäumungen in großen Mengen mischt man aus Stabilitäts- und Preisgründen das Treibmittel und den Aktivator erst in der Verarbeitungsanlage im Polyolstrom oder im Mischkopf zu.

Tabelle 11.2. *Überblick über Verfahren, Methoden und Technik bei der Herstellung von Polyurethan-Hartschaum*

Ausgangsprodukte	Polyole	Treibmittel, Zusatzstoffe	Isocyanate
Chemische Verfahren	Einstufenverfahren (one shot process)		Zweistufenverfahren (prepolymer process)
Verschäumungsmethoden	Direktverschäumung (conventional foaming)		Vorverschäumung (frothing)
Anwendungstechnik	Gießen (dispensing)		Spritzen (spraying)

Vom chemischen Prozeß her gesehen gibt es zwei Verfahren. Beim Einstufenverfahren werden alle Komponenten in einer Stufe im vorher bestimmten Mischungsverhältnis zusammengebracht und vermischt. Im Gegensatz dazu steht das Zweistufenverfahren, bei dem ein bereits in einer ersten Stufe mit Isocyanat vorreagiertes Polyol zur Verarbeitung gelangt. Bei der eigentlichen Verarbeitung in der zweiten Stufe werden eine Restmenge Isocyanat sowie Treibmittel im Aktivator im ebenfalls vorbestimmten Mischungsverhältnis der Mischkammer zugeführt. Außer der normalen Direktverschäumung gibt es noch die Vorverschäumungsmethode (Frothing). Hierbei wird mit zwei Treibmitteln unterschiedlicher Siedepunkte gearbeitet. Das erste Treibmittel R 12 (Siedepunkt bei 760 Torr: $-29{,}8°$ C) expandiert bereits unmittelbar beim Austritt aus der Mischkammer und läßt dort ein sahniges Gemisch entstehen. Das zweite Treibmittel R 11 (Siedepunkt bei 760 Torr: $+23{,}7°$ C) bewirkt dann später das eigentliche Schäumen. Der Frothing-Schaum eignet sich besonders bei komplizierten Formen mit langen Fließwegen und engen Formquerschnitten, da hiermit eine gleichmäßige Schaumqualität erzielt wird.

Der exotherm verlaufende chemische Prozeß der Polyurethanschaumherstellung läßt sich in seinem zeitlichen Ablauf steuern, vor allem durch die entsprechende Wahl des Verfahrens, der Rezeptur und der Temperatur. In der Verarbeitung unterscheidet man verschiedene Prozeßstufen:

— Die Startzeit beginnt beim Durchmischen der Komponenten und reicht bis zum Beginn der Volumenvergrößerung des Gemisches; sie kann zwischen 3 und 120 Sekunden liegen.

— Die Steigzeit wird vom Beginn der Vermischung bis zum Ende der Volumenvergrößerung gerechnet; sie kann von 25 bis 300 Sekunden reichen.

— Die Abbindezeit ist die Dauer vom Beginn der Vermischung bis zum Ende der Klebrigkeit an der Schaumstoffoberfläche und kann eingestellt werden auf 30 bis 500 Sekunden.

Die wesentliche Verfahrensstufe ist das Mischen der Komponenten. Dies geschieht bei den Hochdruckmaschinen in einer Mischkammer mit Hilfe der Gegenstrahlinjektion. Bei Niederdruckmaschinen besorgt ein Rührwerk das Vermischen. Die Unterscheidung in Hochdruck- und Niederdruckmaschinen bezieht sich auf den verwendeten Pumpentyp, nicht auf den später zu behandelnden Schäumdruck.

Das Komponentengemisch kann versprüht oder vergossen werden. Das Sprühen wird benutzt, wenn Flächen (z. B. Lagertanks) mit einer Schaumstoffschicht isoliert werden sollen. Beim Gießen unterscheidet man zwischen dem Einbringen in offene Formen und in geschlossene Formen. Das Gießen in offene Formen, bei dem sich der Schaum weitgehend drucklos aufbaut, wird meistens beim Herstellen von Polyurethanschaumblöcken verwendet und soll hier nicht weiter behandelt werden. Gießt man das Reaktionsgemisch in geschlossene Formen, so benutzt man zum Einfüllen je nach Elementgröße und -form ein oder mehrere Einfüllöffnungen. Das Einbringen durch diese Öffnungen kann bei längeren Elementen durch Lanzen erfolgen, die durch eine entsprechende Führung das Gemisch verteilen. Es ist dafür zu sorgen, daß die durch den Schaum verdrängte Luft entweichen kann und keine Luftsäcke entstehen. Bei richtiger Anordnung der Einfüll- und Entlüftungsöffnungen kann visuell verfolgt werden, wann der Hohlraum gefüllt ist. Während beim freien Aufschäumen das Raumgewicht des Schaumes nur durch die Rezeptur bestimmt wird, kann beim Schäumen in

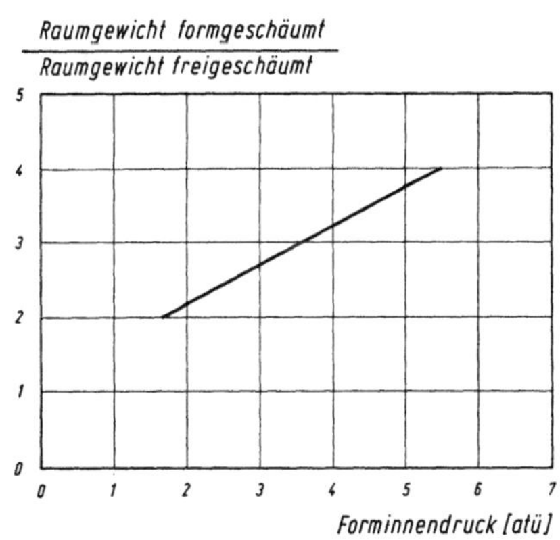

Abb. 79. Schäumdruck in Abhängigkeit vom Verdichtungsgrad

geschlossenen Formen durch eine Überdosierung der Einfüllmenge eine Verdichtung erreicht werden. Der beim Schäumen in geschlossenen Hohlkörpern entstehende Druck hängt vom Verdichtungsgrad ab. In Abb. 79 ist diese Abhängigkeit an einem Beispiel dargestellt. Wegen des Schäumdruckes muß der auszuschäumende Hohlkörper von außen gestützt werden. Bei der Fertigung eines Einzelstückes liegt das Bauteil in einer Stützform und verweilt in dieser Form, bis die Aushärtung abgeschlossen ist. Eine übliche Verweilzeit ist eine halbe Stunde; diese Zeit kann jedoch durch Variation der Rezepturen verändert werden und ist auch abhängig von der Temperatur.

Die feste Stützform kann zum Zwecke einer kontinuierlich laufenden Massenproduktion durch eine bewegliche Form, ein Doppelplattenband, ersetzt werden. Das Plattenband stützt die beiden äußeren Flächen und besitzt eine seitliche Randabdichtung. Der Auftrag der Reaktionsflüssigkeit geschieht vor dem Plattenband auf einer Fläche. Dies kann durch Sprühen oder Gießen erfolgen. Das Prinzip dieses Verfahrens ist in Abb. 80 darge-

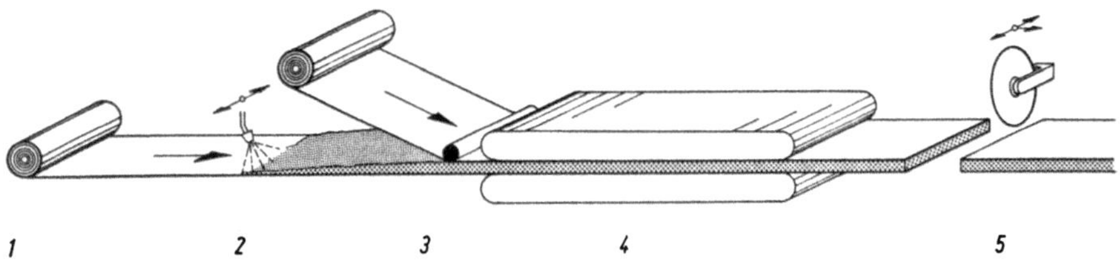

Abb. 80. Plattenbandanlage

stellt. Die untere Deckschicht wird von einem Coil (1) abgehaspelt. Anschließend sprüht ein quer zur Laufrichtung der Deckschicht hin- und herfahrender Sprühkopf das Polyurethangemisch auf (2). Während der Schaumstoff aufquillt, wird von oben die zweite Deckschicht zugeführt (3). Der vorgesehene Abstand der Deckschichten wird durch das anschließende Plattenband (4) gehalten; in diesem Plattenband härtet das Sandwich aus. An den seitlichen Rändern laufen Dichtungsbänder mit, die ein seitliches Austreten des Schaumes verhindern. Hinter dem Plattenband wird das Sandwich auf die gewünschte Länge geschnitten. Bei dieser kontinuierlich laufenden Anlage wird eine hohe Leistung und eine gute, gleichbleibende Qualität erzielt, wenn die Schaumstoffrezeptur, die Laufgeschwindigkeit der Anlage und die Temperaturen in den zugeführten Deckschichten und im Plattenband aufeinander abgestimmt sind. Vor allem die Temperaturführung muß durch Heizung und Kühlung konstant gehalten werden.

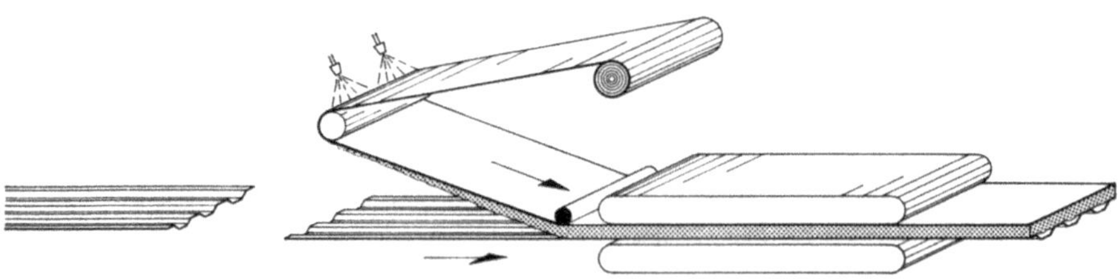

Abb. 81. Variante einer Plattenbandanlage

Eine Variante des in Abb. 80 dargestellten Fertigungsprinzips zeigt Abb. 81. Hier wird das Polyurethangemisch nicht auf die untere, sondern auf die obere Schicht aufgesprüht. Beim Zusammentreffen von Schaum und unterer Deckschicht ist das Kernmaterial noch teigig und klebrig, also noch nicht abgebunden. Ist die untere Schicht z. B. ein Trapezprofil und ist die Dicke der Schaumstoffschicht entsprechend gesteuert, so berührt der Kern lediglich die dem Kern zugewandte Flanschfläche des Trapezprofils (Abb. 93, um 180° gedreht) und läßt die Hohlräume offen. Man erhält dann zwar kein Sandwich im Sinne der in den vorherigen Kapiteln behandelten Festigkeitslehre, doch sind bei untergeordneten statischen Beanspruchungen solche Tafeln in einigen Fällen aus bauphysikalischen Gründen erwünscht.

Das Raumgewicht, die Festigkeit und der Elastizitätsmodul des Hartschaums, seine Haftfestigkeit zu den Deckschichten, die Zeitabhängigkeit zwischen dem Auf- oder Einsprühen und dem Aufschäumen sowie die Aushärtezeit können beeinflußt werden durch entsprechende Variationen der Polyol- und Isocyanatkomponenten, durch das Treibmittel und durch den Aktivator, durch das Mischungsverhältnis der Komponenten, durch die Raumtemperatur und die Oberflächentemperatur der Deckschichten und beim Zwangsschäumen in geschlossener Form auch durch die mehr oder weniger starke Überdosierung der Einfüllmenge. Die Überwachung dieser Eigenschaften bedarf einer sorgfältigen Qualitätskontrolle. Die Prüfung von Schaumkunststoffen wird in der Norm DIN 18164 behandelt. Die Qualitätsprüfung beginnt bei der Eingangskontrolle der Rohstoffe. Wichtig ist die Überwachung der Eigenschaften des fertigen Hartschaums. Dies sind vor allem die Rohdichte, die Druckfestigkeit, die Konturstabilität, die Zerreißfestigkeit und die Haftung zu den Deckschichten. Bei der Produktprüfung wird unterschieden zwischen zerstörungsfreien Prüfungen und Prüfungen von Probekörpern, die bei der Prüfung zerstört werden. Für die zerstörungsfreie Prüfung gibt es die Ultraschalltechnik zur Feststellung von Lunkern oder Stellen mit schlechter Haftung. Die Haftung zwischen den Deckschichten und dem Kern kann auch mit einer Vakuumsaugglocke kontrolliert werden. Beide Verfahren sind jedoch noch mit Unvollkommenheiten behaftet und aufwendig. Sicherer ist die Prüfung der Haftung und der

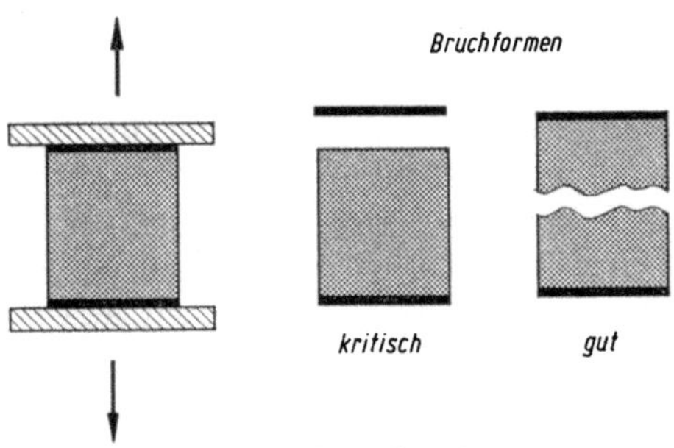

Abb. 82. Zerreißprüfung

Zerreißfestigkeit des Schaumes nach Abb. 82. Ein Sandwichprüfkörper wird zwischen zwei Stahlplatten geklebt und anschließend auf einer Prüfmaschine gemäß Abb. 83 zerrissen. Die Prüfung ist positiv verlaufen, wenn der Bruch im Schaumstoffkern verläuft und dieser die gewünschte Festigkeit besitzt. Darüber hinaus erfolgen Prüfungen in Klimaschränken mit Temperaturen von −20° bis +80° C.

Die im Abschnitt 11.2.3.2 beschriebenen Eigenschaften und Verfahren bei der Polyurethanschaumtechnik sind ausführlich behandelt in [26], [27], [28] und [29].

Abb. 83. Prüfmaschine beim Zerreißversuch

11.3. Maschinen und Anlagenteile

11.3.1. Maschinen zur Vorbereitung der Deckschichten

Für die Deckschichten von Sandwichtafeln wird entsprechend den Verformungsverfahren das Metallblech in Tafeln oder Coils eingesetzt. Bei einer Stückfertigung ist es zweckmäßig, die Blechtafeln in dem Format einzukaufen, wie es das einbaufertige Produkt verlangt, da sonst der Abfall beim Verschnitt zu groß wird. Bei häufig wechselnden Formaten ist jedoch auch für die Taktfertigung der Einsatz von Vormaterial in Form von Coils zweckmäßig. Die benötigten Tafeln können dann je nach Auftrag vor der Verformung zugeschnitten werden. Da vor allem die inneren Lagen eines Coils infolge der Wicklung stark vorgebogen sind, ist außerdem ein Richten zu wieder ebenen Blechen erforderlich. Eine kombinierte Anlage für diese Arbeitsgänge besteht aus einem Haspel zur Aufnahme des Coils, einer Richtmaschine, in der das Band durch mehrere Rollen gewalkt und dadurch gerichtet wird, Rollenscheren zum Besäumen der Ränder oder zum Längsspalten des Bandes und Messerscheren zum Ablängen. Der Transport der gerichteten und geschnittenen Tafeln geht über Rollentische. Abb. 84 zeigt eine kombinierte Blechband-Spalt- und Ablänganlage mit nachgeordneter Stapeleinrichtung (Fabrikat Wilhelmsburger Maschinenfabrik). Von links nach rechts sind ein Abwickelhaspel, eine Feinblechrichtmaschine mit 21 Richtwalzen, eine Vorratsschleife, eine Streifenschere mit Saumstreifen

Zerhackeinrichtung, wieder eine Vorratsschleife und ein Bremsaggregat angeordnet. Von hier aus kann das Band wieder aufgehaspelt oder in die Ablänganlage zum Schneiden und Stapeln von Tafeln weitergeführt werden.

Abb. 84. Spalt- und Ablänganlage für Bleche

Das Prinzip der Biege- und Abkantmaschinen ist in Abschnitt 11.2.2.1 beschrieben; sie gehören zu den üblichen Maschinen der spanlosen Formgebung. Das Gebiet der Kaltprofilieranlagen ist so groß, daß eine systematische Beschreibung den hier gesteckten Rahmen überschreiten würde. Sollen dünne Bleche oder Bänder lediglich eine Randprofilierung erhalten, so genügt eine einhüftige Profiliermaschine. Solche Maschinen werden auch zur Herstellung von Blechfalzen benutzt und deshalb Falzformmaschinen genannt. Bei diesen Maschinen sind die Profilierrollen fliegend auf dem Getriebeabtrieb angeordnet. Sie haben den Vorteil einer großen Variabilität,

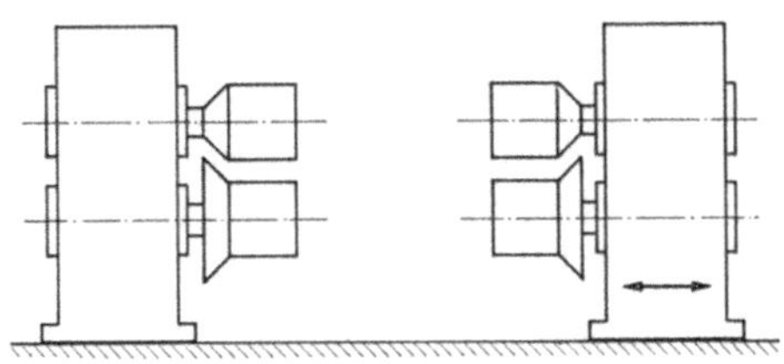

Abb. 85. Falzformmaschine zur Randprofilierung

da die Walzen leicht auswechselbar sind und deshalb ein einfaches Umrüsten auf andere Profilformen ermöglichen. Sollen beide Blech- oder Bandkanten profiliert werden, ordnet man zwei Falzformmaschinen an, die — wenn sie seitlich verschiebbar angeordnet werden — die Verarbeitung verschiedener Blechbreiten gestatten (vgl. Abb. 85).

Soll das Band über die ganze Breite eine Profilformgebung erhalten wie etwa in Abb. 99, so sind zweiseitig gelagerte Profilierwalzen erforderlich. Eine Kombination zeigt die Profiliermaschine in Abb. 86; diese Anlage (Fabrikat Maschinen- und Werkzeugbau GmbH) profiliert gleichzeitig zwei

Abb. 86. Profiliermaschine

Bänder. Das obere Band erhält durch je neun Walzenpaare auf jeder Seite eine Randprofilierung. Das untere Band wird vor der Randprofilierung noch durch drei Walzenpaare trapezförmig profiliert. Diese Maschine ist Teil einer vollkontinuierlich laufenden Anlage zur Herstellung von Sandwichbautafeln.

Bei Ziehpressen erfolgt die Bewegung entweder durch einen mechanischen oder durch einen hydraulischen Antrieb. Von der Wirkungsweise unterscheidet man doppelt wirkende und einfach wirkende Pressen, die in [25] ausführlich beschrieben sind. Bei der doppelt wirkenden Presse gibt es zwei sich voneinander getrennt bewegende Maschinenteile, nämlich den Blechhalterstößel, der den Blechhalter auf den Blechrand drückt, und den Ziehstößel, der den eigentlichen Ziehvorgang vollführt. Bei der einfach wirkenden Presse ist nur der Stößel aktiv; der auf Druckstiften liegende Blechhalter folgt dieser Bewegung.

11.3.2. Gießmaschinen zur Plastomerverarbeitung

Zur Herstellung von schalldämpfenden Sandwichtafeln, die in Kapitel 12 beschrieben sind, werden Kernschichten aus thermoplastischen Kunststoffen verwendet, die im Gießverfahren eingebracht werden. Auf einem Rollgang läuft das untere Sandwichblech unter eine Gießmaschine nach Abb. 87. In dieser Gießmaschine wird das thermoplastische Kernschichtmaterial erhitzt und über einen mit Gießlippen versehenen Gießkopf aufgetragen. Anschließend wird die obere Deckschichttafel aufgelegt und das so entstehende Sandwich einer weiteren Wärme-, Druck- und Abkühlbehandlung ausgesetzt. Abb. 87 zeigt eine Heißgießmaschine der Firma Bürkle.

Abb. 87. Heißgießmaschine

11.3.3. Maschinen zur Polyurethanverarbeitung

Das Mischen der Komponenten zur Herstellung von Polyurethanschaum kann im Prinzip von Hand geschehen, wenn man die Komponenten im richtigen Verhältnis mischt und verrührt. Für industrielle Fabrikationstechniken werden Maschinen eingesetzt, die präzise und leistungsfähiger arbeiten; verwendet werden Hochdruck- und Niederdruckmaschinen.

Bei *Hochdruckmaschinen* werden die einzelnen Komponenten mittels verstellbarer Kolbenpumpen dosiert. Die beiden Hauptkomponenten werden in einer Mischkammer unter hohem Druck (etwa 100 atü) nach dem Prinzip der Gegenstrahlinjektion vermischt. Die Treibmittel- und Aktivatorzugaben erfolgen über separate Pumpen. Während der Aktivator druckseitig zugegeben wird, erfolgt die Treibmitteleinführung saugseitig in einer Vormischkammer. In dieser Vormischkammer werden Treibmittel und das entsprechende Polyol vermischt. Durch die Mischung von Treibmitteln und Polyol wird die Viskosität des Ausgangspolyols verringert.

Bei *Niederdruckmaschinen* werden die einzelnen Komponenten mittels Zahnradpumpen in einem ständigen Kreislauf zwischen dem Vorratsbehälter und dem Mischkopf gehalten. Beim Verarbeitungsvorgang gibt ein zentraler Steuerkolben Düsen frei, welche die Komponenten in die Mischkammer leiten. Der Einspritzdruck liegt hier bei 4 bis 10 atü. Das Mischen besorgt ein hochtouriges Rührwerk.

Das Prinzip dieser beiden Maschinenarten ist in Abb. 88 dargestellt, und ihre wesentlichen Merkmale sind in Tab. 11.3 gegenübergestellt. Die Auswahl richtet sich nach den Produktionsverhältnissen, wobei als Einfluß-

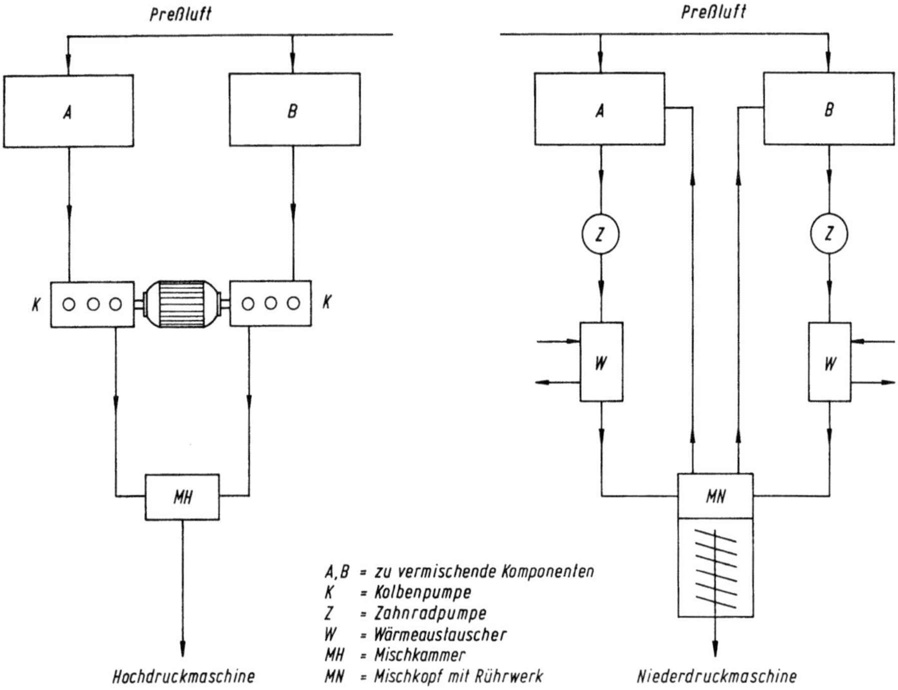

Abb. 88. Schematische Darstellung von Verschäumungsmaschinen

faktoren die Art der Rezeptur, die Anzahl der Komponenten, die Viskosität der Komponenten, die Dosiergenauigkeit, die Rohstofftemperierung, die Reinigungsmöglichkeiten und weitere Einflußgrößen eingehen.

Tabelle 11.3. *Gegenüberstellung von Hoch- und Niederdruckmaschinen*

	Hochdruckmaschinen	Niederdruckmaschinen
Förderdruck	Förderdruck 70—150 atü	Förderdruck 4 bis 10 atü
Förderung	Förderung der Komponenten durch Kolbenpumpen, dadurch hohe Dosiergenauigkeit	Förderung der Komponenten durch Zahnradpumpen, dadurch robust und unempfindlich gegen feste Verunreinigungen
Rücklauf	Kein Rücklauf der Komponenten zwischen den Arbeitstakten	Rücklauf der Komponenten zwischen den Arbeitstakten
Mischkammer	Kleines Mischkammervolumen	Mischaggregat wegen Rührwerk größer
Erweiterungsmöglichkeit	Nachträgliche Erweiterung auf mehr Komponenten möglich	Keine Erweiterungsmöglichkeit für die Komponentenzahl
Viskosität	Viskosität der Komponenten begrenzt	Verarbeitung hochviskoser Medien möglich

11.3.4. Vorrichtungen zur Sandwichherstellung und -verarbeitung

Beim Verschäumen in geschlossenen Formen werden zunächst die Deckschichten in die dem Bauteil entsprechende Form gelegt. Während das untere Blech fest aufliegt, muß das obere Blech auf Abstand gehalten werden. Dies kann durch eingelegte Klötze aus vorgefertigtem Polyurethanschaum erreicht werden. Das erfordert jedoch zusätzliche Handarbeit und bringt Stellen ohne Haftung zwischen Kern und Deckschichten, sofern die Abstandhalter nicht auch eingeklebt werden. Bei Stahldeckschichten kann das obere Blech durch Magnete gehalten werden. Sicherer und auch bei

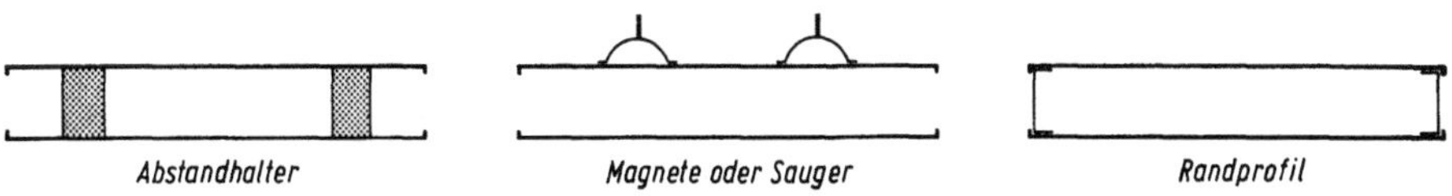

Abb. 89. Abstandshaltung in der Schäumform

nichtmagnetischen Werkstoffen verwendbar sind Vakuumsauger als Halterung. Läßt die konstruktive Randausbildung ein Randprofil, z. B. eine Kunststoffleiste, zu, dann ist dieser Aufwand nicht erforderlich. Abb. 89 zeigt die genannten Möglichkeiten.

Da beim Ausschäumen ein Schäumdruck von 0,5 kp/cm^2 und mehr entsteht, genügt eine punkt- oder linienförmige Halterung. Dazwischen werden die eventuell leicht durchhängenden Bleche durch den Schäumdruck an die Form gepreßt. Der obere Deckel der Schäumform kann entweder lose sein und von Hand oder leichten Hebewerkzeugen aufgelegt und anschließend verspannt werden; einfacher in der Handhabung sind mechanisch oder hydraulisch betätigte Klappdeckel. Abb. 90 zeigt beide Varianten.

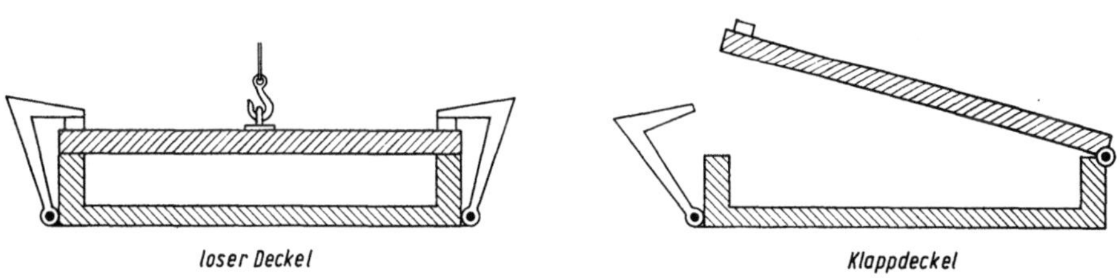

Abb. 90. Deckel von Schäumformen

Hat das auszuschäumende Bauteil ein Randprofil, so kommt der Schaumstoff mit der Form nicht in Berührung. Bei offenen Rändern muß die Form, die in der Grundkonstruktion aus Stahl besteht, mit einem Trennmittel bestrichen werden oder an den Berührungsstellen einen Belag erhalten, der sich nicht mit dem Polyurethan verbindet. Eine andere Methode ist das Einlegen von Streifen aus Aluminiumfolie oder Kraftpapier, die am Bauteil verbleiben. Nach dem Schließen der Deckel wird über eine Lanze durch ein oder mehrere Löcher das Polyurethangemisch eingeschossen. Die Zahl der Einfüllöffnungen ist abhängig von dem auszufüllenden Volumen, der Ausstoßleistung der Polyurethanmischmaschine und der Reaktionszeit des chemischen Prozesses. Bei einem Bauteil von $5{,}0 \times 1{,}0\ m^2$ Fläche und 5 cm Dicke ist z. B. bei einer Maschinenleistung von 200 kg/min nur eine Einfüllöffnung erforderlich. Da die Einschußzeit bei einem Raumgewicht von $50\ kp/m^3$ 3 bis 4 Sekunden beträgt, würde die Startzeit bei 10 bis 12 Sekunden liegen. Um möglichst kurze Formstandzeiten zu erzielen, bedarf es besonderer Voraussetzungen bei der Temperierung der Schäumformen sowie einer Festlegung der Liege-, Steig- und Abbindezeiten entsprechend der Bauteilgröße.

Abb. 91. Etagenformen

Die Produktion von Sandwichtafeln in einer Stützform ist zeitaufwendig. Eine größere Kapazität wird in Etagenformen erreicht, bei denen mehrere Sandwichtafeln übereinander aufgeschäumt werden. Hier ist darauf zu achten, daß die bei der exothermen Reaktion der Komponenten entstehende Wärme nicht zu einem Wärmestau führt. So kann eine Kühlung in den Zwischenlagen erforderlich werden. Abb. 91 zeigt eine Etagenform für Sandwichtafeln von etwa 60 mm Dicke.

Bei dem Verfahren mit den Etagenformen ergibt sich eine zeitliche Konzentration der einzelnen Arbeitsgänge. Dieser Nachteil wird vermieden durch eine Taktanlage. Eine bestimmte Anzahl einzelner Formen wird im Umlauf verfahren. An der ersten Stelle (1) werden die Deckschichten eingelegt und die den Schäumdruck aufnehmenden Deckel geschlossen. An der nächsten Stelle (2) wird das Polyurethangemisch eingegossen. Dann fährt der Wagen einige Takte, bis an der Station 5 der Aushärtevorgang abgeschlossen ist und das fertige Sandwichelement aus der Form herausgenommen wird. Nach dem Reinigen der Form wird an der Stelle 1 der neue Kreislauf des Wagens begonnen. Mit sechs Formen und einer Taktzeit von fünf Minuten dauert dieser Kreislauf 30 Minuten. Dieser Kreislauf ist schematisch in Abb. 92 dargestellt. Es sei bemerkt, daß der hier dargestellte Kreis nur das Prinzip darstellt. In der Praxis sind gerade Fahrwege mit Querverschiebevorrichtungen üblich, d. h. ein Fahrweg mit rechteckigem Grundriß. Die römischen Ziffern in Abb. 92 bezeichnen die Wagennummer, die freien arabischen Ziffern die Stationen, die arabischen Ziffern im Kreis den zeitlichen Abstand vom Moment des Einschäumens an gerechnet. Alternativ zu den verfahrbaren Schäumformen ist es auch möglich, die Formen ortsfest anzuordnen und die Einfüllvorrichtung zu verfahren.

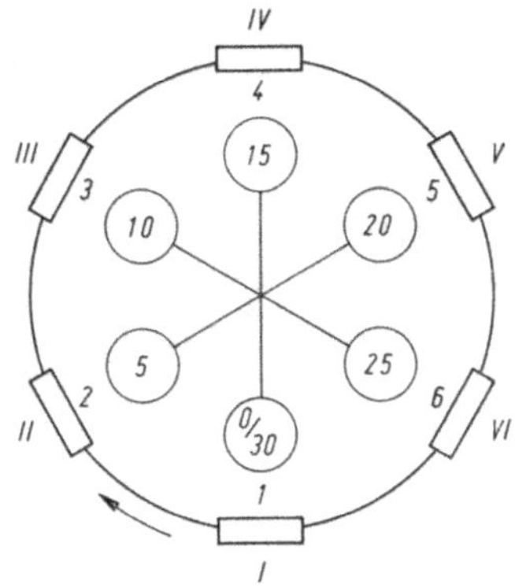

Abb. 92. Umlauf der Schäumformen beim Taktverfahren

Das freie Aufschäumen kommt für die Fertigung von Sandwichtafeln mit zwei Deckschichten nicht in Frage. Eine Besonderheit ist jedoch das freie Schäumen, bei dem im noch teigigen und klebrigen Zustand des zum Teil aufgeschäumten Materials die zweite Deckschicht zugeführt wird. Hierzu werden zwei Beispiele angeführt; das erste schließt an das oben genannte Taktverfahren an: In einer nach oben offenen Form wird auf die untere, bereits eingelegte Deckschicht das Flüssigkeitsgemisch aufgesprüht oder aufgegossen. An der nächsten Station ist das Material bereits zum Teil aufgeschäumt, aber noch klebrig, d. h. nicht abgebunden. Hier wird die

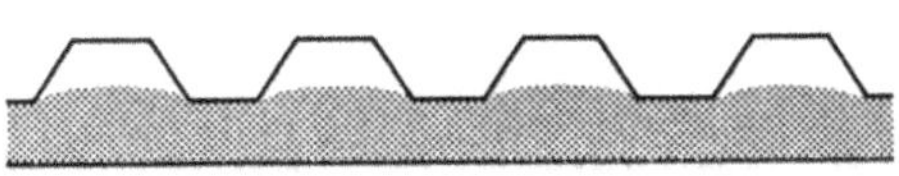

Abb. 93. Sandwich mit Trapezprofildeckschicht

zweite Deckschicht aufgelegt und die Form geschlossen. Dieses Verfahren ist anwendbar für ein Sandwich nach Abb. 93 mit einer trapezförmig profilierten Deckschicht, bei der aus anderen Gründen nicht der gesamte Querschnitt mit Schaum ausgefüllt werden soll. Werden Sandwichtafeln stückweise im Einzel- oder Taktverfahren hergestellt, so ist die Produktion der Teile in einbaufertigen Abmessungen zweckmäßig. Ist trotzdem ein späterer Zuschnitt erforderlich, so lassen sich Sandwichtafeln mit Stahl- oder Aluminiumdeckschichten mit serienmäßigen Band- oder Kreissägen aus der Holzverarbeitung schneiden. Das zweite Beispiel zeigt eine kontinuierliche

Abb. 94. Plattenband

Herstellung von Sandwichtafeln im Plattenband (vgl. Abb. 94), bei der die Sägeeinheit fliegend angeordnet ist, d. h. sie muß während des Schneidvorgangs in der Vorschubgeschwindigkeit des Plattenbandes mitlaufen (vgl. Abb. 95).

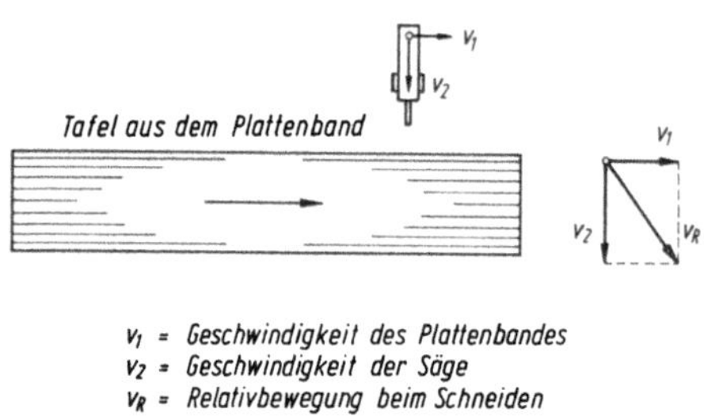

Abb. 95. Prinzip einer fliegenden Säge

11.4. Komplette Fertigungsanlagen

Aus der Vielzahl der Kombinationsmöglichkeiten der vorher beschriebenen Verfahren und Anlagenteile werden zwei praktische Beispiele von Fertigungsanlagen zur Herstellung von Sandwichbauteilen mit Stahl- oder Aluminiumdeckschichten und Polyurethanhartschaumkern dargestellt. Das Vormaterial besteht in beiden Fällen aus Stahl- oder Aluminiumbändern mit einer Dicke von 0,5 bis 1,0 mm. Der Einfachheit halber wird die weitere Beschreibung auf 0,5 mm dickes Stahlband, beidseitig 25 μm dick feuerverzinkt und bandbeschichtet, beschränkt. Die Beschichtung der Außenseite kann aus einer Lackierung oder Kunststoffbeschichtung bestehen; die dem Kern zugewandte Seite der Deckschichten ist einbrennlackiert. Die Coils werden in Gewichten von 3 bis 10 Mp geliefert.

11.4.1. Taktanlage

Es wird zunächst eine Taktfertigung beschrieben. Die Gesamtanlage ist schematisch in Abb. 96 dargestellt. Das Coil wird mit Hilfe eines Bundladestuhls auf den Haspeldorn gesetzt. Von dort läuft es in eine der Abb. 84

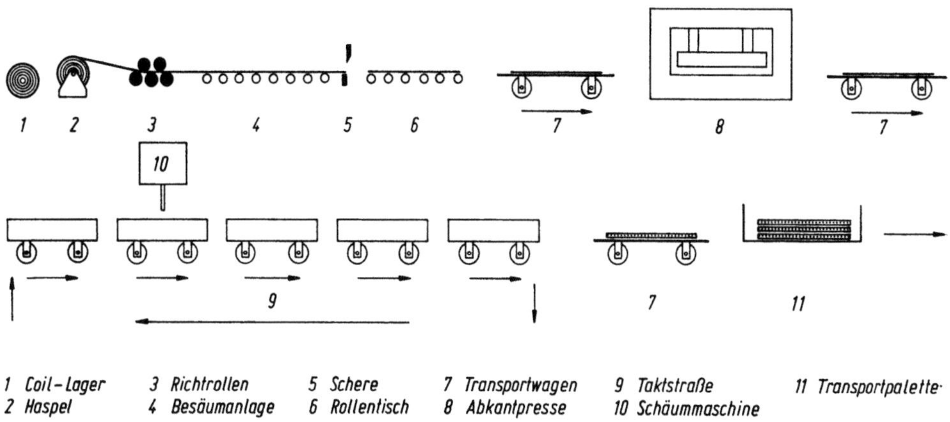

Abb. 96. Stückfertigung von Sandwichtafeln

entsprechende Richt- und Schneidanlage. Der Weitertransport geschieht durch Rollentische und Wagen. Die Formgebung erfolgt durch Abkanten in einer Abkantpresse (8) oder durch Rollformen. Der bis hierher beschriebene Bereich stellt eine übliche Blechverarbeitung dar und kann neben der eigentlichen Sandwichproduktion auch für andere Fertigungen benutzt werden. Ein solcher Produktionsbereich ist z. B. auch für die Herstellung von Formstücken zu nutzen, die in Kapitel 12 beschrieben werden. Die einbaufertig vorbereiteten Deckschichten werden dann in die Schäumform eingelegt. Dieser Arbeitstakt nimmt etwa fünf Minuten in Anspruch. Mit einer Hoch- oder Niederdruckschäummaschine wird das Polyurethangemisch hergestellt und eingefüllt. Der weitere Ablauf entspricht dem in Abschnitt 11.3.4 beschriebenen Taktverfahren gemäß Abb. 92. Nach der Entnahme der Sandwichtafel aus der Schäumform erfolgt die Verpackung in Paletten und der Abtransport. Abb. 97 zeigt eine Taktanlage mit verfahrbaren Schäumformen und der Schäummaschine.

11.4.2. Kontianlage

Eine Anlage, bei der der Arbeitsprozeß weitgehend automatisch abläuft, ist die Plattenbandanlage zur Herstellung der Hoesch-isowand. Das auf dieser hergestellte Sandwichprodukt ist in Abb. 98 gezeigt. Die Breite b und die Randform sind konstant, so daß für die Formgebung der Deckschichten das Rollprofilieren in Frage kommt. Die Fläche der Deckschichten wird in verschiedenen Varianten ausgeführt. Zu diesem Zweck ist der Randprofilierung eine Flächenprofilierung vorgeschaltet. Die Anlage ist in Abb. 99 schematisch dargestellt. Von zwei Haspeln laufen die obere und die untere Deckschicht in die Doppelprofilieranlage. Anschließend wird das Polyurethangemisch mittels eines hin- und herfahrenden Auftraggerätes auf der unteren Deckschicht verteilt. Das Gemisch schäumt auf und füllt den

Abb. 97. Taktstraße zur Sandwichherstellung

Raum zwischen unterer und oberer Deckschicht aus. Das Plattenband hält die entsprechende Dicke des Sandwichbandes bis zur Aushärtung. Das

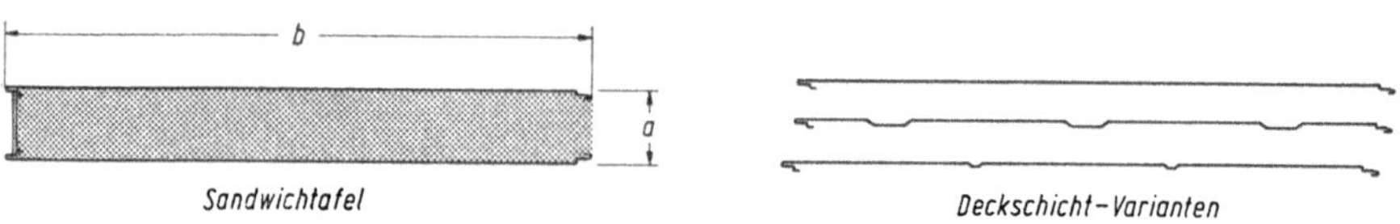

Abb. 98. Hoesch-isowand

Produkt hat mehrere Varianten in der Dicke (35, 60 und 120 mm); der Abstand der Plattenbandanlage kann entsprechend eingestellt werden. Für

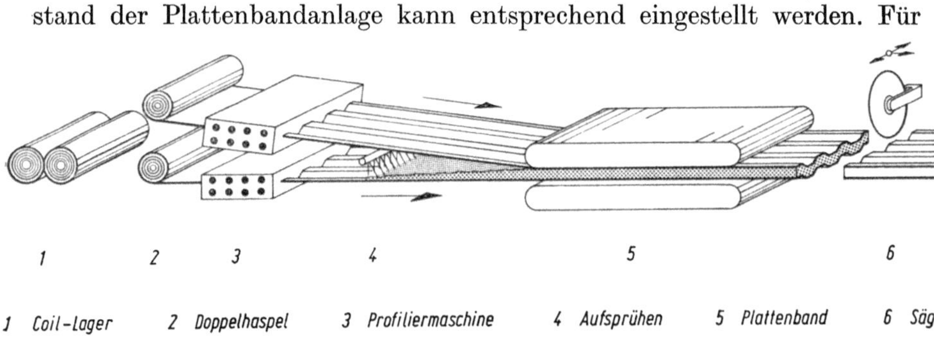

Abb. 99. Kontianlage zur Sandwichherstellung

jede Dicke ist ein gesonderter Profilsatz für die seitlich laufenden Begrenzungsbänder erforderlich. Zur Verhinderung des Anklebens des Schaumes an den Randbändern läuft ein Streifen aus Aluminiumfolie oder Papier mit.

Zwischen den Stellen 3 und 4 und 5 in Abb. 99 wird zur Konstanthaltung der Blechtemperatur eine Erwärmung oder eine Kühlung vorgenommen. An der Stelle 6 trennt eine fliegende Säge die Tafeln in der gewünschten Länge. Wenn die Säge außerdem schwenkbar angeordnet ist, können auch Schrägschnitte durchgeführt werden.

Der Prozeß läuft also vom Haspel bis zum Sägeschnitt vollkontinuierlich und braucht lediglich überwacht zu werden. Die Verkettung der Anlagenteile erfolgt durch die durchlaufenden Deckschichten selbst. Angetrieben sind die Profiliermaschinen und das Plattenband; die Abstimmung der Laufgeschwindigkeiten kann elektrisch erfolgen. Die Deckschichtenbänder dürfen innerhalb der Anlage wohl gezogen, jedoch niemals in der Laufrichtung gedrückt werden, da sie sonst ausknicken würden. Das bedeutet, daß das Plattenband (5) in jedem Fall gleich oder schneller laufen muß als die Profiliermaschine. Stattet man die angetriebenen Profiliermaschinen mit einer Überholkupplung aus, ist eine elektrische Regelung überflüssig, da eine mechanische Zwangsregelung erfolgt. In Abb. 100 sieht man den Anfangsteil der Sandwichkontianlage.

Abb. 100. Kontianlage mit Profiliermaschine

11.4.3. Gegenüberstellung

Eine Gegenüberstellung der beiden Anlagenarten, nämlich der Taktanlage und der Kontianlage, zeigt, daß die Taktstraße einen größeren Bedienungsaufwand hat, wogegen in der Kontistraße sowohl die Formgebung der Deckschichten als auch der Schäumprozeß vollautomatisch geschieht. Bei der Taktstraße ist der Blechverarbeitungsteil auch für die Herstellung von anderen Blechbauteilen zu benutzen. Da zu einem Bausystem aus Sandwichbauteilen auch Formteile für die Eckausbildung, für Tür- und Fensteranschlüsse u. ä. gehören, ist ein Betriebsbereich für Blechverarbeitung in jedem Fall erforderlich. Die Kontianlage erlaubt zwar Produktionsvariationen hinsichtlich der Deckschichtenprofilierung, ist aber weitgehend eine Einzweckanlage. Die Taktstraße erlaubt dagegen größere Produktvarianten, da die einzelnen Stützformen leichter veränderbar sind. Bei der Kontianlage ist die Tafellänge nahezu unbegrenzt; die größte Länge richtet sich im wesentlichen nur nach der Transportmöglichkeit im Werk und dem Transport zur endgültigen Verwendungsstelle. Bei der Taktanlage bestimmt die Schäumformlänge die Länge des Produkts. Zusammenfassend ist festzustellen, daß der Vorteil einer Taktanlage in der Flexibilität und in geringeren Investitionen liegt. Die Kontianlage hingegen ist eine kapitalintensive, lohnsparende Massenproduktionsanlage mit hohem Rationalisierungs- und Automatisierungsgrad.

12. Konstruieren mit Sandwichtafeln

12.1. Konstruieren als Optimierungsaufgabe

Der Konstrukteur hat die Aufgabe, alle Anforderungen, die an eine Konstruktion gestellt werden, mit Hilfe vorhandener Materialien zu erfüllen und für die Herstellung der Konstruktion die möglichen und kostengünstigsten Produktionsmethoden zu berücksichtigen. An ein Konstruktionsteil werden meist mehrere Anforderungen gestellt: Tragfähigkeit, Wärmeschutz, Schallschutz, Widerstandsfähigkeit gegen Feuer usw. Will man diese Forderungen mit einem einzigen Werkstoff erfüllen, so kommt als Ergebnis oft nur ein Mittelmaß heraus. Häufig wird der Weg gewählt, für jede geforderte Funktion ein besonderes Bauteil zu entwerfen. Für ein Dach, das Witterungsschutz, Tragfähigkeit und Wärmedämmung bieten soll, wird eine korrosionsbeständige Dachdeckung auf ein engmaschiges Netz von tragenden Pfetten gelegt und eine Wärmeisolierung untergehängt. Diese Lösung, die einen großen Montageaufwand auf der Baustelle erfordert, kann sinnvoller ersetzt werden durch ein Verbundbauteil aus mehreren Werkstoffen, das als ein integriertes Konstruktionselement produziert wird. Bei diesem Beispiel sind zwei gekoppelte Optimierungsprozesse zu vollziehen, nämlich die günstigste Werkstoffauswahl und die beste Produktionsmethode, wobei letztere auch noch von der benötigten Menge abhängt. Es ist leicht einzusehen, daß für das Konstruieren kein allgemeines Optimierungsprogramm aufgestellt werden kann, zumal der Bedeutung der einzelnen Anforderungen verschiedene Gewichte beigemessen werden können: Im einen Fall steht die Tragfähigkeit an erster Stelle, im anderen Fall der Schallschutz, in einem dritten die Kostenfrage usw.

Ein sehr wichtiges Detail, das bisher nur am Rande behandelt wurde, ist die Verbindung einzelner Konstruktionsteile miteinander. Auch hier stehen die Anforderungen an die fertige Konstruktion, die Produktionsmethode, der Transport und die Kostenfrage in enger Wechselbeziehung zueinander. Die Darstellung erfolgt am besten an praktischen Beispielen. Zuvor wird noch ein kurzer Überblick über die wichtigsten Verbindungsmittel und Verbindungstechniken gegeben.

12.2. Verbindungen von Sandwichbauteilen

Das Zusammenfügen von Sandwichbauteilen auf der Baustelle geschieht in der Regel durch das Zusammenfügen der Deckschichten. Grundsätzlich ist zu unterscheiden zwischen dem einfachen Zusammenfügen ohne Kraftübertragung und dem Verbinden zu einer statischen Einheit mit Kraftübertragung. In beiden Fällen wird eine Dichtigkeit verlangt, jedoch mit graduellen Unterschieden je nach Verwendungszweck. Bei Wänden reicht eine Dichtigkeit gegen Wind und Schlagregen und bei geneigten Dächern eine Regendichtigkeit, während sich bei Flachdächern die Forderung nach Dichtigkeit gegenüber stehendem Wasser stellt.

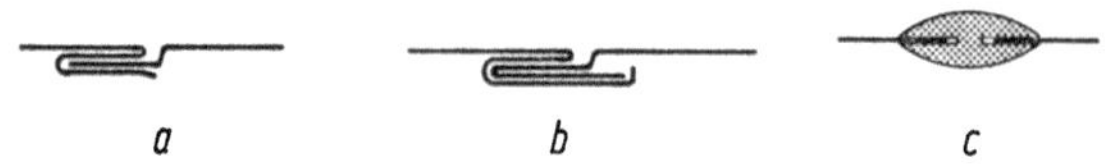

Abb. 101. Steckverbindung

Eine einfache Art des Zusammenfügens von Blechen ist das *Zusammenstecken* zweier Bleche mit einer entsprechenden Randform. Eine einfache Steckverbindung ist in Abb. 101 a dargestellt. Sie ist ebenso leicht lösbar wie zusammensteckbar. Will man das Lösen verhindern, konstruiert man eine Schnappverbindung nach Abb. 101 b. Der freie Rand eines so profilierten Bleches sollte nicht breiter als die 10- bis 15fache Blechdicke sein, da er sonst leicht wellig wird. Oft werden für Steckverbindungen auch zusätzliche Profile aus dem gleichen oder einem anderen Werkstoff benutzt (Abb. 101 c).

Sollen solche Verbindungen absolut unlösbar sein, bedient man sich des *Falzens*, das im wesentlichen aus vier Arbeitsgängen besteht: dem Profilieren, dem Einhaken, dem Zusammenschlagen und dem Durchsetzen. Das Prinzip ist in Abb. 102 dargestellt; ausführlich behandelt wird dieses Thema in [30]. Verbindungen dieser Art können sehr fest sein, insbesondere wenn die Falznaht beim Durchsetzen zusätzlich quer zur Naht geprägt wird. Zur Kraftübertragung bei tragenden Bauteilen reichen sie allgemein nicht aus.

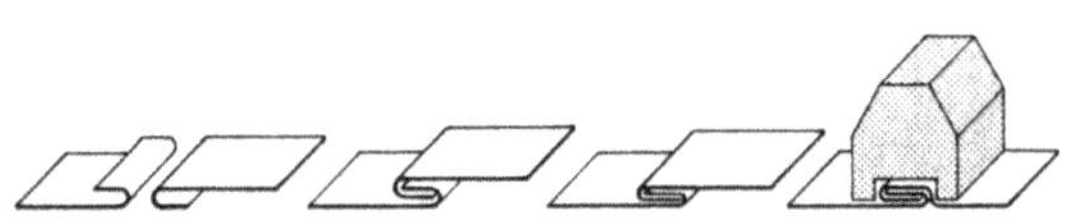

Abb. 102. Falzverbindung

Eine Verbindungstechnik mit Kraftübertragung ist das *Kleben*. Der Klebstoff kann als Band bezogen und zwischen die zu verklebenden Teile gelegt werden. Es handelt sich hierbei entweder um Kontaktkleber oder um thermoplastische Folien, die ihre Klebwirkung durch Erwärmung erreichen. Bei den flüssigen Klebern unterscheidet man Einkomponentenkleber, die durch das Entweichen der Lösungsmittel und Trocknen erhärten, und Zweikomponentenkleber, die durch eine chemische Reaktion aushärten. Alle Klebverbindungen sind empfindlich gegen eine Schälbeanspruchung. Deshalb sollten Klebverbindungen so konstruiert sein, daß nur eine Scherbeanspruchung der Klebfuge auftritt. Die Wahl des Klebers erfolgt nach der Art der zu verklebenden Werkstoffe und deren Oberfläche, nach der geforderten Festigkeit unter den zu berücksichtigenden Temperaturen und nach der Art der Montage. Einzelheiten über das Metallkleben sind in [30] und [31] zu finden. Bei hohen Anforderungen an die Qualität der Verbindung, wie sie im Falle der statischen Kraftübertragung aus Gründen der Bauwerkssicherheit zu stellen sind, werden auch hohe Anforderungen an den Zustand der zu verklebenden Oberflächen gestellt, vor allem hinsichtlich der Sauberkeit und Trockenheit. Diesen Zustand findet man auf der Baustelle selten vor. Deshalb sollten Baustellenklebverbindungen ohne zusätzliche mechanische Verbindungsmittel möglichst vermieden werden.

Die sichersten Verbindungen auf der Baustelle lassen sich durch mechanische Verbindungsmittel wie *Schrauben* und *Niete* erzielen. Für dünne Bleche gibt es eine Anzahl verschiedener Niet- und Schraubverbindungen, die zum Teil unter dem Begriff Schnellbefestiger eingereiht werden und in [32] zusammengestellt sind. Nach DIN 7516, 7713 und 7981 genormt sind die *Gewindeschneidschrauben* und *Blechschrauben* (vgl. Abb. 103). Diese

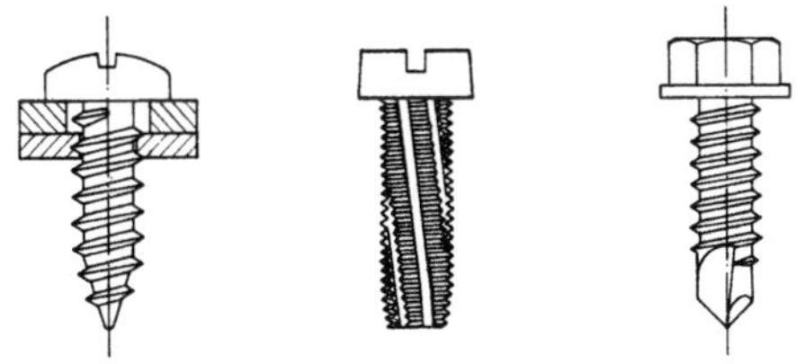

Abb. 103. Schrauben

Schrauben werden ohne Muttern verwendet. Man benötigt im Blech ein vorgebohrtes Loch; das Gewinde schneiden sich die Schrauben selbst. Eine Weiterentwicklung sind die Bohrschrauben, die eine Bohrspitze besitzen und sich in dünnen Blechen auch ihr Loch selbst bohren. Neben der leichten Handhabung dieser Schrauben liegt der Vorteil der Gewindeschneid- und Blechschrauben vor allem darin, daß sie von einer Seite ohne Gegenhaltung gesetzt werden können; dies ist vor allem bei Sandwichtafeln wichtig. Bei der Verwendung von Bohrschrauben ist aber darauf zu achten, daß die Bleche beim Verschrauben dicht aufeinanderliegen, da ein Zusammenziehen der Bleche wegen des gleichzeitigen Gewindeschneidens nicht erfolgt. Besser ist es deshalb, das obere Blech auch bei der Verwendung von Bohrschrauben größer vorzubohren oder zu stanzen, möglichst beim Herstellungsprozeß in der Fabrik, wodurch auch der Schraubenabstand fest vorgegeben wird. Durch eine spezielle Formgebung des Bohr- und Gewindeschneidteiles der Blechschrauben ist es allerdings auch möglich, beim Setzen der Schraube das Gewinde im oberen Blech wieder zu zerstören, so daß dadurch ein Anziehen der Bleche möglich ist.

Soll die Befestigung an einem Blech mit unzugänglicher Rückseite durch normale Schrauben mit metrischem Gewinde geschehen, so verwendet man

Blindmuttern. In Abb. 104 ist eine Einnietmutter dargestellt. Beim Anziehen der Schraube staucht sich der Schaft der eingeschobenen Mutter an. Außerdem gibt es Anschweißmuttern und Gewindehülsen mit Laschen, die am Blech angebracht werden, solange die Rückseite noch zugänglich ist.

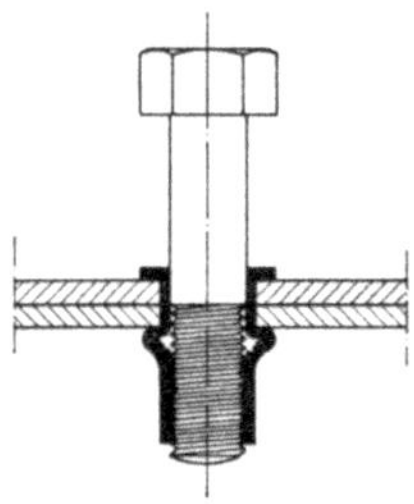

Abb. 104. Blindeinnietmutter

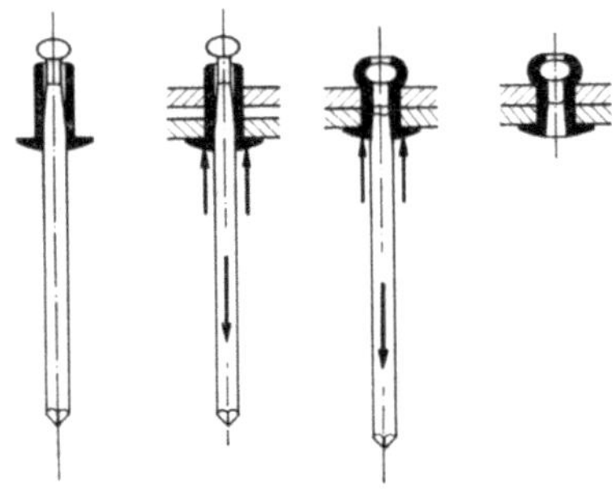

Abb. 105. Blindniet

Eine andere Art der mechanischen Verbindungsmittel sind die *Blechniete*, die wie die Blechschrauben ohne Gegenhaltung gesetzt werden. Diese Niete sind hohl, damit von diesem zentrischen Loch aus der Schaft auf der Gegenseite gespreizt werden kann. Beim Kerbstiftspreizniet spreizt ein in das Loch getriebener Stift den Schaft auf der Gegenseite auf. Im Bauwesen verwendet man sehr viel die Blindniete nach Abb. 105. Nach dem Einfügen des Nietes wird der Dorn bei gleichzeitigem Andrücken des Hohlnietes herausgezogen. Dabei wird der Schaft angestaucht; der Dorn bricht an der vorgegebenen Stelle. Bei der in Abb. 105 dargestellten Ausführung verbleibt das Dornende im Niet; bei einer anderen Art bricht der Dorn unmittelbar hinter dem Kopf, so daß der Kopf abfällt und der Hohlraum offenbleibt.

Bei der Werkstoffwahl für die Verbindungsmittel ist besonders auf den *Korrosionsschutz* zu achten. Stahlschrauben sollten mindestens verzinkt sein, besser ist nichtrostender Edelstahl. Niete werden aus Stahl, Aluminium, Messing, Monel und anderen Legierungen hergestellt. Bei verschiedenen Werkstoffen von Konstruktionsteilen und Verbindungsmitteln muß darauf geachtet werden, daß keine Kontaktkorrosion auftritt. Für verzinktes Stahlblech eignet sich Monel, eine Legierung aus Fe, Ni, Cu und Mg.

Zu den Verbindungstechniken für Blech gehören auch die *Punkt- und Rollnaht-Schweißverbindungen;* sie eignen sich vor allem für die Werksfertigung. Ein Beispiel wird in Abschnitt 12.3 beschrieben. Das Schweißen von verzinktem Feinblech wird in [30] behandelt; über das Schweißen von kunststoffbeschichtetem Stahlblech findet man Näheres in [33] und Schweißverfahren an Verbundblechen sind in [34] behandelt.

12.3. Verarbeitung und Verwendung von Sandwichhalbzeugtafeln

Als Sandwichhalbzeugtafeln werden ebene Sandwichtafeln mit glattem Rand bezeichnet, die für viele Verwendungszwecke geeignet sind, aber für diese Zwecke noch einer besonderen Weiterverarbeitung bedürfen. Hiervon werden zwei Arten von Sandwichtafeln beschrieben:

— ein schalldämpfendes Verbundblech aus Stahl- oder Aluminiumdeckschichten und einer dünnen, thermoplastischen Vollkunststoffschicht von einer Gesamtdicke bis zu 15 mm mit den Markennamen *Bondal* (Hoesch) und *Vibrex* (Grünzweig & Hartmann) sowie
— ein Sandwich aus 0,5 mm dicken Aluminiumdeckschichten und einem Polyäthylenkern von einer Gesamtdicke bis zu 12 mm mit dem Markennamen *Alucobond* (Alusuisse).

Bondal wird mit symmetrischem und unsymmetrischem Aufbau der Deckschichten aus blankem oder verzinktem Stahl, Edelstahl oder Aluminium in Tafelbreiten bis zu 1250 mm hergestellt; Näheres hierüber findet man in [35]. Alucobond wird in Tafeln bis zu 1500 mm × 300 mm geliefert; dieses Verbundmaterial wird in [36] und [37] beschrieben. Zur Herstellung von Konstruktionen aus diesen Materialien bedarf es mindestens *einer* Fügetechnik; Abb. 106 zeigt einige Beispiele aus der Verbindungstechnik für

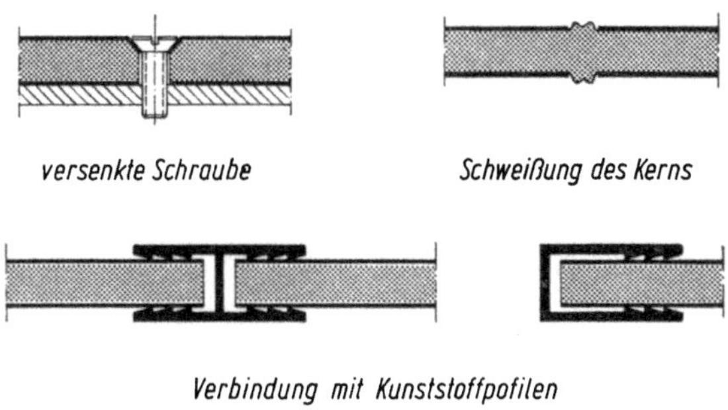

Abb. 106. Verbindungen bei Alucobond

Alucobond. Neben ähnlichen Verbindungen für Bondalbleche mit Stahldeckschichten durch zusätzliche Profile, durch Biegen und durch Schrauben werden diese auch geschweißt; hierfür eignen sich das Widerstandsschweißen in Form von Punkt-, Buckel- und Rollnahtschweißen oder das elektrische Schmelzschweißen, nicht dagegen das Gasschmelzschweißen. Es ist zu beachten, daß die Kunststoffzwischenschicht als elektrischer Isolator wirkt und sich bei hohen Temperaturen zersetzt. Die Konstruktion muß auf diese Werkstoffeigenschaften Rücksicht nehmen. Versteifungen oder Anschlußstücke werden zweckmäßigerweise durch Punktschweißen an einer Deckschicht befestigt, wie es in Abb. 107 dargestellt ist. Der Stromfluß bei dieser elektrischen Widerstandsschweißung ist gestrichelt dargestellt. Beim

Stumpfstoß zweier Bleche ist ein Durchschweißen beider Deckschichten von einer Seite her nicht zweckmäßig, weil dadurch eine Schallbrücke entsteht. Außerdem wird die Qualität der Schweißnaht durch die Kunststoffzwischenschicht beeinträchtigt.

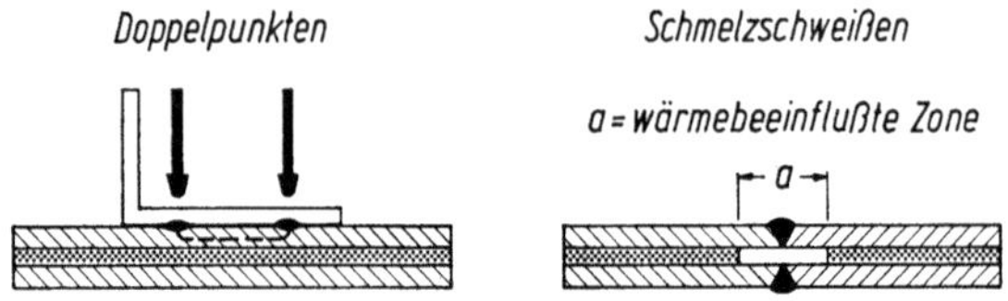

Abb. 107. Verbindungen bei Bondal

Die aufgeführten Sandwichhalbzeugtafeln lassen sich nicht nur fügen, sondern auch formen. Sie werden mit Roll- und Schlagscheren geschnitten, sie können mit Kreis-, Band- oder Stichsägen getrennt werden, sie sind abkantbar und lassen sich tiefziehen. In Abhängigkeit von der Abmessung sind einige Einschränkungen gegeben, doch kann man sie im wesentlichen wie normale Bleche behandeln. Sie bieten somit die normalen Vorteile von Metallblechen und verbinden diese mit den Vorteilen der Kunststoffe, insbesondere hinsichtlich der Schalldämpfung und des geringen Gewichtes.

Der wesentliche Unterschied zwischen dem Verbundblech Bondal und dem Sandwich Alucobond liegt in der Art der Kunststoffzwischenschicht. Bei Bondal wird ein viskoelastischer, hochpolymerer Thermoplast verwendet, der in einer bestimmten Temperaturbandbreite, z. B. von 0 bis 60° C, einen hohen Verlustfaktor aufweist (vgl. hierzu die Abschnitte 2.4.2.2 und 10.2.5). Dieses Verbundblech ist also in erster Linie auf eine hohe Dämpfung bei dynamischen Vorgängen hin entwickelt, während die Festig-

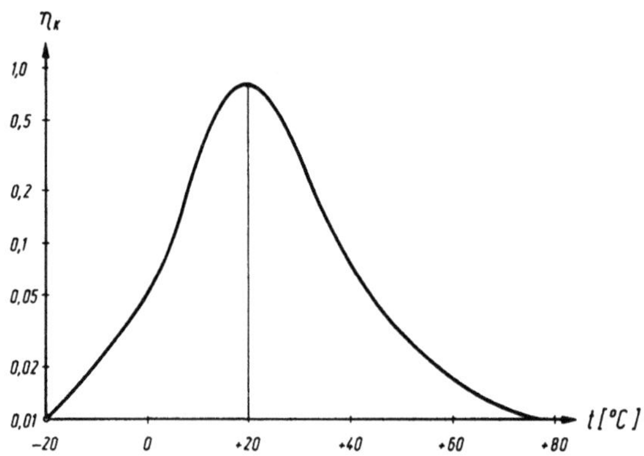

Abb. 108. Verlustfaktor eines Bondalbleches

keit erst an zweiter Stelle der Bewertung liegt. Betrachtet man Bondal wie einen homogenen Baustoff und mißt dessen Verlustfaktor η_K, so findet man in der Regel Werte zwischen 0,2 und 0,6, jedoch kann η_K auch bis auf $\eta_K = 0{,}9$ gebracht werden. In solchen Fällen sinkt die Scherfestigkeit der Kernschicht auf 0,4 kp/cm². Abb. 108 zeigt den Verlauf des Verlustfaktors in Abhängigkeit von der Temperatur T für ein symmetrisches Sandwich mit 0,5 mm dicken Stahlblechdeckschichten und einem 0,3 mm dicken Kunststoffkern bei einer Meßfrequenz von 1000 Hz. Während sich die Verwendung der schalldämpfenden Verbundbleche Bondal und Vibrex in den meisten Fällen vom Halbzeug „Blech" herleitet, ist das Sandwich Alucobond mehr unter dem Begriff „Bautafel" zu sehen. Diese Bautafel zeichnet sich vor allem durch das niedrige Gewicht von 1 bis 1,5 kp/dm³ aus, wobei dank des Sandwichaufbaues eine hohe Steifigkeit geboten wird. Die Zugfestigkeit der Polyäthylenkernschicht liegt bei $\sigma_{zB} = 100$ kp/cm². Das Sandwich hat mit einem Verlustfaktor von 0,05 zwar wesentlich bessere Dämpfungseigenschaften als massives Aluminiumblech, erreicht aber nicht die günstigen Werte wie Bondal oder Vibrex. Optimal dagegen sind das günstige Verhältnis von Steifigkeit zu Eigengewicht und die dem Deckschichtwerkstoff Aluminium eigentümliche Oberflächenqualität.

Abb. 109. Kompressorgehäuse aus schalldämpfendem Sandwichblech

Bondal und Vibrex werden als schalldämpfende Verkleidungen für Lärmquellen, für Einfülltrichter bei Schüttgut, für Türfüllungen und ähnliche Zwecke verwendet. Das Verbundhalbzeug ersetzt in solchen Fällen das massive Blech und macht die Umstellung von Massivblech auf Verbundblech insofern leicht, als es sich wie normales Blech verformen und verarbeiten läßt. Ein Anwendungsbeispiel zeigt Abb. 109 mit einem Gehäuse für einen Kompressor. Alucobond findet dagegen als Bauplatte für Fassaden und Innenwände, als Deckenverkleidung oder als Material für Schränke und ähnliche Einbauten Verwendung.

12.4. Bauteile und Bauten in Sandwichbauweise

12.4.1. Industriehallenwände

Für eine Industriehallenwand gelten folgende Anforderungen:

— Raumabschluß durch ebene Tafeln mit verschiedenen Varianten in der Oberflächentechnik und -gestaltung;
— Wärmedämmung und Schalldämmung;
— Festigkeit gegen Windlasten bei weitmaschiger Unterkonstruktion;
— Festigkeit gegen Stoß- und Schlagbeanspruchung;
— leichter Transport und schnelle Montage;
— Auswechselbarkeit bei Umbauten.

Eine Sandwichtafel mit lackierten oder kunststoffbeschichteten Metalldeckschichten und einem Kunststoffschaumkern erfüllt diese Forderungen optimal. Die Größe eines Elements richtet sich nach folgenden Bedingungen:

— verfügbare Breite des Vormaterials für die Deckschichten;
— Begrenzung der Fläche eines Elements unter Berücksichtigung des Transports und der Handhabung bei der Montage;
— einfaches Zusammenfügen auf der Baustelle.

Aus der Verfügbarkeit der Bandbreite des Deckschichtvormaterials, aus dem Flächengewicht von 8 bis 10 kp/m^2, aus der Begrenzung der Transportlänge auf 10 bis 12 m und den normalen Gebäudehöhen bis zu 10 m ergibt sich ein Optimum der Elementgröße bei einer Breite zwischen 0,6 und 1,5 m und einer Länge bis zu 10 oder 12 m.

Metalldeckschichten lassen sich leicht abkanten, falzen oder durch Rollprofilieren verformen, so daß eine große Freiheit in der äußeren Formgebung des Randes gegeben ist. Für eine kostengünstige Massenproduktion bietet das Rollprofilieren Vorteile, das aber nur die Formgebung in einer Richtung

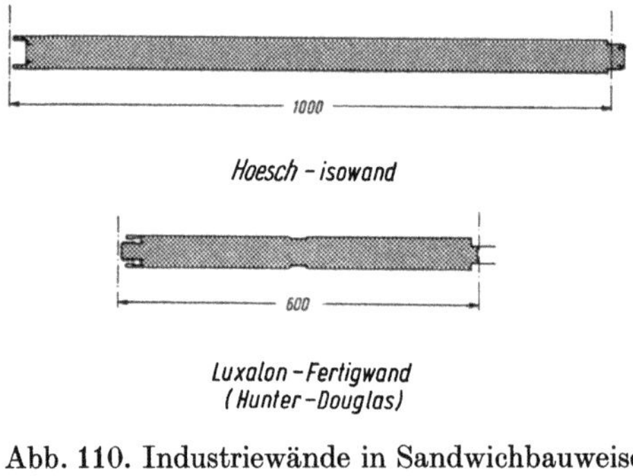

Abb. 110. Industriewände in Sandwichbauweise

ermöglicht. Das Ergebnis der konstruktiven Entwicklung ist die Rand- und Fugenausbildung von Sandwichplatten nach Abb. 110. Die *Hoesch-isowand* mit Deckschichten aus einbrennlackiertem Stahlblech (Pladur), kunststoffbeschichtetem Stahlblech (Platal) oder auch aus Aluminium besitzt eine Baurasterbreite von 1,0 mm. Die *Luxalon-Fertigwand* von Hunter Douglas mit einbrennlackierten Aluminiumdeckschichten hat eine Baubreite von 0,6 m. Die Dicke der Deckschichten beträgt 0,5 mm bei Stahl und 0,8 mm bei Aluminium. Beide Sandwichwände sind mit einem Polyurethanhartschaumkern hergestellt. An diesen beiden Wänden soll insbesondere die Verbindungs- und Montagetechnik erläutert werden.

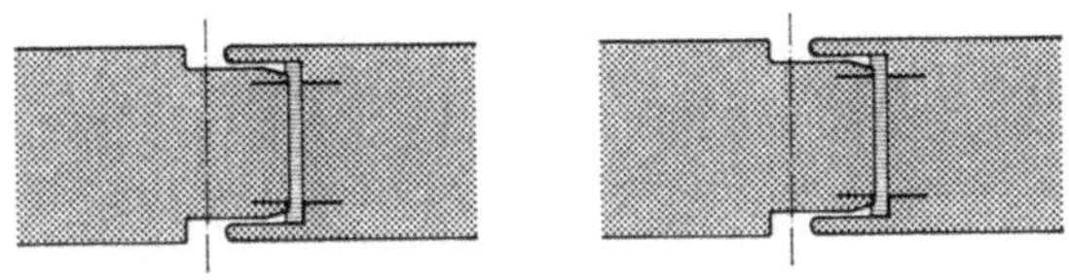

Abb. 111. Nut- und Feder-Steckverbindung

Die seitlichen Ränder der Sandwichplatten sind so profiliert, daß eine Nut- und Feder-Verbindung entsteht (vgl. Abb. 111), die durch einfaches Zusammenstecken der Tafeln geschlossen wird. Die Stirnseiten dieser stabförmig profilierten Platten sind durch glatte Sägeschnitte hergestellt. Da die Tafeln in 10 bis 12 m Länge produziert werden, treten Stoßverbindungen, wie sie in Abb. 112 dargestellt sind, verhältnismäßig selten auf. Die Be-

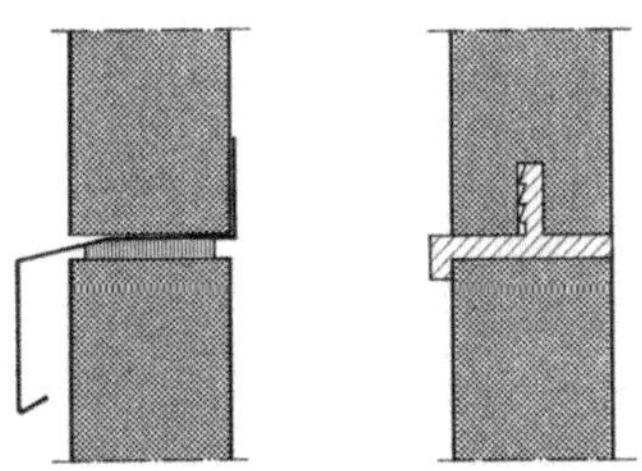

Abb. 112. Stirnseiten-Stumpfstoß

festigung der Wandtafeln an einer Unterkonstruktion (wie z. B. an Querriegeln einer Hallenwand) kann durch Schrauben erfolgen, die durch die Sandwichtafel gesteckt werden. Der Schraubenkopf wird dann meistens durch ein aufgestecktes Kunststoffhütchen abgedeckt. Konstruktiv besser ist eine unsichtbare Befestigung mit einer Klemme, die in die Nut gesteckt und mit der Unterkonstruktion verschraubt wird. Diese Befestigung ist in Abb. 113 dargestellt. Weitere Konstruktionsdetails zeigt Abb. 114 mit einem Eck- und einem Traufabschluß. Für die konstruktive Ausbildung der Fuß- und Traufpunkte, für die Ecken sowie für Tür- und Fensteranschlüsse sind Formstücke erforderlich. Sie werden normalerweise aus dem gleichen Material, aus dem die Sandwichdeckschichten bestehen, hergestellt. Für häufig wiederkehrende Formen wie z. B. Ecken können die Formstücke standardisiert werden. Auf Sonderausführungen kann man jedoch oft nicht verzichten. Deshalb werden diese Profile meistens im Abkantverfahren hergestellt.

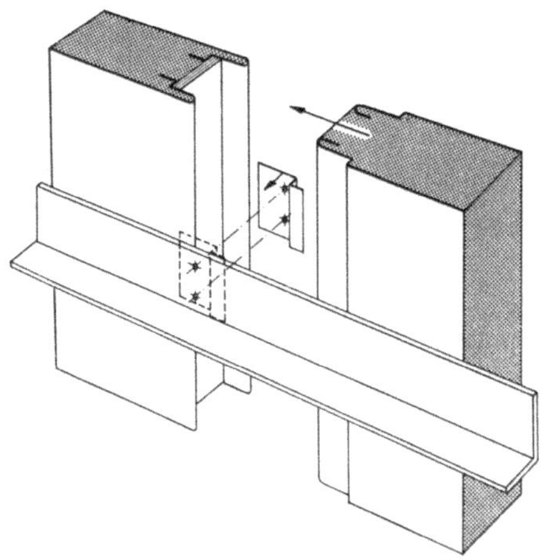

Abb. 113. Klemmbefestigung bei der Hoesch-isowand

Beim Konstruieren von Sandwichbauteilen und von Gebäuden aus Bauteilen müssen auch die *Toleranzen* berücksichtigt werden. Einerseits ist damit zu rechnen, daß die zur Aufnahme der Wandtafeln dienende Unterkonstruktion Ungenauigkeiten aufweist, andrerseits haben auch die Bauteile

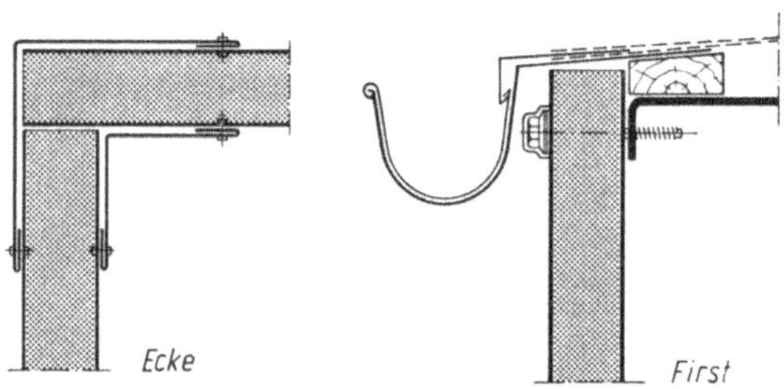

Abb. 114. Anschlußdetails im Industriebau

selbst nicht exakt die theoretischen Abmessungen. Allerdings besteht zwischen beiden Abweichungen ein wesentlicher Unterschied: Während die Maßungenauigkeiten am Bau normalerweise in der Größenordnung von Zentimetern liegen, ist bei serienmäßig hergestellten Sandwichbauteilen mit Metalldeckschichten der Toleranzbereich in Millimetern oder weniger zu rechnen. Toleranzen in der Wandlänge des Gebäudes lassen sich am besten in den Fugen ausgleichen, da bei dem eingelegten Weichschaumdichtungsband ein Ausgleich möglich ist. Es empfiehlt sich, die Lage der Vertikalfugen vor der Montage anzureißen, da ein späteres Verrücken der Tafeln aufwendig ist. Bei größeren Abweichungen oder auch bei geplanten Anpaßarbeiten lassen sich die Tafeln auch auf der Baustelle sägen.

Die *Wärmedämmung* der Sandwichtafeln ist durch die Kernschicht aus Polyurethanhartschaum gewährleistet. Sie wird gekennzeichnet durch den k-Wert, der von der Dicke der Wand abhängt. Die Werte für die beiden beschriebenen Wandarten sind in Tab. 12.1 angegeben. Die Kältebrücken an

Tabelle 12.1. *Wärmedurchgangszahlen*

Wanddicke [mm]	k-Wert [kcal/m^2 · h · °C]
35 (Hoesch-isowand)	0,64
50 (Luxalon-Fertigwand)	0,43
60 (Hoesch-isowand)	0,39
120 (Hoesch-isowand)	0,20

den Fugen sind unbedeutend, da die Deckschichten keine metallische Verbindung untereinander haben. Bei der Luxalon-Fertigwand wurde bei einer Außentemperatur von —24° C und einer Innenlufttemperatur von +21° C eine Wandtemperatur in der Mitte der Tafel von 19° C gemessen. Die Temperatur an der Fuge lag um 1° C niedriger, also bei 18° C.

Da die *Schalldämmung* vom Wandgewicht und von der Steifigkeit abhängig ist, und zwar bei geringem Wandgewicht klein ist, kann zwischen den Forderungen nach geringem Gewicht, großer Steifigkeit und guter Schalldämmung nur ein Kompromiß gefunden werden. Mit einem mittleren Schalldämmaß von 32 bis 34 dB bei einem Wandgewicht von 10 bis 12 kp/m^2 liegt die Hoesch-isowand dank des in Kapitel 10 beschriebenen Effekts bei Sandwichplatten im Vergleich zu gleich leichten einschaligen Wänden günstig. Das Schalldämmaß entspricht dem theoretischen Massegesetz, d. h. es tritt keine Beeinträchtigung durch die Biegesteifigkeit auf.

Die *freie Stützweite* der Tafeln ist neben den Materialeigenschaften und Querschnittsabmessungen abhängig von der statischen Lagerung als Einfeld- oder Mehrfeldbalken und der Windlast als Funktion der Gebäudehöhen. Bei einer Windlast von 60 kp/m^2, die bei Gebäudehöhen bis zu 8 m anzusetzen ist, liegen die Stützweiten für Einfeldbalken bei 3,4 m für die Hoesch-isowand von 35 mm Dicke und 4,0 m für die 60 mm dicke Wand.

12.4.2. Wände für Verwaltungs- und Wohngebäude

Eine von der Firma Josef Gartner entwickelte Fassadenkonstruktion nutzt die Vorteile der Sandwichtechnik für eine Fassadenkonstruktion. Sie besteht aus Sandwichtafeln, die zwischen Rechteckrohrstützen angeordnet sind. Das Sandwich besteht aus zwei Stahlblechdeckschichten, von denen die äußere eine Polyvinylfluorid-Kunststoffbeschichtung (Platal T) besitzt, die außerordentlich witterungsbeständig ist. Diese Deckschicht ist wannenförmig tiefgezogen (vgl. Abb. 76) und hat deswegen keine freiliegenden Schnittkanten. Die Sandwichteile werden in einer Etagenform mit Polyurethanhartschaum ausgeschäumt und besitzen eine hohe Wärmedämmung. Der Schaumstoff ist völlig dampfdiffusionsdicht eingebettet. Durch die Neopreneprofile sind Kältebrücken an den Anschlüssen weitgehend vermieden. Da die Schalldämmung eines leichten Sandwichelements bei hohen Ansprüchen oft nicht ausreicht, ist auf der Innenseite eine zusätzliche Asbestzementplatte vorgesehen, die durch ihr Gewicht eine zusätzliche Schalldämmung und auch eine Wärmespeicherung bietet. Eine Besonderheit stellt die Kombination der Fassadenkonstruktion mit dem Heizungssystem dar, das aus den Hohlprofilstützen besteht. Die Stützen werden mit warmer Luft oder warmem Wasser beschickt und sind deshalb die eigentlichen Heizkörper. Das Wasser in den Stützen stellt gleichzeitig einen Brandschutz dar. Der technische Vorteil dieses Systems besteht darin, daß an den Fugen der Wandelemente nicht nur Kältebrücken vermieden, sondern von dort aus die Wandflächen beheizt werden. Im Sommer ist mit diesem System auch ein Kühleffekt zu erzielen. Einen Querschnitt durch die *Gartner-Fassade* zeigt Abb. 115.

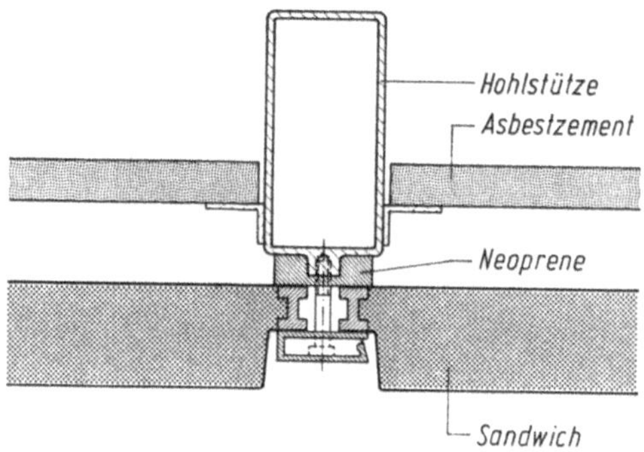

Abb. 115. Schnitt durch eine Sandwichfassade

12.4.3. Dachkonstruktionen

Die an Flächenbauteile für Dächer zu stellenden Anforderungen unterscheiden sich von den bei Wänden geforderten Eigenschaften vor allem in zwei Punkten: Erstens sind die Fugen nicht nur gegen Schlagregen, sondern gegen fließendes Wasser zu schützen, und zweitens treten größere und länger einwirkende Belastungen senkrecht zur Fläche auf. Letztere sind insofern zu beachten, als ein leichter Schaumstoffkern unter Belastung kriecht. Beim Kriechen unter Schneebelastung ist allerdings zu berücksichtigen, daß auch die Schneelast nur zeitweise auftritt und für den Rückgang der Kriechverformung (Relaxation) ein langer Zeitraum zur Verfügung steht. Dennoch ist es ratsam, bei Dachbelastungen die Tragfähigkeit nicht allein der Sandwichtragwirkung zuzuweisen, sondern eine Kombination von Sandwichtragwirkung und einer Eigentragwirkung der Deckschichten zu wählen. Hierfür gibt es die Möglichkeit der Versteifung durch stabförmige Profilierung oder durch räumliche Versteifung als Flächentragwerk; in [38] wurden hierfür eine Reihe von Konstruktionsvorschlägen entwickelt. Beispiele für ein Dach, bei dem die Tragfähigkeit allein einer profilierten Deckschicht zugewiesen wird, zeigt Abb. 116; die Variante c stellt das Purlclad-Dach der Imperial Chemical Industry Ltd. (ICI) dar. Im statischen Sinne handelt es sich hierbei nicht um Sandwichkonstruktionen; die Funktionen der Tragfähigkeit, der Wärmedämmung und der Abdichtung werden aber von einem einzigen Mehrschichtelement übernommen. Die Vorteile der Serienherstellung in der Fabrik und die einfache Montage sind vorhanden. Trapezprofile

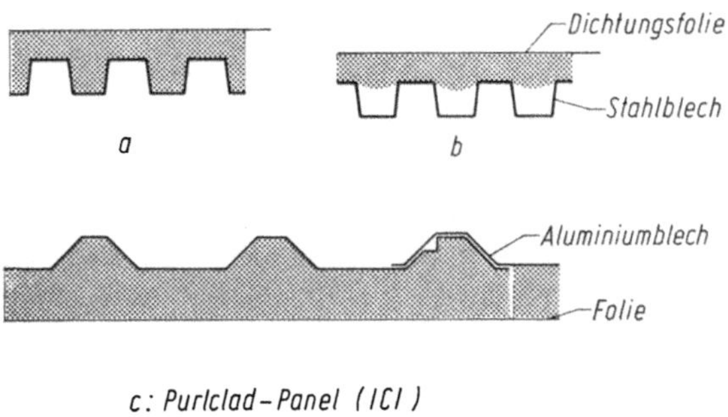

Abb. 116. Profildächer mit Mehrschichtenaufbau

aus Stahl oder Aluminium versagen unter Biegebeanspruchung meistens dadurch, daß eine Instabilität im Profil, also ein kleinwelliges Beulen von druck- oder biegedruckbeanspruchten Querschnittsteilen, auftritt. Der Sandwichkern übt hingegen eine aussteifende Wirkung aus, so daß bei der Variante a die Tragfähigkeit der Gesamtplatte höher liegt als bei einem gleichen Tragprofil ohne Schaumstoffkern.

Ein nächster Schritt ist das *Trapezprofilsandwich* von Hoesch; bei diesem sind Profilsteifigkeit und Sandwichsteifigkeit kombiniert. Durch das seitliche Überlappen der oberen Deckschicht ist eine einfache und sichere Fugenabdichtung gegeben. Zur Vermeidung von Querstößen ist eine Herstellung in der Länge der größten üblichen Dachtiefen, also bis zu etwa 18 m, möglich und vorgesehen. Für die Sicherheitsbetrachtung als Dachtragwerk gelten ungünstigstenfalls zwei Grenzbedingungen: Die gesamte Dachlast aus Eigengewicht und Nutzlast wird den Trapezprofilen aus Stahl zugewiesen, wobei die volle Festigkeit des Stahlblechs ohne Berücksichtigung von Instabilitäten durch Beulen angesetzt werden kann. Für den Fall der Zerstörung der Kernschicht oder des Verbundes zwischen Kern und Deckschichten durch einen Brand muß das Eigengewicht des Daches durch die Deckschichten allein ohne Aussteifung durch den Kern aufgenommen werden können. Trapezprofilsandwichplatten können bei üblichen Dachlasten Spannweiten bis zu 10 m überbrücken. Größere Spannweiten sind zu erreichen durch Vergrößerung der Dicke des Schaumstoffkerns und Vergrößerung der Profiltiefe. Der Blechdicke sind Grenzen gesetzt durch die Liefermöglichkeit von verzinktem Band; die obere Grenze liegt bei 2 mm, üblich sind Blechdicken bis zu 1,5 mm. Die Wirksamkeit der Schaumstoffkerndicke ist durch die oben beschriebene Sicherheitsbetrachtung begrenzt. Außerdem ist eine Kerndicke, die weit über die Notwendigkeit der Wärmeisolierung hinausgeht, unwirtschaftlich. Die obere Grenze liegt etwa bei einer Dicke von 120 mm. Die Vergrößerung der Profiltiefe findet ihre Grenze durch die maximale Blechbreite bei verzinktem Band, die heute üblicherweise bei 1,50 m liegt.

Bei leicht profilierten Deckschichten wie z. B. bei der Hoesch-isowand oder der Luxalon-Fertigwand wird die Steifigkeit fast ausschließlich durch die Sandwichwirkung erzielt. Beim Trapezsandwich gemäß Abb. 117

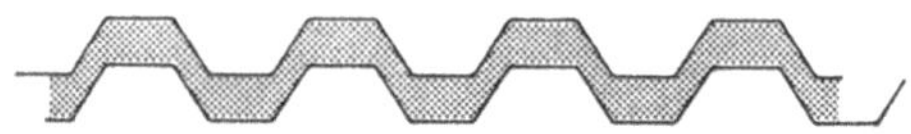

Abb. 117. Trapezprofilsandwich

tragen sowohl die Sandwichwirkung als auch die Eigensteifigkeit der Deckschichten zur Gesamtsteifigkeit bei. Wird bei einer Begrenzung der Deckschichtdicke und der Kerndicke die Profiltiefe bis etwa 1000 mm vergrößert, so wird die Steifigkeit fast ausschließlich durch das Profil geliefert, wobei die Querschnittsflächen in sich durch die Sandwichwirkung ausgesteift werden.

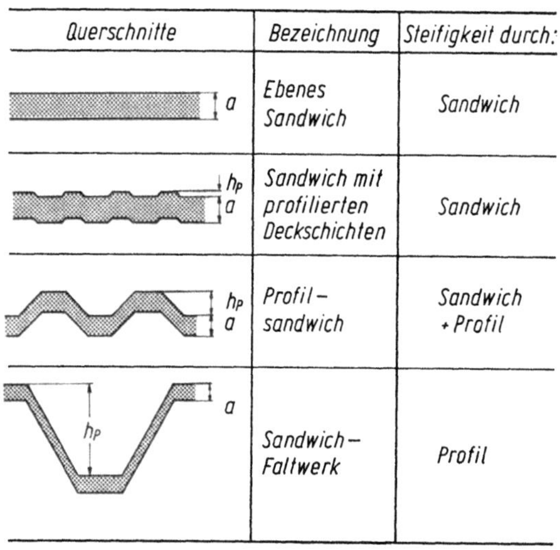

Abb. 118. Tragwerksarten in Sandwichbauweise

In diesem Fall spricht man von einem Sandwichfaltwerk. In Abb. 118 ist eine Abgrenzung der Begriffe dargestellt. Die Grenzen sind fließend und nur durch eine Vereinbarung abzustecken: Die Definition der *ebenen Sandwichplatte* ist unmittelbar klar. Von einem *Sandwich mit profilierten Deckschichten* sollte man sprechen, wenn die Deckschichten leicht profiliert sind, die Eigensteifigkeit einer Deckschicht aber keinen wesentlichen Einfluß auf die Gesamtsteifigkeit hat. Ein *Profilsandwich* liegt vor, wenn die Steifigkeit der Deckschichten in der Größenordnung der Sandwichsteifigkeit liegt. Bei einem *Sandwichfaltwerk* ist die Sandwichsteifigkeit gegenüber der Deckschichtensteifigkeit vernachlässigbar klein.

Ausführungsbeispiele für ein Profilsandwichdach und ein Sandwichfaltwerk sind in den Abb. 119 und 120 gezeigt. Das Faltwerk in Abb. 120 hat eine Sandwichdicke von $a = 60$ mm, eine Profilhöhe von $h_P = 1200$ mm und eine

Breite des unteren, waagrechten Gurtes von $b = 1400$ mm. Die Problematik des Kriechens im Kunststoffkern ist hier dadurch eliminiert, daß der Kern lediglich als Aussteifung der Deckschichten, nicht jedoch zur Schubüber-

Abb. 119. Trapezprofilsandwich als Dachplatte

tragung dient. Eine weitere Variante ist das gekrümmte Sandwich mit profilierten Deckschichten nach Abb. 121. Die Krümmung dieser Dachtafel für Sheddächer hat jedoch keine statischen Auswirkungen, da die Tafel als Balken auf zwei Stützen und nicht als Schale trägt.

Abb. 120. Trogförmiges Sandwichfaltwerk

Konstruiert man ein *räumliches Flächentragwerk*, das für die dauernde Hauptbelastung einen Membranspannungszustand erhält, so können mit der Sandwichtechnik große Spannweiten erreicht werden. Ein Beispiel hierfür ist die *Sandwichkuppel*, die von den Firmen Hoesch und Bayer 1970 auf dem Messegelände in Hannover errichtet wurde; über diese Kuppel wird in [39] und

Abb. 121. Sheddach aus einem Sandwich mit profilierten Deckschichten

[40] berichtet. Die geometrische Form der Kuppel ist ein auf vier Stützen 5,0 m über dem Erdboden ruhender Kugelabschnitt (vgl. Abb. 122). Die

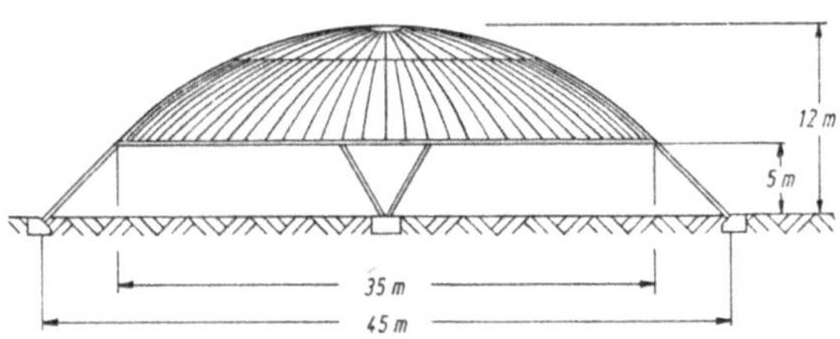

Abb. 122. Sandwichkuppel in Hannover

Stützweite beträgt 45 m, die Gesamthöhe 12 m. Die Tragkonstruktion besteht aus

— vier schrägen, V-förmigen Stützen aus Stahlprofilen,
— einem kastenförmigen Tragring und
— der eigentlichen Sandwichkuppel.

Die Sandwichkuppel setzt sich aus 40 einzelnen Segmenten (Schalengroßelementen) zusammen. Jedes dieser Elemente ist aus fertigungstechnischen Gründen nur einfach gekrümmt, und zwar in Meridianrichtung. Aus Transport- und Fertigungsgründen besteht jedes Großelement aus jeweils drei Kleinelementen. Den Querschnitt eines Kleinelements sowie die Fuge zwischen zwei Großelementen zeigt Abb. 123. Die Herstellung der 120 Kleinelemente erfolgte in Stützenformen nach Abb. 124. Durch zwei Einfüllöffnungen wurde der etwa 1,6 m³ große Hohlraum mit Polyurethan-

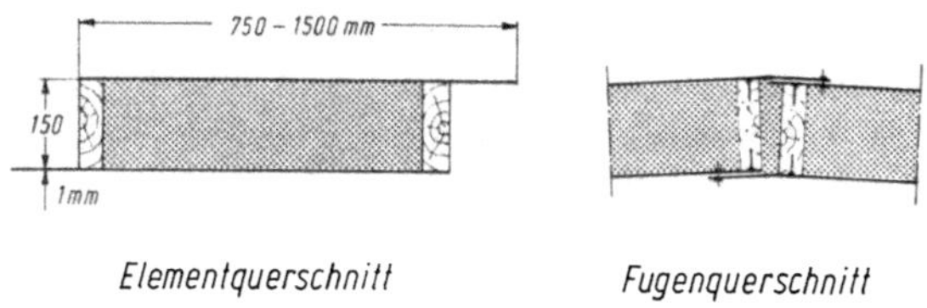

Abb. 123. Querschnitte durch die Schalenelemente

schaum gefüllt; der Schäumdruck gegen die Stützform betrug hierbei zwischen 1 und 2 atü. Die Aushärtezeit bis zum Entnehmen des Elements aus der Form dauerte etwa 5 Stunden.

Abb. 124. Stützform zum Ausschäumen der Schalenelemente

Die Deckschichten bestehen aus 1 mm dickem, verzinktem und einbrennlackiertem Stahlblech (Pladur). Im unteren Schalenbereich über den Stützen befinden sich allerdings 2 mm dicke, nur verzinkte Bleche, da bandlackierte Bleche von 2 mm Dicke nicht zum normalen Lieferprogramm der Hersteller beschichteter Bänder gehören; hier wurde ein Haftvermittler aufgetragen, um eine gute Schaumhaftung zu erzielen. Auf der Baustelle wurden vor der Montage der Kuppel jeweils drei Kleinelemente zu einem Großelement zusammengesetzt. Das Gewicht eines solchen 26 m² großen Elements beträgt etwa 1050 kp bei der Version mit 1 mm dicken Deckschichten und etwa 1450 kp bei der Version mit 2 mm dicken Deckschichten. Die 40 Großelemente wurden mit einem Autokran auf den Tragring und ein Hilfsgerüst gesetzt und die Kuppel mit einem kreisförmigen Schlußstück im Scheitel geschlossen. Da die Elemente nur einfach gekrümmt sind, ist der Tragring ein Polygon. Die Verbindung der Elemente erfolgte durch einen einfachen Überlappungsstoß gemäß Abb. 123. Die Kraftübertragung erfolgt durch Blindniete mit 4,8 mm Durchmesser und einer Tragkraft von 134 kp. Die Nietabstände liegen zwischen 25 und 100 mm. Der Fugenhohlraum ist nach dem Zusammenfügen der Elemente mit Polyurethanschaum ausgefüllt worden; da dies im Winter erfolgte, war hierzu ein Beheizen der Außenbleche mit Heizmatten erforderlich, um Feuchtigkeit an den Blechen zu beseitigen und die optimale Temperatur für den Schäumvorgang zu erzielen. Die Befestigung der Kugelschale an den Tragring zeigt Abb. 125.

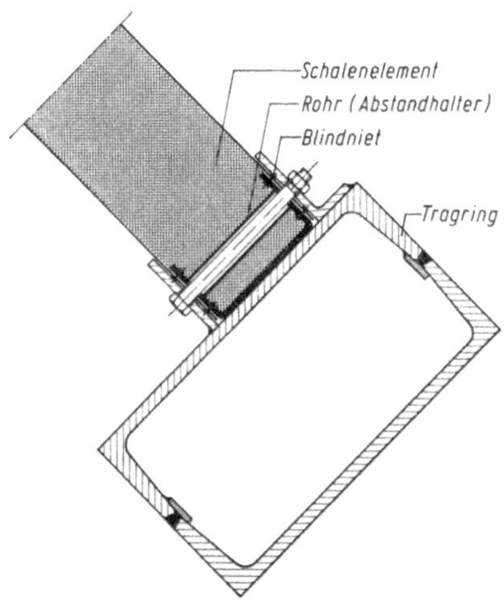

Abb. 125. Anschluß der Sandwichelemente an den Tragring

Die Bemessung der Kuppel hatte zwei Kriterien zu berücksichtigen, nämlich die Aufnahme der Schnittlasten aus der äußeren Belastung und die Stabilität des Gesamttragwerkes; letztere ist ausführlich in [41] behandelt. Die Schalenstatik erfaßt zunächst den Membranspannungszustand nach der üblichen Membrantheorie; die hieraus resultierenden Schnittlasten werden allein von den Deckschichten aufgenommen. Die Randstörungen infolge Verformungsdifferenzen zwischen Schale und Tragring werden mit Hilfe der Biegetheorie erfaßt, wobei hier auch die Schubverformungen der Kernschicht von Bedeutung sind. Den Verlauf einiger Schnittkräfte zeigt Abb. 126. Das Langzeitverhalten der Kuppel wird durch regelmäßige trigonometrische Vermessungen von insgesamt 15 fest markierten Kuppelpunkten überwacht. In zwei Jahren haben sich keine bleibenden Verformungen gezeigt.

12.5. Ausblick

Zum Schluß sollen die grundsätzlichen Möglichkeiten für weitere Sandwichkonstruktionen und ihre Grenzen angedeutet werden. Wegen des geringen Gewichtes und der großen Steifigkeit eignen sich Sandwichkonstruktionen besonders für weitgespannte Tragwerke. Da Sandwichtafeln mit Hartschaumkernen gleichzeitig eine Wärmedämmung bieten, ist das Sandwichbauteil ein wichtiges Bauelement für eine lohnsparende Montagebauweise.

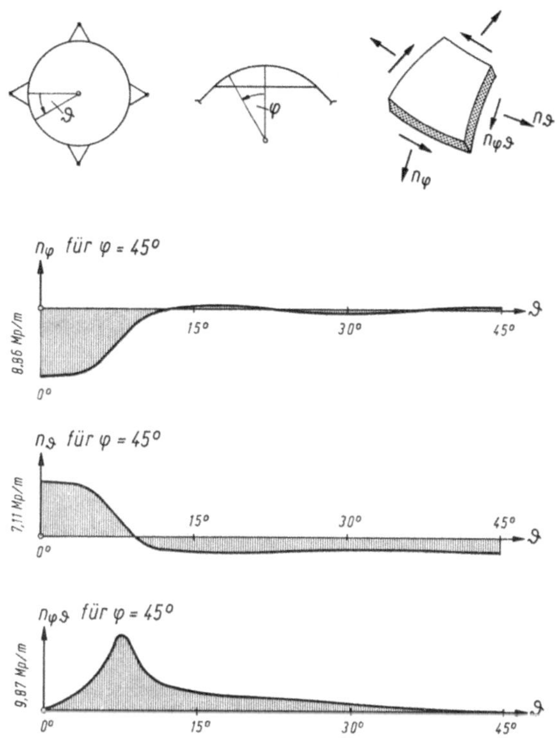

Abb. 126. Schnittkräfte in der Schale bei symmetrischer Belastung (Eigengewicht + Schnee = 100 kp/m²)

Oft wird aber der geradlinige Weg der Einführung einer neuen Technologie und einer neuen Bauweise dadurch irregeleitet, daß falsche Erwartungen daran geknüpft werden. Ebensowenig wie man mit Spannbeton eine Körperschalldämpfung erzielen oder mit Kunststoffprofilen Brücken bauen kann und will, so haben auch die Sandwichbauteile mit ihren vielen guten Eigenschaften Grenzen in ihrer Anwendung. Dies bezieht sich vor allem auf Sandwichbauteile mit Kunststoffkernschichten. Die wirtschaftlich und technisch verwendbaren Kunststoffe kriechen und sind wenig beständig bei hohen Temperaturen. Den Kriecheinfluß kann man durch eine zweckentsprechende Konstruktionsform eliminieren, wie in Abschnitt 12.4.3 gezeigt ist. Man kann aber mit Sandwichtafeln keine Brandwände errichten, wenn auch bei entsprechender Materialwahl mittlere Feuerwiderstandsdauern erreicht werden können. Das weite Feld der denkbaren Materialkombinationen und Konstruktionsformen läßt jedoch noch einen großen Raum für den Erfindungsreichtum der Konstrukteure.

Literatur

Hier wird nur jene Literatur aufgeführt, auf die im vorangehenden Text unmittelbar Bezug genommen wurde. Weitere umfangreiche Literaturangaben findet man in [1] und [13].

1. Dundrová, V., V. Kovařík und P. Šlapák: Biegungstheorie der Sandwichplatten. Prag: Academia-Verlag; Wien-New York: Springer. 1970.
2. Neuber, H.: Theorie der Druckstabilität der Sandwichplatte. ZAMM **32**, 325—337 (1952); **33**, 10—26 (1953).
3. Szabó, I.: Einführung in die Technische Mechanik, 7. Auflage. Berlin-Heidelberg-New York: Springer. 1966.
4. Teichmann, A.: Statik der Baukonstruktionen. Berlin: Walter de Gruyter & Co. 1956.
5. Rottmann, K.: Mathematische Formelsammlung. Mannheim: Bibliographisches Institut. 1960.
6. Szabó, I.: Höhere Technische Mechanik, 5. Auflage. Berlin-Heidelberg-New York: Springer. 1972.
7. Stamm, K.: Erzwungene, gedämpfte, quasistationäre Schwingungen von Balken auf nachgiebigen Stützen mit nichtlinearer Federkennlinie. Düsseldorf: VDI-Verlag. 1968. (Fortschrittsberichte, Reihe 4, Heft 9.)
8. Rothe, R.: Höhere Mathematik, Teil III. Leipzig: B. G. Teubner. 1962.
9. Shun Cheng: Torsion of Sandwich Panels of Trapezoidal, Triangular and Rectangular Cross Sections. US Navy, Bureau of Aeronautics, Series ANC-23, Item 57-4, Report No. 1874.
10. Girkmann, K.: Flächentragwerke, 6. Auflage. Wien: Springer. 1963.
11. *Betonkalender 1972*. Berlin-München-Düsseldorf: W. Ernst & Sohn.
12. Stamm, K., und H. Witte: Aufstellung einer allgemeinen Plattentheorie für Sandwichplatten. Hoesch, Berichte aus Forschung und Entwicklung unserer Werke **4**, 122—136 (1969).
13. Plantema, F. J.: Sandwich Construction. New York-London-Sydney: J. Wiley & Sons. 1966.
14. Stamm, K.: Berechnung der Knitterspannungen bei ebenen und trapezprofilierten Sandwichplatten. Hoesch, Berichte aus Forschung und Entwicklung unserer Werke **5**, 173—184 (1970).
15. Klöppel, K., und J. Scheer: Beulwerte ausgesteifter Rechteckplatten. Berlin: W. Ernst & Sohn. 1960.
16. Stamm, K.: Grundsatzversuche an ebenen und trapezprofilierten Sandwichbalken. Hoesch, Berichte aus Forschung und Entwicklung unserer Werke **5**, 185—201 (1970).
17. Kurtze, G.: Physik und Technik der Lärmbekämpfung. Karlsruhe: G. Braun. 1964.
18. Eisenberg, A.: Untersuchung über die Schalldämmung leichter Wand- und Deckenkonstruktionen. Köln: Westdeutscher Verlag. 1967.
19. Hieke, H.: Beitrag zum Deformationsverhalten und zur Technologie der Kunststoffe. Dissertation TH Aachen. 1968.
20. Dau, G.: Wärmeschutz, Schallschutz, Elektrotechnik. Heidelberg: A. Rausch. 1970.
21. Davidovici, P.: Chauffage et Ventilation des Piscines. Industrie Thermiques **8**, 33—43 (1962).
22. Eichler, F.: Bauphysikalische Entwurfslehre, Band I und II, 3. Auflage. Köln-Braunsfeld: Verlagsgesellschaft R. Müller. 1970.
23. Cammerer, J. S.: Wärme- und Kältetechnik in der Industrie, 4. Auflage. Berlin-Göttingen-Heidelberg: Springer. 1962.

24. Grüner, P.: Verarbeitungsmethoden an Feinblechen. Maschinenmarkt 298—308 (1962).
25. Schuler, L.: Handbuch für die spanlose Formgebung, 4. Auflage. Göppingen: L. Schuler AG. 1964.
26. Kraft, K. J.: Kontinuierliche Herstellung kaschierter Wärmedämmplatten aus Polyurethan-Hartschaumstoff. Kunststoffe im Bau **4**, 42—44 (1967).
27. Brochhagen, K. H.: Hartes Moltopren, ein Polyurethanschaum für Wärme- und Kälteisolierung. Kunststoffe **51**, 246 (1961).
28. Vieweg, R., und A. Hoechtlen: Kunststoff-Handbuch, Band IV (Polyurethane). München: C. Hanser. 1966.
29. Klinkosch, R.: Eigenschaften und Verarbeitung von Kunststoff-Hartschäumen unter besonderer Berücksichtigung von Polyurethan-Hartschaum. Hoesch, Berichte aus Forschung und Entwicklung unserer Werke **4**, 150—163 (1972).
30. *Beratungsstelle für Stahlverwendung:* Merkblätter Nr. 174 (Falzen von Stahlblech), Nr. 382 (Kleben von Stahl) und Nr. 386 (Fügeverfahren für feuerverzinktes Feinblech). Düsseldorf, 1970 und 1971.
31. Matting, A.: Metallkleben. Berlin-Göttingen-Heidelberg: Springer. 1969.
32. Gladischefski, H.: Schnellbefestiger, mechanische Verbindungselemente für Blechkonstruktionen. Der Deutsche Baumeister 333—338 (1969), 568—572 (1969).
33. Becker, H.: Das Widerstands-Kondensatorimpuls- und Hochfrequenzschweißen an Platal. Schweißtechnik, Widerstandsschweißen II **35**, 107—119 (1963).
34. Kohtz, D.: Umformen und Schweißen von schalldämmenden Verbundblechen. Schweißen und Schneiden **20**, 72—77 (1968).
35. Ihlefeld, J., P. Koch und W. Tappe: Bondal, ein Werkstoff zur Lärmbekämpfung — Aufbau, akustisches Verhalten, Verarbeitung, Anwendungen. Hoesch, Berichte aus Forschung und Entwicklung unserer Werke **3**, 99—108 (1973).
36. Kirchner, H.: Ein Verbundwerkstoff für den Leichtbau. Aluminium **45**, 226—229 (1969).
37. Hofmann, A.: Neuartige Verbundwerkstoffe aus Metall und Polyäthylen. Kunststoff **59**, 85—88 (1969).
38. Jungbluth, O.: Sandwichflächentragwerke im konstruktiven Ingenieurbau. Rheinisch-Westfälische Akademie der Wissenschaften, Vorträge N 208. Opladen: Westdeutscher Verlag. 1971.
39. Jungbluth, O.: Stahl/Kunststoff-Sandwichtechnik, eine neue Bautechnologie. Industriespiegel **21**, 73—81 (1970).
40. Witte, H.: Eine neuartige Sandwichkuppel auf dem Messegelände in Hannover. Acier Stahl Steel **35**, 361—365 (1970).
41. Giencke, E.: Ein einfacher Stabilitätsnachweis für Schalen aus Hoesch-Sandwichelementen. Hoesch, Berichte aus Forschung und Entwicklung unserer Werke **4**, 109—116 (1969).

Produkte mit eingetragenem Warenzeichen

Folgende Produkte mit eingetragenem Warenzeichen wurden in diesem Buch benutzt:

ALUCOBOND	Aluminium-Walzwerke Singen GmbH
BONDAL	Hoesch Werke AG, Dortmund
HOESCH-isowand	Hoesch Werke AG, Dortmund
LUXALON	Hunter Douglas GmbH, Düsseldorf
PLADUR	Hoesch Werke AG, Dortmund
PLATAL	Hoesch Werke AG, Dortmund
PURLCLAD	Imperial Chemical Industries Ltd., Billingham (U.K.)
VIBREX	Grünzweig & Hartmann AG, Ludwigshafen

Die hier wiedergegebene Schreibweise in Großbuchstaben ist die offizielle, in die Warenzeichenrolle eingetragene Schreibweise. Im Text des Buches wurden hierfür — den Verlagsrichtlinien des Springer-Verlages entsprechend — Kleinbuchstaben verwendet, da Großbuchstaben für Autorennamen bei Literaturangaben vorbehalten sind.

GPSR Compliance

The European Union's (EU) General Product Safety Regulation (GPSR) is a set of rules that requires consumer products to be safe and our obligations to ensure this.

If you have any concerns about our products, you can contact us on ProductSafety@springernature.com

In case Publisher is established outside the EU, the EU authorized representative is:

Springer Nature Customer Service Center GmbH
Europaplatz 3
69115 Heidelberg, Germany

Batch number: 10584556

Printed by Printforce, the Netherlands